离散数学

吴 昊 梁艳春 李雄飞 郭夕敬 主 编
冯广慧 林 刚 马 蕊 王 舒 副主编

U0252720

清华大学出版社
北 京

内 容 简 介

本书系统介绍了离散数学的基础定义、定理及性质等基础知识,着重引导学生认识离散数学与计算机专业课程之间的密切关系。例题选择在传统经典题型基础上尽可能靠近计算机专业所学内容。每章的算法思想描述尽可能让学生更直观地认识离散数学理论与计算机专业之间的联系,从而理解计算机思维。

全书共分为四部分:第一部分(第1~3章)为集合论,着重介绍了集合、关系和映射;第二部分(第4、5章)为数理逻辑,着重介绍了命题逻辑和谓词逻辑;第三部分(第6~8章)为图论,着重介绍了图、欧拉图和哈密尔顿图、树、二部图和平面图等特殊图;第四部分(第9~11章)为代数系统,着重介绍了代数结构、环与域、格与布尔代数。每节后分级设计了课后习题,并附有题库平台,提供更多习题以及解答。

本书适合作为高等院校计算机相关专业本科生、大专生的教材或参考书,特别是作为离散数学教学改革探索者的教材或参考书。

图书在版编目(CIP)数据

离散数学/吴昊等主编. —北京:清华大学出版社,2022.9(2024.7重印)
ISBN 978-7-302-61246-9

Ⅰ.①离… Ⅱ.①吴… Ⅲ.①离散数学—高等学校—教材 Ⅳ.①O158

中国版本图书馆 CIP 数据核字(2022)第 109651 号

责任编辑:袁勤勇 薛 杨
封面设计:刘 键
责任校对:李建庄
责任印制:丛怀宇

出版发行:清华大学出版社
  网　　　址:https://www.tup.com.cn,https://www.wqxuetang.com
  地　　　址:北京清华大学学研大厦 A 座　　　　邮　　编:100084
  社 总 机:010-83470000　　　　　　　　　邮　　购:010-62786544
  投稿与读者服务:010-62776969,c-service@tup.tsinghua.edu.cn
  质量反馈:010-62772015,zhiliang@tup.tsinghua.edu.cn
  课件下载:https://www.tup.com.cn,010-83470236
印 装 者:三河市龙大印装有限公司
经　　销:全国新华书店
开　　本:185mm×260mm　　　印　张:22.25　　　字　数:516 千字
版　　次:2022 年 9 月第 1 版　　　　　　　印　次:2024 年 7 月第 4 次印刷
定　　价:69.00 元

产品编号:095902-01

推　荐　序

　　我从事离散数学课程教学多年,阅读过多部相关教材及学术著作,对比不同教材的教学定位,侧重于研究型、应用型的教材书写各有不同。阅读这本《离散数学》后,我感受到了应用型本科离散数学教学工作中新的教学思路。

　　本书以离散数学基本理论为核心,贯穿全文加入离散数学与计算机联系的相关计算机思维以及算法思想,让读者能够在学习基本理论的同时认识到所学内容与计算机专业的关联性。对于计算机类专业的学生来说,掌握其内在联系对后续计算机专业课程的学习具有一定的方向指引作用。

　　离散数学本就是学习认识计算机思维本质的一门课程,把强调概念之间逻辑关系的"学科思维导图"引入教材,这是一种创新性的尝试,通过可视化的逻辑关联图解,把看似离散的概念按照严格的逻辑关系串联起来,是一种值得推荐的学习方法。

　　教材中课后练习题的分级设置,给不同层次的读者以更多选择。同时,本书的网络资源提供了更多练习题,也给出更详细的解析过程,对于读者学习、训练、巩固知识点有很好的辅助作用。

　　此外,本书还给出了丰富的网络教学资源供读者参考。能够看出,此书是编者多年一线教学经验的总结,是其教学团队在离散数学这门专业基础课教学实践中尝试多种教学工具、教学方法和教学手段的结晶。

　　我向大家推荐《离散数学》这本教材,相信通过该教材的学习,读者对离散的概念会有更充分的认识,尤其是了解计算机思维的认识根源,提高概括抽象、逻辑思维和归纳构造能力,以及培养严谨的科学态度。而这些,对致力于计算机专业学习与研究的学生、学者都将是有益的。

欧阳丹彤

吉林大学　教授

2022 年 6 月

前　言

从教以来,我第一次站在讲台上,主讲的课程就是离散数学,当时未曾想过这一讲竟是18年有余。离散数学的学习内容因其抽象性和难以理解而具有一定的挑战性。如何激发学生的学习热情,提高学生学习的效率和掌握的质量;如何确保学生在课程中认识到他们所学的不仅是离散数学这门课程,更重要的是掌握计算机的思维方式,从而为今后学习计算机专业课程打下夯实的数学基础,这些一直以来都是我们离散数学教学团队持续探索和钻研的难题。多年来,我埋头整理了无数教案、习题及案例,汇总自己丰富的一线教学经验,创新性地引导学生用计算机思维认识离散数学与计算机专业课程之间的密切关系,并且在教材中精心安排了分级习题、学科思维导图、算法思想描述等内容,并且组织配套了混合网络教学资源,为课程提供了更加全面的学习支持。

2023年12月,我带领的课程团队主讲的"离散数学"课程通过广东省一流本科课程认定,本书被正式列为省级一流课程配套教材。

课程是人才培养的核心要素,其质量直接决定人才培养质量。为贯彻落实新时代全国高等学校本科教育工作会议要求,必须深化教育教学改革,把教学改革成果落实到课程建设上。本书在结构设置和内容安排瞄准"双万计划"国家级一流本科课程,具体内容特色体现如下。

1. 强调融合离散数学与计算机的关系

离散数学作为计算机类专业的基础课程,其设置的目的不仅是让学习者掌握数学知识,更重要的是培养他们理解和应用计算机思维方式的能力。离散数学与计算机的密切联系可以在计算机专业的后续专业课程中得以体现,通过学习离散数学课程,可以夯实计算机专业的数学基础。

2. 设置分级习题

本书将离散数学的四个重要组成部分(集合论、数理逻辑、图论、代数系统)作为基本结构框架,充分考虑应用型本科人才培养的需求,更加侧重于培养学生的逻辑思维能力,同时兼顾学生继续深造的需求。为了满足不同层次读者的需求,本书设置了课后分级习题,按照难度分级,其中A类是基础题目,B类是综合题目,C类则涵盖了考研真题,不同分级的习题为不同需求的学生提供了针对性训练。同时,本书还提供线上的作业系统及答案,读者可以根据自身的学习进展进行对应章节的练习,并借助答案来检验自己的理解和掌握程度。

3. 引入学科思维导图

本书以离散数学的基础定义为出发点,结合作者多年一线教学经验,对于每个重要的知识点归纳总结,梳理学习思路,并引入学科思维导图。作为一种常用的思维可视化教学策略,学科思维导图强调概念与概念之间的逻辑关系,并要求这些关系必须清晰明确。其绘制要求严谨规范,并且必须按照学科本身的结构、规律和特点来进行,绘制学科思维导图需要绘制者具备较强的逻辑思维能力和深厚的学科功底。离散数学能够很好地训练逻辑思维能力,貌似离散的概念实则联系紧密,学科思维导图可以帮助学生理清知识结构的脉络。我们也鼓励学生根据自己对知识点的理解,在预习和复习环节绘制学科思维导图。这样的做法可以帮助学生更好地整合和巩固所学知识,更深入地思考和理解每个概念之间的逻辑关系,进一步提升对离散数学的理解和应用能力。

4. 引入算法描述

算法不仅是数学及其应用的重要组成部分,也是计算机科学的基础之一。从数学发展的历史来看,算法的概念古已有之。西方数学中很早就有了欧几里得算法,而中国古代数学中蕴涵着更为丰富的算法内容和思想。掌握算法的概念,理解算法的基本结构和基本语句,以及培养有条理的思考与表达的能力,都能提高逻辑思维能力。本书不仅详细介绍了离散数学的基本内容,而且使用算法思想对其进行描述,特别侧重于讲解离散概念在计算机技术中的表达形式和具体应用。通过这种方式,我们希望读者在掌握离散数学基础概念的同时,能够更深刻地理解离散数学在计算机科学特别是程序设计中的重要意义,进而提高问题分析和解决能力。

5. 提供思政教案等教学资源

结合当今社会的发展,我们编写了思政教案,供授课教师在离散数学的教学过程中使用。通过在离散数学的教学过程中引入相关的思政内容,学生将能够更深入地理解抽象概念背后的意义和价值,并且能够更好地将这些知识应用于实际问题中。除了思政教案,我们还提供了其他教学资源,如教学大纲、教学进度表、PPT课件、习题答案、教程配套分级习题。

6. 建议线上线下混合教学模式

本书针对选课学员提供网络教学资源,结合了线上自主学习和线下互动交流的优势,设置多种自主学习任务,包括课前导学、课后巩固、知识点评测、单元测试等。师生间可以进行互动交流、信息反馈与答疑讨论。作业、测验和考试均无纸化,也是本书的特点之一。

本书由我多年的教学资料整理而成;作者团队中,梁艳春教授负责绪论、集合和映射的内容;李雄飞教授负责关系的内容;郭夕敬负责数理逻辑、代数系统的内容;冯广慧负责图论的内容;林刚负责习题的设计;马蕊负责数理逻辑、代数系统的离散数学思政教学教案;王舒负责集合论、图论的离散数学思政教学教案;王轶溥负责图表绘制。

此时此刻,我怀抱着感激之情,衷心感谢我们离散课程团队的全体成员。大家以饱满的热情和无私的付出,为书稿提供了智慧引导和宝贵贡献。特别要感谢梁艳春教授,他在课程设置、思政案例以及逐字逐句的审定过程中展现出的严谨学术精神,为我们树立了优秀的榜样。同时,我要衷心感谢我的导师李雄飞教授,在筹备书稿过程中,他一直给予我无私的帮助。感谢欧阳丹彤教授在书稿审查过程中提出的宝贵意见和建议,使我们的书稿以更加完美的面貌呈现于众。

十年磨一剑,经历 18 年的辛勤整理,这本书稿见证了多年来我们的不懈努力。三尺讲台承载着我们的青春岁月,辛勤耕耘换来无悔的人生。学习永无止境,尽管书稿经过了多年的整理和打磨,但我们深知其中或许还有一些不尽完美之处。因此,我们将努力精进,不断追求离散数学课程与计算机专业乃至时代发展的创新融合,在今后的工作中勇往直前。

吴　昊

2024 年 1 月

配套资源使用说明

- 本书配有在线题库,请扫描封底的"作业系统二维码"使用。
- 本书为教师读者配备了教学课件和思政版教案等资料,可配套使用。

获取教学资源请扫描下面的二维码。

教学资源包

目录

绪论　离散数学与计算机 ……………………………………………… 1

第一部分　集　合　论

第1章　集合 ……………………………………………………………… 7

1.1　集合的概念与表示 ………………………………………………… 7

　　1.1.1　集合的概念 …………………………………………………… 7

　　1.1.2　集合的元素 …………………………………………………… 8

　　1.1.3　集合的表示方法 ……………………………………………… 8

　　1.1.4　集合之间的关系 …………………………………………… 10

　　习题1.1 ………………………………………………………………… 11

1.2　集合的运算 ………………………………………………………… 12

　　1.2.1　交运算 ……………………………………………………… 12

　　1.2.2　并运算 ……………………………………………………… 12

　　1.2.3　补运算 ……………………………………………………… 13

　　1.2.4　差运算 ……………………………………………………… 14

　　1.2.5　对称差运算 ………………………………………………… 14

　　习题1.2 ………………………………………………………………… 15

1.3　集合的划分与覆盖 ……………………………………………… 16

　　1.3.1　集合的划分 ………………………………………………… 16

　　1.3.2　集合的覆盖 ………………………………………………… 17

　　习题1.3 ………………………………………………………………… 17

1.4　容斥原理 …………………………………………………………… 18

　　习题1.4 ………………………………………………………………… 21

*1.5　集合的思维导图 ………………………………………………… 22

*1.6　集合的算法思想 ………………………………………………… 23

　　1.6.1　求任意一个集合的幂集 …………………………………… 23

　　1.6.2　求任意两个集合的交集、并集、差集 ……………………… 23

1.7　本章小结 …………………………………………………………… 23

第 2 章　关系 ……………………………………………………………… 24

　2.1　有序 n 元组 ………………………………………………………… 24

　　　习题 2.1 ………………………………………………………………… 25

　2.2　笛卡儿积 …………………………………………………………… 25

　　2.2.1　笛卡儿积的定义 …………………………………………… 25

　　2.2.2　笛卡儿积的性质 …………………………………………… 27

　　　习题 2.2 ………………………………………………………………… 29

　2.3　二元关系 …………………………………………………………… 30

　　2.3.1　二元关系的概念 …………………………………………… 30

　　2.3.2　二元关系的表示 …………………………………………… 32

　　　习题 2.3 ………………………………………………………………… 33

　2.4　关系的运算 ………………………………………………………… 34

　　2.4.1　关系的集合运算 …………………………………………… 34

　　2.4.2　关系的复合运算 …………………………………………… 35

　　2.4.3　关系的逆运算 ……………………………………………… 37

　　　习题 2.4 ………………………………………………………………… 37

　2.5　关系的性质 ………………………………………………………… 38

　　2.5.1　自反性 ……………………………………………………… 39

　　2.5.2　反自反性 …………………………………………………… 40

　　2.5.3　对称性 ……………………………………………………… 42

　　2.5.4　反对称性 …………………………………………………… 43

　　2.5.5　传递性 ……………………………………………………… 44

　　　习题 2.5 ………………………………………………………………… 49

　2.6　关系的闭包 ………………………………………………………… 50

　　2.6.1　自反闭包 $r(R)$ ……………………………………………… 50

　　2.6.2　对称闭包 $s(R)$ ……………………………………………… 51

　　2.6.3　传递闭包 $t(R)$ ……………………………………………… 52

　　2.6.4　闭包之间的关系 …………………………………………… 54

　　　习题 2.6 ………………………………………………………………… 55

　2.7　等价关系和等价类 ………………………………………………… 56

　　2.7.1　等价关系 …………………………………………………… 56

　　2.7.2　等价类 ……………………………………………………… 57

　　　习题 2.7 ………………………………………………………………… 60

　2.8　相容关系和相容类 ………………………………………………… 61

　　2.8.1　相容关系 …………………………………………………… 61

　　2.8.2　相容类 ……………………………………………………… 62

　　　习题 2.8 ………………………………………………………………… 64

2.9　偏序关系 ··· 64
　　2.9.1　偏序关系的定义 ··· 64
　　2.9.2　哈斯图及特殊元素 ··· 65
　　2.9.3　全序关系 ··· 70
　　2.9.4　良序关系 ··· 71
　　2.9.5　拟序关系 ··· 71
　　习题 2.9 ·· 71
*2.10　关系的思维导图 ·· 73
*2.11　关系的算法思想 ·· 74
　　2.11.1　求任意个元素的全排列 ·· 74
　　2.11.2　求笛卡儿积 ·· 74
　　2.11.3　判断关系性质及类型算法 ·· 74
　　2.11.4　求等价类 ··· 75
　　2.11.5　求极大相容类 ··· 75
　　2.11.6　求关系的闭包 ··· 75
2.12　本章小结 ··· 76

第 3 章　映射 ··· 77
3.1　映射的基本概念 ·· 77
　　习题 3.1 ·· 79
3.2　映射的性质 ··· 80
　　3.2.1　单射 ·· 80
　　3.2.2　满射 ·· 80
　　3.2.3　双射 ·· 81
　　习题 3.2 ·· 82
3.3　映射的复合运算 ·· 82
　　习题 3.3 ·· 84
3.4　映射的逆运算 ··· 85
　　习题 3.4 ·· 86
*3.5　映射的思维导图 ··· 87
*3.6　映射的算法思想 ··· 87
　　3.6.1　映射的判定 ··· 87
　　3.6.2　求满射 ··· 88
3.7　本章小结 ··· 88

第二部分　数 理 逻 辑

第 4 章　命题逻辑 ··· 91
4.1　命题 ··· 91

　　　　习题 4.1 ………………………………………………………………… 93

　4.2　联结词 …………………………………………………………………… 94
　　　　4.2.1　否定联结词 ¬ ………………………………………………… 94
　　　　4.2.2　合取联结词 ∧（与） ………………………………………… 95
　　　　4.2.3　析取联结词 ∨（或） ………………………………………… 95
　　　　4.2.4　不可兼析取联结词 $\overline{\vee}$（异或） ………………………… 96
　　　　4.2.5　条件联结词 → ………………………………………………… 97
　　　　4.2.6　双条件联结词 ↔ ……………………………………………… 98
　　　　4.2.7　与非联结词 ↑ ………………………………………………… 98
　　　　4.2.8　或非联结词 ↓ ………………………………………………… 98
　　　　4.2.9　条件否定联结词 $\overset{n}{\to}$ ……………………………………… 99
　　　　4.2.10　联结词与集合运算之间的关系 …………………………… 99
　　　　习题 4.2 ………………………………………………………………… 101

　4.3　命题公式 ………………………………………………………………… 101
　　　　4.3.1　命题公式的定义 ……………………………………………… 101
　　　　4.3.2　命题公式的符号化 …………………………………………… 102
　　　　4.3.3　命题公式的解释 ……………………………………………… 104
　　　　4.3.4　命题公式的真值表 …………………………………………… 105
　　　　4.3.5　命题公式的类型 ……………………………………………… 106
　　　　习题 4.3 ………………………………………………………………… 106

　4.4　命题公式的逻辑等值 …………………………………………………… 107
　　　　4.4.1　命题公式逻辑等值的定义 …………………………………… 107
　　　　4.4.2　命题公式基本的逻辑等值式 ………………………………… 108
　　　　4.4.3　命题公式的等值演算 ………………………………………… 110
　　　　4.4.4　命题公式的对偶定理 ………………………………………… 113
　　　　习题 4.4 ………………………………………………………………… 113

　4.5　范式 ……………………………………………………………………… 114
　　　　4.5.1　析取范式与合取范式 ………………………………………… 114
　　　　4.5.2　主析取范式与主合取范式 …………………………………… 116
　　　　4.5.3　主范式的应用 ………………………………………………… 122
　　　　习题 4.5 ………………………………………………………………… 124

　4.6　命题公式的逻辑蕴涵 …………………………………………………… 125
　　　　4.6.1　逻辑蕴涵的定义 ……………………………………………… 125
　　　　4.6.2　蕴涵式的证明方法 …………………………………………… 126
　　　　4.6.3　基本的逻辑蕴涵式 …………………………………………… 128
　　　　习题 4.6 ………………………………………………………………… 129

　4.7　全功能联结词与极小联结词组 ………………………………………… 129
　　　　习题 4.7 ………………………………………………………………… 130

4.8　命题逻辑推理 ·· 131
　　4.8.1　命题逻辑推理理论 ·· 131
　　4.8.2　推理规则 ·· 131
　　4.8.3　判断有效结论的常用方法 ·· 133
　　习题 4.8 ·· 137
*4.9　命题逻辑的思维导图 ·· 138
*4.10　命题逻辑的算法思想——求任意一个命题公式的真值表 ··················· 139
4.11　本章小结 ·· 140

第 5 章　谓词逻辑 ·· 141

5.1　谓词逻辑的相关概念 ··· 141
　　5.1.1　个体词与谓词 ··· 141
　　5.1.2　量词 ·· 143
　　习题 5.1 ·· 144
5.2　谓词公式 ·· 145
　　5.2.1　谓词公式的定义 ·· 145
　　5.2.2　谓词公式的符号化 ··· 146
　　5.2.3　谓词的约束与替换 ··· 148
　　5.2.4　谓词公式的解释 ·· 151
　　5.2.5　谓词公式的类型 ·· 152
　　习题 5.2 ·· 153
5.3　谓词公式的逻辑等值 ··· 154
　　5.3.1　谓词公式逻辑等值的定义 ··· 154
　　5.3.2　谓词公式基本的逻辑等值式 ··· 155
　　习题 5.3 ·· 158
5.4　谓词公式的前束范式 ··· 158
　　5.4.1　谓词公式前束范式的定义 ··· 158
　　5.4.2　谓词公式前束范式的计算 ··· 159
　　习题 5.4 ·· 160
5.5　谓词公式的逻辑蕴涵 ··· 160
　　习题 5.5 ·· 163
5.6　谓词逻辑的推理 ··· 164
　　5.6.1　谓词逻辑中的逻辑蕴涵式 ··· 164
　　5.6.2　谓词逻辑的推理规则 ·· 164
　　5.6.3　谓词逻辑的自然推理系统 ··· 165
　　习题 5.6 ·· 168
*5.7　谓词逻辑的思维导图 ·· 169
5.8　本章小结 ·· 170

第三部分 图 论

第 6 章 图 ·· 173

6.1 图的基本概念 ·· 173
6.1.1 图 ·· 174
6.1.2 子图 ·· 176
6.1.3 通路与回路 ··· 177
6.1.4 图的同构 ·· 179
习题 6.1 ·· 180

6.2 结点的度 ·· 181
6.2.1 结点的度的概念 ·· 181
6.2.2 握手定理及其推论 ··· 181
习题 6.2 ·· 182

6.3 图的连通性 ··· 183
6.3.1 无向图的连通性 ·· 183
6.3.2 有向图的连通性 ·· 186
习题 6.3 ·· 188

6.4 图的矩阵表示 ·· 189
6.4.1 邻接矩阵 ·· 189
6.4.2 可达矩阵 ·· 190
6.4.3 关联矩阵 ·· 193
习题 6.4 ·· 195

6.5 图的应用 ·· 196
6.5.1 加权图的最短通路 ··· 196
6.5.2 加权图的关键路径 ··· 200
习题 6.5 ·· 202

* 6.6 图的思维导图 ··· 203

* 6.7 图的算法思想 ··· 204
6.7.1 图的可达矩阵算法 ··· 204
6.7.2 有向图的所有强分支算法 ·· 204
6.7.3 有向图的所有单向分支算法 ··· 204
6.7.4 图的所有割点算法 ··· 205
6.7.5 图的所有割边算法 ··· 205
6.7.6 发点到其他各点的所有最短通路算法 ·································· 206
6.7.7 求两点间最短通路的 Warshall-Floyd 算法 ························· 207
6.7.8 图的所有关键路径算法 ··· 207

6.8 本章小结 ·· 208

第 7 章 欧拉图与哈密尔顿图 ································· **209**

  7.1 欧拉图 ·· 209

    7.1.1 欧拉图的定义 ································· 209

    7.1.2 欧拉图的判定 ································· 210

    7.1.3 欧拉图的应用 ································· 212

    习题 7.1 ·· 215

  7.2 哈密尔顿图 ··· 216

    7.2.1 哈密尔顿图的定义 ··························· 216

    7.2.2 哈密尔顿图的判定 ··························· 217

    7.2.3 哈密尔顿图的应用 ··························· 220

    习题 7.2 ·· 221

  *7.3 欧拉图和哈密尔顿图的思维导图 ·················· 223

  *7.4 欧拉图和哈密尔顿图的算法思想 ·················· 224

    7.4.1 求欧拉回路的算法 ··························· 224

    7.4.2 判断一个图是否为哈密尔顿图 ················ 224

  7.5 本章小结 ··· 225

第 8 章 特殊图 ·· **226**

  8.1 树 ··· 226

    8.1.1 无向树 ·· 226

    8.1.2 生成树与最小生成树 ························· 228

    8.1.3 有向树与根树 ································· 232

    8.1.4 k 叉树与有序树 ····························· 233

    习题 8.1 ·· 238

  8.2 二部图 ··· 239

    8.2.1 二部图的概念 ································· 239

    8.2.2 二部图的匹配 ································· 241

    习题 8.2 ·· 243

  8.3 平面图 ··· 244

    8.3.1 平面图的概念 ································· 244

    8.3.2 欧拉公式 ······································ 245

    8.3.3 平面图的判定 ································· 247

    8.3.4 平面图的着色 ································· 248

    习题 8.3 ·· 253

  *8.4 特殊图的思维导图 ································· 254

  *8.5 特殊图的算法思想 ································· 255

    8.5.1 求 Huffman 树 ······························· 255

8.5.2 求无(有)向图的生成树的算法 ················ 256

8.5.3 求最小生成树的两种算法：Kruskal 算法、Prim 算法 ············· 256

8.5.4 广度优先搜索算法 ················ 257

8.5.5 深度优先搜索算法 ················ 257

8.5.6 二叉树的遍历 ················ 258

8.5.7 二部图的所有完备匹配算法 ················ 259

8.5.8 图的着色算法 ················ 259

8.6 本章小结 ················ 259

第四部分　代　数　系　统

第 9 章　代数结构 ················ 263

9.1 代数系统的定义 ················ 263

9.1.1 代数运算 ················ 263

9.1.2 代数系统 ················ 266

习题 9.1 ················ 267

9.2 代数系统的性质 ················ 267

9.2.1 交换律 ················ 267

9.2.2 结合律 ················ 268

9.2.3 分配律 ················ 268

9.2.4 吸收律 ················ 268

9.2.5 幂等律 ················ 269

9.2.6 单位元(幺元) ················ 269

9.2.7 零元 ················ 270

9.2.8 逆元 ················ 270

9.2.9 消去律 ················ 272

习题 9.2 ················ 274

9.3 代数系统的同态与同构 ················ 275

习题 9.3 ················ 278

9.4 半群与独异点 ················ 279

9.4.1 半群 ················ 279

9.4.2 独异点 ················ 280

习题 9.4 ················ 282

9.5 群 ················ 283

9.5.1 群的定义 ················ 283

9.5.2 群的性质 ················ 285

习题 9.5 ················ 286

9.6 子群 ················ 287

　　　　9.6.1　子群的定义 ●●●●●●●●●●●●●●●●●●●●●●●●●●● 287

　　　　9.6.2　子群的判定 ●●●●●●●●●●●●●●●●●●●●●●●●●●● 287

　　　　习题 9.6 ●●●●●●●●●●●●●●●●●●●●●●●●●●●●●●●●●●● 289

　　9.7　特殊的群 ●●●●●●●●●●●●●●●●●●●●●●●●●●●●●●●● 289

　　　　9.7.1　阿贝尔群 ●●●●●●●●●●●●●●●●●●●●●●●●●●●●● 289

　　　　9.7.2　循环群 ●●●●●●●●●●●●●●●●●●●●●●●●●●●●●●● 291

　　　　9.7.3　置换群 ●●●●●●●●●●●●●●●●●●●●●●●●●●●●●●● 293

　　　　习题 9.7 ●●●●●●●●●●●●●●●●●●●●●●●●●●●●●●●●●●● 296

　　9.8　群的同态与同构 ●●●●●●●●●●●●●●●●●●●●●●●●●●● 297

　　　　习题 9.8 ●●●●●●●●●●●●●●●●●●●●●●●●●●●●●●●●●●● 299

　*9.9　代数系统的思维导图 ●●●●●●●●●●●●●●●●●●●●●●● 300

　*9.10　代数系统的算法思想 ●●●●●●●●●●●●●●●●●●●●●● 301

　　9.11　本章小结 ●●●●●●●●●●●●●●●●●●●●●●●●●●●●●● 301

第 10 章　环与域 ●●●●●●●●●●●●●●●●●●●●●●●●●●●●●●●●● 302

　　10.1　环 ●●●●●●●●●●●●●●●●●●●●●●●●●●●●●●●●●●●●● 302

　　　　10.1.1　环的概念 ●●●●●●●●●●●●●●●●●●●●●●●●●●● 302

　　　　10.1.2　子环与理想 ●●●●●●●●●●●●●●●●●●●●●●●●● 305

　　　　10.1.3　环的同态与同构 ●●●●●●●●●●●●●●●●●●●●● 306

　　　　习题 10.1 ●●●●●●●●●●●●●●●●●●●●●●●●●●●●●●●●● 307

　　10.2　域 ●●●●●●●●●●●●●●●●●●●●●●●●●●●●●●●●●●●●● 307

　　　　10.2.1　域的概念 ●●●●●●●●●●●●●●●●●●●●●●●●●●● 307

　　　　10.2.2　有限域 ●●●●●●●●●●●●●●●●●●●●●●●●●●●●● 309

　　　　10.2.3　域的同态与同构 ●●●●●●●●●●●●●●●●●●●●● 309

　　　　习题 10.2 ●●●●●●●●●●●●●●●●●●●●●●●●●●●●●●●●● 310

　*10.3　环与域的思维导图 ●●●●●●●●●●●●●●●●●●●●●●● 311

　　10.4　本章小结 ●●●●●●●●●●●●●●●●●●●●●●●●●●●●●● 312

第 11 章　格与布尔代数 ●●●●●●●●●●●●●●●●●●●●●●●●●●● 313

　　11.1　格的定义和性质 ●●●●●●●●●●●●●●●●●●●●●●●●● 313

　　　　11.1.1　格的定义 ●●●●●●●●●●●●●●●●●●●●●●●●●●● 313

　　　　11.1.2　格的对偶原理 ●●●●●●●●●●●●●●●●●●●●●●● 314

　　　　11.1.3　格的性质 ●●●●●●●●●●●●●●●●●●●●●●●●●●● 315

　　　　习题 11.1 ●●●●●●●●●●●●●●●●●●●●●●●●●●●●●●●●● 316

　　11.2　子格与格同态 ●●●●●●●●●●●●●●●●●●●●●●●●●●● 317

　　　　11.2.1　子格 ●●●●●●●●●●●●●●●●●●●●●●●●●●●●●●● 317

　　　　11.2.2　格同态与格同构 ●●●●●●●●●●●●●●●●●●●●● 317

　　　　习题 11.2 ●●●●●●●●●●●●●●●●●●●●●●●●●●●●●●●●● 318

11.3 几种特殊的格 ·· 319

　11.3.1 分配格 ·· 319

　11.3.2 模格 ·· 321

　11.3.3 有界格 ·· 321

　11.3.4 有补格 ·· 322

　习题 11.3 ··· 323

11.4 布尔代数 ·· 324

　11.4.1 布尔代数的定义 ·· 324

　11.4.2 布尔代数的性质 ·· 325

　11.4.3 布尔代数的同态与同构 ···································· 326

　习题 11.4 ··· 328

*11.5 格与布尔代数的思维导图 ······································· 329

11.6 本章小结 ·· 330

附录 1 符号索引 ·· 331

附录 2 相关数学概念 ·· 336

离散数学与计算机

1. 什么是离散数学

离散数学（discrete mathematics）是研究离散量的结构及其相互关系的数学学科，是现代数学的一个重要分支。离散的含义是指不同的连接在一起的、分离的、分散的、拆开的元素，例如"正整数、土豆、苹果、人、计算机"就是一组离散概念。

但是，离散并不等于孤立，离散数学主要研究的离散对象一般是有限的或可数的元素。例如社会网络（social networks）研究人与人之间的关系，因特网研究计算机之间的关系，万维网研究网页之间的关系等。实际上，科学研究的任务就是发现对象之间的内在关系和规律。

2. 计算机专业为何要学习离散数学

计算机开辟了脑力劳动机械化和自动化的新纪元。自计算机诞生起，人们就要为它进一步发展创建新的理论，就要寻找合适的数学工具。因此，计算机各分支领域中的理论问题之中充满着现代数学的各种不同的论题。

离散数学在各学科领域，特别在计算机科学与技术领域有着广泛的应用，同时离散数学和计算机有着密切的关系，因为当今计算机处理的对象均为离散的量：0 和 1。计算机系统从本质上来说是一种离散型的结构，它的许多性质来自有限数学系统的框架，从中选出一些必要而且是基本的主干论题，就形成了计算机领域的离散数学这门科目。研究离散量的结构和相互间的关系为主要目标，其研究对象一般是有限个或可数个元素，因此充分描述了计算机科学离散性的特点。

离散数学是随着计算机科学的发展而逐步建立的，它形成于 20 世纪 70 年代初期，是一门新兴的工具性学科，是现代数学的一个重要分支，是计算机科学与技术的理论基础，是计算机科学与技术专业的核心、骨干课程和专业基础课程。自 2009 年起，教育部规定离散数学成为计算机各专业的专业基础课，是高级程序设计语言、数据结构、操作系统、编译原理、人工智能、数据库原理、算法设计与分析、形式语言与自动机、软件工程与方法学、计算机网络等课程必不可少的先修课程。离散数学为学习这些后续课程提供必要的数学基础，也为学生阅读计算机文章作充分的数学准备。

通过离散数学的学习，读者不但可以掌握处理离散结构的描述工具和方法，为后续课程的学习创造条件；而且可以提高抽象思维能力、逻辑推理能力、计算思维能力等，为将来参与创新性的研究和开发工作打下坚实的基础。

3. 离散数学与计算机的关系

1）集合论

（1）集合。

集合是一种重要的数据结构。数据结构主要研究数据的逻辑结构、物理存储以及基本运算。其中，逻辑结构和基本运算操作来源于离散数学中的知识。例如，集合由元素组成，元素可以理解为世上的客观事物。集合的元素之间都存在某种关系，例如雇员与其工资之间的关系。

（2）关系。

关系是数据库的理论基础。数据库的主流是关系型数据库。关系是笛卡儿积的有限子集，关系型数据库建立在集合代数的基础上，其数据的逻辑结构是由行和列组成的二维表描述数据模型。关系的计算可以实现数据库中关系的分解和无损连接等问题。

（3）映射。

映射是所有计算机语言中不可缺少的一部分。

集合论在计算机科学中也有广泛的应用，它为数据结构和算法分析奠定了数学基础，也从算法角度为许多问题提供了抽象和描述的一些重要方法，在软件工程和数据库中也会用到。

2）数理逻辑

逻辑是所有数学推理的基础。采用谓词逻辑语言的演绎过程的形式化有助于更清楚地理解推理的某些子命题。逻辑规则给出数学语句的准确定义。数学推理和布尔代数的知识为早期的人工智能研究领域打下了良好的数学基础，许多工作，如医疗诊断和信息检索，都可以和用定理证明问题一样加以形式化。因此，在人工智能方法的研究中，定理证明是一个极其重要的论题。推理机就是实现机器推理的程序。它既包括通常的逻辑推理，也包括基于产生式的操作。推理机是使用知识库中的知识进行推理而解决问题的，所以推理机也就是专家的思维机制，即专家分析问题、解决问题的方法的一种算法表示和机器实现。以上说的是专家系统，现在这种人工智能已经被基于统计学习的机器学习所取代。

离散数学中的数理逻辑部分在计算机硬件设计中的应用尤为突出，数字逻辑作为计算机科学的一个重要理论，在很大程度上起源于离散数学数理逻辑中的命题与逻辑演算。利用命题中各关联词的运算规律，把由高低电平表示的各信号之间的运算与二进制数之间的运算联系起来，使得我们可以用数学的方法来解决电路设计问题，整个设计过程也随之变得更加直观，更加系统化。

3）图论

图论是数据结构、操作系统、编译原理、计算机网络原理的基础，关于图论有许多现代应用和古老题目。瑞士数学家欧拉在 18 世纪引进了图论的基本思想，利用图解决了哥尼斯堡七桥问题。图论还可以用来解决诸如寻找交通网络中两个城市之间最短通路的问题。而树反映对象之间的关系，如组织机构图、家族图、二进制编码，都是以树作为模型来讨论的。在编译原理的词法分析及语法分析中,都会涉及离散数学的知识点,因此离散数学也是其前导课。

在计算机体系结构中,指令系统的设计和改进内容占有相当重要的地位,指令系统的优化意味着整个计算机系统性能的提高。指令系统的优化方法很多,一种方法是对指令的格式进行优化。一条机器指令由操作码和地址码组成,指令格式的优化是指用最短的位数来表示指令的操作信息和地址信息,使程序中的指令的平均字长最短。为此,可以用到哈夫曼(Huffman)压缩概念。哈夫曼压缩是一种无损压缩法,其基本思想是,当各种事件发生的概率不均等时,采用优化技术对发生概率最高的事件用最短的位数(时间)来表示(处理),而对出现概率较低的允许用较长的位数(时间)来表示(处理),就会导致表示(处理)的平均位数(时间)的缩短。利用哈夫曼算法,可以构造出哈夫曼树,方法是将指令系统的所有指令的使用频度进行统计,并按使用频度由小到大排序,每次选择其中最小的两个频度合并成一个频度是它们二者之和的新结点,再按大小将该频度插入余下未参与结合的频度值中。如此继续进行,直到全部频度结合完毕形成根结点为止。之后,对每个结点向下延伸的两个分支分别标注 1 或 0,从根结点开始,沿线到达各频度结点所经过的代码序列就构成了该指令的哈夫曼编码。这样得到的编码系列就符合了"使用概率低的指令编以长码,使用概率高的指令编以短码"的初衷。

图论对开关理论与逻辑设计、计算机制图、操作系统、程序设计语言的编译系统以及信息的组织与检索起重要作用,其平面图、树的研究对集成电路的布线、网络线路的铺设、网络信息流量的分析等的实用价值显而易见。

4) 代数系统

计算机编码和纠错码理论、数字逻辑设计基础、计算机使用的各种运算都与离散数学中的代数系统相关。代数结构是关于运算或计算规则的学问,在计算机科学中,代数方法被广泛应用于许多分支学科,如可计算性与计算复杂性、形式语言与自动机、密码学、网络与通信理论、程序理论和形式语义学等。代数系统中的格与布尔代数理论成为电子计算机硬件设计和通信系统设计中的重要工具。

4. 离散数学的基本内容

图 0.1 的思维导图简要概括了离散数学的基本内容。

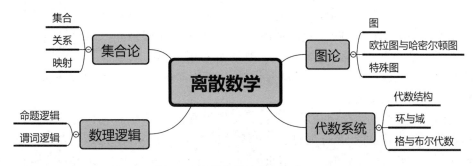

图 0.1　离散数学的基本内容

5. 学习离散数学的方法

（1）主动。

在听课中，积极主动发挥自己的学习思考总结能力。

（2）自信。

不要怕困难，离散数学比较抽象，但是只要用心学，一定能学好。

（3）兴趣。

学习应该是一件很有意思的事，学习有兴趣，既不枯燥，效果又好。

（4）练习。

通过大量练习才能掌握一门课程。

（5）概念（正确）。

必须确认自己掌握好离散数学中大量的概念。

（6）判断（准确）。

根据概念对事物的属性进行判断。

（7）推理（可靠）。

尝试多做推理，在学习过程中，根据多个命题推出一个新的命题。

（8）论证（清楚）。

多做练习，在练习中论证理论的正确性。

6. 寄语

青年是祖国的未来、民族的希望，也是党的未来和希望。习近平总书记一直十分重视青年工作，在祖国各地考察时多次到高校和师生交流，给优秀的学生个人及群体复信，谈人才、谈教育、谈科技创新，关心青年成长，关心青年价值观的形成和确立。习近平总书记强调："青年之于党和国家而言，最值得爱护、最值得期待""党和国家的希望寄托在青年身上"。在开始学习《离散数学》之前，让我们一起学习领会习近平总书记对青年大学生的寄语。

2022年10月16日，习近平总书记在中国共产党第二十次全国代表大会上的报告中指出：青年强，则国家强。当代中国青年生逢其时，施展才干的舞台无比广阔，实现梦想的前景无比光明。全党要把青年工作作为战略性工作来抓，用党的科学理论武装青年，用党的初心使命感召青年，做青年朋友的知心人、青年工作的热心人、青年群众的引路人。广大青年要坚定不移听党话、跟党走，怀抱梦想又脚踏实地，敢想敢为又善作善成，立志做有理想、敢担当、能吃苦、肯奋斗的新时代好青年，让青春在全面建设社会主义现代化国家的火热实践中绽放绚丽之花。

党的二十大勾勒出全面建设社会主义现代化国家、以中国式现代化全面推进中华民族伟大复兴的宏伟蓝图，充分展现了百年大党正青春、新的征程再出发、万众一心齐奋斗的宏阔气象。新时代新征程，发扬革命加拼命的精神，砥砺实干加苦干的行动，在全面建设社会主义现代化国家、全面推进中华民族伟大复兴的新征程上，书写无愧于历史、无愧于人民的青春篇章。

集合论是现代数学的基础,它的起源可以追溯到 16 世纪末期。开始时为了追寻微积分的坚实的理论基础,人们仅进行了有关数集的研究。直到 1876—1883 年,康托尔(Georg Cantor)发表了一系列有关集合论的文章,对任意元素的集合进行了深入的探讨,提出了关于基数、序数和良序集等理论,奠定了集合论的深厚基础。但是随着集合论的发展,以及人们关于它与数学哲学关联的讨论,在 1900 年前后出现了各种悖论,使集合论的发展一度陷入僵滞的局面。1904—1908 年,策梅洛(Zermelo)列出了第一个集合论的公理系统,他的公理使数学哲学中产生的一些矛盾基本上得到统一,在此基础上逐步形成了公理化集合论和抽象集合论,使该学科成为在数学中发展最为迅速的一个分支。现在集合论观点已渗透到古典分析、泛函分析、概率论、函数论,以及信息论、排队论等各个现代数学的相关领域。

计算机科学与技术的研究和集合论有密切的关系。集合不仅可以用来表示数及其运算,还可以用于非数值计算信息的表示和处理,如数据的增加、删除、修改、排序,以及数据间关系的描述。集合论在计算机语言、数据结构、编译原理、数据库与知识库、形式语言及人工智能等许多领域都有广泛的应用。

本篇介绍集合论的基础知识,如集合运算、性质、序偶、关系、映射等。

第1章

集　合

　　集合是现代数学的基本语言,可以简洁、准确地表达数学内容。

　　集合论是由德国著名数学家康托尔于 19 世纪 70 年代创建的。由于集合的研究不依赖构成集合的事物(元素)的具体特性,因此,研究对象的广泛性成为集合论的重要特征,从而使集合论能渗透到现代数学的各个分支,成为现代数学的基础。集合论在计算机科学理论的研究中也有重要用途,在程序设计、形式语言、数据库、操作系统、并行处理等方面有着广泛的应用。

　　集合论的内容是极其丰富的,有早期的朴素集合论和后来的公理化集合论。读者在高中阶段已经学习了集合论的一些基本知识,并运用集合和对应的语言进一步表示有关数学对象。

　　本章主要介绍朴素集合论的基本内容。通过本章学习,读者将掌握以下内容:

　　(1) 集合、空集、全集、幂集等概念及其表示方法;

　　(2) 集合相等、包含等关系;

　　(3) 集合的交、并、补、差、对称差运算,及其运算性质;

　　(4) 集合的划分和覆盖;

　　(5) 容斥原理及其应用。

1.1　集合的概念与表示

1.1.1　集合的概念

　　一般来说,把一些确定的、彼此不同的事物作为一个整体来看待时,这个整体便称为一个集合。

　　定义 1.1.1　集合(set)是“所要研究的一类确定对象的整体”;“具有同一性质的不同单元的集体”。

　　★在数学理论的研究中,经常把概念分为原始概念和派生概念两种类型。原始概念是指无法由其他概念给出定义的概念,例如平面几何中的点、直线等。集合也是一种原始概念,无法给出精确的定义,只能给出说明性的描述。派生概念指可以由其他概念给出定义的概念,例如在平面几何中,正方形可以由“邻边相等的矩形”来定义;矩形则可以由“内角为直角的平行四边形”来定义等。

1.1.2 集合的元素

定义 1.1.2 集合中的对象称为**集合的元素**(element)。

通常,用大写英文字母 A,B,C…表示集合,用小写英文字母 a,b,c…表示集合中的元素。

定义 1.1.3 给定一个集合 A 和一个元素 a,可以判定元素 a 是否在集合 A 中。如果 a 在 A 中,我们称 a **属于**(belong to)A,记为 $a \in A$。

否则,称 a **不属于**(not belong to)A,记为 $a \notin A$。

由集合的概念可知,集合中的元素具有确定性、互异性、无序性和抽象性的特征。

(1) **确定性**。一旦给定了集合 A,对于任意元素 a,我们就可以准确地判定 a 是否在 A 中。这是明确的,不能模棱两可,否则这样的整体不能称为集合。

(2) **互异性**。集合中的元素之间是彼此不同的,即集合 $\{a,b,b,c\}$ 与集合 $\{a,b,c\}$ 是一样的。后面将介绍用列举法表示集合,其中要求列举的元素各不相同。

(3) **无序性**。集合中的元素之间没有次序关系。即集合 $\{a,b,c\}$ 与集合 $\{c,b,a\}$ 是一样的。

(4) **抽象性**。集合中的元素是抽象的,甚至可以是集合。如 $A = \{1,2,\{1,2\}\}$,其中 $\{1,2\}$ 是集合 A 的元素。

定义 1.1.4 所谓**集合的基数**,对于有限集合来说,就是集合中所含元素的个数,记为 $|A|$。

定义 1.1.5 由有限个元素构成的集合 A 称为**有限集**。由无限个元素构成的集合称为**无限集**。

定义 1.1.6 不含任何元素的集合称为**空集**,记为 $\varnothing$。

空集可以符号化表示为:

$$\varnothing = \{x \mid x \neq x\}.$$

定理 1.1.1 空集是任何集合的子集。

推论 1.1.1 空集是唯一的。

定义 1.1.7 如果集合 U 包含所讨论的每一个集合,则称 U 是所讨论问题的**完全集**,简称**全集**,表示为 U 或 E。

全集是一个相对的概念。由于研究的问题不同,所取的全集也不同。例如,在研究整数间的问题时,可把整数集 $\mathbf{Z}$ 取作全集。在研究平面几何的问题时,可把整个坐标平面取作全集。

1.1.3 集合的表示方法

通常用大写的英文字母来标记一些集合。

例如,$\mathbf{N}$ 代表**自然数集合**(包括 0);$\mathbf{Z}$ 代表**整数集合**;$\mathbf{Q}$ 代表**有理数集合**;$\mathbf{R}$ 代表**实数集合**;$\mathbf{C}$ 代表**复数集合**;$\mathbf{Z}_m$ 代表**模** m **剩余类集合**,$\mathbf{Z}_m = \{0,1,2,\cdots,m-1\}$。

集合有多种表示方法,下面介绍三种常用的表示方法。

1. 列举法(枚举法)

列举法是把集合中的所有元素置于花括号内,元素之间用逗号隔开,将集合中的元素一一列举,或列出足够多的元素以反映集合中元素的特征。

例如,$A=\{a,b,c,d\}$,$B=\{1,2,3,\cdots\}$。集合 B 中有省略号,它表示集合中某些元素未明显地列出来,这种写法要求列举足够多的元素,并显示出规律,以便人们能了解哪些元素属于集合。用列举法表示集合比较直观,但也较烦琐。

列举法一般用于有限集合和有规律的无限集合。

2. 描述法(谓词表示法)

描述法通过描述集合中元素的共同特征来表示集合,是利用详细说明元素 $a \in A$ 的定义条件构造出来的。即给定一个条件 $P(x)$,当且仅当元素 a 使条件 $P(a)$ 成立时,$a \in A$。

用描述法表示集合的一般形式为:$A=\{a \mid P(a)\}$,意思是"A 是使 $P(a)$ 成立的所有个体 a 的集合"。利用描述法表示集合时表示方法不唯一,一个集合也往往有多种不同的描述方法。

例如,集合 $\{1,2,3,4\}$ 的元素可以描述为不大于 4 的正整数,也可描述为小于 6 且能整除 12 的正整数。因此集合 $\{1,2,3,4\}$ 可表示为 $\{a \mid a \in \mathbf{Z}^{+}, a \leqslant 4\}$,也可表示为 $\{a \mid a \in \mathbf{Z}^{+}, a<6, a \mid 12\}$。

用描述法表示集合比较简洁,但是也比较抽象。例如,$V=\{x \mid x$ 是元音字母$\}$,$B=\{x \mid x=a^{2}, a$ 是自然数$\}$。

3. 文氏图

为了更直观地理解集合的关系以及集合的运算,人们常用一个矩形区域表示一定范围内考虑的全集 U,用矩形区域中的圆形区域表示集合,用点表示集合的元素,这种示意图通常称为**文氏图**(Venn Diagrams),如图 1.1.1 所示。

在不要求列出求解步骤的题目中,我们可以使用文氏图求解,但它不能用于题目的证明。

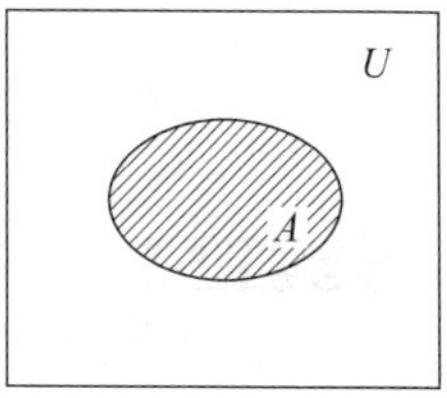

图 1.1.1　文氏图
表示集合

4. 归纳法

归纳法是通过归纳定义集合的方法,主要由三部分组成:

(1) 指出某些最基本的元素属于集合;

(2) 指出由基本元素构造新元素的方法;

(3) 指出该集合的界限。

例如,集合 A 按归纳法定义如下:

(1) 0 和 1 都是集合 A 的元素;

(2) 如果字符串 a、b 是 A 的元素,则字符串 ab 和 ba 也是 A 的元素;

（3）有限次地使用（1）、（2）后所得到的字符串都是 A 的元素。

1.1.4　集合之间的关系

集合之间的关系包括相等、包含和幂集。

两个集合**相等**，$A=B$，符号化表示为：

$$A=B\Leftrightarrow(\forall x)(x\in A\leftrightarrow x\in B)。$$

例如：$A=\{1,2,3,4\}$，$B=\{3,1,4,2\}$，$C=\{x\mid x$ 是英文字母且 x 是元音$\}$，$D=\{a,e,i,o,u\}$。

显然有 $A=B$，$C=D$。

定义 1.1.8　如果集合 A 中的每一个元素都是集合 B 中的元素，则称 A 是 B 的**子集**，也说 A **包含于**B，或者 B **包含**A，记作 $A\subseteq B$ 或 $B\supseteq A$，即有：

$$A\subseteq B\Leftrightarrow(\forall x)(x\in A\rightarrow x\in B)。$$

如果 A 不是 B 的子集，即在 A 中至少有一个元素不属于 B，称 B **不包含**A，记作 $B\not\supseteq A$ 或 $A\not\subseteq B$。

定理 1.1.2　集合 A 和集合 B 相等的充分必要条件是 $A\subseteq B$ 且 $B\subseteq A$。

证明　若 $A=B$，则 A 和 B 具有相同的元素，于是$(\forall x)(x\in A\rightarrow x\in B)$，$(\forall x)(x\in B\rightarrow x\in A)$都为真，即 $A\subseteq B$ 且 $B\subseteq A$。

反之，若 $A\subseteq B$ 且 $B\subseteq A$，假设 $A\neq B$，则 A 与 B 元素不完全相同。不妨设有某个元素 $x\in A$ 但 $x\notin B$，这与 $A\subseteq B$ 矛盾，所以 $A=B$。

定理 1.1.2 非常重要，是证明两个集合相等的基本思路和依据。

定理 1.1.3　设 A，B 和 C 是 3 个集合，则：

（1）$A\subseteq A$；

（2）$A\subseteq B\wedge B\subseteq C\Rightarrow A\subseteq C$。

证明　（1）由定义 1.1.8 显然成立。

$$（2）A\subseteq B\wedge B\subseteq C\Leftrightarrow(\forall x)(x\in A\rightarrow x\in B)\wedge(\forall x)(x\in B\rightarrow x\in C)$$
$$\Leftrightarrow(\forall x)((x\in A\rightarrow x\in B)\wedge(x\in B\rightarrow x\in C))$$
$$\Rightarrow(\forall x)(x\in A\rightarrow x\in C)\Leftrightarrow A\subseteq C。$$

定义 1.1.9　如果集合 A 是集合 B 的子集，但 A 和 B 不相等，即在 B 中至少有一个元素不属于 A，则称 A 是 B 的**真子集**，记作：

$$A\subset B \text{ 或 } B\supset A。$$

真子集可符号化表示为：

$$A\subset B\Leftrightarrow(\forall x)(x\in A\rightarrow x\in B)\wedge(\exists x)(x\in B\wedge x\notin A)。$$

例如，设集合 $A=\{1,2\}$，$B=\{1,2,3\}$，那么 A 是 B 的真子集。

又例如，若 $A=\{a,b,c,d\}$，$B=\{b,c\}$，则 B 是 A 的真子集，但 A 不是 A 的真子集。

注意　$\in$ 与 $\notin$ 表示元素和集合的关系，而 $\subseteq$、$\subset$ 与 $=$ 表示集合和集合的关系。

例如，若 $A=\{0,1\}$，$B=\{0,1,\{0,1\}\}$，则 $A\subseteq B$ 且 $A\in B$。

注意　$\varnothing$ 与 $\{\varnothing\}$ 的区别，$\varnothing$ 是不含任何元素的集合（即空集），是任意集合的子集，而 $\{\varnothing\}$ 是含有一个元素 $\varnothing$ 的集合。

定义 1.1.10　设集合 A 是有限集,由 A 的所有子集作为元素构成的集合称为 A 的**幂集**,记作 $\rho(A)$,即 $\rho(A)=\{X\,|\,X\subseteq A\}$。

例 1.1.1　求幂集 $\rho(\varnothing),\rho(\{\varnothing\}),\rho(\{\varnothing,\{\varnothing\}\}),\rho(\{1,\{2,3\}\})$。

解　$\rho(\varnothing)=\{\varnothing\}$,

$\rho(\{\varnothing\})=\{\varnothing,\{\varnothing\}\}$,

$\rho(\{\varnothing,\{\varnothing\}\})=\{\varnothing,\{\varnothing\},\{\{\varnothing\}\},\{\varnothing,\{\varnothing\}\}\}$,

$\rho(\{1,\{2,3\}\})=\{\varnothing,\{1\},\{\{2,3\}\},\{1,\{2,3\}\}\}$。

定义 1.1.11　在 A 的所有子集中,A 和 $\varnothing$ 这两个子集又称为 A 的**平凡子集**。

例如,$A=\{1,2,3\}$,则幂集

$$\rho(A)=\{\varnothing,\{1\},\{2\},\{3\},\{1,2\},\{1,3\},\{2,3\},\{1,2,3\}\}。$$

定理 1.1.4　设集合 A 是有限集,且 $|A|=n$,则 A 的幂集 $\rho(A)$ 所含元素个数为 2^n。

证明　由排列组合知:

$$|\rho(A)|=C_n^0+C_n^1+\cdots+C_n^{n-1}+C_n^n。$$

又由二项式定理知:

$$C_n^0+C_n^1+\cdots+C_n^{n-1}+C_n^n=2^n。$$

所以可得,$|\rho(A)|=2^n$。

习题 1.1

（A）

1. 用列举法表示集合:$\{x\,|\,x<3,x\in\mathbf{N}\}$,并求该集合的幂集。

2. 已知集合 $A=\{ax^2+4x+2=0\}$,其中 a 为常数,且 $a\in\mathbf{R}$。若 A 中只有一个元素,求 a 的值以及集合 A。

3. 设 A,B 和 C 是集合,回答下列问题。

(1) 如果 $A\in B$ 且 $B\subseteq C$,是否一定有 $A\in C$?

(2) 如果 $A\in B$ 且 $B\subseteq C$,是否一定有 $A\subseteq C$?

(3) 如果 $A\in B$ 且 $B\notin C$,是否一定有 $A\notin C$?

(4) 如果 $A\notin B$ 且 $B\notin C$,是否一定有 $A\notin C$?

(5) 如果 $A\subseteq B$ 且 $B\in C$,是否一定有 $A\in C$?

(6) 如果 $A\subseteq B$ 且 $B\in C$,是否一定有 $A\subseteq C$?

(7) 如果 $A\subseteq B$ 且 $B\notin C$,是否一定有 $A\notin C$?

4. 用列举法表示集合:$\{<x,y>\,|\,2x+y-5=0,x\in\mathbf{N},y\in\mathbf{N}\}$。

5. 求下列集合的幂集:

(1) $\{a,\{b\},\{a,b\}\}$;

(2) $\{\varnothing,\{\varnothing\},\{\{\varnothing\}\}\}$。

（B）

6. 指出下列各组中集合有何不同,列出每一个集合的元素和全部子集。

(1) $\{\varnothing\},\{\{\varnothing\}\}$;

(2) $\{a,b,c\},\{a,\{b,c\}\},\{\{a,\{b,c\}\}\}$。

(C)

7. (参考 2012 年中国科学技术大学研究生考试复试题)若集合 $A=\{1,2,3,4,5\}$,求下列集合:

(1) $S=\{<x,y>|x=y$ 或 $x=2y,x\in A,y\in A\}$;

(2) $R=\{<x,y>|x<y,x\in A,y\in A\}$。

1.2 集合的运算

1.2.1 交运算

定义 1.2.1 对于任意两个集合 A 和 B,由所有既属于 A 又属于 B 的元素构成的集合,称作 A 与 B 的**交集**,记作 $A\cap B$,即

$$A\cap B=\{x|x\in A \text{ 且 } x\in B\}。$$

若两个集合 A 和 B 没有公共元素,我们说 A 和 B 是**不相交的**。

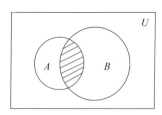

图 1.2.1 文氏图表示
交运算 $A\cap B$

例如,$A=\{a,b,c\},B=\{a,b,c,d,e\}$,则 $A\cap B=\{a,b,c\}$。

又如,$A=\{1,2,3,4,5\},B=\{1,3,5,7,9\}$,则 $A\cap B=\{1,3,5\}$。

集合交运算的文氏图表示如图 1.2.1 所示,其中阴影部分就是 $A\cap B$。

由集合交运算的定义可知,交运算有以下性质。

(1) **幂等律**:$A\cap A=A$。

(2) **同一律**:$A\cap U=A$。

(3) **零一律**:$A\cap\varnothing=\varnothing$。

(4) **结合律**:$(A\cap B)\cap C=A\cap(B\cap C)$。

(5) **交换律**:$A\cap B=B\cap A$。

集合交运算可以推广到 n 个集合的情况,即

$$A_1\cap A_2\cap\cdots\cap A_n=\{x|x\in A_1\wedge x\in A_2\wedge\cdots\wedge x\in A_n\}。$$

1.2.2 并运算

定义 1.2.2 对于任意两个集合 A 和 B,由所有属于 A 或者属于 B 的元素合并在一起构成的集合称为 A 与 B 的**并集**,记作 $A\cup B$,即

$$A\cup B=\{x|x\in A\vee x\in B\}。$$

例如,$A=\{a,b,c\},B=\{a,b,c,d,e\}$,则 $A\cup B=\{a,b,c,d,e\}$。

又如,$A=\{1,2,3,4,5\},B=\{1,3,5,7,9\}$,则 $A\cup B=\{1,2,3,4,5,7,9\}$。

用文氏图表示集合之间的并运算如图 1.2.2 所示,其中阴影部分就是 $A\cup B$。

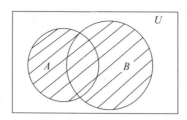

图 1.2.2 文氏图表示并运算 $A \cup B$

由集合并运算的定义可知,并运算具有以下性质。

(1) 幂等律:$A \cup A = A$。

(2) 同一律:$A \cup \varnothing = A$。

(3) 零一律:$A \cup U = U$。

(4) 结合律:$(A \cup B) \cup C = A \cup (B \cup C)$。

(5) 交换律:$A \cup B = B \cup A$。

(6) 分配律:
$$A \cap (B \cup C) = (A \cap B) \cup (A \cap C),$$
$$A \cup (B \cap C) = (A \cup B) \cap (A \cup C)。$$

(7) 吸收律:$A \cap (A \cup B) = A, A \cup (A \cap B) = A$。

集合的并运算可以推广到 n 个集合的情况,即
$$A_1 \cup A_2 \cup \cdots \cup A_n = \{x \mid x \in A_1 \vee x \in A_2 \vee \cdots \vee x \in A_n\}。$$

1.2.3 补运算

定义 1.2.3 设全集为 U,对于任意集合 $A, A \subseteq U$,由所有属于全集 U 而不属于集合 A 的元素构成的集合称为集合 A 的**补集**,记作 $\overline{A}$,即
$$\overline{A} = \{x \mid x \in U \text{ 且 } x \notin A\}。$$

例如,$U = \{x \mid x \text{ 是计算机学院的学生}\}$,$A = \{x \mid x \text{ 是计算机学院的女学生}\}$,则 $\overline{A} = \{x \mid x \text{ 是计算机学院的男学生}\}$。

用文氏图表示集合的补运算,如图 1.2.3 所示,其阴影部分就是 $\overline{A}$。

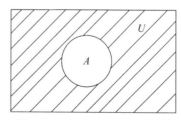

图 1.2.3 文氏图表示补运算 $\overline{A}$

说明,集合 A 的补集 $\overline{A}$ 是相对的补集,其结果依赖全集 U 的选取。

例 1.2.1 设集合 $A = \{a, b, c\}$,根据以下条件,分别求其补集 $\overline{A}$:

(1) $U = \{a, b, c, d\}$,$\overline{A} = \{d\}$;

(2) $U = \{a, b, c, d, \{a, b\}, \{b, c\}, \{\{c\}\}\}$,$\overline{A} = \{d, \{a, b\}, \{b, c\}, \{\{c\}\}\}$。

集合的补运算有以下性质。

（1）**双重否定律**：$\overline{\overline{A}}=A$。

（2）$\overline{\varnothing}=U,\overline{U}=\varnothing$。

（3）**矛盾律**：$A\cap\overline{A}=\varnothing$。

（4）**排中律**：$A\cup\overline{A}=U$。

说明 $\forall x\in U$，则 $x\in A$ 或 $x\notin A$ 二者必居其一，没有中间情况。

（5）**德·摩根律**：$\overline{A\cup B}=\overline{A}\cap\overline{B}$；$\overline{A\cap B}=\overline{A}\cup\overline{B}$。

推广到 n 个集合的情况，即

$$\overline{A_1\cup A_2\cup\cdots\cup A_n}=\overline{A_1}\cap\overline{A_2}\cap\cdots\cap\overline{A_n},$$
$$\overline{A_1\cap A_2\cap\cdots\cap A_n}=\overline{A_1}\cup\overline{A_2}\cup\cdots\cup\overline{A_n}.$$

1.2.4　差运算

定义 1.2.4　设 A 和 B 是两个集合，由属于集合 A 但不属于集合 B 的所有元素构成的集合，称作集合 B 关于 A 的**补集**（或**相对补**），记作 $A-B$，即

$$A-B=\{x\mid x\in A\text{ 且 }x\notin B\}.$$

$A-B$ 也称为集合 A 和 B 的**差集**。

集合差运算的文氏图表示如图 1.2.4 所示。

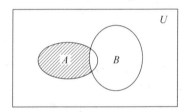

图 1.2.4　文氏图表示差运算 $A-B$

例如，$A=\{a,b,c\}$，$B=\{a,b\}$，则 $A-B=\{c\}$。

又如，$A=\{a,b,c,d\}$，$B=\{a,b,e,f\}$，则 $A-B=\{c,d\}$。

由差运算的定义可得到下列性质：

（1）$A-B=A\cap\overline{B}$；

（2）$A-B=A-(A\cap B)$；

（3）$A\cup(B-A)=A\cup B$；

（4）$A\cap(B-C)=(A\cap B)-(A\cap C)$；

（5）$A-B\subseteq A$。

1.2.5　对称差运算

定义 1.2.5　设 A 和 B 是两个集合，由属于 A 而不属于 B，或者属于 B 而不属于 A 的元素构成的集合，称作集合 A 和 B 的**对称差**，记作 $A\triangle B$，即

$$A\triangle B=(A-B)\cup(B-A).$$

例如，$A=\{1,2,3,4\}$，$B=\{1,3,5,7,9\}$，那么，$A\triangle B=\{2,4\}\bigcup\{5,7,9\}=\{2,4,5,7,9\}$。
集合对称差的文氏图表示如图 1.2.5 所示。

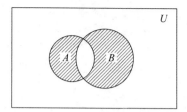

图 1.2.5　文氏图表示对称差运算 $A\triangle B$

由对称差的定义得到下列性质：

(1) $A\triangle A=\varnothing$；

(2) $A\triangle\varnothing=A$；

(3) $A\triangle U=\overline{A}$；

(4) **交换律**：$A\triangle B=B\triangle A$；

(5) **结合律**：$(A\triangle B)\triangle C=A\triangle(B\triangle C)$；

(6) $A\triangle B=(A\bigcup B)-(A\bigcap B)$；

(7) **分配律**：$A\bigcap(B\triangle C)=(A\bigcap B)\triangle(A\bigcap C)$。

证明　仅证(6)：

$$
\begin{aligned}
A\triangle B &=(A-B)\bigcup(B-A)\\
&=(A\bigcap\overline{B})\bigcup(B\bigcap\overline{A})\\
&=((A\bigcap\overline{B})\bigcup B)\bigcap((A\bigcap\overline{B})\bigcup\overline{A})\\
&=(A\bigcup B)\bigcap(\overline{B}\bigcup B)\bigcap(A\bigcup\overline{A})\bigcap(\overline{B}\bigcup\overline{A})\\
&=(A\bigcup B)\bigcap\overline{(B\bigcap A)}=(A\bigcup B)-(A\bigcap B)。
\end{aligned}
$$

例 1.2.2　设 A,B,C 是三个集合，满足 $A\triangle B=A\triangle C$，试证明：$B=C$。

证明
$$
\begin{aligned}
A\triangle B=A\triangle C &\Leftrightarrow A\triangle(A\triangle B)=A\triangle(A\triangle C)\\
&\Leftrightarrow(A\triangle A)\triangle B=(A\triangle A)\triangle C\\
&\Leftrightarrow\varnothing\triangle B=\varnothing\triangle C\\
&\Leftrightarrow B=C。
\end{aligned}
$$

习题 1.2

（A）

1. 考虑下列集合：$U=\{0,1,2,3,4,5,6,7,8,9\}$，$A=\{0,2,4,6,8\}$，$B=\{0,1,2,3,4\}$，$C=\{3,4,5,6,7\}$，求解：

(1) $A\bigcup B$，$A\bigcup C$，$C\bigcup C$；

(2) $\overline{A}$，$\overline{B}$，$\overline{C}$；

(3) $(A\bigcap B)\bigcap C$，$A\bigcap(B\bigcap C)$。

2. 判断下列各个集合是否等于 A,空集$\varnothing$或全集 U:

(1) $A \cap A$;

(2) $A \cup U$;

(3) $A - B$;

(4) $A \cap \overline{A}$。

3. 设 $A = \{x \mid x$ 是单词 logic 中的字母$\}$,$B = \{x \mid x$ 是单词 compatible 中的字母$\}$,求 $A \cup B$,$A \cap B$,$A - B$ 和 $A \triangle B$。

4. 设 A, B, C 是任意集合,将 $A \cup B \cup C$ 表示为 3 个互不相交的集合的并。

5. 设 A, B, C 均为非空集合,如果$(A \cup C) \subseteq (B \cup C)$且$(A \cap C) \subseteq (B \cap C)$,那么 $A \subseteq B$ 一定成立吗? 若成立,请证明。

（B）

6. 对任意两集合 A 和 B:

(1) 证明 $\rho(A) \cup \rho(B) \subseteq \rho(A \cup B)$;

(2) 证明 $\rho(A) \cap \rho(B) \subseteq \rho(A \cap B)$;

(3) 举例说明 $\rho(A) \cup \rho(B) \neq \rho(A \cup B)$。

（C）

7. (参考北京大学 1999 年硕士研究生入学考试试题)设 $A = \{\varnothing, \{\varnothing\}\}$,请计算:

(1) $\rho(A) - \{\varnothing\}$;

(2) $\rho(A) \triangle A$。

1.3　集合的划分与覆盖

在集合的研究中,除了进行集合之间的比较外,还要对集合的元素进行分类。本节将讨论集合的划分问题。集合的划分就是集合元素间的一种分类。比集合的划分更广的概念是集合的覆盖。这些内容在第 2 章中会用到。

1.3.1　集合的划分

定义 1.3.1　设 A 是一个集合,$A_1, A_2, \cdots, A_n$ 是 A 的非空子集,如果满足下列条件:

(1) $A_i \cap A_j = \varnothing (i, j = 1, 2, \cdots, n)$;

(2) $\bigcup\limits_{i=1}^{n} A_i = A$。

则称$\{A_1, A_2, \cdots, A_n\}$为集合 A 的一个**划分**(partition),而 $A_1, A_2, \cdots, A_n$ 称为这个划分的**块**。

例 1.3.1　设 $A = \{a, b, c, d\}$,给定 $A_1, A_2, A_3, A_4, A_5, A_6$ 如下:

$$A_1 = \{\{a, b, c\}, \{d\}\},$$
$$A_2 = \{\{a, b\}, \{c\}, \{d\}\},$$

$$A_3 = \{\{a,b,c,d\},\{a\}\},$$
$$A_4 = \{\{a,b\},\{d\}\},$$
$$A_5 = \{\varnothing,\{a,b\}\{c,d\}\},$$
$$A_6 = \{\{\{a\},a\},\{b,c,d\}\},$$

则 A_1 和 A_2 是 A 的划分,其他集合都不是 A 的划分。因为 A_3 中的子集 $\{a\}$ 和 $\{a,b,c,d\}$ 的交不为 $\varnothing$,A_4 中的子集 $\{a,b\}$,$\{d\}$ 的并不为 A,A_5 中含有 $\varnothing$,A_6 中的子集 $\{\{a\},a\}$ 不是 A 的子集。

定理 1.3.1 设 $\{A_1,A_2,\cdots,A_r\}$ 和 $\{B_1,B_2,\cdots,B_s\}$ 是同一集合 A 的两种划分,则由所有 $A_i \cap B_j \neq \varnothing (i=1,2,\cdots,r;j=1,2,\cdots,s)$ 构成的集合也是原集合的一种划分。

定义 1.3.2 设 $\{A_1,A_2,\cdots,A_r\}$ 和 $\{B_1,B_2,\cdots,B_s\}$ 是同一集合 A 的两种划分,则称由所有 $A_i \cap B_j \neq \varnothing (i=1,2,\cdots,r;j=1,2,\cdots,s)$ 构成的集合为原来两划分的**交叉划分**。

定义 1.3.3 给定 A 的两个划分 $\{A_1,A_2,\cdots,A_r\}$ 和 $\{B_1,B_2,\cdots,B_s\}$,若对于每个 $A_j(j=1,2,\cdots,r)$ 都有 $B_k(k=1,2,\cdots,s)$ 使得 $A_j \subseteq B_k$,则称 $\{A_1,A_2,\cdots,A_r\}$ 为 $\{B_1,B_2,\cdots,B_s\}$ 的**加细**。

定理 1.3.2 任何两种划分的交叉划分,都是原来各划分的一种加细。

证明 设 $\{A_1,A_2,\cdots,A_r\}$ 和 $\{B_1,B_2,\cdots,B_s\}$ 的交叉划分为 T,对于 T 中任意元素 $A_i \cap B_j$,必有 $A_i \cap B_j \subseteq A_i$ 和 $A_i \cap B_j \subseteq B_j$,故 T 必是原划分的加细。

1.3.2 集合的覆盖

定义 1.3.4 设 A 是集合,$A_1,A_2,\cdots,A_n$ 都是 A 的非空子集,令 $S = \{A_1,A_2,\cdots,A_n\}$,如果 $A_1 \cup A_2 \cup \cdots \cup A_n = A$,则称 S 为 A 的一个**覆盖**(cover)。

定义 1.3.5 设 $S = \{A_1,A_2,\cdots,A_n\}$ 是集合 A 的一个覆盖,且对于 S 中任意元素 A_i,不存在 S 中的其他元素 A_j,使得 $A_i \subseteq A_j$,则称 S 为 A 的**完全覆盖**。

由定义 1.3.1 和定义 1.3.4 可知,划分一定是覆盖,但反之则不然。例如,$S = \{\{a\},\{b,c\},\{c\}\}$ 是 $A = \{a,b,c\}$ 的覆盖,但不是 A 的划分。

集合的覆盖与第 2 章中的相容关系有着密切联系,详见后续相应章节。

★俗话说"物以类聚,人以群分",在自然科学和社会科学中,存在着大量的分类问题。例如计算机中的硬盘的磁盘分区,又如将物理或抽象对象的集合分成由类似的对象组成的多个类的聚类过程。由聚类所生成的簇是一组数据对象的集合,这些对象与同一个簇中的对象彼此相似,与其他簇中的对象相异,这都是集合划分的应用。

习题 1.3

（A）

1. 设 $S = \{1,2,3,4,5,6\}$,请判定下列各集合是否是集合 S 的一个划分:

(1) $P = \{\{1,2,3\}, \{1,4,5,6\}\}$；

(2) $P = \{\{1,2\}, \{3,4,6\}\}$；

(3) $P = \{\{1,3,5\}, \{2,4\}, \{6\}\}$；

(4) $P = \{\{1,3,5\}, \{2,4,6,8\}\}$。

2. 求集合 $X = \{1,2,3,4\}$ 的所有不同划分。

3. 设 $X = \{a,b,c,d,e,f,g,h,i\}$，$X_1 = \{a,b,c,d\}$，$X_2 = \{h,j,i\}$，$X_3 = \{a,d,e,g,i\}$，$X_4 = \{b,c,f\}$，$X_5 = \{e,f,g,h,i\}$，分别判定下列集合是否是集合 X 的划分或覆盖：

(1) $\{X_1, X_2, X_5\}$；

(2) $\{X_1, X_5\}$；

(3) $\{X_2, X_3, X_4\}$；

(4) $\{X_2, X_4, X_5\}$。

4. 写出集合 $X = \{a,c\}$ 的所有不同的覆盖。

（B）

5. 设 π_1 和 π_2 是非空集合 A 的划分，试说明下列各式哪些是 A 的划分，哪些可能是 A 的划分，哪些不是 A 的划分，并给予解释。

(1) $\pi_1 \bigcup \pi_2$。

(2) $\pi_1 \bigcap \pi_2$。

(3) $\pi_1 - \pi_2$。

（C）

6. （参考北京大学 2004 年硕士研究生入学考试试题）假设集合 A 共有 n 个元素，对 A 进行划分，令 $S(n,k)_i$ 表示含 k 个划分块，每块至少含有 i 个元素的划分的个数。假设 $A = \{1,2,3,4,5\}$，请计算不同的 $S(n,k)_i$，其中 $n = 5, k \leqslant 5, i \leqslant 5/k$。

1.4 容 斥 原 理

集合的运算可用于有限个元素的计数问题。在有限集的元素计数问题中，容斥原理有着广泛的应用。

定理 1.4.1 设 A 和 B 为有限集合，其基数分别为 $|A|$ 和 $|B|$，则
$$|A \bigcup B| = |A| + |B| - |A \bigcap B|,$$
这个结论称作**容斥原理**。

证明 因为 $A \bigcup B = B \bigcup (A-B)$ 且 $B \bigcap (A-B) = \varnothing$，

所以 $|A \bigcup B| = |B| + |A-B|$。

又因为 $A = (A-B) \bigcup (A \bigcap B)$ 且 $(A-B) \bigcap (A \bigcap B) = \varnothing$，

所以 $|A| = |A-B| + |A \bigcap B|$，即 $|A-B| = |A| - |A \bigcap B|$。

故 $|A \bigcup B| = |A| + |B| - |A \bigcap B|$。

容斥原理也可以推广到 n 个集合的情况。

定理 1.4.2　设 $A_1, A_2, \cdots, A_n$ 为有限集合,其基数分别为 $|A_1|, |A_2|, \cdots, |A_n|$,则

$$|A_1 \bigcup A_2 \bigcup \cdots \bigcup A_n| = \sum_{i=1}^{n} |A_i| - \sum_{1 \leqslant i < j \leqslant n} |A_i \bigcap A_j| + \sum_{1 \leqslant i < j < k \leqslant n} |A_i \bigcap A_j \bigcap A_k| + \cdots + (-1)^{n-1} |A_1 \bigcap A_2 \bigcap \cdots \bigcap A_n|。$$

例 1.4.1　假设某班有 20 名学生,其中有 10 人英语成绩为优,有 8 人数学成绩为优,又知有 6 人英语和数学成绩都为优。问两门课都不为优的学生有几名?

解　设英语成绩为优的学生组成的集合是 A,数学成绩为优的学生组成的集合是 B,则两门课成绩都为优的学生组成的集合是 $A \bigcap B$。

由题意可知:
$$|A| = 10, |B| = 8, |A \bigcap B| = 6。$$

由容斥原理可得:
$$|A \bigcup B| = |A| + |B| - |A \bigcap B| = 10 + 8 - 6 = 12。$$

所以,两门课都不为优的学生数为:
$$20 - |A \bigcup B| = 8, |A \bigcup B| = 20 - 8 = 12(人)。$$

例 1.4.2　对 100 名大学生进行调查,结果是:34 人爱好音乐,24 人爱好美术,48 人爱好舞蹈,14 人既爱好音乐又爱好美术,13 人既爱好美术又爱好舞蹈,15 人既爱好音乐又爱好舞蹈,有 25 人这三种爱好都没有,问这三种爱好都有的大学生人数是多少?

解　设爱好音乐的大学生组成的集合是 A,爱好美术的大学生组成的集合是 B,爱好舞蹈的大学生组成的集合是 C,则:

$$|A| = 34, |B| = 24, |C| = 48,$$
$$|A \bigcap B| = 14, |B \bigcap C| = 13, |A \bigcap C| = 15,$$
$$100 - |A \bigcup B \bigcup C| = 25。$$

由容斥原理可知:
$$|A \bigcup B \bigcup C| = |A| + |B| + |C| - |A \bigcap B| - |A \bigcap C| - |B \bigcap C| + |A \bigcap B \bigcap C|。$$

因此,$|A \bigcap B \bigcap C| = 11$,即这三种爱好都有的大学生人数是 11 人。

例 1.4.3　某班有学生 60 人,其中有 38 人选修 Visual C++ 课程,有 16 人选修 Visual Basic 课程,有 21 人选修 Java 课程,有 3 人这三门课程都选修,有 2 人这三门课程都不选修,问仅选修两门课程的学生人数是多少?

解　设选修 Visual C++ 课程的学生为集合 A,选修 Visual Basic 课程的学生为集合 B,选修 Java 课程的学生为集合 C,则

$$|A| = 38, |B| = 16, |C| = 21,$$
$$|A \bigcap B \bigcap C| = 3, 60 - |A \bigcup B \bigcup C| = 2。$$

因为,
$$|A \bigcup B \bigcup C| = |A| + |B| + |C| - |A \bigcap B| - |A \bigcap C| - |B \bigcap C| + |A \bigcap B \bigcap C|,$$

所以,
$$|A \bigcap B| + |A \bigcap C| + |B \bigcap C| = 20。$$

应注意,仅学两门语言的人数是 20 人。

因为,

$$A \cap B \cap C \subseteq A \cap B,$$

所以,仅选修 Visual C++ 课程和 Visual Basic 课程的学生数是:

$$|A \cap B| - |A \cap B \cap C|。$$

同理,仅选修 Visual C++ 课程和 Java 课程的学生数是:

$$|A \cap C| - |A \cap B \cap C|。$$

仅选修 Visual Basic 课程和 Java 课程的学生数是:

$$|B \cap C| - |A \cap B \cap C|。$$

所以仅选修两门课程的学生数是:

$$|A \cap B| + |A \cap C| + |B \cap C| - 3|A \cap B \cap C| = 11(人)。$$

例 1.4.4 75 个儿童到公园游乐场。他们在那里可以骑旋转木马,坐滑行铁道车,乘"宇宙飞船"。已知其中有 20 人这三种游乐设施都乘坐过,55 人至少乘坐过其中的两种。若每样乘坐一次的费用是 5 元,公园游乐场总共收入 700 元。试确定有多少儿童没有乘坐过其中的任何一种游乐设施。

解 设 A 是骑旋转木马的儿童的集合,B 是坐滑行铁道车的儿童的集合,C 是乘"宇宙飞船"的儿童的集合。则:

$$|A| + |B| + |C| = 140。$$

仅乘坐过其中两种的儿童人数为:

$$55 - 20 = 35。$$

由例 1.4.3 的分析可知,

$$|A \cap B| + |A \cap C| + |B \cap C| - 3|A \cap B \cap C| = 35。$$

所以,$|A \cap B| + |A \cap C| + |B \cap C| = 95。$

而

$$|A \cup B \cup C| = |A| + |B| + |C| - |A \cap B| - |A \cap C| -$$
$$|B \cap C| + |A \cap B \cap C|$$
$$= 140 - 95 + 20 = 65。$$

所以,没有乘坐过任何一种游乐设施的儿童人数为

$$75 - 65 = 10(人)。$$

例 1.4.5 求 1 到 1000 之间能被 2、3、5 和 7 任何一个整除的整数的个数。

解 设 A_1 表示 1 到 1000 间能被 2 整除的整数集合,

A_2 表示 1 到 1000 间能被 3 整除的整数集合,

A_3 表示 1 到 1000 间能被 5 整除的整数集合,

A_4 表示 1 到 1000 间能被 7 整除的整数集合,

$\lfloor x \rfloor$ 表示小于或等于 x 的最大整数。

则:

$$|A_1|=\left\lfloor\frac{1000}{2}\right\rfloor=500, |A_2|=\left\lfloor\frac{1000}{3}\right\rfloor=333,$$

$$|A_3|=\left\lfloor\frac{1000}{5}\right\rfloor=200, |A_4|=\left\lfloor\frac{1000}{7}\right\rfloor=142。$$

$$|A_1\cap A_2|=\left\lfloor\frac{1000}{2\times3}\right\rfloor=166, |A_1\cap A_3|=\left\lfloor\frac{1000}{2\times5}\right\rfloor=11,$$

$$|A_1\cap A_4|=\left\lfloor\frac{1000}{2\times7}\right\rfloor=71, |A_2\cap A_3|=\left\lfloor\frac{1000}{3\times5}\right\rfloor=66,$$

$$|A_2\cap A_4|=\left\lfloor\frac{1000}{3\times7}\right\rfloor=47, |A_3\cap A_4|=\left\lfloor\frac{1000}{5\times7}\right\rfloor=28,$$

$$|A_1\cap A_2\cap A_3|=\left\lfloor\frac{1000}{2\times3\times5}\right\rfloor=33, |A_1\cap A_2\cap A_4|=\left\lfloor\frac{1000}{2\times3\times7}\right\rfloor=23,$$

$$|A_1\cap A_3\cap A_4|=\left\lfloor\frac{1000}{2\times5\times7}\right\rfloor=14, |A_2\cap A_3\cap A_4|=\left\lfloor\frac{1000}{3\times5\times7}\right\rfloor=9,$$

$$|A_1\cap A_2\cap A_3\cap A_4|=\left\lfloor\frac{1000}{2\times3\times5\times7}\right\rfloor=4。$$

因此，

$$|A_1\cup A_2\cup A_3\cup A_4|=500+333+200+142-166-100-71-$$
$$66-47-28+33+23+14+9-4$$
$$=772。$$

所以，1 到 1000 之间能被 2、3、5 和 7 中任何一个整除的整数的个数为 772。

习题 1.4

（A）

1. 求 $U=\{x\mid x\in \mathbf{N}^+ 且 x\leqslant 100\}$ 中不被 3,4,5 整除的个数。

（B）

2. 对某单位的 100 名员工的运动爱好进行调查，结果发现他们喜欢打篮球、踢足球和打羽毛球，其中 58 人喜欢打篮球，38 人喜欢打羽毛球，52 人喜欢踢足球，既喜欢打篮球又喜欢打羽毛球的有 18 人，既喜欢踢足球又喜欢打羽毛球的有 16 人，三种都喜欢有 12 人，求只喜欢踢足球的人数。

3. 有 100 位学生，其中 60 人爱看小说，30 人爱下棋，10 人既爱看小说又爱下棋，5 人既爱看小说又爱跳舞，没有人既爱下棋又爱跳舞，三种活动都不喜爱的有 10 人，请计算爱跳舞学生人数。

（C）

4. (参考华北水利水电学院 2007 年攻读硕士学位研究生招生命题考试)设某校足球队有球衣 38 件，篮球队有球衣 15 件，棒球队有球衣 20 件，三个队队员的总数为 58 人，其中有 3 人同时参加了三个队，试计算同时参加两个队的队员共有几人？

* 1.5 集合的思维导图

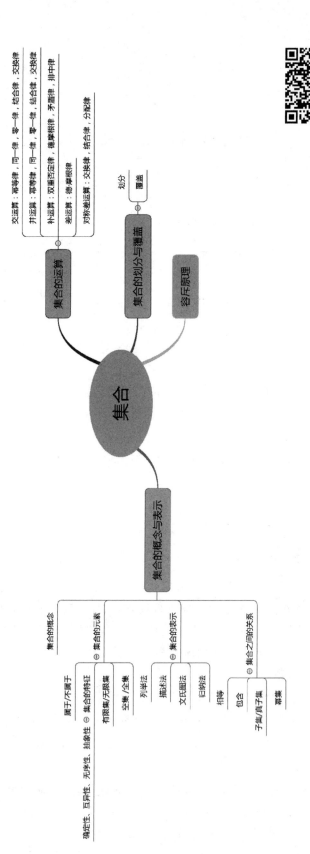

*1.6　集合的算法思想

集合论是一切数学的基础,也是计算机科学领域不可或缺的组成部分,在数据结构、数据库理论、开关理论、自动机理论和可计算理论等领域都有广泛的应用。集合的运算规则是集合论中的重要内容。通过本节内容,学生能够更加深刻地理解集合的概念和性质,并掌握集合的运算规则等。

1.6.1　求任意一个集合的幂集

求任意一个集合的幂集。

$$\rho(A)=\{A_i \mid i\in J\},\text{其中 } J=\{i\mid i \text{ 是二进制数且} \overbrace{000\cdots0}^{|A|}\leqslant i\leqslant \overbrace{111\cdots1}^{|A|}\}。$$

1.6.2　求任意两个集合的交集、并集、差集

任意给定两个集合 A 和 B,求它们的交集、并集、差集。

根据交集的定义:$A\bigcap B=\{x\mid x\in A \wedge x\in B\}$,将集合 A 的各个元素与集合 B 的元素进行比较,若在集合 B 中存在某个元素和集合 A 中某个元素相等,则将该元素送入交集 $A\bigcap B$ 中。

根据并集的定义:$A\bigcup B=\{x\mid x\in A \vee x\in B\}$,只要将集合 A 和集合 B 合并在一起即可。但是,由于集合中的元素具有互异性,同一元素只保留一个,所以,将集合 A 送入并集后,再将集合 B 中与集合 A 中重复的元素删除后送入并集 $A\bigcup B$ 中。

根据差集的定义:$A-B=\{x\mid x\in A \wedge x\notin B\}$,对于集合 A 中的元素 a_i,若不存在集合 B 中的元素 b_j 使得 $a_i=b_j$,则将 a_i 送入差集 $A-B$ 中。

1.7　本 章 小 结

本章介绍了集合的相关概念,以及集合的基本运算。集合的基本概念有:集合、子集、空集、全集、幂集等;读者应掌握这些基本概念;学会利用定义证明集合间存在相等或包含关系;并学会用常用的表示方法表示集合。集合的基本运算包括并、交、差、补、对称差,读者需要掌握这些运算的定义及基本运算律,通过它们证明复杂的集合等式;在计算集合元素数目时,应学会使用有限集合容斥原理。最后,本章给出了集合的思维导图和部分算法思想描述。

关　系

　　关系是离散数学中刻画元素之间相互联系的一个重要概念。它仍然是一个集合,其成员是具有联系的对象组合,在计算机科学与技术领域中有着广泛的应用。例如,关系数据库模型就是以关系及其运算作为理论基础的。

　　本章主要讨论二元关系的基本理论。通过本章学习,读者将掌握以下内容:

　　(1) 有序 n 元组、笛卡儿积的定义及性质;

　　(2) 二元关系的概念及其表示;

　　(3) 关系的集合运算、逆运算和复合运算;

　　(4) 关系的自反性、反自反性、对称性、反对称性和传递性,以及关系的闭包;

　　(5) 等价关系和等价类;

　　(6) 相容关系和相容类;

　　(7) 偏序关系、哈斯图及最大(小)元、极大(小)元、上(下)界、上(下)确界等特殊元素;

　　(8) 全序关系、良序关系和拟序关系。

2.1　有序 n 元组

　　定义 2.1.1　由两个元素 x 和 y 按一定次序排列组成的二元组,称为一个**有序对**或**序偶**,记为 $<x,y>$,其中 x 和 y 分别称为**序偶的第一、第二分量**(或称第一、第二元素)。

　　由定义 2.1.1 可知:

　　(1) 当 $x \neq y$ 时,$<x,y> \neq <y,x>$;

　　(2) $<x,y> = <u,v>$,当且仅当 $x=u \wedge y=v$;

　　(3) 序偶 $<x,y>$ 与集合 $\{x,y\}$ 不同。

　　定义 2.1.2　两序偶 $<a,b>$,$<c,d>$ 是**相等**的,当且仅当 $a=c,b=d$,记作:

$$<a,b> = <c,d>。$$

　　序偶相等的定义可推广至三元组的情形。

　　三元组是一个序偶,其第一元素本身也是一个序偶,可形式化表示为 $<<x,y>,z>$。由序偶的定义可知:

$$<<x,y>,z> = <<u,v>,w> \Leftrightarrow <x,y> = <u,v>,z=w$$
$$\Leftrightarrow x=u,y=v,z=w,$$

本书中约定三元组 $<<x,y>,z>$ 可记作 $<x,y,z>$。

进一步地，**n 元组**可写为 $<<x_1,x_2,\cdots,x_{n-1}>,x_n>$，且

$$<<x_1,x_2,\cdots,x_{n-1}>,x_n>=<<y_1,y_2,\cdots,y_{n-1}>,y_n>$$

$$\Leftrightarrow x_1=y_1,x_2=y_2,\cdots,x_n=y_n。$$

一般地，n 元组可简写为：

$$<x_1,x_2,\cdots,x_{n-1},x_n>，$$

第 i 个元素 x_i 称作**第 i 分量**（或**元素**）。

需要注意的是，一个有序 n 元组并不是由 n 个元素组成的集合。因有序 n 元组明确规定了元素的排列次序，而集合中的元素是无序的。例如，表示时间的 a 年 b 月 c 日 d 时 e 分 f 秒可用有序 6 元组 $<a,b,c,d,e,f>$ 表示。

例 2.1.1 （1） $<a,b,c>\neq<b,a,c>\neq<c,b,a>$，

但是，$\{a,b,c\}=\{b,a,c\}=\{c,b,a\}$。

（2） $<a,a,a>\neq<a,a>\neq<a>$，

但是，$\{a,a,a\}=\{a,a\}=\{a\}$。

例 2.1.2 设有序对 $<2x+y,6>=<x-2y,x+2y>$，求 x,y 的值。

解 根据有序对相等的充要条件可得

$$2x+y=x-2y,6=x+2y，$$

解得 $x=18,y=-6$。

习题 2.1

（A）

1. 列举几个有序 n 元组的例子。

2. 判断所给等式是否成立：

（1） $<a,b>=<b,a>$；

（2） $\{a,b\}=\{b,a\}$。

（B）

3. 按有序对的定义写出有序三元组 $<a,b,c>$ 和有序对 $<<a,b>,c>$ 的集合表达式。

2.2 笛卡儿积

2.2.1 笛卡儿积的定义

定义 2.2.1 给定两个集合 A 和 B，如果序偶的第一分量是 A 中的一个元素，第二分量是 B 中的一个元素，则由所有这种序偶构成的集合称为集合 A 和 B 的**笛卡儿积**，简称为**卡氏积**，记为 $A\times B$，即

$$A\times B=\{<x,y>\mid x\in A\wedge y\in B\}。$$

当 $A=B$ 时,记为 A^2。

规定,若 $A=\varnothing$ 或 $B=\varnothing$,则 $A\times B=\varnothing$。

例如,若 $A=\{a,b\}$, $B=\{1,2,3\}$,则:

$A\times B=\{<a,1>,<a,2>,<a,3>,<b,1>,<b,2>,<b,3>\}$,

$B\times A=\{<1,a>,<1,b>,<2,a>,<2,b>,<3,a>,<3,b>\}$,

$A^2=\{<a,a>,<a,b>,<b,a>,<b,b>\}$,

$B^2=\{<1,1>,<1,2>,<1,3>,<2,1>,<2,2>,<2,3>,$
$\qquad <3,1>,<3,2>,<3,3>\}$。

由上例可知,一般情况下:

$$A\times B\neq B\times A。$$

因为两个集合的笛卡儿积仍然是一个集合,故对于有限集合可以进行多次的笛卡儿积运算。

由笛卡儿积定义可知:

$$(A\times B)\times C=\{<<a,b>,c>\mid (<a,b>\in A\times B)\wedge (c\in C)\}$$
$$=\{<a,b,c>\mid (a\in A)\wedge (b\in B)\wedge (c\in C)\},$$
$$A\times (B\times C)=\{<a,<b,c>>\mid (a\in A)\wedge (<b,c>\in B\times C)\}。$$

由于 $<a,<b,c>>$ 不是三元组,所以,

$$(A\times B)\times C\neq A\times (B\times C)。$$

为了与三元组一致,我们规定:

$$A\times B\times C=(A\times B)\times C。$$

类似地,可以定义 n 个集合的笛卡儿积。

一般地,

$$A_1\times A_2\times\cdots\times A_n=(A_1\times A_2\times\cdots\times A_{n-1})\times A_n$$
$$=\{<x_1,x_2,\cdots,x_n>\mid (x_1\in A_1)\wedge (x_2\in A_2)$$
$$\wedge\cdots\wedge (x_n\in A_n)\}。$$

因此,$A_1\times A_2\times\cdots\times A_n$ 是 n 元组构成的集合。

特别地,当 $A_1=A_2=\cdots=A_n=A$ 时,记作:

$$\underbrace{A\times A\times\cdots\times A}_{n}=A^n。$$

例如,设 $A=B=\mathbf{R}$ 是实数集,则:

$$\mathbf{R}^2=\mathbf{R}\times\mathbf{R}=\{<x,y>\mid x,y\in\mathbf{R}\}$$

是笛卡儿平面,R^3 是笛卡儿空间。

例 2.2.1 $A=\{a,b\}$, $B=\{1,2\}$, $C=\{c\}$,求 $(A\times B)\times C$ 和 $A\times (B\times C)$。

解 因为 $\quad A\times B=\{a,b\}\times\{1,2\}$
$$=\{<a,1>,<a,2>,<b,1>,<b,2>\},$$

所以,

$(A\times B)\times C=\{<<a,1>,c>,<<a,2>,c>,<<b,1>,c>,<<b,2>,c>\}$
$$=\{<a,1,c>,<a,2,c>,<b,1,c>,<b,2,c>\}。$$

$$B \times C = \{1,2\} \times \{c\}$$
$$= \{<1,c>, <2,c>\}。$$
$$A \times (B \times C) = \{<a,<1,c>>, <a,<2,c>>, <b,<1,c>>, <b,<2,c>>\}。$$

例 2.2.2 设 $A = \{1,2\}, B = \{a,b\}$，求 A^2 和 $A^2 \times B$。

解 $A^2 = \{<1,1>, <1,2>, <2,1>, <2,2>\}$，

$A^2 \times B = \{<1,1,a>, <1,2,a>, <2,1,a>, <2,2,a>, <1,1,b>,$

$<1,2,b>, <2,1,b>, <2,2,b>\}。$

2.2.2 笛卡儿积的性质

定理 2.2.1 设 A, B 是任意有限集合，则有：
$$|A \times B| = |A| \cdot |B|。$$

证明 设 $A = \{a_1, a_2, \cdots, a_n\}, B = \{b_1, b_2, \cdots, b_m\}$，
则
$$A \times B = \{<a_1,b_1>, <a_1,b_2>, \cdots,$$
$$<a_1,b_m>, <a_2,b_1>, <a_2,b_2>, \cdots,$$
$$<a_2,b_m>, \cdots, <a_n,b_1>, <a_n,b_2>, \cdots, <a_n,b_m>\},$$
所以
$$|A \times B| = n \cdot m = |A| \cdot |B|。$$

此结论可推广至有限多个集合的笛卡儿积的情形。

设 $A_1, A_2, \cdots, A_n$ 是有限集合，则有
$$|A_1 \times A_2 \times \cdots \times A_n| = |A_1| \cdot |A_2| \cdot \cdots \cdot |A_n|。$$

定理 2.2.2 设 A, B, C 为任意集合，则有
(1) $A \times (B \cup C) = (A \times B) \cup (A \times C)$；
(2) $A \times (B \cap C) = (A \times B) \cap (A \times C)$；
(3) $(A \cup B) \times C = (A \times C) \cup (B \times C)$；
(4) $(A \cap B) \times C = (A \times C) \cap (B \times C)$。

此处选取定理 2.2.2 中的(1)进行证明，其他可由读者自行证明。

证明 $<x,y> \in A \times (B \cup C) \Leftrightarrow x \in A \wedge y \in (B \cup C)$
$$\Leftrightarrow x \in A \wedge (y \in B \vee y \in C)$$
$$\Leftrightarrow (x \in A \wedge y \in B) \vee (x \in A \wedge y \in C)$$
$$\Leftrightarrow (<x,y> \in A \times B) \vee (<x,y> \in A \times C)$$
$$\Leftrightarrow <x,y> \in (A \times B) \cup (A \times C),$$
所以，
$$A \times (B \cup C) = (A \times B) \cup (A \times C)。$$

定理 2.2.3 设 A, B, C 为任意集合，且 $C \neq \varnothing$，则
$$A \subseteq B \Leftrightarrow (A \times C \subseteq B \times C) \Leftrightarrow (C \times A \subseteq C \times B)。$$

证明 假定 $A \subseteq B$，则

$$<x,y>\in A\times C\Rightarrow x\in A\wedge y\in C$$
$$\Rightarrow x\in B\wedge y\in C$$
$$\Rightarrow <x,y>\in B\times C。$$

所以，
$$A\times C\subseteq B\times C。$$

反之，若 $A\times C\subseteq B\times C$，取 $y\in C,x\in A$，
$$A\times C\subseteq B\times C\Rightarrow x\in A\wedge y\in C$$
$$\Rightarrow <x,y>\in A\times C$$
$$\Rightarrow <x,y>\in B\times C$$
$$\Rightarrow x\in B\wedge y\in C$$
$$\Rightarrow x\in B。$$

所以，
$$A\subseteq B。$$

同理可证：
$$A\subseteq B\Leftrightarrow C\times A\subseteq C\times B。$$

定理 2.2.4　设 A,B,C,D 为任意非空集合，则 $A\times B\subseteq C\times D$ 的充分必要条件是：$A\subseteq C,B\subseteq D$。

证明　若 $A\times B\subseteq C\times D$，则对任意 $x\in A,y\in B$，有
$$(x\in A)\wedge(y\in B)\Rightarrow <x,y>\in A\times B$$
$$\Rightarrow <x,y>\in C\times D$$
$$\Rightarrow (x\in C)\wedge(y\in D)。$$

即，
$$A\subseteq C \text{ 且 } B\subseteq D。$$

反之，若 $A\times B\subseteq C\times D$，则
$$<x,y>\in A\times B\Leftrightarrow(x\in A)\wedge(y\in B)$$
$$\Rightarrow (x\in C)\wedge(y\in D)$$
$$\Rightarrow <x,y>\in C\times D。$$

所以，
$$A\times B\subseteq C\times D。$$

注意　定理中非空是必需的，否则定理不一定成立。例如，当 $A=B=\varnothing$ 时，或 $A\neq\varnothing$ 且 $B\neq\varnothing$ 时，结论为真。但当 A 和 B 之一为 $\varnothing$ 时结论不成立。如当 $A=C=D=\varnothing$，$B=\{1\}$ 时，结论不成立。

例 2.2.3　证明 $A\times(B-C)=(A\times B)-(A\times C)$。

证明　
$$<x,y>\in A\times(B-C)\Leftrightarrow x\in A\wedge y\in(B-C)$$
$$\Leftrightarrow x\in A\wedge(y\in B\wedge y\notin C)$$
$$\Leftrightarrow (x\in A\wedge y\in B)\wedge(x\in A\wedge y\notin C)$$
$$\Leftrightarrow (<x,y>\in A\times B)\wedge(<x,y>\notin A\times C)$$
$$\Leftrightarrow <x,y>\in(A\times B)-(A\times C)。$$

所以,
$$A\times(B-C)=(A\times B)-(A\times C)。$$

例 2.2.4 说明下列等式是否成立:

(1) $(A\cap B)\times(C\cap D)=(A\times C)\cap(B\times D)$;

(2) $(A\cup B)\times(C\cup D)=(A\times C)\cup(B\times D)$;

(3) $(A-B)\times(C-D)=(A\times C)-(B\times D)$。

解 (1) 成立。

$$
\begin{aligned}
<x,y>\in(A\cap B)\times(C\cap D)&\Leftrightarrow x\in(A\cap B)\wedge y\in(C\cap D)\\
&\Leftrightarrow x\in A\wedge x\in B\wedge y\in C\wedge y\in D\\
&\Leftrightarrow(x\in A\wedge y\in C)\wedge(x\in B\wedge y\in D)\\
&\Leftrightarrow<x,y>\in A\times C\wedge<x,y>\in B\times D\\
&\Leftrightarrow<x,y>\in(A\times C)\cap(B\times D)。
\end{aligned}
$$

所以,
$$(A\cap B)\times(C\cap D)=(A\times C)\cap(B\times D)。$$

(2) 不成立。

例如,令 $A=D=\varnothing$,$B=C=\{1\}$,

则
$$(A\cup B)\times(C\cup D)=\{1\}\times\{1\}=\{<1,1>\},$$

而
$$(A\times C)\cup(B\times D)=\varnothing。$$

(3) 不成立。

例如,令 $B=\varnothing$,$C=D=A=\{1\}$,

则
$$(A-B)\times(C-D)=\{1\}\times\varnothing=\varnothing,$$

而
$$(A\times C)-(B\times D)=\{<1,1>\}-\varnothing=\{<1,1>\}。$$

习题 2.2

（A）

1. 设 $A=\{1,2,3,4,5,6,7,8,9,10\}$,设 $B=\{a,b,c,\cdots,x,y,z\}$,求 $A\times B$ 中有多少个元素。

2. 设 $A=\{1,2,3,6\}$,$B=\{8,9,10\}$,求:

(1) $A\times B$;

(2) $B\times A$;

(3) A^2;

(4) $A\times B\times A$;

(5) $B\times B\times A$;

（6）B^4 的元素数目。

3. 设 $A=\{0,1\}$，$B=\{1,2\}$，试确定下列集合：

（1）$A\times B$；

（2）A^2；

（3）$(B\times A)^2$。

4. A,B,C,D 为任意集合，判断式 $(A-B)\times C=(A\times C)-(B\times C)$ 是否为真。如果为真，请证明；如果为假，请举一反例。

5. 判断 $(A\bigcup B)-C=(A-C)\bigcup (B-C)$ 是否成立，若成立，请证明。

（B）

6. 设 A,B,C,D 是 4 个任意集合，试证明下式成立：
$$(A\bigcap B)\times (C\bigcap D)=(A\times C)\bigcap (B\times D)。$$

2.3　二元关系

★ 世界上存在着各种各样的关系。人和人之间有同事关系、师生关系、上下级关系等；两个数之间有大于关系、等于关系、小于关系等；两个变量之间有函数关系；程序之间有调用关系等。所以，对关系进行深刻的研究，对数学和计算机都有很大的用处。

本节介绍二元关系的相关概念。

2.3.1　二元关系的概念

定义 2.3.1　设 A,B 是两个集合，R 是笛卡儿积 $A\times B$ 的任一子集，则称 R 为从 A 到 B 的一个**二元关系**，简称**关系**。当 $<x,y>\in R$ 时，也记作 xRy。若 $R=\varnothing$，则 R 称为**空关系**；若 $R=A\times B$，则 R 称为**全关系**。

由定义可知，关系是由序偶组成的，因而关系是特殊的集合。

特别当 $A=B$ 时，则称 R 为 **A 上的二元关系**（或 **A 上的关系**）。

关系可以推广到 n 元关系，我们主要讨论二元关系。

例如，若 $A=\{1,2,3,4,5\}$，$B=\{a,b,c\}$，则
$$R=\{<1,a>,<1,b>,<2,b>,<3,a>\}$$
是 A 到 B 的关系，
$$S=\{<a,2>,<c,4>,<c,5>\}$$
是 B 到 A 的关系。

定义 2.3.2　设 I_A 为集合 A 上的二元关系，且满足 $I_A=\{<a,a>\,|\,a\in A\}$，则称 I_A 为集合 A 上的**恒等关系**。

例如，$A=\{a,b,c,d\}$，则
$$I_A=\{<a,a>,<b,b>,<c,c>,<d,d>\}。$$

例 2.3.1 设 $A=\{1,2,3,4,5,6,7,8,9\}$，R 是 A 上的二元关系，当 $a,b\in A$ 且 a,b 除以 3 的余数相同时，$<a,b>\in R$，求二元关系 R 和 A 上的恒等关系。

解 $R=\{<1,1>,<1,4>,<1,7>,<4,1>,<4,4>,<4,7>,<7,1>,$
$<7,4>,<7,7>,<2,2>,<2,5>,<2,8>,<5,2>,<5,5>,$
$<5,8>,<8,2>,<8,5>,<8,8>,<3,3>,<3,6>,<3,9>,$
$<6,3>,<6,6>,<6,9>,<9,3>,<9,6>,<9,9>\}。$
$I_A=\{<1,1>,<2,2>,<3,3>,<4,4>,<5,5>,<6,6>,$
$<7,7>,<8,8>,<9,9>\}。$

显然 $I_A\subseteq R$。

★在计算机领域中，关系的概念也是广泛存在的。如数据结构中的线性关系和非线性关系，数据库中的表关系等。

定义 2.3.3 设 R 是二元关系，由 $<x,y>\in R$ 的所有 x 组成的集合称为 R 的**定义域**，记作 $\mathrm{dom}R$，即
$$\mathrm{dom}R=\{x\mid(\exists y)(<x,y>\in R)\}。$$
由 $<x,y>\in R$ 的所有 y 组成的集合称为 R 的**值域**，记作 $\mathrm{ran}R$，即
$$\mathrm{ran}R=\{y\mid(\exists x)(<x,y>\in R)\},$$
R 的定义域和值域一起称作 R 的域，记作 $\mathrm{FLD}R$，即
$$\mathrm{FLD}R=\mathrm{dom}R+\mathrm{ran}R。$$

例 2.3.2 设 $A=\{a,b,c,d,e\}$，$B=\{1,2,3\}$，$R=\{<a,2>,<b,3>,<c,2>\}$，求 R 的定义域和值域。

解 $\mathrm{dom}R=\{a,b,c\}$，$\mathrm{ran}R=\{2,3\}$。

例 2.3.3 设 $A=\{1,3,5,7,9\}$，R 是 A 上的二元关系，当 $a,b\in A$ 且 $a<b$ 时，$<a,b>\in R$，求二元关系 R 及其定义域和值域。

解 $R=\{<1,3>,<1,5>,<1,7>,<1,9>,<3,5>,<3,7>,$
$<3,9>,<5,7>,<5,9>,<7,9>\}。$
$\mathrm{dom}R=\{1,3,5,7\}$，$\mathrm{ran}R=\{3,5,7,9\}。$

例 2.3.4 设 $A=\{1,2,3,4,5,6\}$，R 是 A 上的二元关系，当 $a,b\in A$ 且 a 整除 b 时，$<a,b>\in R$，求二元关系 R 及其定义域和值域。

解 $R=\{<1,1>,<1,2>,<1,3>,<1,4>,<1,5>,<1,6>,<2,2>,$
$<2,4>,<2,6>,<3,3>,<3,6>,<4,4>,<5,5>,<6,6>\}$
$\mathrm{dom}R=\{1,2,3,4,5,6\}$，$\mathrm{ran}R=\{1,2,3,4,5,6\}。$

2.3.2 二元关系的表示

1. 关系图表示法

一个有限集合 A 上的二元关系 R,还可以用关系图直观地表示。

定义 2.3.4 设集合 $A=\{a_1,a_2,\cdots,a_n\}$,集合 $B=\{b_1,b_2,\cdots,b_m\}$,R 为从 A 到 B 的一个二元关系。首先用小圆圈画出 n 个结点分别表示 $a_1,a_2,\cdots,a_n$,然后另外作出 m 个结点分别表示 $b_1,b_2,\cdots,b_m$,如果 $<a_i,b_j>\in R$,则作出一条由 a_i 点出发指向 b_j 点,带箭头的线段。如果 $<a_i,b_j>\notin R$,则结点 a_i 到结点 b_j 之间没有线段联结。用这种方法得到的图称为 R 的**关系图**。

例 2.3.5 设 $A=\{1,2,3,4\}$,$B=\{5,6,7\}$,$R=\{<1,7>,<2,5>,<3,6>,<4,7>\}$,试作出 R 的关系图。

解 R 的关系图如图 2.3.1 所示。

例 2.3.6 设 $A=\{1,2,3,4\}$,$R=\{<1,2>,<2,2>,<3,3>,<4,1>\}$,试作出 R 上的关系图。

解 因为 R 是 A 上的关系图,故只须画出 A 中的每个元素即可。如果 $<a_i,a_j>\in R$,就作一条从 a_i 到 a_j 的有向弧。

R 的关系图如图 2.3.2 所示。

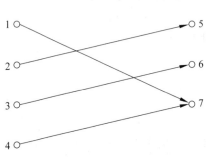

图 2.3.1 R 的关系图(例 2.3.5)

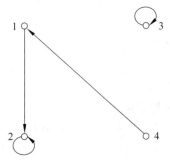

图 2.3.2 R 的关系图(例 2.3.6)

由于关系图主要表达结点与结点之间的邻接关系,所以,关系图中对结点的位置以及结点与结点之间的边长无关。

需要指出的是,从 A 到 B 的关系 R 是 $A\times B$ 的子集,即 $R\subseteq A\times B$,而 $A\times B\subseteq(A\cup B)\times(A\cup B)$。令 $C=A\cup B$,则 $R\subseteq C\times C$,因此,我们今后通常只讨论同一集合上的关系。

2. 关系矩阵表示法

利用矩阵这个数学工具,可以表示有限集合间的二元关系。用矩阵表示关系,便于用计算机来处理关系。

定义 2.3.5 设集合 $A=\{a_1,a_2,\cdots,a_n\}$,集合 $B=\{b_1,b_2,\cdots,b_m\}$,R 为从 A 到 B 的

一个二元关系,构造一个 $n\times m$ 矩阵:

$$M_R=(r_{ij})_{n\times m},$$

其中,

$$r_{ij}=\begin{cases}1, & <a_i,b_j>\in R \\ 0, & <a_i,b_j>\notin R\end{cases} \quad (i=1,2,\cdots,n;j=1,2,\cdots,m),$$

则称所得到的矩阵 M_R 为二元关系 R 的**关系矩阵**。

例 2.3.7　设 $A=\{a,b,c,d\}$,$B=\{x,y,z\}$,$R=\{<a,x>,<b,y>,<c,x>,<d,z>\}$,写出二元关系 R 的关系矩阵 M_R。

解　R 的关系矩阵为:

$$M_R=\begin{bmatrix}1 & 0 & 0 \\ 0 & 1 & 0 \\ 1 & 0 & 0 \\ 0 & 0 & 1\end{bmatrix}。$$

例 2.3.8　设 $A=\{1,2,3,4,5,6\}$,R 是 A 上的小于或等于关系,即 $a,b\in A$,$<a,b>\in R$,$a\leqslant b$,则 $<a,b>\in R$,写出二元关系 R 的关系矩阵 M_R。

解　由题意知,

$$\begin{aligned}R=\{&<1,1>,<1,2>,<1,3>,<1,4>,<1,5>,<1,6>,<2,2>,\\ &<2,3>,<2,4>,<2,5>,<2,6>,<3,3>,<3,4>,<3,5>,\\ &<3,6>,<4,4>,<4,5>,<4,6>,<5,5>,<5,6>,<6,6>\}。\end{aligned}$$

所以,R 的关系矩阵为:

$$M_R=\begin{bmatrix}1 & 1 & 1 & 1 & 1 & 1 \\ 0 & 1 & 1 & 1 & 1 & 1 \\ 0 & 0 & 1 & 1 & 1 & 1 \\ 0 & 0 & 0 & 1 & 1 & 1 \\ 0 & 0 & 0 & 0 & 1 & 1 \\ 0 & 0 & 0 & 0 & 0 & 1\end{bmatrix}。$$

习题 2.3

(A)

1. 判断下列哪些是从 $A=\{a,b,c\}$ 到 $B=\{1,2\}$ 的关系:

(1) $R_1=\{<a,1>,<a,2>,<c,2>\}$;

(2) $R_2=\{<a,2>,<b,1>\}$;

(3) $R_3=\{<c,1>,<c,2>,<c,3>\}$;

(4) $R_4=\{<b,2>\}$;

(5) $R_5=\varnothing$;

(6) $R_6=A\times B$。

2. 求从 $A=\{a,b,c\}$ 到 $B=\{1,2\}$ 的关系的数目。

3. 列出下列二元关系的所有元素：

(1) $A=\{0,1,2\}, B=\{0,2,4\}, R=\{<x,y>|x,y\in A\cap B\}$；

(2) $A=\{1,2,3,4,5\}, B=\{1,2\}, R=\{<x,y>|x\in A, y\in B, 2\leqslant x+y\leqslant 4\}$；

(3) $A=\{1,2,3\}, B=\{-3,-2,-1,0,1\}, R=\{<x,y>|x\in A, y\in B, |x|=|y|\}$。

4. 对 $\{0,1,2,3,4,5,6\}$ 上的二元关系
$$R=\{<x,y>|x<y \vee x\text{ 是质数}\},$$
写出其关系矩阵 M_R。

5. 设 $A=\{1,2,3,4,6\}$，R 是 A 上的关系，定义为"x 整除 y"，记作 $x|y$。若存在一个整数 z，使得 $xz=y$，则 $x|y$，例如 $2\times 3=6$，因此 $2|6$。试将 R 写成一个有序偶集合。

（B）

6. 设 $A=\{1,2,3,4,5,6\}, B=\{1,2,3\}$，从 A 到 B 的关系
$$R=\{<x,y>|x=y^2\},$$
求 R 的关系矩阵 M_R。

（C）

7. （参考北京大学 2004 年硕士生研究生入学考试试题）设 A 为 $n(n\geqslant 1)$ 元集合，试问 A 上有多少个二元关系？

2.4　关系的运算

2.4.1　关系的集合运算

二元关系是以序偶为元素的集合，因此，可以对其进行集合的运算，如交、并、差、补等运算，从而产生新的二元关系。

例 2.4.1　设 $A=\{1,2,3,4,5\}$，R_1 和 R_2 是 A 上的二元关系，且 $R_1=\{<a,b>|a$ 与 b 的差能被 2 整除$\}$，$R_2=\{<a,b>|a$ 与 b 的差为正，且能被 3 整除$\}$，求 $R_1\cup R_2$，$R_1\cap R_2$，R_1-R_2，R_2-R_1，$\bar{R}_1$。

解　$R_1=\{<1,1>,<1,3>,<1,5>,<2,2>,<2,4>,<3,1>,<3,3>,$
　　　　$<3,5>,<4,2>,<4,4>,<5,1>,<5,3>,<5,5>\}$，
　　$R_2=\{<4,1>,<5,2>\}$，
所以，
　$R_1\cup R_2=\{<1,1>,<1,3>,<1,5>,<2,2>,<2,4>,<3,1>,$
　　　　$<3,3>,<3,5>,<4,1>,<4,2>,<4,4>,<5,1>,$
　　　　$<5,2><5,3><5,5>\}$，
　$R_1\cap R_2=\varnothing$，
　$R_1-R_2=\{<1,1>,<1,3>,<1,5>,<2,2>,<2,4>,<3,1>,<3,3>,$
　　　　$<3,5>,<4,2>,<4,4>,<5,1>,<5,3>,<5,5>\}$，

$$R_2 - R_1 = \{<4,1>,<5,2>\},$$
$$\overline{R_1} = A \times A - R_1$$
$$= \{<1,2>,<1,4>,<2,1>,<2,3>,<2,5>,<3,2>,<3,4>,$$
$$<4,1>,<4,3>,<4,5>,<5,2>,<5,4>\}.$$

2.4.2　关系的复合运算

定义 2.4.1　设 R 是从集合 A 到集合 B 上的二元关系，S 是从集合 B 到集合 C 上的二元关系，则 $R \circ S$ 称为 R 和 S 的**复合关系**，其中：

$$R \circ S = \{<a,c> \mid a \in A \wedge c \in C \wedge (\exists b)(b \in B \wedge <a,b> \in R \wedge <b,c> \in S)\}.$$

从 R 和 S 得到 $R \circ S$ 的运算称为关系的**复合运算**，也称为**合成运算**。

例 2.4.2　设 $A = \{1,2,3,4\}$，$B = \{3,5,7\}$，$C = \{1,2,3\}$，令 $R = \{<2,7>,<3,5>,<4,3>\}$ 是从 A 到 B 的二元关系，$S = \{<3,3>,<7,2>\}$ 是从 B 到 C 的二元关系，求 $R \circ S$。

解　$R \circ S = \{<2,2>,<4,3>\}$。

复合运算是对关系的二元运算，它能够由两个关系生成一个新的关系。设 R 是从 A 到 B 的二元关系，S 是从 B 到 C 的二元关系，T 是从 C 到 D 的二元关系，则 $(R \circ S) \circ T$ 和 $R \circ (S \circ T)$ 都是从 A 到 D 的二元关系，且容易验证：

$$(R \circ S) \circ T = R \circ (S \circ T),$$

即关系的复合运算满足结合律。

特别地，R 本身所构成的复合关系可简写为：

$$R^n = \underbrace{R \circ R \circ \cdots \circ R}_{n},$$

称为 **R 的 n 次幂**。规定 $R^0 = I_A$，不难验证。

R 的 n 次幂也满足指数算律：

(1) $R^{n+m} = R^n \circ R^m$；

(2) $(R^n)^m = R^{nm}$。

设 R 是 A 上的二元关系，I_A 是 A 上的恒等关系，$\varnothing$ 是 A 上的空关系，则：

(1) $R \circ I_A = I_A \circ R = R$；

(2) $R \circ \varnothing = \varnothing \circ R = \varnothing$。

由于二元关系可用关系矩阵表示，因此，复合关系也可以用矩阵表示。

设 R 是从 $A = \{a_1, a_2, \cdots, a_m\}$ 到 $B = \{b_1, b_2, \cdots, b_n\}$ 的二元关系，构造其关系矩阵

$$\boldsymbol{M}_R = (r_{ij})_{m \times n},$$

其中，

$$r_{ij} = \begin{cases} 1, & <a_i, b_j> \in R \\ 0, & <a_i, b_j> \notin R \end{cases} (i = 1,2,\cdots,m; j = 1,2,\cdots,n).$$

设 S 是从 $B = \{b_1, b_2, \cdots, b_n\}$ 到 $C = \{c_1, c_2, \cdots, c_t\}$ 的二元关系，构造其关系矩阵：

$$\boldsymbol{M}_S = (s_{jk})_{n \times t},$$

其中，

$$s_{ij}=\begin{cases}1, & <b_j,c_k>\in S\\0, & <b_j,c_k>\notin S\end{cases}(j=1,2,\cdots,n;k=1,2,\cdots,t),$$

则**复合关系 $R\circ S$ 的关系矩阵 $\boldsymbol{M}_{R\cdot S}=(m_{ik})_{m\times t}$ 可构造如下：**

如果存在 $b_j\in B$，使得 $<a_i,b_j>\in R$ 且 $<b_j,c_k>\in S$，则有 $<a_i,c_k>\in R\circ S$。

在集合 B 中，满足这个条件的可能不止一个 b_j。如果有另外一个 $b'_j\in B$，且 $b'_j\neq b_j$，能够使得 $<a_i,b'_j>\in R$ 且 $<b'_j,c_k>\in S$，则也有 $<a_i,c_k>\in R\circ S$。

因此，当我们扫描 $\boldsymbol{M}_R$ 的第 i 行和 $\boldsymbol{M}_S$ 的第 k 列时，如果发现至少有一个这样的 j，使得 $r_{ij}=1$ 且 $s_{jk}=1$，则在 $\boldsymbol{M}_{R\cdot S}$ 中记 $m_{ik}=1$，否则，记 $m_{ik}=0$。

因此，复合关系 $R\circ S$ 的关系矩阵 $\boldsymbol{M}_{R\cdot S}=(m_{ik})_{m\times t}$ 可用类似于矩阵乘法的方法得到：

$$\boldsymbol{M}_{R\cdot S}=\boldsymbol{M}_R\circ\boldsymbol{M}_S=(m_{ik})_{m\times t},$$

其中，

$$m_{ik}=\bigvee_{j=1}^{n}(r_{ij}\wedge s_{jk})。$$

上式中，$\vee$ 表示逻辑加：

$$0\vee0=0,0\vee1=1,1\vee0=1,1\vee1=1。$$

$\wedge$ 表示逻辑乘：

$$0\wedge0=0,0\wedge1=0,1\wedge0=0,1\wedge1=1。$$

例 2.4.3　设 $A=\{1,2,3,4,5\}$，在集合 A 上定义两个关系：

$R=\{<1,2>,<3,4>,<2,2>\}$，$S=\{<4,2>,<2,5>,<3,1>,<1,3>\}$，

求 $R\circ S$ 和 $S\circ R$ 的关系矩阵。

解　由题意知，R,S 的关系矩阵分别为：

$$\boldsymbol{M}_R=\begin{bmatrix}0&1&0&0&0\\0&1&0&0&0\\0&0&0&1&0\\0&0&0&0&0\\0&0&0&0&0\end{bmatrix},\quad \boldsymbol{M}_S=\begin{bmatrix}0&0&1&0&0\\0&0&0&0&1\\1&0&0&0&0\\0&1&0&0&0\\0&0&0&0&0\end{bmatrix},$$

所以，

$$\boldsymbol{M}_{R\cdot S}=\boldsymbol{M}_R\circ\boldsymbol{M}_S=\begin{bmatrix}0&1&0&0&0\\0&1&0&0&0\\0&0&0&1&0\\0&0&0&0&0\\0&0&0&0&0\end{bmatrix}\circ\begin{bmatrix}0&0&1&0&0\\0&0&0&0&1\\1&0&0&0&0\\0&1&0&0&0\\0&0&0&0&0\end{bmatrix}=\begin{bmatrix}0&0&0&0&1\\0&0&0&0&1\\0&1&0&0&0\\0&0&0&0&0\\0&0&0&0&0\end{bmatrix},$$

$$\boldsymbol{M}_{S\cdot R}=\boldsymbol{M}_S\circ\boldsymbol{M}_R=\begin{bmatrix}0&0&1&0&0\\0&0&0&0&1\\1&0&0&0&0\\0&1&0&0&0\\0&0&0&0&0\end{bmatrix}\circ\begin{bmatrix}0&1&0&0&0\\0&1&0&0&0\\0&0&0&1&0\\0&0&0&0&0\\0&0&0&0&0\end{bmatrix}=\begin{bmatrix}0&0&0&1&0\\0&0&0&0&0\\0&1&0&0&0\\0&1&0&0&0\\0&0&0&0&0\end{bmatrix}。$$

定理 2.4.1　设 R 是从 A 到 B 的二元关系，S 是从 B 到 C 的二元关系，T 是从 C 到

D 的二元关系,则:

(1) $R \circ (S \cup T) = (R \circ S) \cup (R \circ T)$;

(2) $R \circ (S \cap T) \subseteq (R \circ S) \cap (R \circ T)$;

(3) $(R \cup S) \circ T = (R \circ T) \cup (S \circ T)$;

(4) $(R \cap S) \circ T \subseteq (R \circ T) \cap (S \circ T)$。

定义 2.4.2　若一个矩阵的元素要么为 0,要么为 1,则称该矩阵为**布尔矩阵**。

定义 2.4.3　布尔矩阵 $\boldsymbol{A} = (a_{ij})$ 和 $\boldsymbol{B} = (b_{ij})$ 的**布尔和 $\boldsymbol{A} \vee \boldsymbol{B}$**、**布尔积 $\boldsymbol{AB}$** 定义如下:

$$\boldsymbol{A} \vee \boldsymbol{B} = (c_{ij}),$$

其中,

$$c_{ij} = a_{ij} \vee b_{ij},$$
$$\boldsymbol{AB} = (c_{ij}),$$

其中,

$$c_{ij} = (a_{ik} \wedge b_{kj})。$$

2.4.3　关系的逆运算

定义 2.4.4　设 R 是从集合 A 到集合 B 的二元关系,如果将 R 中每个序偶的第一元素和第二元素的顺序互换,所得到的集合称为 R 的**逆关系**,记为 R^{-1},即

$$R^{-1} = \{<y,x> | <x,y> \in R\}。$$

定理 2.4.2　设 R,S,T 都是从集合 A 到集合 B 的二元关系,则下列各式成立:

(1) $(R^{-1})^{-1} = R$;

(2) $(R \cup S)^{-1} = R^{-1} \cup S^{-1}$;

(3) $(R \cap S)^{-1} = R^{-1} \cap S^{-1}$;

(4) $(A \times B)^{-1} = B \times A$;

(5) $(\bar{R})^{-1} = \overline{(R^{-1})}, (\bar{R} = A \times B - R)$;

(6) $(R - S)^{-1} = R^{-1} - S^{-1}$。

定理 2.4.3　设 R 是从 A 到 B 的二元关系,S 是从 B 到 C 的二元关系,则

$$(R \circ S)^{-1} = S^{-1} \circ R^{-1}。$$

证明　$<c,a> \in (R \circ S)^{-1} \Leftrightarrow <a,c> \in R \circ S$

$\Leftrightarrow (\exists b)(b \in B \wedge <a,b> \in R \wedge <b,c> \in S)$

$\Leftrightarrow (\exists b)(b \in B \wedge <b,a> \in R^{-1} \wedge <c,b> \in S^{-1})$

$\Leftrightarrow <c,a> \in S^{-1} \circ R^{-1}。$

习题 2.4

(A)

1. 设 $A = \{1,2,3,4\}, R = \{<1,2>,<2,4>,<3,3>\}, S = \{<1,3>,<2,4>, <4,2>\}$。试计算:

(1) $R \cup S$；

(2) $R \cap S$；

(3) $R - S$；

(4) $\overline{R}$；

(5) S^{-1}。

2. 设 R 和 S 是 $A = \{1,2,3,4\}$ 上的两个关系，定义：
$$R = \{<1,1>,<3,1>,<3,4>,<4,2>,<4,3>\},$$
$$S = \{<1,3>,<2,1>,<3,1>,<3,2>,<4,4>\},$$
试计算复合关系 $R \circ S$。

3. 设 $A = \{1,2,3,4\}$，定义 A 上的二元关系：
$$R = \{<1,2>,<3,4>,<4,3>\},$$
$$S = \{<1,3>,<3,4>,<4,1>\},$$
试计算：

(1) $R \cap \overline{S}$；

(2) $\overline{R \cup S}$；

(3) $R \circ S$。

4. 设 R 是从集合 $A = \{1,2,3,4\}$ 到集合 $B = \{x,y,z\}$ 的关系，定义：
$$R = \{<1,y>,<1,z>,<3,y>,<4,x>,<4,z>\},$$
试求 R^{-1} 的关系矩阵。

5. 设 A,B,C,D 均是集合，$R \subseteq A \times B$，$S \subseteq B \times C$，$T \subseteq C \times D$，则：

(1) $R \circ (S \cup T) = (R \circ S) \cup (R \circ T)$；

(2) $R \circ (S \cap T) \subseteq (R \circ S) \cap (R \circ T)$。

（B）

6. 设 R 和 S 是集合 $X = \{a,b,c\}$ 上的关系，定义：
$$R = \{<a,b>,<a,c>,<b,a>\},$$
$$S = \{<a,c>,<b,a>,<b,b>,<c,a>\},$$
求关系 R 的关系矩阵 $\boldsymbol{M}_R$，表示 R^{-1} 的关系矩阵 $\boldsymbol{M}_{R^{-1}}$，以及复合关系 $R \circ R^{-1}$ 的关系矩阵 $\boldsymbol{M}_{R \circ R^{-1}}$。

（C）

7. （参考北京大学 1997 年硕士生研究生入学考试试题）设 $R = \{<x,y> \mid x,y \in \mathbf{N} \wedge x + 3y = 12\}$，求 R^2。

2.5　关系的性质

关系主要有 5 种性质：自反性、反自反性、对称性、反对称性和传递性。下面从定义、关系图的特征、关系矩阵的特征以及性质特征 4 个角度对这 5 种性质进行分别介绍。

2.5.1 自反性

1. 自反性的定义

定义 2.5.1 设 R 是集合 A 上的二元关系,如果对于每个 $x \in A$,都有 $<x,x> \in R$,则称二元关系 R 是**自反的**,即

$$R \text{ 在 } A \text{ 上是自反的} \Leftrightarrow (\forall x)(x \in A \rightarrow <x,x> \in R)。$$

例 2.5.1 说明以下关系是否满足自反性。

$\mathbf{Z}$ 上的整除关系 $|$ 是否自反的。

$\rho(X)$ 上的包含关系 $\subseteq$ 是自反的。

$\mathbf{R}$ 上的小于或等于关系 $\leqslant$ 是自反的。

$\mathbf{R}$ 上的小于关系 $<$ 不是自反的。

例 2.5.2 设 $A = \{a,b,c\}$, R,S,T 是 A 上的二元关系,其中,

$$S = \{<a,a>,<b,b>,<c,c>,<a,b>\},$$

说明 S 是否为 A 上的自反关系。

解 S 是 A 上的自反关系。

在集合 A 上满足自反性的关系要求集合上每个元素均有 $<a,a>$ 序偶,所以具有自反性质的关系至少要包含 $\{<a,a>,<b,b>,<c,c>\}$。

2. 自反性关系图的特征

例 2.5.3 设集合 $A = \{a,b,c,d\}$, A 上的二元关系

$$R = \{<a,a>,<a,b>,<a,c>,<b,b>,<c,c>,<c,d>,<d,d>\},$$

讨论 R 的性质,画出 R 的关系图。

解 由于 $<a,a>,<b,b>,<c,c>,<d,d> \in R$,即 $I_A \subseteq R$,所以 R 是自反的。

R 的关系图如图 2.5.1 所示。

从例 2.5.3 可以看出,若关系 R 是自反的,当且仅当在关系图上每个结点都有由自身出发回到自身的闭合的环。

3. 自反性关系矩阵的特征

例 2.5.4 设集合 $A = \{a,b,c,d\}$, A 上的二元关系

$$R = \{<a,a>,<a,b>,<b,b>,<b,c>,<c,a>,<c,c>,<c,d>,<d,d>\},$$

写出 R 的关系矩阵。

解 R 的关系矩阵为

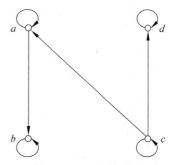

图 2.5.1 R 的关系图

$$\boldsymbol{M}_R = \begin{bmatrix} 1 & 1 & 0 & 0 \\ 0 & 1 & 1 & 0 \\ 1 & 0 & 1 & 1 \\ 0 & 0 & 0 & 1 \end{bmatrix}。$$

从例 2.5.4 可以看出，若关系 R 是自反的，当且仅当在关系矩阵中，主对角线上的所有元素都是 1。

4. 自反性的特征

定理 2.5.1 设 R 是集合 A 上的二元关系，则 R 在 A 上是自反的充要条件是
$$I_A \subseteq R。$$

证明 由自反性的定义，必要性是显然的。下面证明充分性。

任取 $x \in A$，有 $<x,x> \in I_A$，而 $I_A \subseteq R$，所以，$<x,x> \in R$。因此，R 在 A 上是自反的。

显然，空集 $\varnothing$ 上的关系只有空关系 $\varnothing$ 一个，该空关系 $\varnothing$ 是空集 $\varnothing$ 上的自反关系。

2.5.2 反自反性

1. 反自反性的定义

定义 2.5.2 设 R 是集合 A 上的二元关系，如果对于每个 $x \in A$，都有 $<x,x> \notin R$，则称二元关系 R 是**反自反**的。即
$$R \text{ 在 } A \text{ 上是反自反的} \Leftrightarrow (\forall x)(x \in A \rightarrow <x,x> \notin R)。$$

例 2.5.5 设 $A = \{a,b,c\}$，T 是 A 上的二元关系，其中
$$T = \{<a,b>,<b,c>\}，$$
说明 T 是否为 A 上的反自反关系。

解 T 是 A 上的反自反关系。

在集合 A 上满足反自反性的关系要求集合上不能有任何一个 $<a,a>$ 序偶。

2. 反自反性关系图的特征

例 2.5.6 设集合 $A = \{a,b,c,d\}$，且 A 上的二元关系
$$R = \{<a,b>,<a,c>,<b,a>,<b,c>,<c,a>,<c,d>,<d,c>\}，$$
讨论 R 的性质，画出 R 的关系图。

解 由于 $<a,a>,<b,b>,<c,c>,<d,d> \notin R$，即
$$I_A \cap R = \varnothing，$$
所以，R 是反自反的。

R 的关系图如图 2.5.2 所示。

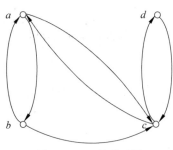

从例 2.5.6 可以看出，若关系 R 是反自反的，当且仅当在关系图上每个结点不存在自回路。

3. 反自反性关系矩阵的特征

图 2.5.2 R 的关系图

例 2.5.7 设集合 $A = \{a,b,c,d\}$，A 上的二元关系
$$R = \{<a,b>,<a,c>,<b,a>,<b,c>,<c,a>,<c,d>,<d,c>\}，$$

写出 R 的关系矩阵。

解　R 的关系矩阵为

$$\boldsymbol{M}_R = \begin{bmatrix} 0 & 1 & 1 & 0 \\ 1 & 0 & 1 & 0 \\ 1 & 0 & 0 & 1 \\ 0 & 0 & 1 & 0 \end{bmatrix}。$$

从例 2.5.7 可以看出,若关系 R 是反自反的,当且仅当在关系矩阵中,主对角线上的所有元素都是 0。

4. 反自反性的特征

定理 2.5.2　设 R 是集合 A 上的二元关系,则 R 在 A 上是反自反的充要条件是
$$I_A \bigcap R = \varnothing。$$
显然,空关系 $\varnothing$ 是空集 $\varnothing$ 上的反自反关系。

例 2.5.8　设 $A = \{a, b, c\}$,R, S, T 是 A 上的二元关系,其中
$$R = \{<a,a>, <b,b>\},$$
$$S = \{<a,a>, <b,b>, <c,c>, <a,b>\},$$
$$T = \{<a,b>, <b,c>\},$$
说明 R, S, T 是否为 A 上的自反关系、反自反关系。

解　R 既不是 A 上的自反关系也不是 A 上的反自反关系,S 是 A 上的自反关系,T 是 A 上的反自反关系。

5. 自反性和反自反性的联系与区别

1) 问题讨论

(1) 是否存在既具有自反性,又具有反自反性的关系?

(2) 是否存在既不具有自反性,又不具有反自反性的关系?

(3) 空关系 $\varnothing$、全关系 U_A、相等关系 I_A 是否具有自反性,或反自反性?

(4) 若 A 是空集,A 上的空关系 $\varnothing$ 是否既具有自反性,又具有反自反性?

解　(1) 空集 $\varnothing$ 上的关系只有空关系 $\varnothing$ 一个,该空关系 $\varnothing$ 是空集 $\varnothing$ 上的自反关系和反自反关系。

(2) 设 $A = \{1, 2, 3\}$,$R = \{<1,1>, <1,2>, <3,2>, <2,3>, <3,3>\}$,由定义知 R 不是反自反的,因为 $<1,1> \in R$,因而 R 既不是自反的,也不是反自反的。

2) 联系与区别

自反性与反自反性是两个独立的概念,不是互为否定的。自反性、反自反性互斥,但是不互补。不是自反的不一定是反自反的,不是反自反的不一定是自反的。

设 $A = \{1, 2, 3\}$,$R = \{<1,1>, <1,2>, <3,2>, <2,3>, <3,3>\}$,由定义知 R 不是反自反的,因为 $<1,1> \in R$。显然,R 也不是自反的。因而 R 既不是自反的,也不是反自反的。

定理 2.5.3　设 R 是集合 A 上的二元关系,则 R 是反自反的充要条件是 R^{-1} 是反自

反的。

2.5.3 对称性

1. 对称性的定义

定义 2.5.3　设 R 是集合 A 上的二元关系,如果对于任意的 $x,y \in A$,当 $<x,y> \in R$,有 $<y,x> \in R$,则称二元关系 R 是**对称的**。即

R 在 A 上是对称的 $\Leftrightarrow (\forall x)(\forall y)(x \in A \wedge y \in A \wedge <x,y> \in R \rightarrow <y,x> \in R)$。

2. 对称性关系图的特征

例 2.5.9　设集合 $A = \{a,b,c,d\}$,A 上的二元关系
$$R = \{<a,b>,<a,c>,<b,a>,<b,c>,<c,a>,<c,b>,$$
$$<c,d>,<d,c>,<d,d>\},$$
讨论 R 的性质,画出 R 的关系图。

解　因为 $<a,a> \notin R$,所以 R 不是自反的。由于 $<d,d> \in R$,即 $I_A \cap R \neq \varnothing$,所以 R 不是反自反的。
$$R^{-1} = \{<a,b>,<a,c>,<b,a>,<b,c>,<c,a>,<c,b>,$$
$$<c,d>,<d,c>,<d,d>\},$$
$$R = R^{-1},$$
由定义可知,关系 R 是对称的。

R 的关系图如图 2.5.3 所示。

从例 2.5.9 可以看出,若关系 R 是对称的,当且仅当在关系图上任意两个结点间要么没有有向弧,要么有向弧成对出现。

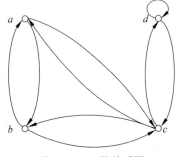

图 2.5.3　R 的关系图

3. 对称性关系矩阵的特征

例 2.5.10　设集合 $A = \{a,b,c,d\}$,A 上的二元关系
$$R = \{<a,b>,<a,c>,<b,a>,<b,c>,<c,a>,<c,b>,$$
$$<c,d>,<d,c>,<d,d>\},$$
写出 R 的关系矩阵 $\boldsymbol{M}_R$。

解　R 的关系矩阵为
$$\boldsymbol{M}_R = \begin{bmatrix} 0 & 1 & 1 & 0 \\ 1 & 0 & 1 & 0 \\ 1 & 1 & 0 & 1 \\ 0 & 0 & 1 & 1 \end{bmatrix}。$$

从例 2.5.10 可以看出,关系 R 是对称的,当且仅当关系矩阵中所有元素关于主对角线对称即关系矩阵是对称矩阵。

4. 对称性的特征

定理 2.5.4　设 R 是集合 A 上的二元关系,则 R 在 A 上是对称的充要条件是
$$R = R^{-1}。$$

2.5.4　反对称性

1. 反对称性的定义

定义 2.5.4　设 R 是集合 A 上的二元关系,如果对于任意 $x,y \in A$,当 $<x,y> \in R$ 和 $<y,x> \in R$ 时,必有 $x=y$,则称二元关系 R 是**反对称的**。

定义的等价说法:设 $R \subseteq A \times A$,对于任意 $x,y \in A$,若 $x \neq y$,那么 $<x,y> \in R$ 与 $<y,x> \in R$ 不能同时成立,则称 R 是 A 上的反对称关系。

2. 反对称关系图的特征

例 2.5.11　设集合 $A = \{a,b,c,d\}$,A 上的二元关系
$$R = \{<a,c>,<b,a>,<b,c>,<c,d>,<d,a>,<d,d>\},$$
讨论 R 的性质,画出 R 的关系图。

解　因为 $<a,a> \notin R$,所以 R 不是自反的。由于 $<d,d> \in R$,即 $I_A \cap R \neq \varnothing$,所以 R 不是反自反的。

因为
$$R^{-1} = \{<a,b>,<a,d>,<c,a>,<c,b>,<d,c>,<d,d>\},即$$
$$R \neq R^{-1},$$
所以关系 R 不是对称的。

由于 $R \cap R^{-1} = \{<d,d>\} \subseteq I_A$,由定义 2.5.4 可知, R 是反对称的。

R 的关系图如图 2.5.4 所示。

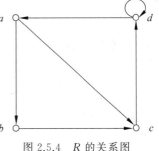

从例 2.5.11 可以看出,关系 R 是反对称的,当且仅当在关系图上任意两个结点间要么没有有向弧,要么只有一条有向弧,不能成对出现。

图 2.5.4　R 的关系图

3. 反对称性关系矩阵的特征

例 2.5.12　设集合 $A = \{a,b,c,d\}$,A 上的二元关系
$$R = \{<a,c>,<b,a>,<b,c>,<c,d>,<d,a>,<d,d>\},$$
写出 R 的关系矩阵。

解　R 的关系矩阵为
$$\boldsymbol{M}_R = \begin{bmatrix} 0 & 0 & 1 & 0 \\ 1 & 0 & 1 & 0 \\ 0 & 0 & 0 & 1 \\ 1 & 0 & 0 & 1 \end{bmatrix}。$$

从例 2.5.12 可以看出,关系 R 是反对称的,当且仅当在关系矩阵中,以主对角线对称的元素可以同时为 0,但是不能同时为 1。

值得注意是,在反对称性的关系中,其关系矩阵也可以是对称矩阵,关于主对角线对称的元素都是 0 即可。

4. 反对称性的特征

定理 2.5.5   设 R 是集合 A 上的二元关系,则 R 在 A 上是反对称的充要条件是
$$R \cap R^{-1} \subseteq I_A。$$

5. 对称性和反对称性的联系与区别

对称性和反对称性是两个截然不同的概念,它们之间没有必然的联系。

讨论如下几个问题。

(1) 是否存在既具有对称性,又具有反对称性的关系?

(2) 是否存在既不具有对称性,又不具有反对称性的关系?

(3) 空关系 $\varnothing$、全域关系 U_A、相等关系 I_A 是否具有对称性,或反对称性?

解   (1) 一个关系既可以是对称的,又可以是反对称的。设关系
$$R = \{<1,1>, <2,2>, <3,3>\},$$
则关系 R 是对称的,又是反对称的。

(2) 有关系既不是对称的,又不是反对称的。设关系
$$R = \{<1,2>, <2,1>, <3,3>, <3,2>\},$$
则关系 R 既不是对称的,又不是反对称的。

(3) ① I_A 的任意子集(包括空集 $\varnothing$)既具有对称性,又具有反对称性;

② $U_A = A \times A (A \neq \varnothing)$ 全域关系具有对称性,不具有反对称性。

2.5.5   传递性

1. 传递性的定义

定义 2.5.5   设 R 是集合 A 上的二元关系,如果对于任意 $x, y, z \in A$,当 $<x,y> \in R$ 且 $<y,z> \in R$ 时,就有 $<x,z> \in R$,则称二元关系 R 在 A 上是**传递的**,即
$$R \text{ 在 } A \text{ 上是传递的} \Leftrightarrow (\forall x)(\forall y)(\forall z)(x \in A \land y \in A \land z \in A$$
$$\land <x,y> \in R \land <y,z> \in R \to <x,z> \in R)。$$

例 2.5.13   设 $A = \{a, b, c\}$,R, S, T 是 A 上的二元关系,其中
$$R = \{<a,a>, <b,b>, <a,c>\},$$
$$S = \{<a,b>, <b,c>, <c,c>\},$$
$$T = \{<a,b>\},$$
说明 R, S, T 是否为 A 上的传递关系。

解   根据传递性的定义知,R 和 T 是 A 上的传递关系,S 不是 A 上的传递关系,因为 $<a,b> \in R$,$<b,c> \in R$,但 $<a,c> \notin R$。

2. 传递性关系图的特征

如 x 到 y 有边，y 到 z 有边，则 x 到 z 有边。

例 2.5.14　$A = \{a, b, c, d\}$，
$$R = \{<a,a>, <a,b>, <a,c>, <b,b>, <b,c>, <c,a>\},$$
说明其性质，画出其关系图。

解　R 的关系图如图 2.5.5 所示。因为
$$R \circ R = \{<a,b>, <a,c>, <b,c>, <b,a>, <a,a>,$$
$$<c,a>, <c,b>, <c,c>\}.$$

从例 2.5.14 可以看出，若关系 R 是传递的，关系图的特征如图 2.5.6 所示。

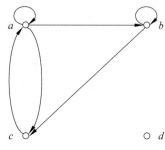 

图 2.5.5　R 的关系图　　　　　　图 2.5.6　R 具有传递性关系图的特征

3. 传递性关系矩阵的特征

实际上，在判断关系 R 是否是传递关系时，不必求出 R^2 关系矩阵的每一个元素，只需要求出 R 关系矩阵中的零元素所对应的 R^2 关系矩阵中的元素的值，如果存在 1，说明关系 R 不具有传递性，如果所有对应元素的值全为 0，说明关系 R 具有传递性。

简单表达就是，在 $\boldsymbol{M}_R^2$ 中 1 所在的位置上，$\boldsymbol{M}_R$ 的相应位置都是 1。如例 2.5.14 的关系矩阵 $\boldsymbol{M}_R$ 所示：

$$\boldsymbol{M}_R = \begin{bmatrix} 1 & 1 & 1 & 0 \\ 0 & 1 & 1 & 0 \\ 1 & 0 & 0 & 0 \\ 0 & 0 & 0 & 0 \end{bmatrix}.$$

如例 2.5.14 的关系矩阵 $\boldsymbol{M}_R^2$ 所示：

$$\boldsymbol{M}_R^2 = \begin{bmatrix} 1 & 1 & 1 & 0 \\ 1 & 0 & 1 & 0 \\ 1 & 1 & 1 & 0 \\ 0 & 0 & 0 & 0 \end{bmatrix}.$$

4. 传递性的特征

定理 2.5.6　设 R 是集合 A 上的二元关系，则 R 在 A 上是传递的充要条件是 R。

$R \subseteq R$。

证明 充分性：设 $<x,z> \in R \circ R$，则存在 $y \in A$，使得 $<x,y> \in R$，$<y,z> \in R$。因为 R 传递，所以 $<x,z> \in R$。

必要性：对于任意 $x,y,z \in A$，若 $<x,y> \in R$ 且 $<y,z> \in R$，则 $<x,z> \in R \circ R \subseteq R$，$<x,z> \in R$。

例 2.5.15 设 $A = \{a,b,c,d\}$，证明关系 $R_1 = \{<a,b>,<a,c>\}$ 是传递的，关系 $R_2 = \{<a,b>\}$ 也是传递的。

证明 由定理 2.5.6 可知，

$$R_1 \circ R_1 \subseteq R_1, R_2 \circ R_2 \subseteq R_2,$$

则关系 R_1 和关系 R_2 都是传递的。

例 2.5.16 设 $A = \{a,b,c\}$，R,S,T 是 A 上的二元关系，其中

$$R = \{<a,a>,<b,b>,<a,c>\},$$
$$S = \{<a,b>,<b,c>,<c,c>\},$$
$$T = \{<a,b>\},$$

说明 R,S,T 是否为 A 上的传递关系。

解 根据传递性的定义知，R 和 T 是 A 上的传递关系，S 不是 A 上的传递关系，因为 $<a,b> \in S$，$<b,c> \in S$，但 $<a,c> \notin S$。

例 2.5.17 设集合 $A = \{1,2,3,4,5,6\}$，A 上的二元关系

$$R = \{<1,2>,<1,3>,<1,4>,<1,6>,<2,3>,<2,4>,$$
$$<3,4>,<5,4>,<6,2>,<6,3>,<6,4>\},$$

判断 R 是否具有传递性，写出 R 的关系矩阵 $\boldsymbol{M}_R$，画出 R 的关系图。

解 由定义可知 R 是传递的。

R 的关系矩阵为

$$\boldsymbol{M}_R = \begin{bmatrix} 0 & 1 & 1 & 1 & 0 & 1 \\ 0 & 0 & 1 & 1 & 0 & 0 \\ 0 & 0 & 0 & 1 & 0 & 0 \\ 0 & 0 & 0 & 0 & 0 & 0 \\ 0 & 0 & 0 & 1 & 0 & 0 \\ 0 & 1 & 1 & 1 & 0 & 0 \end{bmatrix}。$$

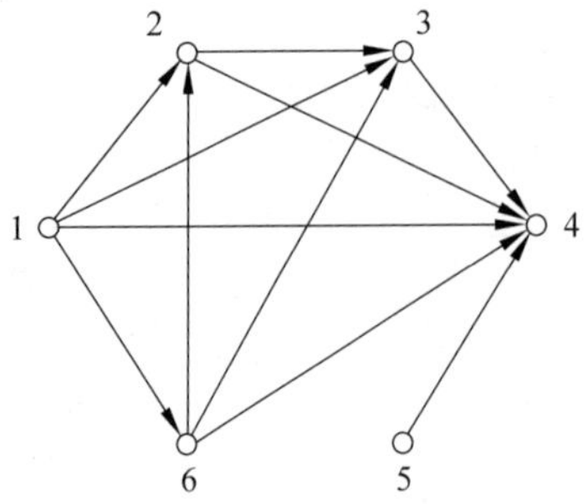

R 的关系图如图 2.5.7 所示。

定理 2.5.7 设集合 $A = \{a_1, a_2, \cdots, a_n\}$，$R$ 是集合 A 上的二元关系，R 的关系矩阵为 $\boldsymbol{M}_R$，令 $\boldsymbol{M} = \boldsymbol{M}_R \circ \boldsymbol{M}_R$，则 R 在 A 上是传递的充要条件是矩阵 $\boldsymbol{M}$ 的第 i 行第 j 列元素为 1 时，$\boldsymbol{M}_R$ 的第 i 行第 j 列元素必为 1。

在例 2.5.17 中，

图 2.5.7　R 的关系图

$$M = M_R \circ M_R$$

$$= \begin{bmatrix} 0 & 1 & 1 & 1 & 0 & 1 \\ 0 & 0 & 1 & 1 & 0 & 0 \\ 0 & 0 & 0 & 1 & 0 & 0 \\ 0 & 0 & 0 & 0 & 0 & 0 \\ 0 & 0 & 0 & 1 & 0 & 0 \\ 0 & 1 & 1 & 1 & 0 & 0 \end{bmatrix} \circ \begin{bmatrix} 0 & 1 & 1 & 1 & 0 & 1 \\ 0 & 0 & 1 & 1 & 0 & 0 \\ 0 & 0 & 0 & 1 & 0 & 0 \\ 0 & 0 & 0 & 0 & 0 & 0 \\ 0 & 0 & 0 & 1 & 0 & 0 \\ 0 & 1 & 1 & 1 & 0 & 0 \end{bmatrix}$$

$$= \begin{bmatrix} 0 & 1 & 1 & 1 & 0 & 0 \\ 0 & 0 & 0 & 1 & 0 & 0 \\ 0 & 0 & 0 & 0 & 0 & 0 \\ 0 & 0 & 0 & 0 & 0 & 0 \\ 0 & 0 & 0 & 0 & 0 & 0 \\ 0 & 0 & 1 & 1 & 0 & 0 \end{bmatrix},$$

比较 M_R 和 M,可知二元关系 R 是传递的。

设集合 $A = \{a_1, a_2, \cdots, a_n\}$,$R$ 是集合 A 上的二元关系,R 的关系矩阵为 M_R。设 M_R 中第 i 行第 j 列元素 $m_{ij} = 1$,考查 M_R 中第 j 行所有元素:$m_{j1}, m_{j2}, \cdots, m_{jn}$。如果其中有 $m_{jk} = 1$,这说明 $<a_i, a_j> \in R$ 和 $<a_j, a_k> \in R$,所以,如果 $<a_i, a_k> \notin R$,即 $m_{ik} = 0$,表明 R 不具有传递性。如果 $m_{ik} = 1$,则继续考查第 j 行中的其他非零元素,用相同的方法分析。因此,当 $m_{ik} = 1$ 时,应将第 i 行元素与第 j 列所有元素逐个比较;如果存在着第 j 列某个元素为 1,而第 i 行的对应元素为 0,则 R 不具有传递性。否则应继续考查 M_R 中的其他非零元素,用同样的方法进行,直到考查完 M_R 中所有非零元素。

例 2.5.18 设集合 $A = \{1, 2, 3, 4, 5\}$,A 上的二元关系
$$R = \{<1,2>, <1,3>, <2,2>, <3,3>, <4,1>, <4,2>, <4,3>,$$
$$<5,1>, <5,2>, <5,3>, <5,4>, <5,5>\}$$
判断 R 是否具有传递性。

解 R 的关系矩阵为

$$M_R = \begin{bmatrix} 0 & 1 & 1 & 0 & 0 \\ 0 & 1 & 0 & 0 & 0 \\ 0 & 0 & 1 & 0 & 0 \\ 1 & 1 & 1 & 0 & 0 \\ 1 & 1 & 1 & 1 & 1 \end{bmatrix},$$

考查 M_R 中的非零元素:

对于 $m_{12} = 1$,将第 2 行元素逻辑加到第 1 行上,运算后的矩阵没有改变;

对于 $m_{13} = 1$,将第 3 行元素逻辑加到第 1 行上,运算后的矩阵没有改变;

对于 $m_{22} = 1$,将第 2 行元素逻辑加到第 2 行上,运算后的矩阵没有改变;

对于其他非零元素,经同样的操作后,M_R 没有变化,所以,R 是 A 上的传递关系。

例 2.5.19 设集合 $A = \{1, 2, 3, 4\}$,A 上的二元关系
$$R = \{<1,2>, <1,3>, <2,3>, <3,1>, <3,4>, <4,2>, <4,3>\},$$

判断 R 是否具有传递性。

解 R 的关系矩阵为

$$M_R = \begin{bmatrix} 0 & 1 & 1 & 0 \\ 0 & 0 & 1 & 0 \\ 1 & 0 & 0 & 1 \\ 0 & 1 & 1 & 0 \end{bmatrix},$$

考查 M_R 中的非零元素：

对于 $m_{12}=1$，将第 2 行元素逻辑加到第 1 行上，运算后的矩阵没有改变；

对于 $m_{13}=1$，将第 3 行元素逻辑加到第 1 行上，运算后的矩阵为

$$M_R' = \begin{bmatrix} 1 & 1 & 1 & 1 \\ 0 & 0 & 1 & 0 \\ 1 & 0 & 0 & 1 \\ 0 & 1 & 1 & 0 \end{bmatrix}。$$

M_R' 与 M_R 不相同，所以，R 不具有传递性。

定理 2.5.8 设 R 和 S 是 A 上的二元关系，则：

(1) 若 R 和 S 是自反的，则经过并、交、逆、合成运算后仍保持自反性；

(2) 若 R 和 S 是反自反的，则经过并、交、逆、差运算后仍保持反自反性；

(3) 若 R 和 S 是对称的，则经过并、交、逆、差运算后仍保持对称性；

(4) 若 R 和 S 是反对称的，则经过交、逆、差运算后仍保持反对称性；

(5) 若 R 和 S 是传递的，则经过交和逆运算后仍保持传递性。

综上所述，总结结论如下。

(1) 恒等关系"="具有自反性、对称性、反对称性、可传递性。

(2) 空关系∅具有自反性、反自反性、对称性、反对称性、可传递性。

(3) 从关系矩阵看关系性质：

• 若 R 是自反的，则关系矩阵的主对角线上的所有元素均为 1；

• 若 R 是反自反的，则关系矩阵的主对角线上的所有元素均为 0；

• 若 R 是对称的，则关系矩阵关于主对角线对称；

• 若 R 是反对称的，则关系矩阵关于主对角线对称的元素不能同时为 1；

• 对 M_R^2 中 1 所在的位置，M_R 中相应位置都是 1。

(4) 从关系图看关系性质：

• 若 R 是自反的，则关系图中每个结点都有一个指向自身的环；

• 若 R 是反自反的，则关系图中每个结点都没有指向自身的环；

• 若 R 是对称的，则关系图中若两个结点存在有向弧，则必存在两条方向相反的有向弧；

• 若 R 是反对称的，则关系图中任意两个不同结点间至多只有一条有向弧；

• 若 R 是传递的，则当有边由 x 指向 y，y 指向 z，必有边由 x 指向 z。

当集合中元素数目较大时，关系的图解表示和矩阵表示就不太方便了。但在计算机上表达矩阵却不困难。根据关系矩阵，可以确定给定关系是否是自反的或对称的，但根据

关系矩阵确定给定的关系是否是可传递的就不方便了。

习题 2.5

（A）

1. 给出 $A=\{1,2,3\}$ 上的关系 R 的例子，使它具有下面所述的性质：

（1）R 既是对称的又是反对称的；

（2）R 既不是对称的又不是反对称的；

（3）R 是传递的但 $R\cup R^{-1}$ 不是传递的。

2. 在正整数集 $\mathbf{Z}^+$ 上定义如下 3 个关系。

$$R：x>y,$$
$$S：x+y=10,$$
$$T：x+4y=10,$$

请判断这些关系是否具有自反性、对称性、反对称性、传递性等性质。

3. R 和 S 是 A 上的二元关系，说明以下命题正确与否：

（1）如果 R 和 S 是自反的，则 $R\circ S$ 也是自反的；

（2）如果 R 和 S 是反自反的，则 $R\circ S$ 也是反自反的；

（3）如果 R 和 S 是对称的，则 $R\circ S$ 也是对称的；

（4）如果 R 和 S 是反对称的，则 $R\circ S$ 也是反对称的；

（5）如果 R 和 S 是传递的，则 $R\circ S$ 也是传递的。

4. 设 A 是集合，$R\subseteq A\times A$，$S\subseteq A\times A$，R 和 S 均是传递的，试判断下面说法是否成立：

（1）$R\cup S$ 一定是传递的；

（2）$R\cup S$ 一定不是传递的。

5. 设 I_A 为集合 A 上的恒等关系，而 A 上的关系 R 是自反的，R^{-1} 为其逆，则必有（　）。

　　A. $I_A\subseteq R$　　　　　　　　　　B. $R\cap R^{-1}\subseteq I_A$

　　C. $R\cap I_A=\varnothing$　　　　　　　D. $R^{-1}\cap I_A=\varnothing$

（B）

6.（参考河南科技大学 2015 年硕士研究生入学考试试题）集合 $A=\{1,2,\cdots,9\}$ 上的关系

$$R=\{<x,y>|x+y=12,x,y\in A\},$$

则 R 的性质为（　）。

　　A. 自反性、对称性、传递性　　　　B. 自反性、反对称性

　　C. 反自反性、反对称性、传递性　　D. 对称性

（C）

7.（参考北京大学 2000 年硕士生研究生入学考试试题）设 A 为 3 个元素的集合，回答下面问题。

（1）A 上自反且对称的关系有多少个？

（2）A 上反对称的关系有多少个？

（3）A 上既不对称、又不反对称的关系有多少个？

2.6   关系的闭包

本节讨论关系的一种新运算——闭包运算。闭包运算也是一种非常有用的运算，它采用对已知的任意关系扩充序偶的办法，从而得到具有某种性质（自反性、对称性或传递性）的新关系。

定义 2.6.1   对于任意给定的关系 R 和一种性质 P，任意包含 R 且满足性质 P 的 R'，都有 $P(R) \subseteq R'$，即**最小包含关系**，则称 $P(R)$ 为关系 R 对于性质 P 的**闭包**。

2.6.1   自反闭包 $r(R)$

1. 自反闭包的定义

定义 2.6.2   设 $R \subseteq A \times A$，则称最小的包含 R 的自反关系为 R 的**自反闭包**，记为 $r(R)$。

$r(R)$ 满足以下 3 个条件：

（1）包含 R；

（2）自反性；

（3）最小包含关系。

例 2.6.1   设 $A = \{a, b, c\}$，$R = \{<a,a>, <b,a>, <b,c>, <c,a>, <a,c>\}$，求出所有包含 R 的自反关系。

解 $R_1 = R \cup \{<b,b>, <c,c>\}$；

$R_2 = R \cup \{<b,b>, <c,c>, <a,b>\}$；

$R_3 = R \cup \{<b,b>, <c,c>, <c,b>\}$；

$R_4 = R \cup \{<b,b>, <c,c>, <a,b>, <c,b>\}$。

因为

$$A \times A = \{<a,a>, <a,b>, <a,c>, <b,a>, <b,b>,$$
$$<b,c>, <c,a>, <c,b>, <c,c>\}。$$

显然，R_1 是 R 的自反闭包。

例如，在整数集 $\mathbf{Z}$ 上的"$<$"关系的自反闭包是"$\leqslant$"关系。

2. 自反闭包的性质

定理 2.6.1   设 R 是集合 A 上的二元关系，则 R 的自反闭包

$$r(R) = R \cup I_A。$$

证明   （1）令 $S = R \cup I_A$，则 $R \subseteq S$。

对任意的 $x \in A$，因 $<x,x> \in I_A$，于是 $<x,x> \in R \cup I_A$，即有 $<x,x> \in S$，所以 S 是自反的。

设 R' 是包含 R 的自反关系，则对任意的 $x \in A$，有 $<x,x> \in R'$，于是 $I_A \subseteq R'$。又 $R \subseteq R'$，所以 $S = R \cup I_A \subseteq R'$。故 $r(R) = S = R \cup I_A$。

例 2.6.2 $A = \{a,b,c,d\}$，集合 A 上的关系 R 如图 2.6.1 所示。根据自反闭包的定义和性质，直接在关系图中画出其自反闭包的关系图。

解 R 的关系图如图 2.6.1 所示。R 的自反闭包 $r(R)$ 的关系图如图 2.6.2 所示。

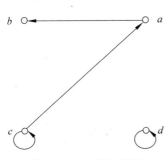

图 2.6.1　R 的关系图

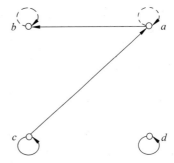

图 2.6.2　R 自反闭包 $r(R)$ 的关系图

2.6.2　对称闭包 $s(R)$

1. 对称闭包的定义

定义 2.6.3 设 $R \subseteq A \times A$，称最小的包含 R 的对称关系为 R 的**对称闭包**，记为 $s(R)$。

$s(R)$ 满足 3 个条件：

（1）包含 R；

（2）对称性；

（3）最小包含关系。

2. 对称闭包的性质

定理 2.6.2 设 R 是集合 A 上的二元关系，则 R 的对称闭包

$$s(R) = R \cup R^{-1}.$$

例 2.6.3 $A = \{a,b,c,d\}$，集合 A 上的关系 R 如图 2.6.1 所示。根据对称闭包的定义和性质，直接在关系图中画出其对称闭包的关系图。

解 R 的关系图如图 2.6.1 所示。R 的对称闭包 $s(R)$ 的关系图如图 2.6.3 所示。

例如，在整数集 **Z** 上的"$<$"关系的对称闭包是"$\neq$"

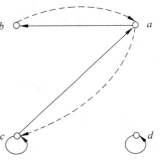

图 2.6.3　R 的对称闭包 $s(R)$ 的关系图

关系。

2.6.3 传递闭包 $t(R)$

1. 传递闭包的定义

定义 2.6.4 设 $R \subseteq A \times A$，则称最小的包含 R 的传递关系为 R 的**传递闭包**，记为 $t(R)$。

$t(R)$ 满足 3 个条件：

(1) 包含 R；

(2) 传递性；

(3) 最小包含关系。

例 2.6.4 设 $A = \{a, b, c\}$，$R = \{<a, b>, <b, c>, <b, a>\}$，求 R 的传递闭包 $t(R)$ 的关系图。

解 $t(R) = \{<a, b>, <b, c>, <b, a>, <a, c>, <a, a>, <b, b>\}$。

其关系图如图 2.6.4 所示。

例 2.6.5 设 $A = \{a, b, c, d\}$，$R = \{<a, b>, <b, c>, <c, d>\}$，求 R 的传递闭包 $t(R)$ 的关系图。

解 $t(R) = \{<a, b>, <b, c>, <c, d>, <a, c>, <b, d>, <a, d>\}$。

其关系图如图 2.6.5 所示。

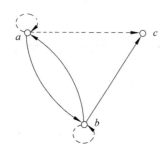

图 2.6.4 R 的传递闭包 $t(R)$ 的关系图

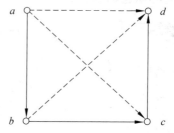

图 2.6.5 R 的传递闭包 $t(R)$ 的关系图

例 2.6.6 设 $A = \{a, b, c\}$，$R = \{<a, b>, <b, a>, <b, c>, <c, b>\}$ 是 A 上的二元关系，利用矩阵求 $t(R)$。

解

$$\boldsymbol{M}_R = \begin{bmatrix} 0 & 1 & 0 \\ 1 & 0 & 1 \\ 0 & 1 & 0 \end{bmatrix},$$

$$\boldsymbol{M}_{R^2} = \begin{bmatrix} 0 & 1 & 0 \\ 1 & 0 & 1 \\ 0 & 1 & 0 \end{bmatrix} \circ \begin{bmatrix} 0 & 1 & 0 \\ 1 & 0 & 1 \\ 0 & 1 & 0 \end{bmatrix} = \begin{bmatrix} 1 & 0 & 1 \\ 0 & 1 & 0 \\ 1 & 0 & 1 \end{bmatrix},$$

$$M_{R^3} = \begin{bmatrix} 1 & 0 & 1 \\ 0 & 1 & 0 \\ 1 & 0 & 1 \end{bmatrix} \circ \begin{bmatrix} 0 & 1 & 0 \\ 1 & 0 & 1 \\ 0 & 1 & 0 \end{bmatrix} = \begin{bmatrix} 0 & 1 & 0 \\ 1 & 0 & 1 \\ 0 & 1 & 0 \end{bmatrix},$$

所以,

$$M_{t(R)} = \begin{bmatrix} 1 & 1 & 1 \\ 1 & 1 & 1 \\ 1 & 1 & 1 \end{bmatrix}。$$

从而有

$t(R) = \{<1,1>, <1,2>, <1,3>, <2,1>, <2,2>, <2,3>, <3,1>,$
$\qquad <3,2>, <3,3>\}。$

例 2.6.7 已知关系 R 的关系矩阵为

$$M = \begin{bmatrix} 0 & 1 & 0 & 0 \\ 0 & 0 & 1 & 1 \\ 1 & 1 & 0 & 1 \\ 1 & 0 & 0 & 0 \end{bmatrix},$$

利用 Warshall 算法(方法详见本书 2.11.6 节)求 $t(R)$ 的关系矩阵。

解

$$A = \begin{bmatrix} 0 & 1 & 0 & 0 \\ 0 & 0 & 1 & 1 \\ 1 & 1 & 0 & 1 \\ 1 & 0 & 0 & 0 \end{bmatrix},$$

$i=1$ 时,第 1 列有 $A[3,1]=1$、$A[4,1]=1$,将第 3 行、第 4 行分别和第 1 行各对应元素进行逻辑加,仍然分别记为第 3 行、第 4 行得

$$A = \begin{bmatrix} 0 & 1 & 0 & 0 \\ 0 & 0 & 1 & 1 \\ 1 & 1 & 0 & 1 \\ 1 & 1 & 0 & 0 \end{bmatrix},$$

$i=2$ 时,第 2 列有 $A[1,2]=1$、$A[3,2]=1$、$A[4,2]=1$,将第 1 行、第 3 行、第 4 行分别和第 2 行各对应元素进行逻辑加,仍然分别记为第 1 行、第 3 行、第 4 行得:

$$A = \begin{bmatrix} 0 & 1 & 1 & 1 \\ 0 & 0 & 1 & 1 \\ 1 & 1 & 1 & 1 \\ 1 & 1 & 1 & 1 \end{bmatrix},$$

$i=3$ 时,第 3 列有 $A[1,3]=1$、$A[2,3]=1$、$A[3,3]=1$、$A[4,3]=1$,将第 1 行、第 2 行、第 3 行、第 4 行分别和第 3 行各对应元素进行逻辑加,仍然分别记为第 1 行、第 2 行、第 3 行、第 4 行得:

$$A=\begin{bmatrix}1&1&1&1\\1&1&1&1\\1&1&1&1\\1&1&1&1\end{bmatrix},$$

$i=4$ 时,第 4 列有 $A[1,4]=1,A[2,4]=1,A[3,4]=1,A[4,4]=1$,将第 1 行、第 2 行、第 3 行、第 4 行分别和第 4 行各对应元素进行逻辑加,仍然分别记为第 1 行、第 2 行、第 3 行、第 4 行得:

$$A=\begin{bmatrix}1&1&1&1\\1&1&1&1\\1&1&1&1\\1&1&1&1\end{bmatrix},$$

A 即为 $t(R)$ 的关系矩阵。

2. 传递闭包的性质

定理 2.6.3 设 R 是集合 A 上的二元关系,则 R 的传递闭包
$$t(R)=R\cup R^2\cup R^3\cup\cdots。$$

证明 (1) $R\subseteq R^+=R\cup R^2\cup R^3\cup\cdots$ 的传递性:
$$R\subseteq t(R)\Rightarrow R\circ R\subseteq t(R)\circ t(R)\subseteq t(R)。$$
(2) $R^+=R\cup R^2\cup R^3\cup\cdots\subseteq t(R)$。

例如,在整数集 $\mathbf{Z}$ 上的"$<$"关系的传递闭包是它自身。

定理 2.6.4 (传递闭包的有限构造方法)设 A 为非空有限集合,$|A|=n$,R 为 A 上的二元关系,则存在正整数 $k\leqslant n$,使得
$$t(R)=R\cup R^2\cup R^3\cup\cdots\cup R^k。$$

2.6.4 闭包之间的关系

一般将 R 的自反闭包、对称闭包和传递闭包分别记作 $r(R)$、$s(R)$ 和 $t(R)$。它们分别是具有自反性、对称性、传递性的 R 的"最小"的关系。

定理 2.6.5 设 R 是非空集合 A 上的二元关系,则
(1) R 是自反的,当且仅当 $r(R)=R$;
(2) R 是对称的,当且仅当 $s(R)=R$;
(3) R 是传递的,当且仅当 $t(R)=R$。

证明 (1) 若 R 是自反的,则对任意的 $x\in A$ 有 xRx,于是 $I_A\subseteq R$,从而则 $r(R)\subseteq R$。又显然有 $R\subseteq r(R)$,所以 $r(R)=R$。

反之,若 $r(R)=R$,则 R 是自反的显然成立。

定理 2.6.6 R 是非空集合 A 上的二元关系,有:
(1) 若 R 是自反的,则 $s(R)$ 和 $t(R)$ 是自反的。
(2) 若 R 是对称的,则 $r(R)$ 和 $t(R)$ 是对称的。
(3) 若 R 是传递的,则 $r(R)$ 是传递的。

证明 仅证(2)。对任意的 $x,y \in A$，若 $xr(R)y$，则由 $r(R) = R \cup I_A$ 得，xRy 或 $xI_A y$。因 R 与 I_A 对称，所以有 yRx 或 $yI_A x$，于是 $yr(R)x$。所以 $r(R)$ 是对称的。

下证对任意正整数 n，R^n 对称。

因 R 对称，则有

$$xR^2 y \Leftrightarrow (\exists z)(xRz \wedge zRy) \Leftrightarrow (\exists z)(zRx \wedge yRz) \Leftrightarrow yR^2 x,$$

所以 R^2 对称。

对任意的 $x, y \in A$，若 $xt(R)y$，则存在 m 使得 $xR^m y$，于是有 $yR^m x$，即有 $yt(R)x$。因此，$t(R)$ 是对称的。

定理 2.6.7 设 R, S 是非空集合 A 上的二元关系，且 $R \subseteq S$，则

(1) $r(R) \subseteq r(S)$；

(2) $s(R) \subseteq s(S)$；

(3) $t(R) \subseteq t(S)$。

证明 仅证(3)。先用数学归纳法证明，对任意正整数 n，有 $R^n \subseteq S^n$。

当 $n = 1$ 时，结论显然成立。

假设对于 $n = k$，$R^k \subseteq S^k$。当 $n = k+1$ 时，则有

$$<x, y> \in R^{k+1} \Rightarrow (\exists z)(xR^k z \wedge zRy) \Rightarrow (\exists z)(xS^k z \wedge zSy) \Rightarrow <x, y> \in S^{k+1},$$

所以

$$R^{k+1} \subseteq S^{k+1}。$$

因此，对任意正整数有 $R^n \subseteq S^n$。从而有

$$t(R) = \bigcup R^i \subseteq \bigcup S^i = t(S)。$$

定理 2.6.8 设 R 是非空集合 A 上的关系，则

(1) $r(s(R)) = s(r(R))$；

(2) $r(t(R)) = t(r(R))$；

(3) $s(t(R)) \subseteq t(s(R))$。

证明 仅证(3)。因为 $R \subseteq s(R)$，所以

$$s(t(R)) \subseteq s(t(s(R)))。$$

又由 $s(R)$ 对称知 $t(s(R))$ 对称，有

$$s(t(s(R))) = t(s(R)),$$

因此

$$s(t(R)) \subseteq t(s(R))。$$

定理 2.6.9 设 R 是非空集合 A 上的二元关系，则 $t(s(r(R)))$ 是包含 R 并同时具有自反性、对称性和传递性的最小关系。

习题 2.6

(A)

1. 设 R 是集合 A 上的一个关系，定义为

$$R = \{<1,1>, <1,2>, <2,3>\},$$

求 R 的自反闭包 $r(R)$ 和对称闭包 $s(R)$。

2. 设 $A=\{a,b,c,d\}$ 上的关系
$$R=\{<a,b>,<b,d>,<c,c>,<a,c>\},$$
求 R 的自反闭包 $r(R)$，对称闭包 $s(R)$，传递闭包 $t(R)$。

3. 集合 $A=\{a_1,a_2,a_3,a_4\}$，$R=\{<a_1,a_2>,<a_2,a_3>,<a_3,a_4>\}$，求 $r(s(R))$，$s(r(R))$，$t(s(R))$，$r(t(R))$，$t(r(R))$。

4. 试判断 $t(R_1\cup R_2)\subseteq t(R_1)\cup t(R_2)$ 是否成立，并证明。

（B）

5. 设 R_1 和 R_2 都是集合 A 上的二元关系，证明：

（1）$r(R_1\cup R_2)=r(R_1)\cup r(R_2)$；

（2）$s(R_1\cup R_2)=s(R_1)\cup s(R_2)$；

（3）$t(R_1)\cup t(R_2)\subseteq t(R_1\cup R_2)$。

（C）

6. （参考河南科技大学 2015 年硕士研究生入学考试试题）设集合 $A=\{1,2,3,5\}$ 上关系
$$R=\{<1,2>,<3,2>,<2,3>,<3,5>\}。$$

（1）请写出 R 的关系矩阵 $\boldsymbol{M}_R$ 和关系图 G_R。

（2）求出 R 的自反闭包 $r(R)$、对称闭包 $s(R)$ 和传递闭包 $t(R)$。

（3）总结求各种闭包的方法。

2.7　等价关系和等价类

2.7.1　等价关系

定义 2.7.1　设 R 是非空集合 A 上的二元关系，如果 R 是自反的、对称的和传递的，则称 R 是集合 A 上的**等价关系**。

若 R 为等价关系，且 aRb，则称 a 与 b **等价**。等价关系是一种非常特殊的二元关系。

例 2.7.1　设集合 $A=\{a,b,c,d\}$，A 上的二元关系
$$R=\{<a,a>,<a,d>,<b,b>,<b,c>,<c,b>,<c,c>,<d,a>,<d,d>\}$$
验证 R 是 A 上的等价关系。

证明　写出 R 的关系矩阵
$$\boldsymbol{M}_R=\begin{bmatrix}1&0&0&1\\0&1&1&0\\0&1&1&0\\1&0&0&1\end{bmatrix},$$

由关系矩阵可知，关系 R 满足自反性、对称性和可传递性，所以 R 是 A 上的等价关系。

例 2.7.2 设 R 为整数集合 $\mathbf{Z}$ 上的关系，

$$R = \{<x,y> \mid x,y \in \mathbf{Z}, \text{且 } x-y \text{ 可以被 3 整除}\}。$$

证明 R 是 $\mathbf{Z}$ 上的等价关系。

证明 （1）对每个 $x \in \mathbf{Z}$，$x-x$ 可以被 3 整除，所以 R 是自反的。

（2）对任意的 $x,y \in \mathbf{Z}$，如果 $x-y$ 可以被 3 整除，则 $y-x$ 也能被 3 整除，所以 R 是对称的。

（3）对任意的 $x,y,z \in \mathbf{Z}$，如果有 $x-y,y-z$ 可以被 3 整除，则

$$x-z = (x-y) + (y-z)$$

也能被 3 整除，所以 R 是传递的。

因此，R 是 $\mathbf{Z}$ 上的等价关系。

定义 2.7.2 一般地，设 R 为整数集合 $\mathbf{Z}$ 上的关系，

$$R = \{<x,y> \mid x,y \in \mathbf{Z}, \text{且 } x-y \text{ 可以被 } m \text{ 整除}\},$$

其中 m 是任意整数，则 R 是 $\mathbf{Z}$ 上的等价关系。也就是说，满足关系 R 的 x,y 用 m 整除后得到相同的余数，所以称 R 为**同余关系**，更确切地说，称为以 m 为模的同余关系，一般将此关系 $<x,y> \in R$ 写成 $x \equiv y \pmod{m}$，称 **x 与 y 对模 m 是同余**的，并将此式称为**同余式**。

例 2.7.3 试证明整数集 $\mathbf{Z}$ 上的模 m 同余关系

$$R = \{<x,y> \mid x \equiv y \pmod{m}\}$$

是等价关系。

证明 （1）对任意的 $x \in \mathbf{Z}$，因为 $x-x = m \cdot 0$，于是有 xRx，所以 R 是自反的。

（2）对任意的 $x,y \in \mathbf{Z}$，若 xRy，则存在 $k \in \mathbf{Z}$ 使得 $x-y = mk$，于是有 $y-x = m(-k)$，即有 yRx，所以 R 是对称的。

（3）对任意的 $x,y,z \in \mathbf{Z}$，若 xRy,yRz，则存在 $s,t \in \mathbf{Z}$ 使得

$$x-y = ms, \quad y-z = mt,$$

于是

$$x-z = (x-y) + (y-z) = m(s+t),$$

则有 xRz，所以 R 是传递的。

因此，R 是等价关系。

2.7.2 等价类

定义 2.7.3 设 R 是非空集合 A 上的等价关系，对于任何 $a \in A$，集合

$$\{x \mid x \in A \wedge <a,x> \in R\}$$

称为元素 **a 形成的 R 等价类**，记作 $[a]_R$。

定理 2.7.1 设 R 是非空集合 A 上的等价关系，对于 $a,b \in A$，有 $<a,b> \in R$，当且仅当 $[a]_R = [b]_R$。

证明 若 $[a]_R = [b]_R$，由 $a \in [a]_R$ 得 $a \in [b]_R$，于是 aRb。

若 aRb，则

$$x \in [a]_R \Rightarrow aRx \Rightarrow xRa \Rightarrow xRb \Rightarrow x \in [b]_R,$$

于是

$$[a]_R \subseteq [b]_R。$$

同理可证

$$[b]_R \subseteq [a]_R。$$

所以

$$[a]_R = [b]_R。$$

例 2.7.4 设集合 $A = \{a, b, c, d\}$，A 上的二元关系

$R = \{<a,a>, <a,b>, <b,a>, <b,b>, <c,c>, <c,d>, <d,c>, <d,d>\}$，

试验证 R 是 A 上的等价关系，并求出 A 中各元素的 R 等价类。

解 (1) 因为 $<a,a>,<b,b>,<c,c>,<d,d>\in R$，所以 R 是自反的。

(2) 因有 $<a,b>$ 和 $<b,a>$，$<c,d>$ 和 $<d,c>$，此外其他元素之间均没有关系，故对称性成立。

(3) 因为 $<a,a>\in R$，$<a,b>\in R$，并且有 $<a,b>\in R$；

$$<a,b>\in R，<b,a>\in R，并且有<a,a>\in R；$$

$$\cdots\cdots；$$

逐项检查后可知传递性成立。所以，R 是自反的、对称的、传递的，故 R 是等价关系。

按等价类的定义可知 A 中各元素的 R 的等价类为：

$$[a]_R = [b]_R = \{a,b\}；$$

$$[c]_R = [d]_R = \{c,d\}。$$

例 2.7.5 设集合 $A = \{1,2,3,4,5\}$，A 上的二元关系

$R = \{<1,1>, <1,2>, <2,1>, <1,3>, <3,1>, <2,2>, <2,3>,$

$\quad <3,2>, <3,3>, <4,4>, <4,5>, <5,4>, <5,5>\}$

画出 R 的关系图，验证 R 是 A 上的等价关系，并求出 A 中各元素的 R 等价类。

解 R 的关系图如图 2.7.1 所示。

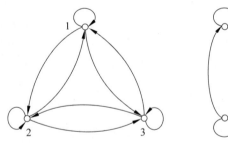

图 2.7.1 R 的关系图

由图 2.7.1 可以看出关系 R 是等价关系，并且它的等价类分别为

$$[1]_R = [2]_R = [3]_R，[4]_R = [5]_R。$$

由等价关系所构成的等价类即是等价关系图中的完全图，所谓**完全图**是指图形中每个结点与其他结点有边联结的图形。

定理 2.7.2 设 R 是集合 A 上的等价关系,则 $\{[a]_R \mid a \in A\}$ 构成集合 A 的一个划分。即对任意的 $a, b \in A$,有

(1) 任意等价类非空($[a]_R \neq \varnothing$ 且 $[a]_R \subseteq A$);

(2) 对于任意两个等价类 $[a]_R$ 和 $[b]_R$,或 $[a]_R = [b]_R$,或 $[a]_R \cap [b]_R = \varnothing$;

(3) $\bigcup\{[a]_R \mid a \in A\} = A$。

证明 (1) 对任意的 $a \in A$,由 R 是等价关系,有 aRa,于是 $a \in [a]_R$,即得任意等价类非空。显然有 $[a]_R \subseteq A$。

(2) 对任意的 $a, b \in A$,有等价类 $[a]_R$ 和 $[b]_R$。

若 aRb,由定理 2.7.1 得 $[a]_R = [b]_R$。

若 a 与 b 不具有关系 R,而 $[a]_R \cap [b]_R \neq \varnothing$,必存在 $x \in [a]_R \cap [b]_R$,于是 aRx 且 xRb,从而有 aRb,矛盾,所以 $[a]_R \cap [b]_R = \varnothing$。

(3) 对任意的 $a \in A$ 有 $a \in [a]_R$,而 $[a]_R \subseteq \bigcup\{[a]_R \mid a \in A\}$,所以 $a \in \bigcup\{[a]_R \mid a \in A\}$,即 $A \subseteq \bigcup\{[a]_R \mid a \in A\}$,又显然有 $\bigcup\{[a]_R \mid a \in A\} \subseteq A$,所以 $\bigcup\{[a]_R \mid a \in A\} = A$。

总之,$\{[a]_R \mid a \in A\}$ 构成 A 的一个划分。

定义 2.7.4 设 R 是非空集合 A 上的等价关系,则 R 确定了 A 的一个划分,称该划分为**商集** A/R。

定理 2.7.3 设 $\pi = \{A_1, A_2, \cdots, A_n\}$ 是集合 A 的一个划分,定义
$$R = \{<a, b> \mid a, b \in A_i, i = 1, 2, \cdots, n\},$$
则 R 是 A 上的等价关系,且 $\pi = A/R$。

证明 对任意的 $a \in A$,由 π 是 A 的划分知,必存在 i 使得 $a \in A_i$,于是 aRa,所以 R 是自反的。

对任意的 $a, b \in A$,若 aRb,则存在 i 使得 $a, b \in A_i$,于是 $b, a \in A_i$,所以 bRa,因而 R 是对称的。

对任意的 $a, b, c \in A$,若 aRb 且 bRc,则存在 i, j 使得 $a, b \in A_i$ 及 $b, c \in A_j$。因为 $i \neq j$ 时 $A_i \cap A_j = \varnothing$,故必有 $i = j$,即有 $a, c \in A_i$,于是 aRc,所以 R 是传递的。

总之,R 是 A 上的等价关系。

下证对任意 $a \in A_i$ 有 $[a]_R = A_i$。

对任意的 $x \in A_i$,由 R 的定义有 aRx,有 $x \in [a]_R$,于是 $A_i \subseteq [a]_R$。反之,对任意的 $y \in [a]_R$,则 aRy,由 R 的定义得 $y \in A_i$,于是 $[a]_R \subseteq A_i$。所以 $[a]_R = A_i$。

因为任一划分块都是一个等价类,所以 $\pi = A/R$。

例 2.7.6 设 $A = \{1, 2, 3, 4, 5\}$,有一个划分
$$S = \{\{1, 2\}, \{3\}, \{4, 5\}\},$$
试由划分 S 确定 A 上的一个等价关系 R。

解 可以用下面的方法产生一个等价关系 R:
$$R_1 = \{1, 2\} \times \{1, 2\} = \{<1, 1>, <1, 2>, <2, 1>, <2, 2>\},$$
$$R_2 = \{3\} \times \{3\} = \{<3, 3>\},$$
$$R_3 = \{4, 5\} \times \{4, 5\} = \{<4, 4>, <4, 5>, <5, 4>, <5, 5>\},$$

$$R = R_1 \cup R_2 \cup R_3$$
$$= \{<1,1>, <1,2>, <2,1>, <2,2>, <3,3>,$$
$$<4,4>, <4,5>, <5,4>, <5,5>\}。$$

从 R 的序偶表示式中,容易验证 R 是等价关系。

定理 2.7.4 设 R 和 S 是非空集合 A 上的等价关系,则 $R=S$ 当且仅当 $A/R=A/S$。

证明 设 $A/R=\{[a]_R | a \in A\}$,$A/S=\{[a]_S | a \in A\}$。

若 $R=S$,则对任意的 $a \in A$ 有

$$[a]_R = [a]_S, \{[a]_R | a \in A\} = \{[a]_S | a \in A\},$$

即

$$A/R = A/S。$$

反之,若 $A/R=A/S$,对任意的 $[a]_R \in A/R$,一定存在 $[c]_S \in A/S$ 使得 $[a]_R=[c]_S$,故

$$<a,b> \in R \Leftrightarrow a \in [a]_R \wedge b \in [a]_R \Leftrightarrow a \in [c]_S \wedge b \in [c]_S \Rightarrow <a,b> \in S,$$

所以 $R \subseteq S$。

类似地,有 $S \subseteq R$,因此 $R=S$。

★在软件测试中,等价类划分是一种典型的黑盒测试方法,是指分步骤把海量(无限)的测试用例集划分成若干部分,然后从每一部分中选取少量有代表性的数据作为测试用例,将不能穷举的测试过程进行合理分类,把测试用例的数量减得很小,但过程有效。也就是说,选取足够少的测试用例,发现更多软件缺陷,从而保证设计出来的测试用例具有完整性和代表性。

习题 2.7

(A)

1. 设 $A=\{a,b,c,d,e\}$,判断 A 上的关系 R_1 和 R_2 是否为等价关系,如果是,请计算出每个元素生成的等价类,其中

$$R_1 = \{<a,a>, <b,a>, <b,b>, <d,e>, <a,b>,$$
$$<e,d>, <d,d>, <c,c>, <e,e>\};$$
$$R_2 = \{<b,b>, <b,a>, <a,b>, <d,d>, <d,e>, <c,c>\}。$$

2. 设 $A=\{1,2,3,4,5,6\}$,R 是 A 上的一个等价关系,定义为:

$$R = \{<1,1>, <1,5>, <2,2>, <2,3>, <2,6>, <3,2>, <3,3>,$$
$$<3,6>, <4,4>, <5,1>, <6,2>, <6,3>, <6,6>\},$$

求由 R 导出的 A 的划分,即求 A 的等价类。

3. 关系 $R=\{<1,1>,<1,2>,<2,1>,<2,2>,<3,3>\}$ 是集合 $S=\{1,2,3\}$ 上的一个等价关系,求商集 S/R。

4. 设 $A=\{1,2,3,\cdots,13,14,15\}$,并且设 R 是 A 上的模 4 同余关系,求由 R 确定的等价类。

5. 设 $A=\{1,2,3\}\times\{1,2,3,4\}$，$A$ 上关系 R 定义为：$<x,y>R<u,v>$，当且仅当
$$|u-v|=|x-y|，$$
证明 R 是等价关系，并确定由 R 对集合 A 的划分。

（B）

6. 说明下列 **Z** 集合上的二元关系是否为等价关系，若不是，请说明理由，并找出 R 诱导的等价关系：

(1) $R=\{<a,b>\mid a<b\}$；

(2) $R=\{<a,b>\mid(a>0\wedge b>0)\bigcup(a<0\wedge b<0)\}$；

(3) $R=\{<a,b>\mid a$ 整除 $b\}$。

（C）

7. （参考北京大学 1996 年硕士生研究生入学考试试题）由 $f:A\rightarrow B$ 导出的 A 上的等价关系定义为 $R=\{<x,y>\mid x\in A\wedge f(x)=f(y)\}$。设 $f_1,f_2,f_3,f_4\in\mathbf{N}$ 且
$$f_1(n)=n(\forall n\in\mathbf{N}),$$
$$f_2(n)=\begin{cases}1,&n\text{ 为奇数}\\0,&n\text{ 为偶数}\end{cases},$$
$$f_3(n)=j,n=3k+j,j=0,1,2,k\in\mathbf{N},$$
$$f_4(n)=j,n=6k+j,j=0,1,2,\cdots,5,k\in\mathbf{N},$$
R_i 为 f_i 导出的 **N** 上的等价关系，其中 $i=1,2,3,4$；求商集 $\mathbf{N}/R_i$，其中 $i=1,2,3,4$。

2.8　相容关系和相容类

相容关系是一种比等价关系条件弱的关系，因而适用范围更广泛。

2.8.1　相容关系

定义 2.8.1　设 R 是集合 A 上的一个二元关系，如果 R 是自反的、对称的，则称 R 是**相容关系**。

显然，等价关系一定是相容关系，但相容关系不一定是等价关系。例如，$A=\{1,2,3\}$ 上的关系
$$R=\{<1,1>,<2,2>,<3,3>,<1,3>,<3,1>,<2,3>,<3,2>\}$$
是相容关系，但不是等价关系，因为 $1R3,3R2$，但没有 $1R2$，所以传递性不成立。

例 2.8.1　若 $A=\{a,b,c,d,e\}$，R 是 A 上的关系，且
$$R=\{<a,a>,<a,b>,<a,c>,<a,d>,<b,b>,<b,a>,<b,c>,$$
$$<c,c>,<c,b>,<c,a>,<d,a>,<d,d>,<e,e>\},$$
验证 R 是 A 上的相容关系。

解　R 的关系矩阵为

$$M_R = \begin{bmatrix} 1 & 1 & 1 & 1 & 0 \\ 1 & 1 & 1 & 0 & 0 \\ 1 & 1 & 1 & 0 & 0 \\ 1 & 0 & 0 & 1 & 0 \\ 0 & 0 & 0 & 0 & 1 \end{bmatrix},$$

由于关系矩阵 M_R 对角线元素全是 1,所以 R 是自反的。由于 M_R 是对称的,所以 R 是对称的,因而 R 是相容关系。

由于相容关系的关系图中每个结点都有一个自回路,且每两个结点之间若有边,则一定有两条方向相反的边。为了简化图形,本书约定相容关系的关系图中不画自回路,用单线替代来回线,并称其为相容关系的关系简图。

2.8.2 相容类

定义 2.8.2 设 R 是集合 A 上的一个相容关系,C 是 A 的子集,如果对于 C 中任意两个元素 x,y,有 $<x,y> \in R$,则称 C 是相容关系 R 产生的**相容类**。

例如,在例 2.8.1 中,$\{a,b\}$、$\{a,b,c\}$、$\{a,d\}$、$\{a,c\}$、$\{e\}$ 等都是相容类,而 $\{a,c,d\}$、$\{c,d\}$、$\{b,a,e\}$ 等都不是相容类。

定义 2.8.3 设 R 是集合 A 上的一个相容关系,不能真包含在任何其他相容类中的相容类称作**极大相容类**,记作 C_R。

若 C_R 是极大相容类,则 $C_R \subseteq A$,且对任意的 $x \in C_R$,x 与 C_R 中其他元素都有相容关系。而 $A - C_R$ 中,没有元素与 C_R 中所有元素具有相容关系。

例如,在例 2.8.1 中,$\{a,b,c\}$、$\{a,d\}$、$\{e\}$ 等都是极大相容类,而 $\{a,c,d\}$、$\{c,d\}$、$\{b,a,e\}$ 等都不是极大相容类。

在相容关系的关系简图中,我们定义每个结点都与其他结点相连接的多边形为**完全多边形**。例如一个三角形是完全多边形,一个四边形加上两条对角线是完全多边形。显然,该图中最大多边形的结点集合就是极大相容类。另外,对于关系简图中只有一个孤立结点,以及不是完全多边形的两结点连线的情况,也容易知道它们各自对应一个极大相容类。

定理 2.8.1 设 R 是有限集 A 上的相容关系,C 是一个相容类,那么一定存在一个极大相容类 C_R,使得 $C \subseteq C_R$。

证明 设 $A = \{a_1, a_2, \cdots, a_n\}$,构造相容类序列
$$C_0 \subset C_1 \subset C_2 \subset \cdots,$$
其中 $C_0 = C$,且 $C_{i+1} = C_i \cup \{a_j\}$,其中 j 是满足 $a_j \notin C_i$ 而 a_j 与 C_i 中各元素都有相容关系的最小值。

由于 A 的元素个数 $|A| = n$,所以至多经过 $n - |C|$ 步就使这个过程终止,而此序列的最后一个相容类就是所要找的极大相容类。

由定理 2.8.1 可知,A 中任一元素 a 可以组成相容类 $\{a\}$,因此必包含在一个极大相容类 C_R 中。如由所有极大相容类组成一个集合,则 A 中每一元素至少属于该集合的一个成员之中,所以极大相容类集合必覆盖集合 A。

定义 2.8.4　设 R 为集合 A 上的相容关系,其极大相容类的集合称为集合 A 的一个**完全覆盖**,记为 $C_R(A)$。

定理 2.8.2　给定集合 A 的覆盖 $\{A_1,A_2,\cdots,A_n\}$,则由它确定的关系

$$R=A_1\times A_1 \bigcup A_2\times A_2 \bigcup \cdots \bigcup A_n\times A_n$$

是 A 上的相容关系。

证明　因为

$$A=A_1\times A_1 \bigcup A_2\times A_2 \bigcup \cdots \bigcup A_n\times A_n,$$

则对任意的 $x\in A$,存在某个 k 使得 $x\in A_k$,于是 $<x,x>\in A_k\times A_k$,即有 $<x,x>\in R$,所以 R 是自反的。

对任意 $x,y\in A$,若 $<x,y>\in R$,则存在某个 k 使得 $<x,y>\in A_k\times A_k$,于是 $<y,x>\in A_k\times A_k$,即有 $<y,x>\in R$,所以 R 是对称的。

因此证得 R 是 A 上的相容关系。

由定理 2.8.2 可知,给定集合 A 上的任意一个覆盖,必可在 A 上构造对应此覆盖的一个相容关系,但不同的覆盖可能构造出相同的相容关系。因而,覆盖与相容关系之间不具有一一对应关系。

例 2.8.2　设 $A=\{1,2,3,4\}$,集合 $\{\{1,2,3\},\{3,4\}\}$ 和 $\{\{1,2\},\{2,3\},\{1,3\},\{3,4\}\}$ 都是 A 的覆盖,它们产生相同的相容关系,求这个相容关系。

解　$R=\{<1,1>,<1,2>,<2,1>,<2,2>,<2,3>,<3,2>,<1,3>,<3,1>,<3,3>,<4,4>,<3,4>,<4,3>\}$。

定理 2.8.3　集合 A 上的相容关系 R 与完全覆盖 $C_R(A)$ 存在一一对应。

证明　由定理 2.8.2 可知,只须证明必要性。

由定理 2.8.1 可知,A 中任一元素必属于 R 的某个极大相容类,因而 $C_R(A)$ 是 A 的一个完全覆盖。

例 2.8.3　设 $A=\{a,b,c,d,e,f\}$,R 为 A 上的相容关系,其关系图如图 2.8.1 所示。求 R 的完全覆盖。

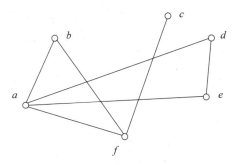

图 2.8.1　R 的关系图

解　由图 2.8.1 可知,R 产生的极大相容类为:

$$\{a,b,f\},\{a,d,e\},\{c,f\}。$$

所以 R 确定的完全覆盖

$$S = \{\{a,b,f\},\{a,d,e\},\{c,f\}\}。$$

例 2.8.4　设 $A = \{1,2,3,4,5,6,7\}$，A 的完全覆盖

$$S = \{\{1,2\},\{2,3,6,7\},\{3,4,5\}\}，$$

写出 S 所确定的 A 上的相容关系 R。

解　由 S 可以确定的相容关系为：

$$
\begin{aligned}
R = \{&<1,1>,<2,2>,<1,2>,<2,1>,<3,3>,<2,3>,<2,6>,\\
&<2,7>,<3,2>,<3,6>,<3,7>,<6,2>,<6,3>,<6,6>,\\
&<6,7>,<7,2>,<7,3>,<7,6>,<7,7>,<3,4>,<3,5>,\\
&<4,3>,<4,4>,<4,5>,<5,3>,<5,4>,<5,5>\}
\end{aligned}
$$

习题 2.8

（A）

1. 覆盖和划分有何异同？相容关系和等价关系有何异同？

2. 设集合 $X = \{x_1,x_2,x_3,x_4,x_5,x_6\}$，在其上定义关系 R 为：

$$
\begin{aligned}
R = \{&<x_1,x_1>,<x_2,x_2>,<x_3,x_3>,<x_4,x_4>,<x_5,x_5>,\\
&<x_1,x_2>,<x_2,x_1>,<x_1,x_5>,<x_5,x_1>,<x_2,x_5>,\\
&<x_5,x_2>,<x_2,x_3>,<x_3,x_2>,<x_3,x_4>,<x_4,x_3>\},
\end{aligned}
$$

(1) 检验 R 是 X 上的相容关系；

(2) 确定由 R 决定的 X 完全覆盖。

3. 设某寝室 4 人各自的爱好如下：

(1) 爱好游泳 a，跳舞 b，下棋 c；

(2) 爱好跳舞 b，游泳 a；

(3) 爱好跳舞 b，打球 d；

(4) 爱好下棋 c，游泳 a。

假设有相同爱好者必能谈得来，试分析哪些人在一起时谈得来。

4. 设 α 和 β 是 A 上的相容关系，则判别下列结论是否成立，并给予说明：

(1) 复合关系 $\alpha \circ \beta$ 是 A 上的相容关系；

(2) $\alpha \bigcup \beta$ 是 A 上的相容关系；

(3) $\alpha \bigcap \beta$ 是 A 上的相容关系。

2.9　偏序关系

在一个集合中，我们常常要考虑元素的次序关系，其中偏序关系就是很重要的一类关系。

2.9.1　偏序关系的定义

定义 2.9.1　设 A 是一个集合，如果 A 上的一个关系 R 满足自反性、反对称性和传

递性,则称 R 是 A 上的一个**偏序关系**,并将关系 R 记作"$\leqslant$"。序偶 $<A,\leqslant>$ 称作**偏序集**。

例如,幂集上的包含关系、实数集上的小于或等于关系等都是偏序关系。

例 2.9.1　设 **R** 是实数集合,证明小于或等于关系"$\leqslant$"是偏序关系。

证明　(1) 对于任何实数 $a\in\mathbf{R}$,有 $a\leqslant a$ 成立,所以"$\leqslant$"是自反的。

(2) 对于任何实数 $a,b\in\mathbf{R}$,如果 $a\leqslant b$ 且 $b\leqslant a$,则必有 $a=b$,故"$\leqslant$"是反对称的。

(3) 对于任何实数 $a,b,c\in\mathbf{R}$,如果 $a\leqslant b,b\leqslant c$,则一定有 $a\leqslant c$,故"$\leqslant$"是传递的。

所以,实数集 **R** 是偏序集。

例 2.9.2　设 R 是集合 $A=\{2,3,6,8\}$ 上的关系,$R=\{<x,y>|x$ 整除 $y\}$,验证 R 是 A 上的偏序关系。

证明　显然有
$$R=\{<2,2>,<2,6>,<2,8>,<3,3>,<3,6>,<6,6>,<8,8>\},$$
容易验证 R 是自反的、反对称的和传递的,故 R 是偏序关系。

2.9.2　哈斯图及特殊元素

1. 哈斯(Hasse)图

定义 2.9.2　设 R 是集合 A 上的偏序关系,如果 $x,y\in A$,$<x,y>\in R$,$x\neq y$ 且在 A 中不存在 z,使得 $<x,z>\in R$,$<z,y>\in R$,则称**元素 y 盖住元素 x**。并且记
$$\mathrm{COV}A=\{<x,y>|x,y\in A\wedge y\text{ 盖住 }x\}。$$

例如,对 $\{1,2,4,6\}$ 上的整除关系,有 2 盖住 1,4 和 6 盖住 2,但 4 不盖住 1,因为 $1<2<4$,6 不盖住 4,因 4 不构成整除关系。于是
$$\mathrm{COV}A=\{<1,2>,<2,4>,<2,6>\}。$$

由关系图到哈斯图

(1) 关系图省略了每个结点上均有的一个单边环;

(2) 由于次序图对其结点位置的限制,所有边的箭头均向上,因而省略箭头;

(3) 若 $a\leqslant b,c\leqslant b$,则由 a 到 b 的边省略,而由一条 a 经 c 到 b 的向上的路表示。

对给定的偏序集合 $<A,\leqslant>$,它的盖住关系是唯一的,因此可以用盖住的性质画出偏序关系图,也称**哈斯图**,其作图规则为:

(1) 用小圆圈代表元素;

(2) 如果 $<x,y>\in R$ 且 $x\neq y$,则将代表 y 的小圆圈画在代表 x 的小圆圈之上;

(3) 如果元素 y 盖住 x,则在 x 与 y 之间用直线连接。

例 2.9.3　设 $A=\{1,2,3,4,6,8,12,24\}$,R 是 A 上的整除关系,画出 R 的哈斯图。

解　显然有
$$R=\{<1,1>,<1,2>,<1,3>,<1,4>,<1,6>,<1,8>,$$
$$<1,12>,<1,24>,<2,2>,<2,4>,<2,6>,<2,8>,$$

$$<2,12>,<2,24>,<3,3>,<3,6>,<3,12>,<3,24>,$$
$$<4,4>,<4,8>,<4,12>,<4,24>,<6,6>,<6,12>,$$
$$<6,24>,<8,8>,<8,24>,<12,12>,<12,24>,<24,24>\}$$

2,3 盖住 1,4 盖住 2,6 盖住 2 和 3,8 盖住 4,12 盖住 4 和 6,24 盖住 8 和 12。

R 的哈斯图如图 2.9.1 所示。

例 2.9.4 设 $R=\{2,3,6,12,24,36\}$，R 是 A 上的整除关系，则 R 是偏序关系，画出 R 的哈斯图。

解 显然有

$$R=\{<2,2>,<2,6>,<2,12>,<2,24>,<2,36>,<3,3>,$$
$$<3,6>,<3,12>,<3,24>,<3,36>,<6,6>,<6,12>,$$
$$<6,24>,<6,36>,<12,12>,<12,24>,<12,36>,$$
$$<24,24>,<36,36>\}$$

R 的哈斯图如图 2.9.2 所示。

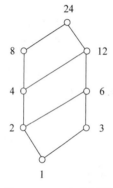

图 2.9.1　R 的哈斯图

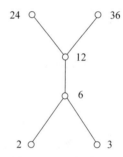

图 2.9.2　R 的哈斯图

例 2.9.5 设 $A=\{a,b,c\}$，R 是 A 幂集上的包含关系 $\subseteq$，则 R 是偏序关系，画出 R 的哈斯图。

解 因为 A 幂集为：

$$\{\varnothing,\{a\},\{b\},\{c\},\{a,b\},\{a,c\},\{b,c\},\{a,b,c\}\},$$

所以，有

$$R=\{<\varnothing,\varnothing>,<\varnothing,\{a\}>,<\varnothing,\{b\}>,<\varnothing,\{c\}>,<\varnothing,\{a,b\}>,$$
$$<\varnothing,\{a,c\}>,<\varnothing,\{b,c\}>,<\varnothing,\{a,b,c\}>,<\{a\},\{a\}>,$$
$$<\{a\},\{a,b\}>,<\{a\},\{a,c\}>,<\{a\},\{a,b,c\}>,<\{b\},\{b\}>,$$
$$<\{b\},\{a,b\}>,<\{b\},\{b,c\}>,<\{b\},\{a,b,c\}>,<\{c\},\{c\}>,$$
$$<\{c\},\{a,c\}>,<\{c\},\{b,c\}>,<\{c\},\{a,b,c\}>,<\{a,b\},\{a,b\}>,$$
$$<\{a,b\},\{a,b,c\}>,<\{a,c\},\{a,c\}>,<\{a,c\},\{a,b,c\}>,$$
$$<\{b,c\},\{b,c\}>,<\{b,c\},\{a,b,c\}>,<\{a,b,c\},\{a,b,c\}>\}_{\circ}$$

R 的哈斯图如图 2.9.3 所示。

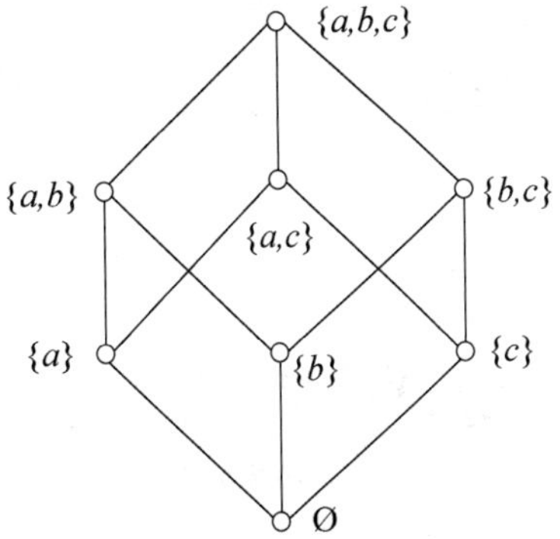

图 2.9.3 R 的哈斯图

设 R 是有限集合 A 上的偏序关系，其哈斯图对应的关系矩阵称为 R 的**哈斯图矩阵**。下面给出了 R 的哈斯矩阵 $\boldsymbol{H}_R$ 与 R 的关系矩阵 $\boldsymbol{M}_R$ 之间的关系。

定理 2.9.1 设 R 为有限集合 $A=\{x_1,x_2,\cdots,x_n\}$上的偏序关系，则 R 的哈斯矩阵 $\boldsymbol{H}_R$ 与 R 的关系矩阵 $\boldsymbol{M}_R$ 具有关系：

$$\boldsymbol{H}_R=(\boldsymbol{M}_R-\boldsymbol{I})-(\boldsymbol{M}_R-\boldsymbol{I})(\boldsymbol{M}_R-\boldsymbol{I}),$$

其中 $\boldsymbol{I}$ 为单位矩阵。

证明 令 $\boldsymbol{H}_R=(h_{ij})$，$\boldsymbol{M}_R=(m_{ij})$，$\boldsymbol{D}=(\boldsymbol{M}_R-\boldsymbol{I})-(\boldsymbol{M}_R-\boldsymbol{I})(\boldsymbol{M}_R-\boldsymbol{I})=(d_{ij})$，则

当 $i=j$ 时，显然有 $h_{ij}=d_{ij}=0$。

当 $i\neq j$ 时，$h_{ij}=1\Leftrightarrow x_j$ 盖住 $x_i\Leftrightarrow m_{ij}=1$，

且$(m_{ik}\wedge m_{kj})=0\Leftrightarrow m_{ij}-(m_{ik}\wedge m_{kj})=1\Leftrightarrow d_{ij}=1$。

因此，$\boldsymbol{H}_R=\boldsymbol{D}=(\boldsymbol{M}_R-\boldsymbol{I})-(\boldsymbol{M}_R-\boldsymbol{I})(\boldsymbol{M}_R-\boldsymbol{I})$。

例 2.9.6 设集合 $A=\{a,b,c,d,e\}$，R 是 A 上的二元关系，且

$$R=\{\langle a,a\rangle,\langle a,b\rangle,\langle a,c\rangle,\langle a,d\rangle,\langle a,e\rangle,\langle b,b\rangle,\langle b,c\rangle,\langle b,e\rangle,\langle c,c\rangle,\langle c,e\rangle,\langle d,d\rangle,\langle d,e\rangle,\langle e,e\rangle\},$$

验证$\langle A,R\rangle$为偏序集，求 R 的哈斯矩阵，并画出其哈斯图。

解 易证 R 是自反的、反对称的和传递的，因此 R 是偏序关系。

其关系矩阵 $\boldsymbol{M}_R=\begin{bmatrix}1&1&1&1&1\\0&1&1&0&1\\0&0&1&0&1\\0&0&0&1&1\\0&0&0&0&1\end{bmatrix}$，

其哈斯矩阵$(\boldsymbol{M}_R-\boldsymbol{I})\circ(\boldsymbol{M}_R-\boldsymbol{I})=\begin{bmatrix}0&1&1&1&1\\0&0&1&0&1\\0&0&0&0&1\\0&0&0&0&1\\0&0&0&0&0\end{bmatrix}\circ\begin{bmatrix}0&1&1&1&1\\0&0&1&0&1\\0&0&0&0&1\\0&0&0&0&1\\0&0&0&0&0\end{bmatrix}$

$$=\begin{bmatrix}0&0&1&0&1\\0&0&0&0&1\\0&0&0&0&0\\0&0&0&0&0\\0&0&0&0&0\end{bmatrix},$$

其哈斯矩阵 $H_R = (M_R - I) - (M_R - I) \circ (M_R - I) = \begin{bmatrix} 0 & 1 & 0 & 1 & 0 \\ 0 & 0 & 1 & 0 & 0 \\ 0 & 0 & 0 & 0 & 1 \\ 0 & 0 & 0 & 0 & 1 \\ 0 & 0 & 0 & 0 & 0 \end{bmatrix}$。

其哈斯图如图 2.9.4 所示。

2. 哈斯图的特殊元素

（1）最大元和最小元

定义 2.9.3 设 $<A, \leqslant>$ 是偏序集合，且 B 是 A 的子集，如果有某一个元素 $b \in B$，使得 B 中任何元素 x 都满足 $x \leqslant b$，则称 b 为 $<B, \leqslant>$ 的**最大元**。

对于 $b \in B$，如果对任意元素 $x \in B$ 都有 $b \leqslant x$ 成立，则称 b 为 $<B, \leqslant>$ 的**最小元**。

例 2.9.7 已知集合 $A = \{a, b, c, d, e, f\}$，在 A 上有偏序关系 R，其偏序集 $<R, \leqslant>$ 的哈斯图如图 2.9.5 所示。

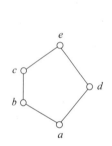

图 2.9.4　R 的哈斯图

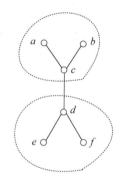

图 2.9.5　R 的哈斯图

取 A 的子集 S，当 $S = \{a, b, c, d, e, f\}$，$S = \{a, b, c\}$，$S = \{d, e, f\}$，$S = \{c, d\}$ 时，其最大元、最小元是否存在？若存在是什么？是否唯一？

解 ① 当 $S = \{a, b, c, d, e, f\}$，不存在最大元和最小元。

② 当 $S = \{a, b, c\}$，不存在最大元，存在最小元 $\{c\}$，唯一。

③ 当 $S = \{d, e, f\}$，不存在最小元，存在最大元 $\{d\}$，唯一。

④ 当 $S = \{c, d\}$，存在最大元 $\{c\}$，最小元 $\{d\}$，均唯一。

定理 2.9.2 设 $<A, \leqslant>$ 是偏序集合，且 B 是 A 的子集，若 B 有最大（最小）元，则必是唯一的。

证明 $a \leqslant b, b \leqslant a \Rightarrow a = b$

A 的最大元（若存在）通常记为 1，A 的最小元（若存在）通常记为 0。

（2）极大元和极小元

定义 2.9.4 设 $<A, \leqslant>$ 是偏序集合，且 B 是 A 的子集，对于 B 中的一个元素 b，如

果 B 中不存在任何元素 x,满足 $b \neq x$ 且 $b \leqslant x$,则称 b 为 B 的**极大元**。即 b 是 S 的极大元素是指 S 中没有比 b 更大的元素。

对于 $b \in B$,如果 B 中不存在任何元素 x,满足 $b \neq x$ 且 $x \leqslant b$,则称 b 为 B 的**极小元**。即 b 是 S 的极小元素是指 S 中没有比 b 更小的元素。

例 2.9.8 已知集合 $A = \{a, b, c, d, e, f\}$,在 A 上有偏序关系 R,偏序集 $<R, \leqslant>$ 的哈斯图如图 2.9.5 所示,取 A 的子集 S,当 $S = \{a, b, c, d, e, f\}$,$S = \{a, b, c\}$,$S = \{d, e, f\}$,$S = \{c, d\}$ 时,其极大元、极小元是否存在? 若存在是什么? 是否唯一?

解 ① 当 $S = \{a, b, c, d, e, f\}$ 时,存在极大元和极小元,并且不唯一。极大元 $\{a, b\}$。极小元 $\{e, f\}$。

② 当 $S = \{a, b, c\}$ 时,存在极大元 $\{a, b\}$,不唯一。存在极小元 $\{c\}$,唯一。

③ 当 $S = \{d, e, f\}$ 时,存在极小元 $\{e, f\}$,不唯一。存在极大元 $\{d\}$,唯一。

④ 当 $S = \{c, d\}$ 时,存在极大元 $\{c\}$,极小元 $\{d\}$,均唯一。

在偏序集中,任意有限的非空子集都存在极小元。

最大元与极大元,最小元与极小元的区别

(1) 最小(大)元是 B 中最小(大)的元素,它与 B 中的其他元素均具有偏序关系;

(2) 极小(大)元不一定与 B 中元素都具有偏序关系,只要没有比它小(大)的元素,它就是极小(大)元;

(3) 对于有限集合 B,极小(大)元一定存在,但最小(大)元不一定存在,如果最小(大)元存在,则一定是唯一的。

定理 2.9.3 设 $<A, \leqslant>$ 为偏序集,且 $B \subseteq A$,若 B 有最大元,则最大元必是唯一的。

证明 假设 a 和 b 都是 B 的最大元,则 $a \leqslant b$ 和 $b \leqslant a$,从 $\leqslant$ 的反对称性,可得 $a = b$。

(3) 上界和下界

定义 2.9.5 设 $<A, \leqslant>$ 是偏序集合,且 B 是 A 的子集,如果存在 $a \in A$,使得 B 中任何元素 x 都满足 $x \leqslant a$,则称 a 为子集 B 的**上界**。如果存在 $a \in A$,使得 B 中任何元素 x 都满足 $a \leqslant x$,则称 a 为子集 B 的**下界**。

简单理解,A 中元素 a 是 B 上(下)界是指 a 在 B 每一个元素的上(下)方。

例 2.9.9 已知集合 $A = \{a, b, c, d, e, f\}$,在 A 上有偏序关系 R,偏序集 $<R, \leqslant>$ 的哈斯图如图 2.9.5 所示,取 A 的子集 S,当 $S = \{a, b, c, d, e, f\}$,$S = \{a, b, c\}$,$S = \{d, e, f\}$,$S = \{c, d\}$ 时,其上界、下界是否存在? 若存在是什么? 是否唯一?

解 ① 当 $S = \{a, b, c, d, e, f\}$ 时,不存在上界和下界。

② 当 $S = \{a, b, c\}$ 时,不存在上界,存在下界 $\{c, d, e, f\}$,不唯一。

③ 当 $S = \{d, e, f\}$ 时,不存在下界,存在上界 $\{a, c, b, d\}$,不唯一。

④ 当 $S = \{c, d\}$ 时,存在上界 $\{a, c, b\}$,存在下界 $\{d, e, f\}$,不唯一。

(4) 上确界和下确界

定义 2.9.6 设$<A,\leqslant>$是偏序集合,且B是A的子集,元素a是集合B的任意上界,如果对于B的所有上界x都有$a\leqslant x$,则称a为B的**最小上界(上确界)**,记作$lub(B)$或$\sup(B)$。元素b为集合B的任意下界,若对B的所有下界y都有$y\leqslant b$,则称b为子集B的**最大下界(下确界)**,记作$glb(B)$或$\inf(B)$。

例 2.9.10 已知集合$A=\{a,b,c,d,e,f\}$,在A上有偏序关系R,偏序集$<R,\leqslant>$的哈斯图如图2.9.4所示,取A的子集S,当$S=\{a,b,c\}$,$S=\{d,e,f\}$,$S=\{c,d\}$时,其上确界、下确界是否存在? 若存在是什么? 是否唯一?

解 ① 当$S=\{a,b,c\}$时,不存在上确界,存在下确界$\{c\}$,唯一。

② 当$S=\{d,e,f\}$时,不存在下确界,存在上确界$\{d\}$,唯一。

③ 当$S=\{c,d\}$时,存在上确界$\{a\}$,存在下确界$\{d\}$,均唯一。

下例说明,即使子集S的上(下)界存在,子集S的上(下)确界也不一定存在。

例 2.9.11 已知集合$A=\{a,b,c,d,e,f\}$,在A上有偏序关系R,偏序集$<R,\leqslant>$的哈斯图如图2.9.6所示,取A的子集S,当$S=\{d,f\}$,$S=\{b,c\}$时,其上界、下界、上确界、下确界是否存在? 若存在是什么? 是否唯一?

解 ① 当$S=\{d,f\}$时,存在上界$\{a,b,c\}$,不存在上确界。存在下界$\{e\}$,存在下确界$\{e\}$,唯一。

② 当$S=\{b,c\}$时,存在下界$\{d,e,f\}$,不存在下确界。存在上界$\{a\}$,存在上确界$\{a\}$,唯一。

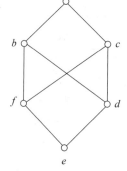

图 2.9.6 R 的哈斯图

例 2.9.12 设集合X,试证明对于偏序关系$<\rho(X),\subseteq>$中任意两个元素,均存在上(下)确界。

证明 对于任意集合$A,B\in\rho(X)$,由于$A\subseteq A\cup B$,$B\subseteq A\cup B$,所以集合A,B的上界是$A\cup B$。假设C是$A\cup B$,则$A\subseteq C$,$B\subseteq C$,因此$A\cup B\subseteq C$,即$A\cup B$是A,B的上确界,$\sup\{A,B\}=A\cup B$。

同理可证,$A\cap B$是A,B的下确界,$\inf\{A,B\}=A\cap B$。

例 2.9.13 设正整数集合$\mathbf{Z}^{+}$,对于整除关系$|$,证明偏序关系$<\mathbf{Z}^{+},|>$中任意两个元素均存在上(下)确界。

证明 对于任意$x,y\in\mathbf{Z}^{+}$,设x与y的最小公倍数是$lcm(x,y)$,由$x\mid lcm(x,y)$,$y\mid lcm(x,y)$,因此$\{x,y\}$的上界是$lcm(x,y)$。假设z是$\{x,y\}$的上界,则$x\mid z$,$y\mid z$,即z是x与y的倍数,$lcm(x,y)=z$,因此$lcm(x,y)$是$\{x,y\}$的上确界,$\sup\{x,y\}=lcm(x,y)$。

同理可证,设x与y的最大公约数$gcd(x,y)$,即$\{x,y\}$的下确界,$\inf\{x,y\}=gcd(x,y)$。

2.9.3 全序关系

定义 2.9.7 设$<A,\leqslant>$是偏序集合,B是A的子集,如果B中任意两个元素都是有关系的,则称子集 B 为**链**。

定义 2.9.8 设 $<A,\leqslant>$ 是偏序集合,B 是 A 的子集,如果 B 中任意两个元素都是没有关系的,则称子集 B 为**反链**。

一般约定,若 A 的子集只有单个元素,则这个子集既是链又是反链。

定义 2.9.9 设 $<A,\leqslant>$ 是偏序集合,如果 A 是链,即 A 中任意两个元素都是有关系的,则称 $<A,\leqslant>$ 是**全序集**或**线序集**,二元关系 $\leqslant$ 称为**全序关系**或**线序关系**。

例如,实数集上的小于等于关系是全序关系,而整除关系不是全序关系。

2.9.4 良序关系

定义 2.9.10 设 $<A,\leqslant>$ 是偏序集合,如果 A 的每一个非空子集都存在最小元,则称 $<A,\leqslant>$ 为**良序集**。

例如,$I_n=\{1,2,\cdots,n\}$ 及 $N=\{1,2,3,\cdots\}$ 对于小于或等于关系来说是良序集合。

定理 2.9.4 每个良序集一定是全序集合。

证明 设 $<A,\leqslant>$ 为良序集,则对任意两个元素 $x,y\in A$ 可构成子集 $\{x,y\}$,必存在最小元素,这个最小元素不是 x 就是 y,因此一定有 $x\leqslant y$ 或 $y\leqslant x$。所以 $<A,\leqslant>$ 为全序集。

定理 2.9.5 每个有限的全序集合一定是良序集。

证明 设 $A=\{a_1,a_2,\cdots,a_n\}$,令 $<A,\leqslant>$ 为全序集,现在假定 $<A,\leqslant>$ 不是良序集,那么必存在一个非空子集 $B\subseteq A$,在 B 中不存在最小元素,由于 B 是一个有限集合,故一定可以找到两个元素 x 与 y 是无关的。由于 $<A,\leqslant>$ 是全序集,$x,y\in A$,所以 x、y 必有关系,矛盾。故 $<A,\leqslant>$ 必是良序集。

2.9.5 拟序关系

定义 2.9.11 设 R 是集合 A 上的一个关系,如果 R 是反自反的和传递的,则称 R 是 A 上的一个**拟序关系**。一般用符号"$<$"表示拟序关系。

定理 2.9.6 设 R 是集合 A 上的拟序关系,则 R 是反对称的。

证明 用反证法,设 R 不是 A 上的反对称关系,则存在 $x,y\in A$,有 $<x,y>\in R$ 且 $<y,x>\in R$。由于 R 是 A 上的拟序关系,故 R 是传递的,因此有 $<x,x>\in R$,但 R 是反自反的,所以矛盾。由此,定理得证。

定理 2.9.7 设 R 是集合 A 上的关系,则有:

(1) 如果 R 是一个拟序关系,则 R 的自反闭包 $r(R)=R\cup I_A$ 是一个偏序关系;

(2) 如果 R 是一个偏序关系,则 $R-I_A$ 是一个拟序关系。

习题 2.9

（A）

1. 举出集合 A 上既是等价关系又是偏序关系的一个例子,并说出集合 A 上的偏序关系的三个性质是什么？

2. 判断该说法是否正确：设$<P,\leqslant>$是偏序集，$\varnothing \neq S \subseteq P$，若 S 有上界，则 S 必有上确界。

3. 设有偏序集$<A,\leqslant>$如图 2.9.7 所示，又设 A 的子集 $B=\{3,6\}$。试求 B 的最大元、最小元、极大元、极小元、上界、下界、上确界、下确界。

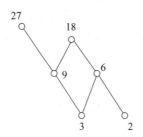

图 2.9.7　偏序集 A

4. A 上的偏序关系$\leqslant$的哈斯图如图 2.9.8 所示。

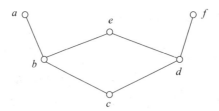

图 2.9.8　偏序集 A

请回答下列问题。

(1) 判断下列哪些关系式成立：$a \leqslant b$、$b \leqslant a$、$c \leqslant e$、$e \leqslant f$、$d \leqslant f$、$c \leqslant f$。

(2) 分别求出下列集合关于$\leqslant$的极大(小)元，最大(小)元，上(下)界及上(下)确界(若存在)：A、$\{b,d\}$、$\{b,e\}$、$\{b,d,e\}$。

(B)

5. 设 R 为集合 A 上的关系。下列哪些是偏序关系？若不是，说明哪些条件不足。

(1) A 是整数集，aRb 当且仅当 $a=2b$；

(2) A 是集合 S 的幂集，R 是集合的包含关系。

(C)

6. (参考北京大学 2005 年硕士生研究生入学考试试题)在两个元素的集合上，有多少种不同的二元关系？写出其中等价关系对应的划分，画出其中偏序关系的哈斯图。

* 2.10 关系的思维导图

完整版思维导图

关系

有序 n 元组

序偶 ⊕ 有序 n 元组

笛卡儿积
二元关系

集合的运算：交，并，差，补，对称差

复合关系
⊕ 关系的运算
逆关系

特殊关系

等价关系 ⊕
性质：自反性、对称性、传递性
等价类（划分）

相容关系 ⊕
性质：自反性、对称性
相容类（覆盖）：最大相容类

偏序关系 ⊕
性质：自反性、反对称性、传递性
Hasse图（哈斯）
⊕ 画 Hasse 图
特殊元素

排序 ⊕
全序：偏序、任意两个元素都是有关系
良序：偏序、每一个非空子集都存在最小元
拟序：反自反性、反对称性、传递性

性质

自反性
对称性
反对称性
传递性

闭包

自反闭包
对称闭包
传递闭包

*2.11 关系的算法思想

关系是集合论中的一个十分重要的概念,关系性质的判定是集合论中的重要内容。该组实验的目的是让学生更加深刻地理解关系的概念和性质,并掌握关系性质的判定等。

2.11.1 求任意个元素的全排列

设 $S=\{1,2,3,\cdots,n\}$,$<a_1,a_2,\cdots,a_n>$ 和 $<b_1,b_2,\cdots,b_n>$ 是 S 的两个全排列,若存在 $i\in\{1,2,\cdots,n\}$,使得对一切 $j=1,2,\cdots,i$ 有 $a_j=b_j$ 且 $a_{i+1}<b_{i+1}$,则称排列 $<a_1,a_2,\cdots,a_n>$ 字典序小于 $<b_1,b_2,\cdots,b_n>$。记为 $<a_1,a_2,\cdots,a_n><<b_1,b_2,\cdots,b_n>$。若 $<a_1,a_2,\cdots,a_n><<b_1,b_2,\cdots,b_n>$,且不存在 $<c_1,c_2,\cdots,c_n>$ 使得 $<a_1,a_2,\cdots,a_n><<c_1,c_2,\cdots,c_n><<b_1,b_2,\cdots,b_n>$,则称 $<b_1,b_2,\cdots,b_n>$ 为 $<a_1,a_2,\cdots,a_n>$ 的下一个排列。

求一个排列 $(a_1,a_2,\cdots,a_n)$ 的下一个排列的算法如下:

(1) 求满足关系式 $a_{j-1}<a_j$ 的 j 的最大值,设为 i,即 $i=\max\{j\,|\,a_{j-1}<a_j\}$;

(2) 求满足关系式 $a_{i-1}<a_k$ 的 k 的最大值,设为 j,即 $j=\max\{k\,|\,a_{i-1}<a_k\}$;

(3) a_{i-1} 与 a_j 互换得序列 $<b_1,b_2,\cdots,b_n>$;

(4) 将 $<b_1,b_2,\cdots,b_n>$ 中部分 $b_i,b_{i+1},\cdots,b_n$ 的顺序逆转,得到 $<b_1,b_2,\cdots,b_{i-1},b_n,\cdots,b_i>$ 便是所求的下一个排列。

2.11.2 求笛卡儿积

笛卡儿积是以有序偶为元素组成的集合,根据其定义 $A\times B=\{<x,y>\,|\,x\in A\wedge y\in B\}$,求笛卡儿积,需要取尽集合 A 和集合 B 的元素,并构成序偶 $<x,y>$ 送入 $A\times B$ 中。

2.11.3 判断关系性质及类型算法

判断任意一个关系是否为自反关系、对称关系、传递关系和等价关系? 若是等价关系,求出其所有等价类。

设 $R\subseteq A\times A$,给出 R 的关系矩阵 M(M 为 n 阶方阵),

(1) 若 $(\forall x)(x\in A\rightarrow xRx)$,即 R 的关系矩阵 M 的主对角线均为 1,则 R 是自反关系;

(2) 若 $(\forall x)(\forall y)(x,y\in A\wedge xRy\rightarrow yRx)$,即 R 的关系矩阵 M 是对称矩阵,则 R 是对称关系;

(3) 若 $(\forall x)(\forall y)(\forall z)(x,y,z\in A\wedge xRy\wedge yRz\rightarrow xRz)$,即 $m_{xy}=1\wedge m_{yz}=1\Rightarrow m_{xz}=1$ 或者 $m_{xy}=0\wedge m_{yz}=0\Rightarrow m_{xz}=0$,则 R 是传递关系;

(4) 若 R 是自反的、对称的和传递的,则 R 是等价关系。

在程序实现中,集合和关系都用集合方式输入。因为 R 满足自反性、对称性和传递性是 R 为等价关系的必要条件,所以判断以上 3 个性质的算法可以作为判定等价关系算法的子程序。因此,可在程序中设置标志变量 F,若 R 是自反的、对称的、传递的,则 $F=$ 1,否则 $F=0$。

2.11.4　求等价类

给定一个集合及其上的一个等价关系 R,可以求由 R 得到的等价类。因为等价关系的关系矩阵是对称矩阵,为了节省存储空间,仅存储关系矩阵的一半即可。用二维数组存储关系矩阵的下三角矩阵(包括主对角线),具体对应关系如下:

$$m_{ij} = \begin{cases} M\left(I * \dfrac{I-1}{2} + J\right), & j \leqslant i \\ M\left(J * \dfrac{I-1}{2} + I\right), & i < j \end{cases} 。$$

根据等价类的定义可知,等价类内的各个元素之间均有等价关系,所以构造等价类时,只要根据给定关系矩阵,把所有相互之间有等价关系的各个元素归为一类即可。

2.11.5　求极大相容类

给定一个集合及其上的一个相容关系 R,可以求由 R 得到的极大相容类。因为相容关系具有自反性和对称性,可以根据 2.11.3 节的方法判定自反性和对称性,再利用简化的关系矩阵(不包括主对角线的下三角矩阵)表示相容关系 R,求出 R 的极大相容类。

2.11.6　求关系的闭包

(1) 求自反闭包

给定关系 R,求 R 的自反闭包。若关系 R 的关系矩阵为 $\boldsymbol{M}$,自反闭包为 $r(R)$,则有 $r(R) = \boldsymbol{M} \vee \boldsymbol{I}$,其中 $\boldsymbol{I}$ 为恒等矩阵。

(2) 求对称闭包

给定关系 R,求 R 的对称闭包。若关系 R 的关系矩阵为 $\boldsymbol{M}$,自反闭包为 $s(R)$,则有 $s(R) = \boldsymbol{M} \vee \boldsymbol{M}^{\mathrm{T}}$,其中 $\boldsymbol{M}^{\mathrm{T}}$ 为 $\boldsymbol{M}$ 的转置矩阵。

(3) 求传递闭包(Warshall 算法)

当元素较多时,利用性质求传递闭包的方法比较麻烦。下面介绍求传递闭包的一种有效算法——Warshall 算法,这种算法也便于计算机实现。

(1) 置新矩阵 A=M;

(2) i=1;

(3) 对所有 j 如果 A[j,i]=1,则对 k=1,2,…,n,A[j,k]=A[j,k]∨A[i,k];

(4) i 加 1;

如果 $i \leqslant n$,则转到步骤(3),否则停止。

2.12　本章小结

　　本章首先给出了有序 n 元组及笛卡儿积的定义,在此基础上定义了关系的概念,给出了关系的表示方法和运算,同时还说明了关系的集合运算、逆和复合运算,以及关系的性质和闭包及其在关系图、关系矩阵上的表示特征和特性。关系的传递闭包计算较为复杂,本章给出了求有限集合上的二元关系传递闭包的有效算法,即 Warshall 算法。本章中还介绍了 3 类重要的关系:等价关系、相容关系和偏序关系。最后,本章给出了关系的思维导图和部分算法思想描述。

第3章

映 射

现实世界中的许多运动变化现象都表现出变量之间的依赖关系。数学上,我们用映射模型描述这种依赖关系,并通过研究映射的性质了解变化的规律。映射是数学中最基本且最重要的概念之一。映射的基本知识在经济学等学科以及现实生活中有着广泛的应用。在高等数学中,映射的概念是从变量的角度提出来的,并且仅在实数集合上讨论,这种映射一般是连续或间断连续的。

在高中阶段,读者应已学习了运用集合和对应的集合语言描述函数的概念,了解建立函数模型的过程和方法,并能初步运用函数的思想理解和处理生活中的简单问题。而函数是两个数集间的一种确定的对应关系,是特殊的映射。所以,当我们将数集扩展到任意的集合时,就可以把函数的概念加以推广,得到映射的概念。

本章主要将连续映射的概念推广到对离散领域的讨论,即将映射看作一种特殊的二元关系。映射的概念是运动变化和对立统一等观点在数学中的具体表现。

本章主要介绍映射的基本内容,通过本章学习,读者将掌握以下内容:

(1) 映射的基本概念;

(2) 映射的单射、满射和双射性质;

(3) 映射的复合运算;

(4) 映射的逆运算。

3.1 映射的基本概念

定义 3.1.1 设 X 和 Y 是任意两个集合,f 是一个从 X 到 Y 的二元关系,如果 f 满足对于每一个 $x \in X$,都有唯一的 $y \in Y$ 使得 $<x,y> \in f$,则称关系 f 为 X 到 Y 的**映射**(mapping),记作

$$f: X \to Y \ 或 \ X \xrightarrow{f} Y。$$

当 $<x,y> \in f$ 时,通常记为 $y = f(x)$,且记 $f(X) = \{f(x) \mid x \in X\}$。这时称 x 为映射的**原像**,y 为 x 在 f 下的**映像**。集合 X 称为 f 的**定义域**,记作 $\mathrm{dom} f = X$。由所有映像组成的集合称为映射的**值域**,记作 $\mathrm{ran} f \subseteq Y$,即

$$\mathrm{ran} f = \{y \mid (\exists x)(x \in X) \wedge (y = f(x))\}。$$

由定义 3.1.1 可知,映射与关系的区别在于:映射的定义域为 A,而关系不一定是;映射要求 A 中每个元素只对应一个像,而关系则可以一个元素对应多个像。因而,一个关

系 f 是映射，则 f 应满足：

(1) $D_f = A$；

(2) 若 $f(a) = b_1$ 且 $f(a) = b_2$，则 $b_1 = b_2$，即映射具有单值性。

由于映射的单值性是不能倒过来的，因而，映射的逆关系不一定是映射。

例 3.1.1　判断下列关系中哪个能构成映射。

(1) 集合 $X = \{a, b, c, d\}$，$Y = \{1, 2, 3, 4, 5, 6\}$，f_1, f_2, f_3 分别是 X 到 Y 的二元关系，其中

$$f_1 = \{<a, 2>, <b, 5>, <c, 1>, <d, 4>\},$$
$$f_2 = \{<a, 2>, <b, 6>, <d, 4>\},$$
$$f_3 = \{<a, 3>, <b, 1>, <c, 5>, <d, 2>, <d, 4>\}。$$

(2) $f = \{<x_1, x_2> \mid x_1, x_2 \in N, \text{且 } x_1 + x_2 < 10\}$。

(3) $X = \{1, 2, 3, 4, 5, 6, 7, 8, 9\}$，$Y = \{0, 1\}$，

$$X = \{1, 2, 3, 4, 5, 6, 7, 8, 9\}, Y = \{0, 1\},$$

f 为 X 到 Y 的关系，对于 X 中的元素 x 为偶数时，$<x, 0> \in f$，否则 $<x, 1> \in f$。

解　(1) f_1 是 X 到 Y 的映射；f_2 不是 X 到 Y 的映射，因为 X 中的元素 c 与 Y 中的元素都不相关；f_3 也不是 X 到 Y 的映射，因为 X 中的元素 d 与 Y 中的两个元素有关。

(2) f 不能构成映射，因为 x_1 不能取定义域中所有的值，且 x_1 可对应很多 x_2。

(3) f 能构成映射，因为对于每一个 $x \in X$，都有唯一 $y \in Y$ 与之对应。

例 3.1.2　设 $A = \{1, 2, 3\}$，

$$f = \{<1, 1>, <2, 1>, <3, 2>\},$$
$$g = \{<1, 2>, <2, 3>, <3, 1>, <3, 2>\},$$
$$h = \{<1, 2>, <2, 3>\},$$

试判断 f、g 和 h 是否为 A 到 A 的映射。

解　因为 $D_f = A$ 且 f 具有单值性，所以 f 是映射。

对于 g，因为 $<3, 1> \in g$ 且 $<3, 2> \in g$，所以 g 不具有单值性，因而 g 不是映射。

对于关系 h，$D_h = \{1, 2\} \neq A$，所以 h 不是映射。

定义 3.1.2　设映射 $f: X \to Y$，$g: A \to B$，如果 $X = A$，$Y = B$，且对于所有的 $x \in X$ 和 $x \in A$，有

$$f(x) = g(x),$$

则称**映射 f 和 g 相等**，记作 $f = g$。

定义 3.1.3　对集合 A 和 B，从 A 到 B 的所有映射的集合记为 B^A，即

$$B^A = \{f \mid f: A \to B\}。$$

定理 3.1.1　若 A 和 B 是有限集合，$|A| = m$，$|B| = n$，则

$$|B^A| = n^m。$$

证明　设 $A = \{a_1, a_2, \cdots, a_m\}$，$f$ 是 A 到 B 的任意映射，则 $D_f = A$，于是

$$f = \{<a_1, f(a_1)>, <a_2, f(a_2)>, \cdots, <a_m, f(a_m)>\}。$$

因为每个 $f(a_i)$ 有 n 种可能，所以 A 到 B 的不同映射共有 n^m 个。

例 3.1.3　设集合 $X = \{x, y, z\}$，$Y = \{a, b\}$，试问 X 到 Y 可以定义多少种不同的

映射?

解　$f(x)$ 可以取 a 或 b 两个值;当 $f(x)$ 取定一个值时,$f(y)$ 又可以取 a 或 b 两个值;而当 $f(y)$ 取定一个值时,$f(z)$ 又可以取 a 或 b 两个值。因此,从 X 到 Y 可定义 $2^3 = 8$ 种不同的映射。

定义 3.1.4　设 f 是 A 到 B 的映射,$A_1 \subseteq A$,$B_1 \subseteq B$,称
$$f(A_1) = \{f(x) \mid x \in A_1\}$$
为 A_1 在 f 下的像,称
$$f^{-1}(B_1) = \{x \mid x \in A \wedge f(x) \in B_1\}$$
为 B_1 在 f 下的**完全原像**。

例如,设 $A = \{1, 2, 3\}$,$B = \{a, b, c, d\}$,f 是 A 到 B 的映射,且
$$f = \{<1, a>, <2, c>, <3, c>\}。$$
令 $S = \{1, 3\}$,$T = \{a, c\}$,则
$$f(S) = \{a, c\}, f^{-1}(T) = \{1, 2, 3\}。$$

定理 3.1.2　设 f 是 A 到 B 的映射,A_1、$A_2 \subseteq A$,B_1、$B_2 \subseteq B$,则:

(1) $f(A_1 \bigcup A_2) = f(A_1) \bigcup f(A_2)$。

(2) $f(A_1 \bigcap A_2) \subseteq f(A_1) \bigcap f(A_2)$。

(3) $f(A_1 - A_2) \subseteq f(A_1) - f(A_2)$。

(4) $f^{-1}(B_1 \bigcup B_2) = f^{-1}(B_1) \bigcup f^{-1}(B_2)$。

(5) $f^{-1}(B_1 \bigcap B_2) = f^{-1}(B_1) \bigcap f^{-1}(B_2)$。

(6) $f^{-1}(B_1 - B_2) = f^{-1}(B_1) - f^{-1}(B_2)$。

(7) $A_1 \subseteq f^{-1}(f(A_1))$。

(8) $f(f^{-1}(B_1)) \subseteq B_1$。

证明　仅证(2),其他证明留给读者。

对任意的 $y \in f(A_1 \bigcap A_2)$,存在 $x \in A_1 \bigcap A_2$ 使得 $f(x) = y$,则有 $x \in A_1$ 且 $f(x) = y$,$x \in A_2$ 且 $f(x) = y$,于是 $y \in f(A_1)$ 且 $y \in f(A_2)$,即有 $y \in f(A_1) \bigcap f(A_2)$,所以
$$f(A_1 \bigcap A_2) \subseteq f(A_1) \bigcap f(A_2)。$$

下面通过一个例子说明(2)中的等号不一定成立。

例如,$A = \{1, 2\}$,$B = \{a\}$,$f: A \rightarrow B$,$f(1) = f(2) = a$,

取 $A_1 = \{1\}$,$A_2 = \{2\}$,则 $A_1 \bigcap A_2 = \varnothing$,

从而 $f(A_1 \bigcap A_2) = \varnothing$,但 $f(A_1) \bigcap f(A_2) = \{a\}$。

习题 3.1

(A)

1. 设 $X = \{a, b\}$,$Y = \{1, 2, 3\}$,求从 X 到 Y 和从 Y 到 X 的映射数目。

2. 设 $A = \{1, 2, 3\}$,$B = \{a, b\}$,求 B^A。

3. 设 f 指定世界各国的首都,求

(1) f 的定义域;

（2）f(法国)；

（3）f(加拿大)；

（4）f(俄罗斯)。

（B）

4. 设 $A=\{1,2,3,4\}$，$B=\{a,b,c,d,e\}$，请问下列二元关系哪些属于 $A\to B$（A 到 B 映射的集合)？

（1）$R_1=\{<1,a>,<2,b>,<3,c>,<4,d>\}$

（2）$R_2=\{<2,e>,<3,d>,<4,b>\}$

（3）$R_3=\{<1,a>,<2,b>,<3,c>,<1,d>\}$

（4）$R_4=\{<1,2>,<2,b>,<3,c>,<4,d>\}$

（5）$R_5=\{<1,c>,<2,c>,<3,c>,<4,c>\}$

（6）$R_6=\{<3,e>,<4,d>\}$

（C）

5.（参考北京大学 2000 年硕士生研究生入学考试试题)设 $A=\{a,b,c,d\}$，$B=\{\alpha,\beta,\gamma\}$，则 $|B^A|=$_____。

3.2　映射的性质

3.2.1　单射

定义 3.2.1　设映射 f: $X\to Y$，如果对于 X 中的任意两个元素 x_1 和 x_2，当 $x_1\neq x_2$ 时，都有 $f(x_1)\neq f(x_2)$，则称 f 为 X 到 Y 的**单射**，也称入射。

由定义 3.2.1 可得：

f: $A\to B$ 是单射当且仅当对任意的 x_1、$x_2\in A$，若 $x_1\neq x_2$，则有 $f(x_1)\neq f(x_2)$，当且仅当对任意的 x_1、$x_2\in A$，若 $f(x_1)=f(x_2)$，则有 $x_1=x_2$。

例如，集合 $X=\{a,b,c\}$，$Y=\{1,2,3,4\}$，f 是 X 到 Y 的映射，且有：

$$f(a)=1,f(b)=2,f(c)=3,$$

则 f 就是从 X 到 Y 的单射。

3.2.2　满射

定义 3.2.2　设映射 f: $X\to Y$，如果 $f(X)=Y$，即 Y 中的每一个元素是 X 中一个或多个元素的映像，则称 f 为 X 到 Y 的**满射**。设 f: $X\to Y$ 是满射，即对于任意的 $y\in Y$，必存在 $x\in X$ 使得 $f(x)=y$ 成立。

由定义 3.2.2 可得：

f: $A\to B$ 是满射，当且仅当对任意的 $y\in B$，存在 $x\in A$，使 $f(x)=y$。

例如，集合 $X=\{1,2,3\}$，$Y=\{a,b\}$，f 是 X 到 Y 的映射，且有

$$f(1)=a,f(2)=b,f(3)=b,$$

则 f 是 X 到 Y 的满射,但显然不是单射。

3.2.3　双射

定义 3.2.3　设映射 $f:X{\rightarrow}Y$,如果 f 既是单射又是满射,则称 f 为 X 到 Y 的**双射**,也称**一一对应映射**。

例如,集合 $X=\{a,b,c\}$,$Y=\{1,2,3\}$,f 是 X 到 Y 的映射,且有
$$f(a)=1,f(b)=3,f(c)=2,$$
则 f 是从 X 到 Y 的双射。

特别地,$\varnothing:\varnothing{\rightarrow}Y$ 是单射,$\varnothing:\varnothing{\rightarrow}\varnothing$ 是双射。

例 3.2.1　确定如下关系是否是映射,若是映射,是否是单射、满射、双射。

(1) 设 $X=\{1,2,3,4,5\}$,$Y=\{a,b,c,d,e\}$,

$f_1=\{<1,a>,<2,c>,<3,e>\}$,

$f_2=\{<1,a>,<2,e>,<3,c>,<4,b>,<5,c>\}$,

$f_3=\{<1,a>,<2,e>,<3,b>,<4,c>,<5,d>\}$。

(2) 设 $X=Y=\mathbf{R}$(实数集合)

$f_1=\{<x,x^2>|x\in\mathbf{R}\}$,

$f_2=\{<x,\mathrm{e}^x>|x\in\mathbf{R}\}$,

$f_3=\{<x,x+2>|x\in\mathbf{R}\}$。

解　(1) f_1 不是 X 到 Y 的映射,因为 $\mathrm{dom}f_1=\{1,2,3\}\neq X$;

f_2 是从 X 到 Y 的映射,但 $f_2(3)=f_2(5)=c$,$\mathrm{ran}f_2=\{a,b,c,e\}\neq Y$,因此 f_2 既非单射也非满射;

f_3 是从 X 到 Y 的双射。

(2) f_1 是从 X 到 Y 映射,但 $f_1(1)=f_1(-1)=1$,因此它不是单射,又因为该映射的最小值是 0,所以 $\mathrm{ran}f_1$ 是区间 $[0,+\infty)$,不是整个实数集,因此它也不是满射;

f_2 是从 X 到 Y 的单射;

f_3 是从 X 到 Y 的双射。

定义 3.2.4　设映射 $I_X:X{\rightarrow}X$ 满足 $I_X(x)=x$,则称 I_X 为 X 上的**恒等映射**。

定义 3.2.5　(1) 设 $f:X{\rightarrow}Y$,如果存在 $y\in Y$ 使得对所有的 $x\in X$ 都有 $f(x)=y$,则称 f 为**常映射**。

(2) X 上的恒等关系 I_x 就是 X 上的恒等映射,对于所有的 $x\in X$,都有 $I_x(x)=x$。

(3) 设 $f:X{\rightarrow}X$,对于任意的 $x_1,x_2\in X$,如果 $x_1<x_2$,则有 $f(x_1)\leqslant f(x_2)$,就称 f 为**单调递增**的;如果 $x_1<x_2$,则有 $f(x_1)<f(x_2)$,就称 f 为**严格单调递增**的。类似地,也可以定义**单调递减**和**严格单调递减**的映射。它们统称为**单调映射**。

一般情况下,一个映射是满射和是单射之间没有必然的联系,但当 A 和 B 都是有限集时,则有如下的定理。

定理 3.2.1　设 X 和 Y 为有限集,若 X 和 Y 的元素个数相同,即 $|X|=|Y|$,f 是从 X 到 Y 的映射,则 f 是单射,当且仅当 f 是满射。

证明　必要性：设 f 是单射，则 $|X|=|f(X)|=|Y|$，从 f 的定义可知 $f(X)\subseteq Y$，而 $|f(X)|=|Y|$，又因为 $|Y|$ 是有限的，故 $f(X)=Y$，因此由 f 是单射推出 f 是满射。

充分性：设 f 是满射，根据满射定义 $f(X)=Y$，于是 $|X|=|Y|=|f(X)|$。因为 $|X|=|f(X)|$ 且 $|X|$ 是有限的，故 f 是单射，因此由 f 是满射推出 f 是单射。

这个定理必须在有限集情况下才成立，在无限集上不一定成立，如 $f:\mathbf{Z}\to\mathbf{Z}$（整数集），$f(x)=2x$，在这种情况下整数映射到偶整数，显然这是一个单射，但不是满射。

习题 3.2

（A）

1. 判断下列各个映射是否单射：

(1) 对地球上的每个人赋予其对应的年龄数字；

(2) 对世界上的每一个国家赋予其首都的纬度和经度；

(3) 对世界上有总统的各个国家注明其总统。

2. 考虑映射 $f(x)=2^x$，$g(x)=x^3-x$，$h(x)=x^2$，判断它们是否为单射、满射。

3. 下列映射中，（　）是满射，（　）是单射，（　）是双射，（　）是一般映射。

    A. $f:\mathbf{N}\to\mathbf{N}$，$f(x)=x^2+2$

    B. $f:\mathbf{N}\to\mathbf{N}$，$f(x)=x\pmod 3$（$x$ 除以 3 的余数）

    C. $f:\mathbf{N}\to\{0,1\}$，$f(x)=\begin{cases}1,&x\in\text{偶数集}\\0,&x\in\text{奇数集}\end{cases}$

    D. $f:\mathbf{R}\to\mathbf{R}$，$f(x)=2x-5$

（B）

4. 设 $\mathbf{N}$ 为自然数集合，定义 $\mathbf{N}$ 到 $\mathbf{N}$ 的映射 f 和 g 如下：对于任意的 $x\in\mathbf{N}$，$f(x)=x+1$，$g(x)=\max\{0,x-1\}$。试证明 f 是单射而不是满射，g 是满射而不是单射。

（C）

5. （参考北京大学 1998 年硕士生研究生入学考试试题）设 $f:\mathbf{N}\times\mathbf{N}\to\mathbf{N}$，$f(x,y)=xy$，求 $f(<\mathbf{N}\times\{1\}>)$，并说明 f 是否为单射、满射、双射。

3.3　映射的复合运算

由于映射是一种特殊的关系，下面讨论两个映射的复合关系。

定理 3.3.1　设 X,Y,Z 是集合，f 是 X 到 Y 的二元关系，g 是 Y 到 Z 的二元关系，当 f 和 g 都是映射时，则复合关系 $f\circ g$ 是 X 到 Z 的映射。

定义 3.3.1　设映射 $f:X\to Y$，$g:Y\to Z$，经 f 和 g 复合后的映射称为**复合映射**，记作 $g\circ f$，它是 X 到 Z 的映射，若 $x\in X,Y\in Y,z\in Z$，且

$$f(x)=y,\quad g(y)=z,$$

则

$$g \circ f(x) = z.$$

需注意的是,当复合关系是一个复合映射时,在其表示标记中颠倒 f 和 g 的位置而写成 $g \circ f$,这是为了与通常意义下复合映射的表示方法保持一致。

例 3.3.1　设集合 $X = \{x, y, z\}$,$Y = \{a, b, c, d\}$,$Z = \{1, 2, 3\}$,f 是 X 到 Y 的映射,g 是 Y 到 Z 的映射,其中

$$f(x) = c, f(y) = b, f(z) = c,$$
$$g(a) = 2, g(b) = 1, g(c) = 3, g(d) = 1,$$

求复合映射 $g \circ f$。

解　易知 $g \circ f$ 是 X 到 Z 的映射,且

$$g \circ f(x) = g(f(x)) = g(c) = 3,$$
$$g \circ f(y) = g(f(y)) = g(b) = 1,$$
$$g \circ f(z) = g(f(z)) = g(c) = 3。$$

定理 3.3.2　若映射 $g: A \to B$ 和 $f: B \to C$ 是双射,则 $f \circ g: A \to C$ 是双射。

证明　对任意的 $z \in C$,由 $f: B \to C$ 是双射,即 $f: B \to C$ 是满射,则存在 $y \in B$ 使 $f(y) = z$。

对于 $y \in B$,由 $g: A \to B$ 是双射,即 $g: A \to B$ 是满射,则存在 $x \in A$ 使 $g(x) = y$,于是有 $f \circ g(x) = f(g(x)) = z$。所以 $f \circ g$ 是满射。

对任意的 x_1、$x_2 \in A$,若 $x_1 \neq x_2$,由 $g: A \to B$ 是双射,即 $g: A \to B$ 是单射,则 $g(x_1) \neq g(x_2)$。

又由 $f: B \to C$ 是双射,即 $f: B \to C$ 是单射,则 $f(g(x_1)) \neq f(g(x_2))$,于是 $f \circ g(x_1) \neq f \circ g(x_2)$。所以 $f \circ g$ 是单射。

综上可知,$f \circ g$ 是双射。

由于映射的复合仍是一个映射,因此同样可求 3 个映射的复合,并且和二元关系的合成一样,映射的复合运算也满足结合律。

定理 3.3.3　设映射 $f: A \to B$,$g: B \to C$,$h: C \to D$,则

$$h \circ (g \circ f) = (h \circ g) \circ f。$$

证明　因为 $f: A \to B$,$g: B \to C$,$h: C \to D$,由定理 3.3.1 可知,$h \circ (g \circ f)$ 和 $(h \circ g) \circ f$ 都是 A 到 D 的映射。

对任意的 $a \in A$,有

$$h \circ (g \circ f)(a) = h \circ (g \circ f(a)) = h(g(f(a))) = (h \circ g) \circ f(a),$$

所以

$$h \circ (g \circ f) = (h \circ g) \circ f。$$

例 3.3.2　设 $\mathbf{R}$ 是实数集,f, g, h 都是 $\mathbf{R}$ 到 $\mathbf{R}$ 的映射,其中

$$f(x) = x + 2, g(x) = x - 2, h(x) = 3x,$$

求 $g \circ f, h \circ (g \circ f), (h \circ g) \circ f$。

解　$g \circ f(x) = g(x + 2) = (x + 2) - 2 = x,$
$\quad h \circ (g \circ f)(x) = h(g \circ f(x)) = h(x) = 3x,$
$\quad (h \circ g) \circ f(x) = (h \circ g) f(x) = h(g(f(x)))$

$$=h(g(x+2))=h((x+2)-2)=h(x)=3x。$$

定理 3.3.4　设 f 和 g 为映射，$g \circ f$ 是 f 和 g 的复合映射，则：

(1) 若 f 和 g 是满射，则 $g \circ f$ 是满射；

(2) 若 f 和 g 是单射，则 $g \circ f$ 是单射；

(3) 若 f 和 g 是双射，则 $g \circ f$ 是双射。

证明　(1) 设 $f:X \to Y, g:Y \to Z$，则 $g \circ f:X \to Z$。由于 g 是满射，对于 Z 中任意元素 $z \in Z$，必有 $y \in Y$，使得 $g(y)=z$。

对于 $y \in Y$，又因为 f 是满射，所以也必有 $x \in X$，使得 $f(x)=y$。

因此，对于 Z 中任意元素 z，必有 $x \in X$，使得 $g \circ f(x)=z$，

所以 $g \circ f$ 是满射。

(2) 由于 f 和 g 都是单射，因此对于任意 $x_1, x_2 \in X$，当 $x_1 \neq x_2$ 时，必有

$$f(x_1) \neq f(x_2), g(f(x_1)) \neq g(f(x_2))，$$

即当 $x_1 \neq x_2$ 时，必有

$$g \circ f(x_1) \neq g \circ f(x_2)，$$

所以 $g \circ f$ 是单射。

(3) 由(1)、(2)证明结果即可得证。

定理 3.3.5　设 f 和 g 为映射，$g \circ f$ 是 f 和 g 的复合映射，若设映射 $f:X \to Y, g:Y \to Z$，$g \circ f$ 是 f 和 g 的复合映射，则：

(1) 若 $g \circ f$ 是满射，则 g 是满射；

(2) 若 $g \circ f$ 是单射，则 f 是单射；

(3) 若 $g \circ f$ 是双射，则 f 是单射，g 是满射。

证明　设 $g:A \to B, f:B \to C$，由定理 3.3.1 知，$f \circ g$ 为 A 到 C 的映射。

(1) 对任意的 $z \in C$，因 $f \circ g$ 是满射，则存在 $x \in A$ 使 $f \circ g(x)=z$，即 $f(g(x))=z$。由 $g:A \to B$ 可知 $g(x) \in B$，于是有 $y=g(x) \in B$，使得 $f(y)=z$。

因此，f 是满射。

(2) 对任意的 $x_1, x_2 \in A$，若 $x_1 \neq x_2$，则由 $f \circ g$ 是单射得 $f \circ g(x_1) \neq f \circ g(x_2)$，于是 $f(g(x_1)) \neq f(g(x_2))$，必有 $g(x_1) \neq g(x_2)$。所以，g 是单射。

(3) 由(1)、(2)得证。

在定理 3.3.5 中，$f \circ g$ 是满射时，g 不一定是满射；$f \circ g$ 是单射时，f 不一定是单射。例如，设 $A=\{a\}, B=\{b,d\}, C=\{c\}$，

$$g:A \to B, f:B \to C, g=\{<a,b>\}, f=\{<b,c>,<d,c>\}。$$

则 $f \circ g=\{<a,c>\}$，$f \circ g$ 是双射，但 g 不是满射，f 不是单射。

习题 3.3

（A）

1. 下列命题正确的有（　　）。

　　A. 若 g, f 是满射，则 $g \circ f$ 是满射。　　　B. 若 $g \circ f$ 是满射，则 g, f 都是满射。

C. 若 $g \circ f$ 是单射,则 g,f 都是单射。　　D. 若 $g \circ f$ 是单射,则 f 是单射。

2. 设映射 $f:R \times R$,定义为 $f<x,y>=<x+y,x-y>$,求复合映射 $f \circ f$。

3. 给定 $f:A \to B$ 和 $g:B \to C$。试证明:若 $g \circ f$ 是满射,则 g 是满射。

4. 若 $T \to U$,f 是单射,$g:S \to T$,$h:S \to T$,满足 $f \circ g=f \circ h$,试证明:$g=h$。

5. 给出映射 f,g,h 的实例:$f:T \to U$,$g:S \to T$,$h:S \to T$,$f \circ g=f \circ h$,但 $g \neq h$(B)。

（B）

6. 设 $f:A \to B$,$g:B \to C$,若 $g \circ f$ 是单射,则 f 是单射,并举例说明 g 不一定是单射。

（C）

7.(参考北京大学 1993 年硕士生研究生入学考试试题)设映射 $f:\mathbf{N} \to \mathbf{N} \times \mathbf{N}$,定义为 $f(x)=<x,x+1>$,请判断 f 是否为单射、满射或双射,并说明理由。

3.4　映射的逆运算

任何关系都存在逆关系,一个关系的逆关系不一定是映射,一个映射的逆关系也不一定是映射。

定理 3.4.1　设 $f:X \to Y$ 是一个双射,则 f 的逆关系 f^{-1} 是 Y 到 X 的双射。

证明　对任意的 $y_1,y_2 \in B$,若 $f^{-1}(y_1)=f^{-1}(y_2)=x$,则 $f(x)=y_1$,$f(x)=y_2$。因为 $f:A \to B$ 是映射,则 $y_1=y_2$。所以 f^{-1} 是单射。

对任意 $x \in A$,必存在 $y \in B$ 使 $f(x)=y$,从而 $f^{-1}(y)=x$,所以 f^{-1} 是满射。

综上可得,$f^{-1}:B \to A$ 是双射。

例如,设 $X=\{x,y,z\}$,$Y=\{a,b,c\}$,$f:X \to Y$,且
$$f=\{<x,a>,<y,c>,<z,b>\},$$
则
$$f^{-1}=\{<a,x>,<b,z>,<c,y>\}。$$

定义 3.4.1　设 $f:X \to Y$ 是一个双射,其逆关系 f^{-1} 称为 f 的**逆映射**,也记作 f^{-1}。

若映射 f 使得 $f(a)=b$,则存在逆映射 f^{-1},使得 $f^{-1}(b)=a$。即 $<a,b> \in f$,则 $<b,a> \in f^{-1}$,因此 f^{-1} 逆映射是 f 的逆关系。

定理 3.4.2　设 $f:X \to Y$ 是一个双射,则
$$(f^{-1})^{-1}=f。$$

证明　由定理 3.4.1 可知,$f^{-1}:Y \to X$,且是双射,因此它的逆映射 $(f^{-1})^{-1}$ 必然存在,而且也是双射。

并且对于任意 $x \in X$,有
$$f:x \to f(x),f^{-1}:f(x) \to x,(f^{-1})^{-1}:x \to f(x)。$$
显然,$(f^{-1})^{-1}=f$ 成立。

定理 3.4.3　设 $f:X \to Y$ 是一个双射,则

(1) $f^{-1} \circ f=I_X$

(2) $f \circ f^{-1}=I_Y$。

(3) $f = I_Y \circ f = f \circ I_X$。

证明 (1) 因为 $f: X \to Y$ 是一个双射,所以 $f^{-1}: Y \to X$,故 $f^{-1} \circ f: X \to X$。对于任意 $x \in X$,必存在 $y \in Y$,使得 $f(x) = y$,且 $f^{-1}(y) = x$,因此,

$$f^{-1} \circ f(x) = f^{-1}(f(x)) = f^{-1}(y) = x,$$

故 $f^{-1} \circ f = I_X$ 成立。

例 3.4.1 设 $X = \{1, 2, 3\}$, $Y = \{a, b, c\}$, f 是 X 到 Y 的双射,且

$$f = \{<1, a>, <2, c>, <3, b>\},$$

求 f^{-1} 和 $f \circ f^{-1}$ 和 $f^{-1} \circ f$。

解 由于 f 是双射,因此由逆映射的定义可得

$$f^{-1} = \{<a, 1>, <b, 3>, <c, 2>\}。$$

同理可得

$$f \circ f^{-1} = \{<a, a>, <b, b>, <c, c>\},$$
$$f^{-1} \circ f = \{<1, 1>, <2, 2>, <3, 3>\}。$$

定理 3.4.4 设 $f: X \to Y$, $g: Y \to Z$ 均为双射,则

$$(g \circ f)^{-1} = f^{-1} \circ g^{-1}。$$

证明 因为 f, g 是双射,所以 $g \circ f$ 是 X 到 Z 的双射,$g \circ f$ 存在逆映射,且 $(g \circ f)^{-1}$ 是 Z 到 X 的双射;同样,f^{-1} 和 g^{-1} 也是双射,所以,$f^{-1} \circ g^{-1}$ 也是 Z 到 X 的双射。

要证 $(g \circ f)^{-1} = f^{-1} \circ g^{-1}$,即证对于 Z 中任意元素 z,有

$$(g \circ f)^{-1}(z) = f^{-1} \circ g^{-1}(z)$$

因为 g^{-1} 是 Z 到 Y 的双射,对于 $z \in Z$,有唯一元素 $y \in Y$,使得 $g^{-1}(z) = y$,同理,对于 $y \in Y$,有唯一元素 $x \in X$,使得 $f^{-1}(y) = x$,由此可得 $f^{-1} \circ g^{-1}(z) = x$。

由于

$$g \circ f(x) = g(f(x)) = g(y) = z,$$

所以,

$$(g \circ f)^{-1}(z) = x。$$

由此证得

$$(g \circ f)^{-1} = f^{-1} \circ g^{-1}。$$

习题 3.4

(A)

1. 映射 $f: A \to B$ 可逆的充要条件是(　　)。

A. $A = B$ 　　　　　　　　　　　B. A 与 B 有相同的基数

C. f 为满射 　　　　　　　　　　D. f 为双射

2. 对于 $A = \{r, s, t\}$, $B = \{x, y, z\}$,已知 $f: A \to B$,其中 $f = \{<r, y>, <s, z>, <t, x>\}$,判断 f 是否可逆,若可逆则求其逆。

3. 设 $f: R \to R$ 定义为 $f(x) = 2x - 3$,现在 f 是一对一且满足满射。因此,f 有一个逆映射 f^{-1},求 f^{-1} 的一个表达式。

4. 证明 $f(x)=2^x$ 是一个可逆映射。

5. 设 f,g,h 均为实数集 $\mathbf{R}$ 上的映射,且 $g\circ f=h\circ f$,则若 $f=($ 　 $)$,一定能推出 $g=h$。

  A. $\{<x,x^2>|x\in\mathbf{R}\}$ B. $\{<x,x^3-x>|x\in\mathbf{R}\}$

  C. $\{<x,2x>|x\in\mathbf{R}\}$ D. $\{<x,|x|>|x\in\mathbf{R}\}$

（B）

6. 设 $f:A\rightarrow B$ 是一个映射,记 f^{-1} 为 f 的逆关系,$f\circ g$ 为 f 和 g 的复合关系,试证明:当且仅当 $f^{-1}\circ f=I_B\circ f=I_B$ 时,f 是满射。

（C）

7. (参考北京大学 1997 年硕士生研究生入学考试试题)设 $A=\{1,2,3\}$,$f\in A^A$,且 $f(1)=f(2)=1,f(3)=2$,定义 $G:A\rightarrow P(A)$,$G(x)=f^{-1}(x)$。计算 $\text{ran}G$。

*3.5　映射的思维导图

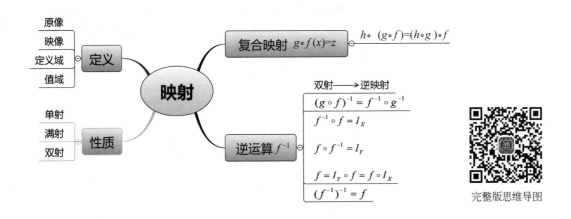

完整版思维导图

*3.6　映射的算法思想

映射是集合论中的一个十分重要的概念。通过该组实验,学生应能更加深刻地理解映射的概念和性质,并掌握映射性质的判定等。

3.6.1　映射的判定

判断任意一个关系是否为映射,若是映射,判定其是否为单射、满射或双射。

设 A 和 B 为集合,$f\subseteq A\times B$,若对任意的 $x\in A$,都存在唯一的 $y\in B$ 使得 xfy 成立,则称 f 为从 A 到 B 的映射。

设 f 是 A 到 B 的映射,若 $\text{ran}f=B$(或 $f(A)=B$),则称 f 是 A 到 B 的满射;若对任意的 x_1、$x_2\in A$,$x_1\neq x_2$,都有 $f(x_1)\neq f(x_2)$,则称 f 是 A 到 B 的单射;若 f 既是满射

又是单射,则称 f 是 A 到 B 的双射。

在程序中集合用列举法表示,关系用集合表示。

例如,$A=\{1,2,3\}$,$B=\{a,b,c\}$,A 到 B 上的关系
$$f=\{<1,a>,<2,b>,<3,c>\}。$$

3.6.2　求满射

设有限集合 A 和 B,且 $|A|=m$,$|B|=n$,求有多少映射满足从 A 到 B 上的满射。根据映射的定义可知,从 A 到 B 上的映射必有 $m \geqslant n$,否则不是映射。利用公式:
$$F=C_n^n \cdot n^m - C_n^{n-1} \cdot (n-1)^m + C_n^{n-2} \cdot (n-2)^m - \cdots + (-1)^{n-1}C_n^1 \cdot 1^m$$
其解即为所求。

3.7　本章小结

本章介绍了映射的基本概念,并给出映射作为特殊二元关系的不同之处。然后,讲述了具有不同性质的 3 种特殊映射:单射、满射和双射,以及如何从定义入手,判断和证明映射具有某种特殊性质,并给出了几个常用的映射。之后,介绍了复合映射和逆映射,给出了相关的定理以及证明。最后给出映射的思维导图和部分算法思想描述。通过本章的学习,读者应能够进一步加强对映射和相关知识的理解,为后续的学习和应用打下很好的基础。

第二部分　数理逻辑

　　逻辑是研究推理的科学。早在 17 世纪，莱布尼茨就提出一种设想：能否使人们的推理不依赖对推理过程中命题含义的思考，而用计算代替思维来完成推理过程。莱布尼茨希望能用数学方法来研究思维，数理逻辑就是在这种思维下产生的。用希尔伯特的话来说，数理逻辑是把数学上的形式化方法应用到逻辑领域的结果。

　　所谓数学的方法，就是用一套数学的符号系统来描述和处理思维的形式与规律，避免歧义性。因此，数理逻辑又称为符号逻辑。推理是研究前提和结论之间的关系以及思维的规律，即符号化的过程。

　　数理逻辑和电子计算机的发展有着密切的联系，它为机器证明、自动程序设计、计算机辅助设计等计算机应用和理论研究提供了必要的理论基础。

　　从本章开始，我们用两章的篇幅介绍数理逻辑最基本的内容：命题逻辑和谓词逻辑。

第4章

命 题 逻 辑

任何基于命题分析的逻辑统称为命题逻辑,命题是研究思维规律的科学中一项基本要素,它是一个判断的语言表达。

本章主要介绍命题逻辑的基本内容。通过本章学习,读者将掌握以下内容:

(1) 命题的基本概念;

(2) 否定、合取、析取、不可兼析取、条件、双条件、与非、或非和条件否定联结词;

(3) 命题公式的定义、符号化、解释、真值表和类型;

(4) 命题公式的逻辑等值的定义、基本的逻辑等值式、等值演算和对偶定理;

(5) 析取(合取)范式、主析取(主合取)范式及其应用;

(6) 命题公式的逻辑蕴涵的定义、证明方法和基本的逻辑蕴涵式;

(7) 全功能联结词;

(8) 命题逻辑推理理论和规则、判断有效结论的常用方法。

4.1 命 题

在数理逻辑中,为了表达概念,陈述理论和规则,常常需要应用语言进行描述,但是日常使用的自然语言往往在叙述时不够确切,也易产生二义性,因此就需要引入一种目标语言,这种目标语言和一些公式符号就形成了数理逻辑的形式符号体系。所谓**目标语言**就是表达判断的一些语言的汇集,而判断就是对事物有肯定或否定的一种思维形式,因此能表达判断的语言是陈述句,它称作**命题**。一个命题具有一个"值",称为真值。真值只有"真"和"假"两种,分别记作 True(真)和 False(假),符号表示为 T 和 F。

数理逻辑研究的中心问题是推理,而推理的前提和结论都是表达判断的陈述句。在自然语言中,只有具有确定真值的陈述句才是命题,一切没有判断内容的句子,以及无所谓是非的句子,如感叹句、疑问句、祈使句等都不能作为命题。

不能再被分解成更简单的语句的命题称为**原子命题**。原子命题是命题逻辑中最基本的单位。当命题变元表示原子命题时,该变元称为**原子变元**。所有这些命题都应具有确定的真值。一个命题变元不是命题,因为它的真值不能确定。但一旦我们用一个具体的命题取代它时,它的真值就确定了,这时称对命题变元进行指派。

人的思维活动是靠自然语言来表达的。然而,由于自然语言易产生二义性,用它来表示严格的推理就不合适了。为了解决这一问题,人们在数理逻辑中引进了符号语言。

如果一个句子是命题,它必须满足以下条件:

(1) 该句子是具有判断性的陈述语句;

(2) 它有确定的真值,非真即假。

判定一个语句是否是命题,并不是一定要知道其真假值,我们只关心它"是否具有真假值"这个事实。也就是说,对一个语句,有时可能无法确定它的真假,但是它的确有真假,那么这个语句就是命题。例如下面 4 个语句都是命题。

(1) 珠海是中国最大的城市。

(2) 今天是星期一。

(3) 所有素数都是奇数。

(4) 1+1=2。

例 4.1.1 判断下列语句是否为命题,若是命题,判断其真值。

(1) 10 是素数。

(2) $f(x)=x^2$ 在闭区间 $[a,b]$ 上连续。

(3) 北京是中国的首都。

(4) 1001+11=1100。

(5) 请勿喧哗!

(6) 你记住了吗?

(7) 这个风景真美呀!

(8) $x+y=7$。

解 (1)~(4)是命题,因为它们都是具有真假意义的陈述句。(1)是假命题,(2)(3)是真命题,(4)在二进制中为真,在十进制中为假,故需要根据所处环境才能确定真值。

(5)~(8)都不是命题,(5)是祈使句,(6)是疑问句,(7)是感叹句。在(8)中,x,y 是变量,无法判断其真值。

由于命题只有真、假两个真值情况,所以命题逻辑也称为二值逻辑。如果一个命题是真的,它的真值就是 1;如果一个命题是假的,它的真值就是 0。

同理,人们也用"1"代表一个抽象的真命题,用"0"代表一个抽象的假命题。

例 4.1.2 判断下列语句是否为命题。

(1) 其他星球上有生命存在。

(2) 我正在说谎。

解 (1) 语句在目前可能无法确定其真值,但从本质而论,这句话是有真假值的,所以也被认为是命题。

(2) 语句不是命题,是悖论。在判断一个句子是否为命题时,首先从语法上判断它是否为陈述句。但是,有一些"自指谓"的陈述句不属于命题,因为这种"自指谓"的陈述句产生悖论。所谓"自指谓"指其结论对自身而言真假矛盾。对于(2)语句,当它为假时,它便是真;当它为真时,它便是假。

命题通常使用大写字母 $A,B,\cdots,Z$ 及其带下标的大写字母或数字表示,如 A_1,R 等,例如 A_1:我是一名大学生。

表示命题的符号称为命题标识符,在这个例子中,A_1 即为命题标识符。

一个命题标识符如表示确定的命题,则称它为命题常元。一个仅表示任意命题位置,没有指定具体内容的命题标识符称为命题变元。

例如,如果 P 表示"今天有雨",则 P 是命题常元。

习题 4.1

(A)

1. 下列语句是命题的有(　　)
   A. 明年中秋节的晚上是晴天。　　　　B. $x+y>0$。
   C. $xy>0$,当且仅当 x 和 y 都大于 0。　　D. 我正在说谎。

2. 下列各命题中真值为真的命题有(　　)
   A. $2+2=4$ 当且仅当 3 是奇数。
   B. $2+2=4$ 当且仅当 3 不是奇数。
   C. $2+2\neq4$ 当且仅当 3 是奇数。
   D. $2+2\neq4$ 当且仅当 3 不是奇数。

3. 下列语句不是命题的有(　　)
   A. $x=13$。
   B. 离散数学是计算机系的一门必修课。
   C. 鸡有 3 只脚。
   D. 太阳系以外的星球上有生物。
   E. 你打算考硕士研究生吗?

4. 下列语句是命题的有(　　)
   A. 2 是素数。　　　　　　　　　　B. $x+5>6$。
   C. 地球外的星球上也有人。　　　　D. 这朵花多好看呀!

5. 设 $S=\{N,Q,R\}$,下列命题正确的是(　　)
   A. $2\in N,N\in S$,则 $2\in S$。　　　　B. $N\subset Q,Q\in S$,则 $N\subset S$。
   C. $N\subset Q,Q\subset R$,则 $N\subset R$。　　D. $\varnothing\subset N,\varnothing\subset S$,则 $\varnothing\subset N\cap S$。

(B)

6. 给定语句如下。
   (1) 15 是素数(质数)。
   (2) 10 能被 2 整除,3 是偶数。
   (3) 你下午有会吗? 若无会,请到我这儿来!
   (4) $2x+3>0$。
   (5) 只有 4 是偶数,3 才能被 2 整除。
   (6) 明年 5 月 1 日是晴天。
   以上 6 个语句中,是原子命题的为(　　),是复合命题的为(　　),是真命题的为
(　　),是假命题的是(　　),真值待定的命题是(　　)。

7.（参考北京大学 1990 年研究生入学考试试题）下列句子哪些是命题？是命题的句子哪些是原子命题（简单命题）？哪些是复合命题？

（1）你喜欢看电影吗？

（2）大熊猫主要分布在我国东北。

（3）$2+x=5$。

（4）$2+3>1$。

（5）小王和小李是同学。

（6）别讲话了！

（7）这朵花真美丽。

（8）李梅能歌善舞。

（9）只要我有时间，我就来看你。

（10）只要你不怕困难，你才能战胜困难。

4.2　联　结　词

在自然语言中，由一些简单的陈述句，通过"或""与""但是"等一些联结词组成较复杂的句子称为复合语句。这种联结词的使用一般没有很严格的定义，因此有时显得不很确切。

在命题逻辑中，由原子命题通过特定的联结词构成的陈述句称为复合命题，联结词是复合命题中的重要组成部分。原子命题和复合命题都是命题。

例如，P：今天晚上我在家看电视或出去看电影。

4.2.1　否定联结词 ¬

定义 4.2.1　设 P 是一个命题，命题"P 是不对的"称为 P 的**否定**，记作"$\neg P$"，读作"非 P"。$\neg P$ 是真的，当且仅当 P 是假的。

例如，P：吉林大学是中国最大的大学。

　　　$\neg P$：吉林大学不是中国最大的大学。

命题 P 取值为真时，命题 $\neg P$ 取值为假；命题 P 取值为假时，命题 $\neg P$ 取值为真。

命题 $\neg P$ 的取值也可以用一个表 4.2.1 来定义，其构造类似于集合的成员表。表中"1"和"0"分别标记该列命题取值为真和为假，"¬"相当于自然语言中的"非""不""没有"等否定词。

表 4.2.1　¬P 运算表

P	$\neg P$
0	1
1	0

4.2.2　合取联结词 ∧（与）

定义 4.2.2　设 P,Q 是两个命题,命题"P 并且 Q"称为 P,Q 的**合取**,记作 $P \wedge Q$,读作"P 且 Q"。虽然 $P \wedge Q$ 是真的,当且仅当 P 和 Q 都是真的。

"∧"是自然语言中"并且""既……又……""和""以及""不仅……而且……""虽然……但是……"等词的逻辑抽象。命题 $P \wedge Q$ 的取值可以用表 4.2.2 定义。

表 4.2.2　$P \wedge Q$ 运算表

P	Q	$P \wedge Q$
0	0	0
0	1	0
1	0	0
1	1	1

在自然语言中,用联结词连接的两个陈述句在内容上总是存在着某种联系,也就是说整个句子是有意义的。在数理逻辑中,我们关心的是复合命题与构成复合命题的各原子命题间的真值关系,即抽象的逻辑关系,并不关心各语句的具体内容。因此,内容上毫无联系的两个命题也能组成具有确定真值的复合命题。

例如,P:$2 \times 2 = 5$。

　　　Q:雪是黑的。

则 $P \wedge Q$:$2 \times 2 = 5$ 并且雪是黑的。

4.2.3　析取联结词 ∨（或）

定义 4.2.3　设 P,Q 是两个命题,命题"P 或者 Q"称为 P,Q 的**析取**,记作 $P \vee Q$,读作"P 或 Q"。规定 $P \vee Q$ 是真的,当且仅当 P,Q 中至少有一个是真的。命题 $P \vee Q$ 的取值可以用表 4.2.3 定义。

表 4.2.3　$P \vee Q$ 运算表

P	Q	$P \vee Q$
0	0	0
0	1	1
1	0	1
1	1	1

例如,P:今天下雨。

　　　Q:今天刮风。

则 $P \vee Q$:今天下雨或者刮风。

★在很多情况下,自然语言中的"或者"一词包含了"不可兼"的意思。例如,"我到北京出差或者到广州度假"表示的是二者只能居其一,非此即彼,不会同时成立。按照联结词"∨"的定义,当 P,Q 都为真时,$P \vee Q$ 也为真,因此,"∨"所表示的"或"是"可兼或",对于"不可兼或",我们不可以用∨来表示。

4.2.4 不可兼析取联结词 $\overline{\vee}$(异或)

定义 4.2.4 设 P,Q 是两个命题,则复合命题 $P \overline{\vee} Q$ 称为 P 和 Q 的**不可兼析取**,也称为**异或**,当且仅当 P 与 Q 的真值不相同时,$P \overline{\vee} Q$ 的真值为 1,否则,$P \overline{\vee} Q$ 的真值为假。命题 $P \overline{\vee} Q$ 的取值可以用表 4.2.4 表示。

表 4.2.4 $P \overline{\vee} Q$ 运算表

P	Q	$P \overline{\vee} Q$
0	0	0
0	1	1
1	0	1
1	1	0

例如,设 P：今天晚上我在家看电视。

Q：今天晚上我出门看电影。

则 $P \overline{\vee} Q$：今天晚上我在家看电视或出门看电影。

在数理逻辑中用联结词"$\overline{\vee}$"(异或)表示"不可兼或"。由于
$$P \overline{\vee} Q \Leftrightarrow (P \wedge \neg Q) \vee (\neg P \wedge Q),$$
所以,$\overline{\vee}$ 可以用 $\vee,\wedge,\neg$ 表示,故我们不把它当作基本联结词。

联结词"$\overline{\vee}$"有以下性质。

(1) **交换律**：$P \overline{\vee} Q \Leftrightarrow Q \overline{\vee} P$。

(2) **结合律**：$(P \overline{\vee} Q) \overline{\vee} R \Leftrightarrow P \overline{\vee} (Q \overline{\vee} R)$。

(3) **分配律**：$P \wedge (Q \overline{\vee} R) \Leftrightarrow (P \wedge Q) \overline{\vee} (P \wedge R)$。

(4) $(P \overline{\vee} Q) \Leftrightarrow (P \wedge \neg Q) \vee (\neg P \wedge Q)$。

(5) $(P \overline{\vee} Q) \Leftrightarrow \neg (P \leftrightarrow Q)$。

(6) $P \overline{\vee} P \Leftrightarrow 0; 0 \overline{\vee} P \Leftrightarrow P; 1 \overline{\vee} P \Leftrightarrow \neg P$。

例 4.2.1 设 P、Q、R 为命题公式。如果 $P \overline{\vee} Q \Leftrightarrow R$,则 $P \overline{\vee} R \Leftrightarrow Q,Q \overline{\vee} R \Leftrightarrow P$。

证明 如果 $P \overline{\vee} Q \Leftrightarrow R$,则

$P \overline{\vee} R \Leftrightarrow P \overline{\vee} P \overline{\vee} Q \Leftrightarrow F \overline{\vee} Q \Leftrightarrow Q$,

$Q \overline{\vee} R \Leftrightarrow Q \overline{\vee} P \overline{\vee} Q \Leftrightarrow Q \overline{\vee} Q \overline{\vee} P \Leftrightarrow F \overline{\vee} P \Leftrightarrow P$。

$P \overline{\vee} Q \overline{\vee} R = R \overline{\vee} R \Leftrightarrow F$。

4.2.5　条件联结词→

定义 4.2.5　设 P,Q 是两个命题,命题"如果 P,则 Q"称为"**P 蕴涵 Q**",记作 $P\to Q$。规定 $P\to Q$ 是假的,当且仅当 P 是真的而 Q 是假的,否则 $P\to Q$ 为真。P 称为蕴涵命题的**前件**,Q 称为**后件**。

命题 $P\to Q$ 的取值可以用表 4.2.5 表示。

表 4.2.5　$P\to Q$ 运算表

P	Q	$P\to Q$
0	0	1
0	1	1
1	0	0
1	1	1

例如,P：$f(x)$ 是可微的。

　　　　Q：$f(x)$ 是连续的。

则 $P\to Q$：若 $f(x)$ 是可微的,则 $f(x)$ 是连续的。

在 $P\to Q$ 中,P,Q 不一定有内在的联系。

由定义知,如果 P 是假命题,则不管 Q 是什么命题,命题"如果 P,则 Q"在命题逻辑中都被认为是真命题。

例如,P：$2\times 2=5$。

　　　　Q：雪是黑的。

则命题"如果 $2\times 2=5$,则雪是黑的"是真命题。

> ★在自然语言中,"如果"与"则"之间常有因果联系,否则没有意义,但对条件命题 $P\to Q$ 来说,只要 P 和 Q 能够确定真值,$P\to Q$ 即成为命题。在条件命题中,若前提为假时,条件命题的真值为真,称为善意的推断。前件假而整个句子为真的例子在自然语言中也是常见的,如:假如给我一根合适的杠杆,我可以把地球撬起来。

条件式 $P\to Q$ 表示的基本逻辑关系是:Q 是 P 的必要条件或 P 是 Q 的充分条件。复合命题"只要 P,就 Q""因为 P,所以 Q""除非 Q,才 P""除非 Q,否则非 P""P 仅当 Q""只有 Q,才 P"等均可符号化为 $P\to Q$ 的形式。

例 4.2.2　(1) 只要不下雨,我就骑自行车上班。

(2) 只有不下雨,我才骑自行车上班。

解　设 P：天下雨,Q：我骑自行车上班。则命题(1)表示为 $\neg P\to Q$;命题(2)表示为 $Q\to\neg P$。

4.2.6 双条件联结词↔

定义 4.2.6 设 P,Q 是两个命题,命题"P 当且仅当 Q"称为 **P 等值 Q**,记作 $P↔Q$。规定 $P↔Q$ 是真的,当且仅当 P,Q 或者都是真的,或者都是假的。命题 $P↔Q$ 的取值可以用表 4.2.6 表示。

表 4.2.6 $P↔Q$ 运算表

P	Q	$P↔Q$
0	0	1
0	1	0
1	0	0
1	1	1

例如,$P:a^2+b^2=a^2$。

$\qquad$ $Q:b=0$。

则 $P↔Q:a^2+b^2=a^2$,当且仅当 $b=0$。

"↔"是自然语言中"当且仅当""相当于""……和……一样""等值"等词汇的逻辑抽象。

4.2.7 与非联结词↑

定义 4.2.7 设 P,Q 是两个命题,复合命题 $P↑Q$ 称为命题 P 和 Q 的"**与非**",↑ 称为**与非联结词**。当且仅当 P 和 Q 的真值都为 1 时,$P↑Q$ 的真值为 0;否则,$P↑Q$ 的真值为 1。命题 $P↑Q$ 的取值可以用表 4.2.7 表示。

表 4.2.7 $P↑Q$ 运算表

P	Q	$P↑Q$
0	0	1
0	1	1
1	0	1
1	1	0

联结词↑有以下几个性质。

(1) $P↑Q⇔Q↑P$。

(2) $P↑P⇔¬(P∧P)⇔¬P$。

(3) $(P↑Q)↑(P↑Q)⇔¬(P↑Q)⇔P∧Q$。

(4) $(P↑P)↑(Q↑Q)⇔¬P↑¬Q⇔P∨Q$。

4.2.8 或非联结词↓

定义 4.2.8 设 P,Q 是两个命题,复合命题 $P↓Q$ 称为命题 P 和 Q 的"**或非**",↓ 称

为**或非**联结词。当且仅当 P 和 Q 的真值都为 0 时，$P \downarrow Q$ 的真值为 1；否则，$P \downarrow Q$ 的真值为 0。命题 $P \downarrow Q$ 的取值可以用表 4.2.8 表示。

表 4.2.8　$P \downarrow Q$ 运算表

P	Q	$P \downarrow Q$
0	0	1
0	1	0
1	0	0
1	1	0

联结词 $\downarrow$ 有以下几个性质。

(1) $P \downarrow Q = Q \downarrow P$。

(2) $P \downarrow P \Leftrightarrow \neg (P \lor P) \Leftrightarrow \neg P$。

(3) $(P \downarrow Q) \downarrow (P \downarrow Q) \Leftrightarrow \neg (P \downarrow Q) \Leftrightarrow P \lor Q$。

(4) $(P \downarrow P) \downarrow (Q \downarrow Q) \Leftrightarrow \neg P \downarrow \neg Q \Leftrightarrow \neg P \lor \neg Q \Leftrightarrow P \land Q$。

4.2.9　条件否定联结词 $\xrightarrow{n}$

定义 4.2.9　设 P, Q 是两个命题，复合命题 $P \xrightarrow{n} Q$ 称为命题 P 和 Q 的**条件否定**，当且仅当 P 的真值为 1，Q 的真值为 0 时，$P \xrightarrow{n} Q$ 的真值为 1；否则，$P \xrightarrow{n} Q$ 的真值为 0。命题 $P \xrightarrow{n} Q$ 的取值可以用表 4.2.9 表示。

表 4.2.9　$P \xrightarrow{n} Q$ 运算表

P	Q	$P \xrightarrow{n} Q$
0	0	0
0	1	0
1	0	1
1	1	0

从定义可知，$P \xrightarrow{n} Q \Leftrightarrow \neg (P \rightarrow Q)$。

4.2.10　联结词与集合运算之间的关系

逻辑联结词"与""或""非"与集合的"交""并""补"运算之间有关系吗？

1. 逻辑联结词"与"与集合的"交"运算的关系

下面用一个具体例子来看逻辑联结词"与"与集合的"交"运算之间的联系。

由"2 是偶数"与"2 是素数"都是真命题，可以得到"2 是偶数与素数"是真命题。另一方面,由 2∈{偶数},2∈{素数},可以得到 2∈{偶数}∩{素数}。如果把"命题为真"对应"∈","与"对应"交",那么,"2 是偶数是真命题"对应 2∈{偶数},"2 是素数是真命题"对应 2∈{素数},"2 是偶数与素数是真命题"就对应 2∈{偶数}∩{素数}。

对于逻辑联结词"与"有如下规定:

若 P,Q 都是真命题,则 $P \wedge Q$ 是真命题;若 P,Q 都是假命题,则 $P \wedge Q$ 是假命题。

对于集合"交"运算有如下规定:

若 $a \in A, a \in B$,则 $a \in A \cap B$;若 $a \notin A$ 或 $a \notin B$,则 $a \notin A \cap B$。

把命题 P,Q 分别对应集合 A,B;"真""假""$\wedge$"分别对应"∈""∉""∩";那么,上述关于"与"与"交"的规定就具有形式的一致性。更具体地说,"P 是真命题"对应"$a \in A$","Q 是真命题"对应"$a \in B$","$P \wedge Q$ 是真命题"对应"$a \in A \cap B$","$P \wedge Q$ 是假命题"对应"$a \notin A \cap B$"。

2. 逻辑联结词"或"与集合的"并"运算的关系

同样,下面用一个具体例子来看逻辑联结词"或"与集合的"并"运算之间的联系。

由"花是红色的"与"花是黄色的"都是真命题,可以得到"花是红色或黄色的"是真命题。另一方面,由花∈{红色的},花∈{黄色的},可以得到花∈{红色的}∪{黄色的}。如果把"为真"对应"∈","或"对应"并",那么,"花是红色的是真命题"对应花∈{红色的},"花是黄色的是真命题"对应花∈{黄色的},"花是红色或黄色的是真命题"就可以对应花∈{红色的}∪{黄色的}。

对于逻辑联结词"或"有如下规定:

若 P,Q 至少一个是真命题,则 $P \vee Q$ 是真命题;若 P,Q 都是假命题,则 $P \vee Q$ 是假命题。

对于集合"并"运算有如下规定:

若 $a \in A$ 或 $a \in B$,则 $a \in A \cup B$;若 $a \notin A$ 且 $a \notin B$,则 $a \notin A \cup B$。

把命题 P,Q 分别对应集合 A,B;"真""假""$\vee$"分别对应"∈""∉""∪";那么,上述关于"或"与"并"的规定就具有形式的一致性。更具体地说,"P 是真命题"对应"$a \in A$","Q 是真命题"对应"$a \in B$","$P \vee Q$ 是真命题"对应"$a \in A \cup B$","$P \vee Q$ 是假命题"对应"$a \notin A \cup B$"。

3. 逻辑联结词"非"与集合的"补"运算的关系

下面再用一个具体例子来看逻辑联结词"非"与集合的"补"运算之间的联系。

若以整数集为全集,则偶数集和奇数集互为补集。由"2 是偶数"是真命题,可以得到"2 是奇数"是假命题;由"3 是偶数"是假命题,可以得到"3 是奇数"是真命题。用集合的方式则可表达为:由 2∈{偶数},可以得到 2∉{奇数};由 3∉{偶数},可以得到 3∈{奇数}。

如果把"非"对应"补",把"为真"对应"∈",把"为假"对应"∉",那么,命题 P 和它的否定 $\neg P$ 就对应了集合 A 和它的补集 $\bar{A}$,"P 是真命题"对应"$a \in A$","$\neg P$ 是假命题"对应"$a \notin \bar{A}$","P 是假命题"对应"$a \notin A$","$\neg P$ 是真命题"对应"$a \notin \bar{A}$"。

一般地,对于逻辑联结词"非"有如下规定:

若 P 是真命题,则 $\neg P$ 是假命题;若 P 是假命题,则 $\neg P$ 是真命题。

对于集合的"补"运算有如下规定:

设 U 为全集, $A\subseteq U$,若 $a\in A$,则 $a\notin \overline{A}$;若 $a\notin A$,则 $a\in \overline{A}$ 。

把命题 P , $\neg P$ 分别对应于集合 A , $\overline{A}$;"真""假""$\neg$"分别对应"$\in$""$\notin$""$\overline{A}$";那么,上述关于"非"与"补"的规定就具有形式的一致性。更具体地说,"P 是真命题"对应"$a\in A$","P 是假命题"对应"$a\in \overline{A}$"。

从上述内容可以发现:命题与集合之间可以建立对应关系。在这样的对应下,逻辑联结词与集合的运算具有一致性,命题的"与""或""非"恰好对应集合的"交""并""补"。因此,可以从集合的角度进一步认识有关逻辑联结词的规定。

习题 4.2

(A)

1. 设 P :现在很多人都有智能手机,求 $\neg P$ 。

2. 设 P :每个有理数都是实数,求 $P\wedge \neg P$ 。

3. 设 P :明天考离散数学, Q :明天考数据结构。试求出 $P\vee Q$, $P\wedge Q$, $P\rightarrow Q$, $P\overline{\vee}Q$, $P\downarrow Q$, $P\uparrow Q$ 表示什么复合命题。

4. "小明和小红是同学"中的"和"与联结词 $\wedge$ 有什么不同?

5. 写出一个命题,并使它可以表示为 $(\neg P\wedge Q)\leftrightarrow R$ 。

(B)

6. 下面"$P\rightarrow Q$"的等价说法中,不正确的为(　　　)。

A. P 是 Q 的充分条件　　　　　B. Q 是 P 的必要条件

C. Q 仅当 P 　　　　　　　　　D. 只有 Q 才 P

(C)

7. (参考河南科技大学 2014 年硕士研究生入学考试试题)设命题 P :你努力, Q :你失败。语句"除非你努力,否则你将失败"符号化表示为(　　　)。

4.3　命 题 公 式

4.3.1　命题公式的定义

定义 4.3.1　命题公式简称公式,定义如下:

(1) 命题变元是公式;

(2) 如果 P 是公式,则 $\neg P$ 是公式;

(3) 如果 P , Q 是公式,则 $P\wedge Q$, $P\vee Q$, $P\rightarrow Q$, $P\leftrightarrow Q$ 都是公式;

(4) 能够有限次地应用(1)、(2)、(3)所得到的包括命题变元、联结词和括号的符号串是公式。

命题公式是由命题变元、联结词和括号组成的,但并非所有由命题变元、联结词和括号组成的符号串都能成为命题公式。

规定 (1) 公式($\neg P$)的括号可以省略,直接写成$\neg P$。

(2) 整个公式的最外层括号可以省略。

(3) 5 种逻辑联结词的优先级按如下次序递增:$\leftrightarrow,\to,\vee,\wedge,\neg$。

例如,符号串 $P \wedge Q \vee R \to Q \wedge \neg R \vee R$ 即为公式:$((P \wedge Q) \vee R) \to (Q \wedge (\neg R)) \vee R$。

命题公式不是命题,只有当公式中的每一个命题变元都用一个具体的命题替代时,公式的真值才被确定,成为一个命题。

每个命题只有"真"或"假"两种取值,因此,对一个命题变元进行代入时,直接以"真"或"假"值代入,不必代入具体命题。

例如,$P \to (Q \wedge PR)$不是命题公式,PR 不符合规则;$(P \vee Q) \to (\neg(Q \wedge R))$是命题公式。

再例如,下面的符号串都是公式:

(1) $((((\neg P) \wedge Q) \to R) \vee S)$;

(2) $((P \to \neg Q) \leftrightarrow (\neg R \wedge S))$;

(3) $(\neg P \vee Q) \wedge R$。

以下符号串都不是公式:

(1) $((P \vee Q) \leftrightarrow (\wedge Q))$;

(2) $(\wedge Q)$。

4.3.2 命题公式的符号化

定义 4.3.2 把自然语言中的有些语句转变成数理逻辑中的符号形式,这一过程称为**命题的翻译**,也称为**命题的符号化**。

命题翻译时应注意下列事项:

(1) 确定所给语句是否为命题;

(2) 注意语句中的联结词是否为命题联结词;

(3) 要正确地选择原子命题和合适的命题联结词;

(4) 用正确的语法将原命题表示由原子命题、联结词和圆括号组成的命题公式。

命题符号化的基本步骤如下:

(1) 分析出各原子命题,将它们符号化;

(2) 使用合适的命题联结词,把原子命题逐个联结起来,组成复合命题的符号化表示。

例如,如果你走路时看书,那么你会成为近视眼。

令 P:你走路;Q:你看书;R:你会成为近视眼。

于是,上述语句可表示为:

$$(P \wedge Q) \to R。$$

又如,除非他以书面或口头的方式正式通知我,否则我不参加明天的会议。

令 P：他书面通知我;Q：他口头通知我;R：我参加明天的会议。

于是,上述语句可表示为:

$$(P \vee Q) \to R。$$

又如,设 P,Q,R 的意义如下:

P：苹果是甜的;Q：苹果是红的;R：我买苹果。

则复合命题$(P \wedge Q) \to R$;$(\neg P \wedge \neg Q) \to \neg R$ 用自然语言分别复述为:

(1) 如果苹果甜且红,那么我就买。

(2) 我没买苹果,因为苹果不甜也不红。

例 4.3.1　将下列命题符号化。

(1) 张莉既聪明又好学。

(2) 张莉虽然聪明但不好学。

(3) 仅当你走,我将留下。

(4) 上海到北京的 14 次列车是下午 5:30 或 6:00 开。

解

(1) 设 P：张莉聪明;Q：张莉好学。张莉既聪明又好学,可符号化为 $P \wedge Q$。

(2) 设 P：张莉聪明;Q：张莉好学。张莉虽聪明但不好学,可符号化为 $P \wedge (\neg Q)$。

(3) 设 P：你走;Q：我留下;这句话中"你走"是"我留下"的必要条件。因此命题可表示为 $Q \to P$。

(4) 设 P：上海到北京的 14 次列车是 5:30 开;Q：上海到北京的 14 次列车是 6:00 开。因此,命题可表示为 $P \overline{\vee} Q$。

汉语的"或"是"不可兼或",而逻辑联结词 $\vee$ 是"可兼或",因此不能直接对两个命题析取。对命题(4)的解释如表 4.3.1 所示。

表 4.3.1　命题(4)的解释

P	Q	命题(4)	$P \leftrightarrow Q$	$\neg(P \leftrightarrow Q)$
0	0	0	1	0
0	1	1	0	1
1	0	1	0	1
1	1	0	1	0

例 4.3.2　将下列命题符号化。

(1) 假如上午不下雨,我去看电影,否则就在家里读书或看报。

(2) 我今天进城,除非下雨。

(3) 张三或李四都可以做这件事。

(4) 除非你努力,否则你将失败。

(5) 如果你和她都不固执己见的话,那么不愉快的事也不会发生了。

(6) 如果你和她不都是固执己见的话,那么不愉快的事也不会发生了。

解 (1) 设 P：上午下雨；Q：我去看电影；R：我在家里读书；S：我在家里看报。则原命题可表示为 $(\neg P \rightarrow Q) \wedge (P \rightarrow \neg(R \leftrightarrow S))$。

(2) 设 P：我今天进城；Q：今天下雨；这句话的意思是"如果今天不下雨，那么我就进城"，因此，原命题可表示为 $\neg Q \rightarrow P$。

(3) 设 P：张三可以做这件事；Q：李四可以做这件事。这个命题可以理解为：张三可以做这件事，并且李四也可以做这件事。因此，原命题可符号化为 $P \wedge Q$。

(4) 设 P：你努力；Q：你将失败。原命题可符号化为 $\neg P \rightarrow Q$。

(5) 设 P：你固执己见；Q：她固执己见；R：不愉快的事不会发生。则原命题可符号化为 $(\neg P \wedge \neg Q) \rightarrow R$。

(6) 设 P：你固执己见；Q：她固执己见；R：不愉快的事不会发生。则原命题可符号化为 $\neg(P \wedge Q) \rightarrow R$。

4.3.3 命题公式的解释

在命题公式中，由于命题变元的出现，公式的真值是不确定的。只有将公式中的命题变元都指派成具体的命题，公式成为命题，才能确定公式的真值。将命题变元指派为真命题相当于指定其真值为真，将命题变元指派为假命题相当于指定其真值为假。若对所有命题变元都给予指派，则公式就变成一个有真值的命题。

定义 4.3.3 设 G 是命题公式，$P_1, P_2, \cdots, P_n$ 是出现在命题公式 G 中的全部命题变元，指定 $P_1, P_2, \cdots, P_n$ 的一组真值，称这组真值为 G 的一个**解释**或**赋值**，记作 I，公式 G 在 I 下的真值记作 $T_I(G)$。

含有 n 个命题变元的公式有 2^n 组不同的真值指派，对每一组真值指派，公式都有一个确定的真值。公式与其命题变元之间的真值关系可以用真值表法表示，构造方法类似集合成员表。

例如，$G = (\neg P \wedge Q) \rightarrow R$，则 $I : P \leftarrow 1, Q \leftarrow 1, R \leftarrow 0$ 是 G 的一个解释，在这个解释下 G 的真值为 1，即 $T_I(G) = 1$。

例如，命题公式 $R = P \wedge Q$，

(1) 真值指派 $P = 0, Q = 0$，则 $R = 0$。

(2) 真值指派 $P = 0, Q = 1$，则 $R = 0$。

(3) 真值指派 $P = 1, Q = 0$，则 $R = 0$。

(4) 真值指派 $P = 1, Q = 1$，则 $R = 1$。

例 4.3.3 给命题变元 P, Q, R, S 分别指派的真值为 $1, 1, 0, 0$，求下列命题公式的真值。

(1) $(\neg(P \wedge Q) \wedge \neg R) \vee (((\neg P \wedge Q) \vee \neg R) \wedge S)$。

(2) $(P \vee (Q \rightarrow (R \wedge \neg P))) \leftrightarrow (Q \vee \neg S)$。

解 将 P, Q, R, S 的真值代入公式，有

(1) $\quad (\neg(P \wedge Q) \wedge \neg R) \vee (((\neg P \wedge Q) \vee \neg R) \wedge S)$

$\Leftrightarrow (\neg(1 \wedge 1) \wedge \neg 0) \vee (((\neg 1 \wedge 1) \vee \neg 0) \wedge 0)$

$\Leftrightarrow (0 \wedge 1) \vee ((0 \vee 1) \wedge 0)$

$$\Leftrightarrow 0 \vee 0$$
$$\Leftrightarrow 0$$

(2)　$(P \vee (Q \rightarrow (R \wedge \neg P))) \leftrightarrow (Q \vee \neg S)$

$$\Leftrightarrow (1 \vee (1 \rightarrow (0 \wedge \neg 1))) \leftrightarrow (1 \vee \neg 0)$$
$$\Leftrightarrow (1 \vee 0) \leftrightarrow 1$$
$$\Leftrightarrow 1 \leftrightarrow 1$$
$$\Leftrightarrow 1.$$

4.3.4　命题公式的真值表

定义 4.3.4　将公式 G 在其所有解释下所取得的真值列成一个表,称为 G 的真值表。

构造真值表的方法如下:

(1) 找出公式 G 中的全部命题变元,并按一定的顺序排列成 $P_1, P_2, \cdots, P_n$;

(2) 列出 G 的 2^n 个解释,赋值从 $0,0,\cdots,0(n$ 个)开始,按二进制递增顺序依次写出各赋值,直到 $1,1,\cdots,1$ 为止(或从 $1,1,\cdots,1$ 开始,按二进制递减顺序写出各赋值,直到 $0,0,\cdots,0$ 为止),然后按照从低到高的顺序列出 G 的层次。

(3) 根据赋值依次计算各层次的真值并最终计算出 G 的真值。

例 4.3.4　求下列公式的真值表。

(1) $G_1 = (\neg P \vee Q) \leftrightarrow (P \rightarrow Q)$。

(2) $G_2 = (\neg P \wedge Q) \rightarrow (P \vee \neg Q)$。

(3) $G_3 = \neg (P \rightarrow Q) \wedge Q$。

解　公式(1)、(2)、(3)的真值表分别如表 4.3.2～表 4.3.4 所示。

表 4.3.2　G_1 的真值表

P	Q	$\neg P$	$\neg P \vee Q$	$P \rightarrow Q$	$(\neg P \vee Q) \leftrightarrow (P \rightarrow Q)$
0	0	1	1	1	1
0	1	1	1	1	1
1	0	0	0	0	1
1	1	0	1	1	1

表 4.3.3　G_2 的真值表

P	Q	$\neg P$	$\neg P \wedge Q$	$\neg Q$	$P \vee \neg Q$	$(\neg P \wedge Q) \rightarrow (P \vee \neg Q)$
0	0	1	0	1	1	1
0	1	1	1	0	0	0
1	0	0	0	1	1	1
1	1	0	0	0	1	1

表 4.3.4　G_3 的真值表

P	Q	$P \rightarrow Q$	$\neg(P \rightarrow Q)$	$\neg(P \rightarrow Q) \wedge Q$
0	0	1	0	0
0	1	1	0	0
1	0	0	1	0
1	1	1	0	0

由真值表可知,公式 G_1 在各种赋值情况下取值都为真;公式 G_2 在 P 被指定为假、Q 被指定为真的情况下取值为假,其余赋值情况下取值为真;公式 G_3 在各种赋值情况下取值均为假。

4.3.5　命题公式的类型

定义 4.3.5　设 G 为公式。

(1) 如果 G 在所有解释下取值均为真,则称 G 是**永真式**或**重言式**,常用 1 表示。

(2) 如果 G 在所有解释下取值均为假,则称 G 是**永假式**或**矛盾式**,常用 0 表示。

(3) 如果至少存在一种解释使公式 G 取值为真,则称 G 是**可满足式**。

习题 4.3

(A)

1. 若 P,Q 为两个命题,$P \leftrightarrow Q$ 真值为 1,当且仅当(　　)。

2. 将下列语句符号化。

(1) 4 是偶数或是奇数;设 P:4 是偶数;Q:4 是奇数。

(2) 只有王荣努力学习,她才能取得好成绩;设 P:王荣努力学习;Q:王荣取得好成绩。

(3) 每列火车都比某些汽车快;设 $F(x)$:x 是火车,$G(y)$:y 是汽车,$H(x,y)$:x 比 y 快。

3. 下列公式是永真式的有(　　)。

　　A. $\neg(P \leftrightarrow Q)$　　　　　　　　B. $(P \wedge Q) \rightarrow Q$

　　C. $\neg(Q \rightarrow P) \wedge P$　　　　　D. $\neg(P \rightarrow Q) \leftrightarrow P$

4. 设 P 表示命题:"我努力学习",Q 表示命题"我考试通过",R 表示命题"我很快乐"。试用符号表示下列命题。

(1) 我考试没通过,但我很快乐。

(2) 如果我努力学习,那么我考试通过。

(3) 如果我努力学习并且考试通过,那么我很快乐。

5. 将下列命题符号化。

(1) 小李一边看书,一边听音乐。

（2）老李或小赵是球迷。

（3）只要努力学习,成绩就会好的。

（4）只有休息好,才能工作好。

（5）大雁北回,春天来了。

（B）

6. 将下列句子翻译成命题公式:

（1）仅当我有时间且天不下雨,我将去镇上。

（2）张刚总是在图书馆看书,除非图书馆不开门或张刚生病。

（C）

7. （参考河南科技大学 2014 年硕士研究生入学考试试题）设 P、Q 的真值为 0,R、S 的真值为 1,则 $\neg(P \vee (Q \to (R \wedge \neg P))) \to (R \vee \neg S)$ 的真值为（　　）。

4.4　命题公式的逻辑等值

4.4.1　命题公式逻辑等值的定义

定义 4.4.1　设 A 和 B 是两个命题公式,如果 A 和 B 在任意解释 I 下,都具有相同的真值,则称 A 和 B 是**等值公式**。记为 $A \Leftrightarrow B$。

当且仅当 A 和 B 的真值表完全相同时,A 和 B 是等值的公式。

当 A 是永真式时,$A \Leftrightarrow 1$;当 A 是永假式时,$A \Leftrightarrow 0$。

> **注意 $\Leftrightarrow$ 和 $\leftrightarrow$ 的区别**
>
> （1）$\Leftrightarrow$ 表示两个公式间的一种关系,即等值关系。当 $A \Leftrightarrow B$ 时,A 与 B 的真值完全相同。
>
> （2）$\leftrightarrow$ 是命题联结词,$A \leftrightarrow B$ 是一个新的公式,A 与 B 的真值可以不同。当 A 与 B 取值不同时,命题公式 $A \leftrightarrow B$ 的真值为假。

定理 4.4.1　对于命题公式 A 和 B,$A \Leftrightarrow B$ 的充分必要条件是:公式 $A \leftrightarrow B$ 是永真式。

证明　若 $A \leftrightarrow B$ 是永真式,则在任一解释下,$A \leftrightarrow B$ 的真值都为真。依 $A \leftrightarrow B$ 的定义知,当 $A \leftrightarrow B$ 为真时,A 和 B 有相同的真值。于是,在任一解释下,A 和 B 都有相同的真值,从而有 $A \Leftrightarrow B$。

反过来,若 $A \Leftrightarrow B$,则在任一解释下,A 和 B 都有相同的真值。依 $A \leftrightarrow B$ 的定义知,此时 $A \leftrightarrow B$ 为真,从而 $A \leftrightarrow B$ 是永真式。

定理 4.4.2　设 A,B,C 是公式,有下列性质成立。

（1）**自反性**:$A \Leftrightarrow A$。

（2）**对称性**:若 $A \Leftrightarrow B$,则 $B \Leftrightarrow A$。

（3）**传递性**：若 $A \Leftrightarrow B$，且 $B \Leftrightarrow C$，则 $A \Leftrightarrow C$。

判定等值式的常用方法有真值表方法和等值演算法。

例 4.4.1 （1）判断 $(P \rightarrow Q) \Leftrightarrow (\neg P \rightarrow \neg Q)$ 是否成立。

解 设 $A = P \rightarrow Q$，$B = \neg P \rightarrow \neg Q$，则有 $A \leftrightarrow B$。$A \leftrightarrow B$ 的真值表如表 4.4.1 所示。

表 4.4.1　**A↔B 的真值表**

P	Q	A	$\neg P$	$\neg Q$	B	$A \leftrightarrow B$
0	0	1	1	1	1	1
0	1	1	1	0	0	0
1	0	0	0	1	1	0
1	1	1	0	0	1	1

$A \leftrightarrow B$ 不是永真式，所以，A 与 B 不等值，即 $(P \rightarrow Q) \Leftrightarrow (\neg P \rightarrow \neg Q)$ 不成立。

（2）判断 $P \rightarrow (Q \rightarrow R) \Leftrightarrow (P \wedge Q) \rightarrow R$ 是否成立。

解 设 $A = P \rightarrow (Q \rightarrow R)$，$B = (P \wedge Q) \rightarrow R$，则由表 4.4.2 可知，$A$ 与 B 所标记的列完全相同，所以，$A \Leftrightarrow B$，即 $P \rightarrow (Q \rightarrow R) \Leftrightarrow (P \wedge Q) \rightarrow R$ 成立。

表 4.4.2　**A↔B 的真值表**

P	Q	R	$Q \rightarrow R$	A	$P \wedge Q$	B	$A \leftrightarrow B$
0	0	0	1	1	0	1	1
0	0	1	1	1	0	1	1
0	1	0	0	1	0	1	1
0	1	1	1	1	0	1	1
1	0	0	1	1	0	1	1
1	0	1	1	1	0	1	1
1	1	0	0	0	1	0	1
1	1	1	1	1	1	1	1

命题演算的基本定律，其正确性可以用真值表验证。

4.4.2　命题公式基本的逻辑等值式

定理 4.4.3 设 P, Q, R 是公式，则下述等值公式成立。

（1）**双重否定律**：$\neg \neg P \Leftrightarrow P$。

（2）**等幂律**：$P \wedge P \Leftrightarrow P$，$P \vee P \Leftrightarrow P$。

（3）**交换律**：$P \wedge Q \Leftrightarrow Q \wedge P$，$P \vee Q \Leftrightarrow Q \vee P$。

（4）**结合律**：$(P \wedge Q) \wedge R \Leftrightarrow P \wedge (Q \wedge R)$，

$(P \vee Q) \vee R \Leftrightarrow P \vee (Q \vee R)$。

(5) **吸收律**：$P \lor (P \land Q) \Leftrightarrow P, P \land (P \lor Q) \Leftrightarrow P$。

(6) **分配律**：$(P \land Q) \lor R \Leftrightarrow (P \lor R) \land (Q \lor R)$，

$\qquad\qquad (P \lor Q) \land R \Leftrightarrow (P \land R) \lor (Q \land R)$。

(7) **德·摩根律**：$\lnot (P \lor Q) \Leftrightarrow \lnot P \land \lnot Q$，

$\qquad\qquad\qquad \lnot (P \land Q) \Leftrightarrow \lnot P \lor \lnot Q$。

(8) **零一律**：$P \lor 1 \Leftrightarrow 1, P \land 0 \Leftrightarrow 0$。

(9) **同一律**：$P \lor 0 \Leftrightarrow P, P \land 1 \Leftrightarrow P$。

(10) **排中律**：$P \lor \lnot P \Leftrightarrow 1$。

(11) **矛盾律**：$P \land \lnot P \Leftrightarrow 0$。

(12) **蕴涵等值式**：$P \to Q \Leftrightarrow \lnot P \lor Q$。

(13) **假言易位**：$P \to Q \Leftrightarrow \lnot Q \to \lnot P$。

(14) **等价等值式**：$P \leftrightarrow Q \Leftrightarrow (P \to Q) \land (Q \to P)$。

(15) **等价否定等值式**：$P \leftrightarrow Q \Leftrightarrow \lnot P \leftrightarrow \lnot Q \Leftrightarrow \lnot Q \leftrightarrow \lnot P$。

(16) **归谬式**：$(P \to Q) \land (P \to \lnot Q) \Leftrightarrow \lnot P$。

(17) $P \leftrightarrow Q \Leftrightarrow (P \land Q) \lor (\lnot P \land \lnot Q)$。

从上述众多的等值公式可以看出，每一个命题公式的表达式是不唯一的，这种不唯一性使得人们在进行逻辑推理时可以有千变万化的方式，即对于一个公式 P，可根据如上等值公式，在等值的意义下，对其进行推演，从而得到 P 的各种等值形式。

> ★经验表明，自觉地使用逻辑规律和不自觉地使用是完全不一样的，熟悉这些规律可以使我们的思维正确而敏锐。

证明　仅证(4)，(7)，(12)，其余留待读者自行证明。

(4) 结合律。设 $A = (P \lor Q) \lor R, B = P \lor (Q \lor R)$，则有 $A \leftrightarrow B$，其真值表如表 4.4.3 所示。

表 4.4.3　$A \leftrightarrow B$ 的真值表

P	Q	R	$P \lor Q$	A	$Q \lor R$	B	$A \leftrightarrow B$
0	0	0	0	0	0	0	1
0	0	1	0	1	1	1	1
0	1	0	1	1	1	1	1
0	1	1	1	1	1	1	1
1	0	0	1	1	0	1	1
1	0	1	1	1	1	1	1
1	1	0	1	1	1	1	1
1	1	1	1	1	1	1	1

（7）德·摩根律。设 $A=\neg(P\vee Q),B=\neg P\wedge\neg Q$，则有 $A\leftrightarrow B$，其真值表如表 4.4.4 所示。

表 4.4.4　$A\leftrightarrow B$ 的真值表

P	Q	$P\vee Q$	A	$\neg P$	$\neg Q$	B	$A\leftrightarrow B$
0	0	0	1	1	1	1	1
0	1	1	0	1	0	0	1
1	0	1	0	0	1	0	1
1	1	1	0	0	0	0	1

（12）蕴涵等值式。设 $A=P\rightarrow Q,B=\neg P\vee Q$，则有 $A\leftrightarrow B$，其真值表如表 4.4.5 所示。

表 4.4.5　$A\leftrightarrow B$ 的真值表

P	Q	A	$\neg P$	B	$A\leftrightarrow B$
0	0	1	1	1	1
0	1	1	1	1	1
1	0	0	0	0	1
1	1	1	0	1	1

4.4.3　命题公式的等值演算

定义 4.4.2　设 C 是命题公式 A 的一部分（即 C 是公式 A 中连续的几个符号），且 C 本身也是一个命题公式，则称 C 为公式 A 中的**子公式**。

例如，设 $A=(\neg P\vee Q)\rightarrow((P\rightarrow Q)\vee(R\wedge\neg S))$，则 $\neg P\vee Q,P\rightarrow Q,((P\rightarrow Q)\vee(R\wedge\neg S))$ 都是 A 的子公式，$\neg P\vee,P\rightarrow,\rightarrow Q$ 不是 A 的子公式。

为了进一步应用基本等值式，我们引入代入规则和置换规则。

定理 4.4.4（代入规则）　设 $G(P_1,P_2,\cdots,P_n)$ 是一个命题公式，其中 $P_1,P_2,\cdots,P_n$ 是命题变元，$G_1(P_1,P_2,\cdots,P_n),G_2(P_1,P_2,\cdots,P_n),\cdots,G_n(P_1,P_2,\cdots,P_n)$ 为任意的命题公式，此时若 G 是永真式或永假式，则在 G_1 代替 P_1，G_2 代替 P_2，$\cdots$，G_n 代替 P_n 后，得到新的命题公式

$$G(P_1,P_2,\cdots,P_n)=G'(G_1,G_2,\cdots,G_n)$$

也是一个永真式或永假式。

证明　对于永真式中的任一命题变元出现的每一处均用同一命题公式代入，则得到的仍是永真式。

由等值式的定义可知，$A\Leftrightarrow B$，当且仅当 $A\leftrightarrow B$ 是永真式。若对等值式中的任一命题变元出现的每一处均用同一命题公式代入，则得到的仍是等值式。

因为永真式对任何解释，其真值都是真，与每个命题变元指派的真假无关，所以，用一

个命题公式代入原子命题变元出现的每一处,所得命题公式的真值仍为真。

例如,已知 $F=(P{\to}Q){\leftrightarrow}({\neg}Q{\to}{\neg}P)$ 是永真式,令 $P=A{\wedge}B$,将 P 代入得
$$F_1=((A{\wedge}B){\to}Q){\leftrightarrow}({\neg}Q{\to}{\neg}(A{\wedge}B)),$$
则 F_1 也是永真式。

例 4.4.2 证明 $(P{\to}Q){\vee}{\neg}(P{\to}Q)$ 为永真式。

证明 因为 $R{\vee}{\neg}R$ 为永真式,由代入规则可知,将 R 用 $(P{\to}Q)$ 代入得到的式子仍为永真式,所以 $(P{\to}Q){\vee}{\neg}(P{\to}Q)$ 为永真式。

定理 4.4.5(置换规则) 设 $G(P)$ 是一个含有子公式 P 的命题公式,$G(Q)$ 是用公式 Q 置换了 $G(P)$ 中的子公式 P 后得到新的命题公式,如果 $P{\Leftrightarrow}Q$,那么 $G(P){\Leftrightarrow}G(Q)$。

证明 设 C 是公式 A 的子公式,且 $C{\Leftrightarrow}D$,如果将公式 A 中的子公式 C 置换成公式 D 后,得到的公式是 B,则 $A{\Leftrightarrow}B$。

由于等值关系具有传递性,因此,公式 $G(P)$ 按照置换规则进行任意次置换后,得到的公式仍与公式 $G(P)$ 等值。

根据代入规则和置换规则,可以利用已知的基本等值式推出更复杂的等值式,这一过程称为**等值演算**。用等值演算的方法能简化复杂的公式,以便判断公式的类型。

例 4.4.3 试证明:$(P{\to}Q){\wedge}(R{\to}Q){\Leftrightarrow}(P{\vee}R){\to}Q$。

证明
$$
\begin{aligned}
(P{\to}Q){\wedge}(R{\to}Q)&{\Leftrightarrow}({\neg}P{\vee}Q){\wedge}({\neg}R{\vee}Q) &&(\text{蕴涵等值式})\\
&{\Leftrightarrow}({\neg}P{\wedge}{\neg}R){\vee}Q &&(\text{分配律})\\
&{\Leftrightarrow}{\neg}(P{\vee}R){\vee}Q &&(\text{德·摩根律})\\
&{\Leftrightarrow}(P{\vee}R){\to}Q。 &&(\text{蕴涵等值式})
\end{aligned}
$$

例 4.4.4 试证明:$R{\Leftrightarrow}({\neg}P{\wedge}({\neg}Q{\wedge}R)){\vee}(Q{\wedge}R){\vee}(P{\wedge}R)$。

证明
$$
\begin{aligned}
({\neg}P{\wedge}({\neg}Q{\wedge}R)){\vee}(Q{\wedge}R){\vee}(P{\wedge}R)&{\Leftrightarrow}(({\neg}P{\wedge}{\neg}Q){\wedge}R){\vee}((Q{\vee}P){\wedge}R)\\
&\qquad\qquad\qquad(\text{结合律、分配律})\\
&{\Leftrightarrow}(({\neg}P{\wedge}{\neg}Q){\vee}(Q{\vee}P)){\wedge}R &&(\text{分配律})\\
&{\Leftrightarrow}({\neg}(P{\vee}Q){\vee}(P{\vee}Q)){\wedge}R &&(\text{德·摩根律、交换律})\\
&{\Leftrightarrow}1{\wedge}R &&(\text{同一律})\\
&{\Leftrightarrow}R。 &&(\text{同一律})
\end{aligned}
$$

例 4.4.5 判断公式 $Q{\wedge}{\neg}({\neg}P{\to}({\neg}P{\wedge}Q))$ 的类型。

解
$$
\begin{aligned}
Q{\wedge}{\neg}({\neg}P{\to}({\neg}P{\wedge}Q))&{\Leftrightarrow}Q{\wedge}{\neg}(P{\vee}({\neg}P{\wedge}Q)) &&(\text{蕴涵等值式、双重否定律})\\
&{\Leftrightarrow}Q{\wedge}{\neg}((P{\vee}{\neg}P){\wedge}(P{\vee}Q)) &&(\text{分配律})\\
&{\Leftrightarrow}Q{\wedge}{\neg}(1{\wedge}(P{\vee}Q)) &&(\text{同一律})\\
&{\Leftrightarrow}Q{\wedge}{\neg}(P{\vee}Q) &&(\text{同一律})\\
&{\Leftrightarrow}Q{\wedge}{\neg}P{\wedge}{\neg}Q &&(\text{德·摩根律})\\
&{\Leftrightarrow}(Q{\wedge}{\neg}Q){\wedge}{\neg}P &&(\text{交换律、结合律})\\
&{\Leftrightarrow}0{\wedge}{\neg}P &&(\text{同一律})\\
&{\Leftrightarrow}0。 &&(\text{永假式、零一律})
\end{aligned}
$$

例 4.4.6 判断公式 $(P{\to}Q){\wedge}{\neg}P$ 的类型。

解　$(P \rightarrow Q) \wedge \neg P \Leftrightarrow (\neg P \vee Q) \wedge \neg P$　　　　　　（蕴涵等值式）

$\Leftrightarrow \neg P$。　　　　　　　　　（吸收律）

当 $P = 0$ 时,公式为真;当 $P = 1$ 时,公式为假。所以该式为可满足式。

例 4.4.7　某件事是甲、乙、丙、丁 4 人中某一个人干的,询问 4 人后回答如下:

(1) 甲说"是丙干的";

(2) 乙说"我没干";

(3) 丙说"甲讲的不符合事实";

(4) 丁说"是甲干的"。

若其中 3 人说得对、1 人说得不对,问是谁干的?

解　设 A:这件事是甲干的,B:这件事是乙干的,C:这件事是丙干的,D:这件事是丁干的。

4 人所说命题分别用 Q、R、S、M 表示,则分别符号化为:

(1) $Q \Leftrightarrow \neg A \wedge \neg B \wedge C \wedge \neg D$;

(2) $R \Leftrightarrow \neg B$;

(3) $S \Leftrightarrow \neg C$;

(4) $M \Leftrightarrow A \wedge \neg B \wedge \neg C \wedge \neg D$。

3 人对、1 人错的命题 P 符号化为:

$P \Leftrightarrow (\neg Q \wedge R \wedge S \wedge M) \vee (Q \wedge \neg R \wedge S \wedge M) \vee (Q \wedge R \wedge \neg S \wedge M) \vee (Q \wedge R \wedge S \wedge \neg M)$

而 $(\neg Q \wedge R \wedge S \wedge M) \Leftrightarrow A \wedge \neg B \wedge \neg C \wedge \neg D$,其他 3 项均为假 F,所以 P 为真时,$A \wedge \neg B \wedge \neg C \wedge \neg D$ 为真,所以这件事是甲干的。

例 4.4.8　A、B、C、D 四人进行百米竞赛,观众甲、乙、丙预报比赛的名次。甲说:"C 第一,B 第二"。乙说:"C 第二,D 第三"。丙说:"A 第二,D 第四"。比赛结束后发现甲、乙、丙每人报告的情况都是各对一半,试问实际名次如何(假如无并列者)?

解　设 A_i 表示 A 第 i 名,B_i 表示 B 第 i 名,C_i 表示 C 第 i 名,D_i 表示 D 第 i 名,则依据题意有:

$$(C_1 \wedge \neg B_2) \vee (\neg C_1 \wedge B_2) \Leftrightarrow T, \tag{1}$$

$$(C_2 \wedge \neg D_3) \vee (\neg C_2 \wedge D_3) \Leftrightarrow T, \tag{2}$$

$$(A_2 \wedge \neg D_4) \vee (\neg A_2 \wedge D_4) \Leftrightarrow T, \tag{3}$$

因为真命题的合取仍为真命题,所以

$(1) \wedge (2) \Leftrightarrow (C_1 \wedge \neg B_2 \wedge C_2 \wedge \neg D_3) \vee (C_1 \wedge \neg B_2 \wedge \neg C_2 \wedge D_3)$

$\vee (\neg C_1 \wedge B_2 \wedge C_2 \wedge \neg D_3) \vee (\neg C_1 \wedge B_2 \wedge \neg C_2 \wedge D_3)$

$$\Leftrightarrow (C_1 \wedge \neg B_2 \wedge \neg C_2 \wedge D_3) \vee (\neg C_1 \wedge B_2 \wedge \neg C_2 \wedge D_3) \Leftrightarrow T. \tag{4}$$

$(3) \wedge (4) \Leftrightarrow (A_2 \wedge \neg D_4 \wedge C_1 \wedge \neg B_2 \wedge \neg C_2 \wedge D_3) \vee$

$(\neg A_2 \wedge D_4 \wedge C_1 \wedge \neg B_2 \wedge \neg C_2 \wedge D_3) \vee$

$(A_2 \wedge \neg D_4 \wedge \neg C_1 \wedge B_2 \wedge \neg C_2 \wedge D_3) \vee$

$(\neg A_2 \wedge D_4 \wedge \neg C_1 \wedge B_2 \wedge \neg C_2 \wedge D_3)$

$\Leftrightarrow A_2 \wedge \neg D_4 \wedge C_1 \wedge \neg B_2 \wedge \neg C_2 \wedge D_3 \Leftrightarrow T.$

所以,A 第二,B 第四,C 第一,D 第三。

4.4.4　命题公式的对偶定理

定义 4.4.3　设 A 是仅含有联结词 ¬、∧、∨ 的命题公式,将联结词 ∧ 换成 ∨,将 ∨ 换成 ∧,0 换成 1,1 换成 0,所得的命题公式 A^* 称为 A 的**对偶公式**。

定理 4.4.6　设 A 和 A^* 互为对偶式,$P_1,P_2,\cdots,P_n$ 是出现在 A 和 A^* 中的所有原子变元,则:

(1) $\neg A(P_1,P_2,\cdots,P_n) \Leftrightarrow A^*(\neg P_1,\neg P_2,\cdots,\neg P_n)$;

(2) $A(\neg P_1,\neg P_2,\cdots,\neg P_n) \Leftrightarrow \neg A^*(P_1,P_2,\cdots,P_n)$。

证明　由德·摩根律得:
$$P \wedge Q \Leftrightarrow \neg(\neg P \vee \neg Q),$$
$$P \vee Q \Leftrightarrow \neg(\neg P \wedge \neg Q),$$
故
$$\neg A(P_1,\cdots,P_n) \Leftrightarrow A^*(\neg P_1,\cdots,\neg P_n).$$
同理
$$A(\neg P_1,\cdots,\neg P_n) \Leftrightarrow \neg A^*(P_1,\cdots,P_n)$$

定理 4.4.7(**对偶定理**)　设 A,B 是两个命题公式,若 $A \Leftrightarrow B$,则 $A^* \Leftrightarrow B^*$,其中 A^*,B^* 分别为 A,B 的对偶式。

证明　设 $P_1,\cdots,P_n$ 是出现在 A 和 B 中的所有原子命题变元。
若 $A \Leftrightarrow B$,即
$$A(P_1,\cdots,P_n) \Leftrightarrow B(P_1,\cdots,P_n),$$
则
$$\neg A(P_1,\cdots,P_n) \Leftrightarrow \neg B(P_1,\cdots,P_n).$$
由定理 4.4.6 得
$$A^*(\neg P_1,\cdots,\neg P_n) \Leftrightarrow B^*(\neg P_1,\cdots,\neg P_n),$$
再由代入规则得
$$A^*(P_1,\cdots,P_n) \Leftrightarrow B^*(P_1,\cdots,P_n).$$

例 4.4.9　设 $A(P,Q,R)=\neg P \vee (\neg Q \wedge R)$,试证明
$$A^*(\neg P,\neg Q,\neg R) \Leftrightarrow P \wedge (Q \vee \neg R).$$

证明　$A^*(\neg P,\neg Q,\neg R)$
$\Leftrightarrow \neg A(P,Q,R)$
$\Leftrightarrow \neg(\neg P \vee (\neg Q \wedge R))$
$\Leftrightarrow P \wedge (Q \vee \neg R)$

习题 4.4

(A)

1. 下列命题成立的有(　　)。

A. 若 $A \lor C \Leftrightarrow B \lor C$,则 $A \Leftrightarrow B$　　　　B. 若 $A \land C \Leftrightarrow B \land C$,则 $A \Leftrightarrow B$

C. 若 $\lnot A \Rightarrow \lnot B$,则 $A \Leftrightarrow B$　　　　D. 若 $A \Leftrightarrow B$ 则 $\lnot A \Leftrightarrow \lnot B$

2. 设 A,B,C 是任意的命题公式。判断 $((A \land B) \to C) \leftrightarrow (A \to (B \to C))$ 的类型。

3. 下列各组公式中,哪组是互为对偶的? 其中 P 为单独的命题变元,A 为含有联结词的命题公式。(　　)

A. P,P　　　　　　B. $P,\lnot P$　　　　　　C. $A,(A^*)^*$　　　　D. A,A

4. 分别使用真值表法、解逻辑方程法、等值演算法证明下面等值式。

$$P \Leftrightarrow (P \land Q) \lor (P \land \lnot Q)。$$

（B）

5. 用等值演算法证明下列等式:

(1) $(P \to Q) \land (P \to R) \Leftrightarrow P \to (Q \land R)$;

(2) $\lnot(P \leftrightarrow Q) \Leftrightarrow (P \lor Q) \land \lnot(P \land Q)$;

(3) $(P \land \lnot Q) \lor (\lnot P \land Q) \Leftrightarrow (P \lor Q) \land \lnot(P \land Q)$。

（C）

6. (参考河南科技大学 2015 年硕士研究生入学考试试题)命题公式 $(\lnot P \land Q) \lor (\lnot P \land \lnot Q)$ 可简化为(　　)。

A. $\lnot P$　　　　B. Q　　　　C. 1　　　　D. 0

4.5　范　式

4.5.1　析取范式与合取范式

利用真值表法和对偶定理可以判断两个命题公式是否等值。另一种方法是将公式化为一种标准形式,即范式,然后比较两个范式是否相同。

定义 4.5.1　由有限个命题变元及其否定构成的析取式称为**简单析取式**,由有限个命题变元及其否定构成的合取式称为**简单合取式**。

一个析取式是简单析取式,当且仅当它具有

$$P_1^* \lor P_2^* \lor \cdots \lor P_n^*$$

的形式($n \geqslant 1$)。其中,P_i^* 是命题变元 P_i 或其否定 $\lnot P_i (i=1,2,\cdots,n)$。

一个合取式是简单合取式,当且仅当它具有

$$P_1^* \land P_2^* \land \cdots \land P_n^*$$

的形式($n \geqslant 1$)。其中,P_i^* 是命题变元 P_i 或其否定 $\lnot P_i (i=1,2,\cdots,n)$。

单个的命题变元既可称为简单合取式,也可称为简单析取式,记作 m。

(1) 简单合取式为永假式的充分必要条件是它同时包含某个命题变元 P 及其否定 $\lnot P$。

证明　设 A 为简单合取式,其包含的所有命题变元为 $P_1,P_2,\cdots,P_n$。

若 A 为永假式,但不同时含有某个命题变元及其否定,则不妨设

$$A = P_1 \wedge P_2 \wedge \cdots \wedge P_i \wedge \neg P_{i+1} \wedge \cdots \wedge \neg P_n,$$

于是当 $P_1, P_2, \cdots, P_i$ 的真值都是真,而 $P_{i+1}, \cdots, P_n$ 的真值都是假时,A 的真值为真,与 A 为永假式矛盾。

反之,若 A 同时含有某个命题变元及其否定,显然有 A 为永假式。

(2) 简单析取式为永真式的充分必要条件是它同时包含某个命题变元 P 及其否定 $\neg P$。

定义 4.5.2　由有限个简单合取式构成的析取式称为**析取范式**。由有限个简单析取式构成的合取式称为**合取范式**。

析取范式即为具有

$$A_1 \vee A_2 \vee \cdots \vee A_n (n \geqslant 1)$$

形式的公式,其中 A_i 是简单合取式$(i = 1, 2, \cdots, n)$。

合取范式即为具有

$$A_1 \wedge A_2 \wedge \cdots \wedge A_n (n \geqslant 1)$$

形式的公式,其中 A_i 是简单析取式$(i = 1, 2, \cdots, n)$。

定理 4.5.1(范式存在定理)　任何命题公式都存在着与之等值的析取范式和合取范式。

公式 A 的析取范式常用来判定 A 是否是永假式;公式 A 的合取范式常用来判定 A 是否是永真式。这是由于:

(1) 一个公式 A 为永假式,

当且仅当 A 的析取范式为永假式;

当且仅当析取范式的每个简单合取式为永假式;

当且仅当析取范式的每个简单合取式至少同时含有一个命题变元及其否定。

(2) 一个公式 A 为永真式,

当且仅当 A 的合取范式的每个简单析取式至少同时含有一个命题变元及其否定。

由定义可知,一个范式有以下特征:

① 不含蕴涵词 $\rightarrow$ 和等值词 $\leftrightarrow$;

② 不含双重否定 $\neg\neg$;

③ 否定词 $\neg$ 仅出现在命题变元之前;

④ 析取范式是简单合取式的析取,而合取范式是简单析取式的合取。

所以,求一个公式的范式就是求满足以上 4 点的公式。

任何公式都可以转换成等值的析取范式或合取范式,通过下列步骤进行:

(1) 利用 $(P \rightarrow Q) \Leftrightarrow (\neg P \vee Q)$,

$$(P \leftrightarrow Q) \Leftrightarrow (P \wedge Q) \vee (\neg P \wedge \neg Q),$$
$$(P \leftrightarrow Q) \Leftrightarrow (P \rightarrow Q) \wedge (Q \rightarrow P)$$

消去公式中的运算符 $\rightarrow$, $\leftrightarrow$;

(2) 利用德·摩根律将否定符号 $\neg$ 向内深入,使之只作用于命题变元;

(3) 利用双重否定律将 $\neg(\neg P)$ 置换成 P;

(4) 利用分配律、结合律将公式归约为合取范式或析取范式。

由于每一个命题公式都是有限长的符号序列,因此经过有限次置换后必可得到与原公式等值的范式。

例 4.5.1 求 $F_1=(P\wedge(Q\to R))\to S$ 的合取范式和析取范式。

解 $F_1\Leftrightarrow\neg(P\wedge(\neg Q\vee R))\vee S$ (蕴涵等值式)

$\Leftrightarrow\neg P\vee\neg(\neg Q\vee R)\vee S$ (德·摩根律)

$\Leftrightarrow\neg P\vee(Q\wedge\neg R)\vee S$ (德·摩根律、双重否定律)(析取范式)

$\Leftrightarrow(\neg P\vee S)\vee(Q\wedge\neg R)$ (交换律、结合律)

$\Leftrightarrow(\neg P\vee S\vee Q)\wedge(\neg P\vee S\neg R)$。 (交换律)(合取范式)

一个公式的范式不唯一,但它们是等值式。

例 4.5.2 求 $F_2=\neg(P\vee Q)\leftrightarrow(P\wedge Q)$ 的析取范式。

解 $F_2\Leftrightarrow(\neg(P\vee Q)\wedge(P\wedge Q))\vee((P\vee Q)\wedge\neg(P\wedge Q))$

$\Leftrightarrow(\neg P\wedge\neg Q\wedge P\wedge Q)\vee((P\vee Q)\wedge(\neg P\vee\neg Q))$

$\Leftrightarrow(\neg P\wedge\neg Q\wedge P\wedge Q)\vee((P\vee Q)\wedge\neg P)\vee((P\vee Q)\wedge\neg Q)$

$\Leftrightarrow(\neg P\wedge\neg Q\wedge P\wedge Q)\vee(P\wedge\neg P)\vee(Q\wedge\neg P)\vee(P\wedge\neg Q)\vee(Q\wedge\neg Q)$。

(分配律)(析取范式)

例 4.5.3 判断下列公式的类型:

(1) $P\vee(Q\to R)\vee\neg(P\vee R)$

(2) $\neg(P\to Q)\wedge Q$。

解 (1) $P\vee(Q\to R)\vee\neg(P\vee R)\Leftrightarrow P\vee(\neg Q\vee R)\vee\neg(P\vee R)$

$\Leftrightarrow P\vee\neg Q\vee R\vee(\neg P\wedge\neg R)$

$\Leftrightarrow(P\vee\neg Q\vee R\vee\neg P)\wedge(P\vee\neg Q\vee R\vee\neg R)$。

由定理 4.5.1 可知,$P\vee(Q\to R)\vee\neg(P\vee R)$ 是永真式。

(2) $\neg(P\to Q)\wedge Q\Leftrightarrow\neg(\neg P\vee Q)\wedge Q\Leftrightarrow P\wedge\neg Q\wedge Q$。

由定理 4.5.1 可知,$\neg(P\to Q)\wedge Q$ 为永假式。

4.5.2 主析取范式与主合取范式

虽然利用范式可以较容易地判别一个公式是否为永真式或永假式,但这样的判别有不足之处,那就是一个公式的范式不是唯一的。为了使各公式的范式唯一,此处引入主范式的概念。

1. 主析取范式

定义 4.5.3 在含有 n 个命题变元 $P_1,P_2,\cdots,P_n$ 的简单合取式中,每个命题变元与其否定二者之一有且仅有一个出现一次,且第 i 个命题变元或其否定出现在从左起的第 i 个位置上(若命题变元无脚标,则按字典顺序排列),这样的简单合取式称为**极小项**。n 个命题变元 $P_1,P_2,\cdots,P_n$ 的极小项可表示为 P_i^*,其中 $\bigwedge\limits_{i=1}^n P_i^*$ 为 P_i 或 $\neg P_i$($i=1,2,\cdots,n$)。

约定命题变元按字典顺序排列,命题变元与 1 对应,命题变元的否定与 0 对应,则得到极小项的二进制编码,记为 m_i,其下标 i 是由二进制转化的十进制数。n 个命题变元形成的 2^n 个极小项分别记为 $m_0, m_1, m_2, \cdots$

两个命题变元 P 和 Q 的极小项真值表如表 4.5.1 所示。

表 4.5.1 命题变元 P 和 Q 的极小项真值表

$m_{(二)}$		m_{00}	m_{01}	m_{10}	m_{11}
P	Q	$\neg P \wedge \neg Q$	$\neg P \wedge Q$	$P \wedge \neg Q$	$P \wedge Q$
0	0	1	0	0	0
0	1	0	1	0	0
1	0	0	0	1	0
1	1	0	0	0	1
$m_{(+)}$		m_0	m_1	m_2	m_3

由极小项真值表可知,极小项的性质如下。

(1) 任意两个不同的极小项是不等值的,且每个极小项在 2^n 个解释中有且仅有一个解释使该极小项取值为 1。因此,可以给极小项编码,使极小项为 1 的那组解释为对应的极小项编码。

例如,极小项 $P \wedge \neg Q \wedge R$ 只有在 P、Q、R 分别为 1、0、1 时才为 1,如果将解释中的 0、1 看成二进制数,那么,每一个解释对应一个二进制数。如果使极小项成真的解释对应的二进制数的十进制值为 i,则该极小项记为 m_i。一般地,n 个命题变元的极小项为 m_0, $m_1, m_2, \cdots$

(2) 每个极小项只有当赋值与其对应的二进制编码相同时,其真值为真,且其真值 1 位于主对角线上。

(3) 由于任意一个极小项只有一个解释使该极小项取值为 1,所以,任意两个不同极小项的合取必为 0。

(4) 所有极小项的析取必为 1。

定义 4.5.4 设 G 为公式,$P_1, P_2, \cdots, P_n$ 为 G 中的所有命题变元,若 G 的析取范式中每一个合取项都是 $P_1, P_2, \cdots, P_n$ 的一个极小项,则称该析取范式为 G 的**主析取范式**。永假式的主析取范式为 0。

定理 4.5.2 任意的命题公式都存在一个唯一的与之等值的主析取范式。

证明 设 A' 是 A 的析取范式,即 $A \Leftrightarrow A'$。若 A' 的某个简单合取式 A_i 中不含命题变元 P 及其否定 $\neg P$,将 A_i 展成形式

$$A_i \Leftrightarrow A_i \wedge T \Leftrightarrow A_i \wedge (P \vee \neg P) \Leftrightarrow (A_i \wedge P) \vee (A_i \wedge \neg P),$$

继续这个过程,直到所有的简单合取式成为极小项。消去重复的项及永假式之后,得到 A 的主析取范式。

下面证明其唯一性。

若 A 有两个与之等值的主析取范式 B 和 C,则 $B \Leftrightarrow C$。由 B 和 C 是 A 的不同的主析

取范式,不妨设极小项 m_i 只出现在 B 中而不在 C 中,于是 i 的二进制为 B 的成真赋值,C 的成假赋值,与 $B \Leftrightarrow C$ 矛盾。因而 A 的主析取范式是唯一的。

定理 4.5.3　在真值表中,一个命题公式的所有成真指派所对应的极小项的析取,即为此公式的主析取范式。

求主析取范式方法一:等值演算法

等值演算法求主析取范式的步骤如下。

(1) 求 G 的析取范式 G'。

(2) 若 G 中某个简单合取式 m 中没有出现某个命题变元 P_i 或其否定 $\neg P_i$,则将 m 作如下等值变换:
$$m \Leftrightarrow m \wedge (P_i \vee \neg P_i) \Leftrightarrow (m \wedge P_i) \vee (m \wedge \neg P_i)。$$

(3) 将重复出现的命题变元、永假式和重复出现的极小项都消去。

(4) 重复步骤(2)、(3),直到每一个简单合取式都为极小项。

(5) 将极小项按脚标由小到大的顺序排列,并用 Σ 表示。

例如,$m_0 \vee m_1 \vee m_7$ 可表示为 $\Sigma(0,1,7)$。

例 4.5.4　用等值演算法求 $(P \to Q) \wedge Q$ 的主析取范式。

解　$(P \to Q) \wedge Q \Leftrightarrow (\neg P \vee Q) \wedge Q$

$\qquad \Leftrightarrow (\neg P \wedge Q) \vee Q$

$\qquad \Leftrightarrow (\neg P \wedge Q) \vee ((P \vee \neg P) \wedge Q)$

$\qquad \Leftrightarrow (\neg P \wedge Q) \vee ((P \wedge Q) \vee (\neg P \wedge Q))$

$\qquad \Leftrightarrow (\neg P \wedge Q) \vee (P \wedge Q)$

$\qquad \Leftrightarrow m_1 \vee m_3。$

例 4.5.5　用等值演算法求 $((P \vee Q) \to R) \to P$ 的主析取范式。

解　$((P \vee Q) \to R) \to P$

$\Leftrightarrow (P \wedge \neg R) \vee (Q \wedge \neg R) \vee P$

$\Leftrightarrow (Q \wedge \neg R) \vee P$

$\Leftrightarrow ((P \vee \neg P) \wedge Q \wedge \neg R) \vee (P \wedge (Q \vee \neg Q))$

$\Leftrightarrow (P \wedge Q \wedge \neg R) \vee (\neg P \wedge Q \wedge \neg R) \vee (P \wedge Q) \vee (P \wedge \neg Q)$

$\Leftrightarrow (P \wedge Q \wedge \neg R) \vee (\neg P \wedge Q \wedge \neg R) \vee (P \wedge Q \wedge (R \vee \neg R)) \vee (P \wedge \neg Q$
$\quad \wedge (R \vee \neg R))$

$\Leftrightarrow (P \wedge Q \wedge \neg R) \vee (\neg P \wedge Q \wedge \neg R) \vee (P \wedge Q \wedge R) \vee (P \wedge Q \wedge \neg R))$
$\quad \vee (P \wedge \neg Q \wedge R) \vee ((P \wedge \neg Q \wedge \neg R))$

$\Leftrightarrow (P \wedge Q \wedge \neg R) \vee (\neg P \wedge Q \wedge \neg R) \vee (P \wedge Q \wedge R) \vee (P \wedge \neg Q \wedge R)$
$\quad \vee ((P \wedge \neg Q \wedge \neg R))$

$\Leftrightarrow m_2 \vee m_4 \vee m_5 \vee m_6 \vee m_7。$

> **求主析取范式方法二：真值表法**
>
> 真值表法求主析取范式步骤如下：
>
> (1) 列出公式的真值表；
>
> (2) 将真值表最后一列中值为 1 的行中命题变元的值所对应的极小项写出；
>
> (3) 将这些极小项用析取联结词联结，将极小项按脚标由小到大的顺序排列，并用 $\sum$ 表示。

定理 4.5.4 在真值表中，命题公式 A 的真值为 1 的赋值所对应的极小项的析取即为此公式 A 的主析取范式。

证明 设 A 真值为 1 的赋值所对应的极小项为 $m_1, m_2, \cdots, m_k$，令 $B = m_1 \vee m_2 \vee \cdots \vee m_k$。下证 $A \Leftrightarrow B$。

若 A 为真，则其赋值所对应的极小项一定是 $m_1, m_2, \cdots, m_k$ 中的某一项，不妨设为 m_i，因为 m_i 为真，而 $m_1, \cdots, m_{i-1}, m_{i+1}, \cdots, m_k$ 都为假，故 B 也为真。

若 A 为假，则其赋值所对应的极小项一定不是 $m_1, m_2, \cdots, m_k$ 中的某一项，此时 $m_1, m_2, \cdots, m_k$ 都为假，故 B 也为真。

因此，$A \Leftrightarrow B$。

例 4.5.6 用真值表法求 $F = (\neg P \to Q) \to (\neg Q \vee \neg P)$ 的主析取范式。

解 从表 4.5.2 中可以看出，F 在 00, 01, 10 处为 1，所以，F 的主析取范式为 $m_{00} \vee m_{01} \vee m_{10}$，即 $F \Leftrightarrow (\neg P \wedge \neg Q) \vee (\neg P \wedge Q) \vee (P \wedge \neg Q)$。

表 4.5.2 F 的真值表

P	Q	F
0	0	1
0	1	1
1	0	1
1	1	0

2. 主合取范式

定义 4.5.5 在含有 n 个命题变元 $P_1, P_2, \cdots, P_n$ 的简单析取式中，每个命题变元与其否定二者之一有且仅有一个出现一次，且第 i 个命题变元或其否定出现在从左起的第 i 个位置上(若命题变元无脚标，则按字典顺序排列)，这样的简单析取式称为**极大项**。n 个命题变元 $P_1, P_2, \cdots, P_n$ 的极大项可表示为 P_i^*，其中 P_i^* 为 P_i 或 $\neg P_i (i = 1, 2, \cdots, n)$。

定义 4.5.6 设 G 为公式，$P_1, P_2, \cdots, P_n$ 为 G 中的所有命题变元，若 G 的合取范式中每一个析取项都是 $P_1, P_2, \cdots, P_n$ 的一个极大项，则称该合取范式为 G 的**主合取范式**。通常，主合取范式用 Π 表示。永真式的主合取范式中不含任何极大项，用 1 表示。

约定命题变元按字典顺序排列,命题变元与 0 对应,命题变元的否定与 1 对应,则得到大项的二进制编码,记为 M_i,其下标 i 是由二进制转化的十进制。n 个命题变元形成的 2^n 个大项,分别记为 $M_0, M_1, M_2, \cdots$

两个命题变元 P 和 Q 的大项真值表如表 4.5.3 所示。

表 4.5.3　命题变元 P 和 Q 的极大项真值表

$M_{(二)}$		M_{00}	M_{01}	M_{10}	M_{11}
P	Q	$P \vee Q$	$P \vee \neg Q$	$\neg P \vee Q$	$\neg P \vee \neg Q$
0	0	0	1	1	1
0	1	1	0	1	1
1	0	1	1	0	1
1	1	1	1	1	0
$M_{(+)}$		M_0	M_1	M_2	M_3

由真值表可得极大项的性质:

(1) 各极大项的真值表都是不同的;

(2) 每个极大项只有当赋值与其对应的二进制编码相同时,其真值为假,且其真值 0 位于主对角线上;

(3) 任意两个不同极大项的析取式是永真式;

(4) 所有极大项的合取式为永假式。

例 4.5.7　求 $F = (\neg P \rightarrow Q) \rightarrow (\neg Q \vee \neg P)$ 的主合取范式。

解　由表 4.5.4 可知,F 在 11 处为 0,F 的主合取范式为 M_{11},即 $F \Leftrightarrow (P \vee Q)$。

定理 4.5.5　任意的命题公式都存在一个唯一的与之等值的主合取范式。

定理 4.5.6　在真值表中,一个公式的真值为 0 的指派所对应的极大项的合取,即为此公式的主合取范式。

表 4.5.4　F 的真值表

P	Q	F
0	0	1
0	1	1
1	0	1
1	1	0

由 G 的主析取范式求主合取范式的方法为:

(1) 求出 G 的主析取范式中没有包含的极小项 $m_{j1}, m_{j2}, \cdots$;

(2) 求出与(1)中极小项角码相同的极大项 $M_{j1}, M_{j2}, \cdots$;

(3) 由以上极大项构成的合取式即为 G 的主合取范式。

求主合取范式的方法一：等值演算法

等值演算法求主合取范式的步骤如下。

(1) 求 A 的合取范式 A'。

(2) 若 A' 的某简单析取式 B 中不含某个命题变元 P 或其否定 $\neg P$，则将 B 展成形式

$$B \Leftrightarrow B \vee 0 \Leftrightarrow B \vee (P \wedge \neg P) \Leftrightarrow (B \vee P) \wedge (B \vee \neg P)。$$

(3) 将重复出现的命题变元、永真式及重复出现的极大项都消去。

(4) 将极大项按顺序排列。

例 4.5.8　求公式 $F = P \rightarrow (P \wedge (Q \rightarrow P))$ 主析取范式和主合取范式。

解　求主析取范式：

$$
\begin{aligned}
F &\Leftrightarrow \neg P \vee (P \wedge (\neg Q \vee P)) && \text{(蕴涵等值式)} \\
&\Leftrightarrow \neg P \vee (P \wedge \neg Q) \vee (P \wedge P) && \text{(分配律)(析取范式)} \\
&\Leftrightarrow \neg P \vee (P \wedge \neg Q) \vee P \\
&\Leftrightarrow (\neg P \wedge (Q \vee \neg Q)) \vee (P \wedge \neg Q) \vee (P \wedge (Q \vee \neg Q)) && \text{(等幂律、同一律、排中律)} \\
&\Leftrightarrow (\neg P \wedge Q) \vee (\neg P \wedge \neg Q) \vee (P \wedge \neg Q) \vee (P \wedge Q) \vee (P \wedge \neg Q)。
\end{aligned}
$$
$$\text{(分配律、交换律、等幂律)}$$

求主合取范式：

$$
\begin{aligned}
F &\Leftrightarrow \neg P \vee (P \wedge (\neg Q \vee P)) && \text{(蕴涵等值式)} \\
&\Leftrightarrow (\neg P \vee P) \wedge (\neg P \vee \neg Q \vee P) && \text{(分配律)} \\
&\Leftrightarrow 1 \wedge 1 && \text{(同一律、交换律)} \\
&\Leftrightarrow 1。
\end{aligned}
$$

求主合取范式的方法二：真值表法

真值表法求主合取范式步骤如下：

(1) 列出公式的真值表。

(2) 将真值表中最后一列中值为 0 的行中命题变元的值所对应的极大项写出。

(3) 将这些极大项用合取联结词联结，将极大项按脚标由小到大的顺序排列，并用 Π 表示。

定理 4.5.7　在真值表中，命题公式 A 的真值为 F 的赋值所对应的大项的合取即为此公式的主合取范式。

例 4.5.9　用真值表法求 $(P \rightarrow Q) \wedge Q$ 的主合取范式。

解　$(P \rightarrow Q) \wedge Q$ 的真值表如表 4.5.5 所示。

表 4.5.5 $(P\rightarrow Q)\wedge Q$ 的真值表

P	Q	$P\rightarrow Q$	$(P\rightarrow Q)\wedge Q$
0	0	1	0
0	1	1	1
1	0	0	0
1	1	1	1

由表 4.5.5 可知,该公式仅在其真值表的 00 行、10 行处取真值 0,所以 $(P\rightarrow Q)\wedge Q\Leftrightarrow(P\vee Q)\wedge(\neg P\vee Q)\Leftrightarrow M_0\wedge M_2$。

3. 主析取范式与主合取范式之间的关系

定理 4.5.8   极小项 m_i 与极大项 M_i 满足 $\neg m_i\Leftrightarrow M_i$,$\neg M_i\Leftrightarrow m_i$。

证明   由极小项和极大项的定义及对偶性即得。

定理 4.5.9   设 A 是含有 n 个命题变元的命题公式,且 A 的主析取范式中含 k 个小项 $m_1,m_2,\cdots,m_k$,则 $\neg A$ 的主析取范式中必含有其余的 2^n-k 个小项,记为 $m_{j_1},m_{j_2},\cdots,m_{j_{2^n-k}}$,且

$$A\Leftrightarrow M_{j_1}\wedge M_{j_2}\wedge\cdots\wedge M_{j_{2^n-k}}。$$

例 4.5.10   求 $\neg(P\wedge Q)\leftrightarrow\neg(\neg P\rightarrow R)$ 的主析取范式和主合取范式。

证明 $\neg(P\wedge Q)\leftrightarrow\neg(\neg P\rightarrow R)$

$\Leftrightarrow(\neg(P\wedge Q)\leftrightarrow\neg(\neg P\rightarrow R))\wedge(\neg(\neg P\rightarrow R)\rightarrow\neg(P\wedge Q))$

$\Leftrightarrow((P\wedge Q)\vee\neg(\neg P\rightarrow R))\wedge((\neg P\rightarrow R)\vee\neg(P\wedge Q))$

$\Leftrightarrow((P\wedge Q)\vee(\neg P\wedge\neg R))\wedge((P\vee R)\vee(\neg P\vee\neg Q))$

$\Leftrightarrow(P\vee\neg R)\wedge(\neg P\vee Q)\wedge(Q\vee\neg R)$

$\Leftrightarrow(P\vee Q\vee\neg R)\wedge(P\vee\neg Q\vee\neg R)\wedge(\neg P\vee Q\vee R)$
$\qquad\wedge(\neg P\vee Q\vee\neg R)\wedge(P\vee Q\vee\neg R)\wedge(\neg P\vee Q\vee\neg R)$

$\Leftrightarrow M_1\wedge M_3\wedge M_4\wedge M_5$

$\Leftrightarrow m_0\vee m_2\vee m_6\vee m_7。$

4.5.3   主范式的应用

1. 判定命题公式的类型

定理 4.5.10   设 A 是含 n 个命题变元的命题公式,则:

(1) A 为永真式,当且仅当 A 的主析取范式含有全部 2^n 个极小项;

(2) A 为永假式,当且仅当 A 的主合取范式含有全部 2^n 个极大项;

(3) 若 A 的主析取范式至少含有一个极小项,则 A 是可满足式。

例 4.5.11   判断下列命题公式的类型:

(1) $(\neg P\vee Q)\wedge(\neg Q\vee R)\wedge(P\wedge\neg R)$;

(2) $((P \rightarrow Q) \wedge P) \rightarrow Q$；

(3) $(P \rightarrow Q) \wedge Q$。

解　(1) $(\neg P \vee Q) \wedge (\neg Q \vee R) \wedge (P \wedge \neg R)$

$\Leftrightarrow (\neg P \vee Q \vee R) \wedge (\neg P \vee Q \vee \neg R) \wedge (P \vee \neg Q \vee R) \wedge (\neg P \vee \neg Q \vee R)$

$\qquad \wedge (P \vee Q) \wedge (P \vee \neg Q) \wedge (P \vee \neg R) \wedge (\neg P \vee \neg R)$

$\Leftrightarrow (\neg P \vee Q \vee R) \wedge (\neg P \vee Q \vee \neg R) \wedge (P \vee \neg Q \vee R)$

$\qquad \wedge (\neg P \vee \neg Q \vee R) \wedge (P \vee Q \vee R) \wedge (P \vee Q \vee \neg R)$

$\qquad \wedge (P \vee \neg Q \vee R) \wedge (P \vee \neg Q \vee \neg R) \wedge (P \vee Q \vee \neg R)$

$\qquad \wedge (P \vee \neg Q \vee \neg R) \wedge (\neg P \vee Q \vee \neg R) \wedge (\neg P \vee \neg Q \vee \neg R)$

$\Leftrightarrow M_0 \wedge M_1 \wedge M_2 \wedge M_3 \wedge M_4 \wedge M_5 \wedge M_6 \wedge M_7$。

(2) $((P \rightarrow Q) \wedge P) \rightarrow Q \Leftrightarrow \neg ((\neg P \vee Q) \wedge P) \vee Q$

$\qquad\qquad\qquad\qquad \Leftrightarrow \neg (\neg P \vee Q) \vee \neg P \vee Q$

$\qquad\qquad\qquad\qquad \Leftrightarrow (P \wedge \neg Q) \vee \neg P \vee Q$

$\qquad\qquad\qquad\qquad \Leftrightarrow (P \wedge \neg Q) \vee (\neg P \wedge (Q \vee \neg Q)) \vee ((P \vee \neg P) \wedge Q)$

$\qquad\qquad\qquad\qquad \Leftrightarrow (P \wedge \neg Q) \vee (\neg P \wedge Q) \vee (\neg P \wedge \neg Q) \vee (P \wedge Q) \vee (\neg P \wedge Q)$

$\qquad\qquad\qquad\qquad \Leftrightarrow m_0 \vee m_1 \vee m_2 \vee m_3$。

(3) $(P \rightarrow Q) \wedge Q \Leftrightarrow (\neg P \vee Q) \wedge Q$

$\qquad\qquad\qquad \Leftrightarrow (\neg P \wedge Q) \vee Q$

$\qquad\qquad\qquad \Leftrightarrow (\neg P \wedge Q) \vee ((\neg P \vee P) \wedge Q)$

$\qquad\qquad\qquad \Leftrightarrow (\neg P \wedge Q) \vee (\neg P \wedge Q) \vee (P \wedge Q)$

$\qquad\qquad\qquad \Leftrightarrow (\neg P \wedge Q) \vee (P \wedge Q)$

$\qquad\qquad\qquad \Leftrightarrow m_1 \vee m_3$。

因此，(1)为永假式，(2)为永真式，(3)为可满足式。

2. 判断两个命题公式是否等值

例 4.5.12　证明 $(P \rightarrow Q) \wedge (P \rightarrow R)$ 与 $P \rightarrow (Q \wedge R)$ 等值。

证明　因为 $(P \rightarrow Q) \wedge (P \rightarrow R)$

$\qquad \Leftrightarrow (\neg P \vee Q) \wedge (\neg P \vee R)$

$\qquad \Leftrightarrow (\neg P \vee Q \vee (R \wedge \neg R)) \wedge (\neg P \vee (Q \wedge \neg Q) \vee R)$

$\qquad \Leftrightarrow (\neg P \vee Q \vee R) \wedge (\neg P \vee Q \vee \neg R) \wedge (\neg P \vee Q \vee R) \wedge (\neg P \vee \neg Q \vee R)$

$\qquad \Leftrightarrow M_4 \wedge M_5 \wedge M_6$。

$\quad P \rightarrow (Q \wedge R) \Leftrightarrow \neg P \vee (Q \wedge R)$

$\qquad\qquad\qquad\quad \Leftrightarrow (\neg P \vee Q) \wedge (\neg P \vee R)$

$\qquad\qquad\qquad\quad \Leftrightarrow M_4 \wedge M_5 \wedge M_6$。

所以，$(P \rightarrow Q) \wedge (P \rightarrow R) \Leftrightarrow P \rightarrow (Q \wedge R)$。

3. 求命题公式的成真赋值和成假赋值

由于极小项对应的是成真赋值，极大项对应的是成假赋值，所以可以根据命题公式的主范式求其成真赋值和成假赋值。

例如，由 $P \rightarrow (Q \wedge R) \Leftrightarrow M_4 \wedge M_5 \wedge M_6$ 可知，$P \rightarrow (Q \wedge R)$ 的成假赋值为 100、101、110，成真赋值为 000、001、010、011、111。

习题 4.5

（A）

1. $\neg(P \wedge Q) \rightarrow R$ 的主析取范式中含极小项的个数为（　　）。

　　A. 2　　　　　　　B. 3　　　　　　　C. 5　　　　　　　D. 0　　　　　E. 8

2. 全体极小项合取式为（　　）。

　　A. 可满足式　　　　　　　　　　　B. 永假式

　　C. 永真式　　　　　　　　　　　　D. A,B,C 都有可能

3. $(P \rightarrow Q) \rightarrow R$ 的合取范式为（　　）。

　　A. $(P \wedge \neg Q) \vee R$

　　B. $(P \vee R) \wedge (\neg Q \vee R)$

　　C. $(P \wedge \neg Q \wedge R) \vee (P \wedge \neg Q \wedge \neg R) \vee (P \wedge Q \wedge R) \vee (P \wedge \neg Q \wedge R) \vee (\neg P \wedge Q \wedge R) \vee (\neg P \wedge \neg Q \wedge R)$

　　D. $(P \vee Q \vee R) \wedge (P \vee \neg Q \vee R) \wedge (P \vee \neg Q \vee R) \wedge (\neg P \vee \neg Q \vee R)$

4. $\neg((P \wedge Q) \vee R) \rightarrow R$ 的主合取范式为（　　）。

（B）

5. 利用主析取范式判断公式 $\neg(P \rightarrow Q) \wedge Q \wedge R$ 的类型。

（C）

6. （参考河南科技大学 2012 年硕士研究生入学考试试题）给定公式 A 的真值表如表 4.5.6 所示，求 A 的主析取范式和主合取范式。

表 4.5.6　A 的真值表

p	q	r	A
0	0	0	1
0	0	1	0
0	1	0	1
0	1	1	1
1	0	0	0
1	0	1	1
1	1	0	0
1	1	1	0

4.6　命题公式的逻辑蕴涵

4.6.1　逻辑蕴涵的定义

逻辑的一个重要功能是研究推理。虽然可以依靠等值关系进行推理,但是进行推理时不一定要依靠等值关系,只需要蕴涵关系就可以了。

例如,若三角形等腰,则两底角相等。这个三角形等腰,所以,这个三角形两底角相等。

又如,若行列式两行成比例,则行列式值为 0。这个行列式两行成比例,所以,这个行列式值为 0。

上面两个例子的推理关系含义不同,但依据的推理规则相同,推理形式为:若 G 则 H,G,所以 H。

推理的正确性与命题 G,H 的含义无关,只决定于逻辑形式,命题逻辑中用公式表示命题,在命题间演绎推理关系,反映为公式间的逻辑蕴涵关系。

定义 4.6.1　设 G,H 是两个公式,若 $G \rightarrow H$ 是永真式,则称 G 蕴涵 H,记作 $G \Rightarrow H$,称 $G \Rightarrow H$ 为**蕴涵式**或**永真条件式**。

符号"$\Rightarrow$"和"$\Leftrightarrow$"一样,它们都不是逻辑联结词,因此,$G \Leftrightarrow H$,$G \Rightarrow H$ 也都不是公式。

例如,$(P \wedge Q) \Rightarrow P$,$(P \wedge Q) \Rightarrow Q$。

注意 $\Rightarrow$ 和 $\rightarrow$ 的区别

(1) $\Rightarrow$ 是公式间的关系符号;$\rightarrow$ 是联结词。

(2) 等值关系 $\Leftrightarrow$ 是等价关系,蕴涵关系 $\Rightarrow$ 不是等值关系,它不满足对称性。即若 $G \Rightarrow H$,不一定有 $H \Rightarrow G$ 成立。

(3) $\Rightarrow$ 是偏序关系,即 $\Rightarrow$ 满足以下性质。

自反性:$G \Rightarrow G$。

反对称性:若 $G \Rightarrow H$,且 $H \Rightarrow G$,则 $G \Leftrightarrow H$。

传递性:若 $G \Rightarrow H$,且 $H \Rightarrow L$,则 $G \Rightarrow L$。

蕴涵关系满足如下性质。

(1) 自反性:对于任意公式 G,有 $G \Rightarrow G$。

(2) 传递性:若 $G \Rightarrow H$,且 $H \Rightarrow L$,则 $G \Rightarrow L$。

(3) 对任意公式 G,H 和 T,若有 $G \Rightarrow H$,$G \Rightarrow T$,则 $G \Rightarrow (H \wedge T)$。

(4) 对任意公式 G,H 和 T,若有 $G \Rightarrow T$,$H \Rightarrow T$,则 $(G \vee H) \Rightarrow T$。

证明　(2) 因为 $G \Rightarrow H$,且 $H \Rightarrow L$,所以,

$(G \rightarrow H) \Leftrightarrow 1$,且 $(H \rightarrow L) \Leftrightarrow 1$。

从而有,

$G \rightarrow L \Leftrightarrow \neg G \vee L$　　　　　　　　　　　　　(蕴涵等值式)

$\Leftrightarrow(\neg G \vee L) \vee 0$　　　　　　　　　　（等价等值式）

$\Leftrightarrow(\neg G \vee L) \vee(H \wedge \neg H)$　　　　　　（排中律）

$\Leftrightarrow((\neg G \vee L) \vee H) \wedge((\neg G \vee L) \vee \neg H)$　（分配律）

$\Leftrightarrow(\neg G \vee H \vee L) \wedge(\neg G \vee \neg H \vee L)$　（交换律）

$\Leftrightarrow((G \rightarrow H) \vee L) \wedge(\neg G \vee(H \rightarrow L))$　（结合律、蕴涵等值式）

$\Leftrightarrow(1 \vee L) \wedge(\neg G \vee 1)$

$\Leftrightarrow 1。$　　　　　　　　　　　　　　　（零一律）

因此，$G \rightarrow L$ 是永真式，得 $G \Rightarrow L$。

定理 4.6.1　设 G,H 是两个命题公式，$G \Leftrightarrow H$ 的充分必要条件是 $G \Rightarrow H$，且 $H \Rightarrow G$。

证明　若 $G \Leftrightarrow H$，则 $G \leftrightarrow H$ 为永真式，而 $G \leftrightarrow H \Leftrightarrow(G \rightarrow H) \wedge(H \rightarrow G)$，故 $G \rightarrow H$ 和 $H \rightarrow G$ 皆为真，即 $G \Rightarrow H$ 且 $H \Rightarrow G$。

反之，若 $G \Rightarrow H$ 且 $H \Rightarrow G$，则 $G \rightarrow H$ 和 $H \rightarrow G$ 为永真式，于是$(G \rightarrow H) \wedge(H \rightarrow G)$永真，即 $G \leftrightarrow H$ 永真式，所以 $G \Leftrightarrow H$ 成立。

定义 4.6.2　设 $G_1,G_2,\cdots,G_n,H$ 是公式，如果$(G_1 \wedge G_2 \wedge \cdots \wedge G_n) \rightarrow H$ 是永真式，则称 $G_1,G_2,\cdots,G_n$ **蕴涵** H，又称 H 是 $G_1,G_2,\cdots,G_n$ 的**逻辑结果**，记作

$$(G_1 \wedge G_2 \wedge \cdots \wedge G_n) \Rightarrow H \text{ 或}(G_1,G_2,\cdots,G_n) \Rightarrow H。$$

4.6.2　蕴涵式的证明方法

1. 真值表法

证明$(A \rightarrow B) \Leftrightarrow 1$ 时，$A \Rightarrow B$。

直接用真值表可以证明 $A \rightarrow B \Leftrightarrow 1$，即公式 $A \rightarrow B$ 所对应列全为1。

例 4.6.1　试证明$((P \vee Q) \wedge(P \rightarrow R) \wedge(Q \rightarrow R)) \Rightarrow R$。

证明　令 $F=((P \vee Q) \wedge(P \rightarrow R) \wedge(Q \rightarrow R)) \rightarrow R$，则 F 的真值表如表 4.6.1 所示。

表 4.6.1　F 的真值表

P	Q	R	$P \vee Q$	$P \rightarrow R$	$Q \rightarrow R$	$(P \vee Q) \wedge(P \rightarrow R) \wedge(Q \rightarrow R)$	F
0	0	0	0	1	1	0	1
0	0	1	0	1	1	0	1
0	1	0	1	1	0	0	1
0	1	1	1	1	1	1	1
1	0	0	1	0	1	0	1
1	0	1	1	1	1	1	1
1	1	0	1	0	0	0	1
1	1	1	1	1	1	1	1

公式 F 对任意一组真值指派取值均为1，故 F 是永真式。此方法当命题变元较多、

公式复杂时,就会变得比较烦琐。

2. 等值演算法

等值演算法,即利用一些基本等值式及蕴涵式进行推导。

由等值演算可以证明 $A{\to}B{\Leftrightarrow}1$。

例 4.6.2 试证明 $P\wedge(P{\to}Q){\Rightarrow}Q$。

证明

$$P\wedge(P{\to}Q){\to}Q{\Leftrightarrow}\neg(P\wedge(P{\to}Q))\vee Q \quad \text{(蕴涵等值式)}$$
$${\Leftrightarrow}\neg(P\wedge(\neg P\vee Q))\vee Q \quad \text{(蕴涵等值式)}$$
$${\Leftrightarrow}(\neg P\vee\neg(\neg P\vee Q))\vee Q \quad \text{(德·摩根律)}$$
$${\Leftrightarrow}(\neg P\vee Q)\vee\neg(\neg P\vee Q) \quad \text{(结合律)}$$
$${\Leftrightarrow}1。\quad \text{(代入规则、排中律)}$$

假定前件 G 为真,那么需要检查在此情况下,其后件 H 是否也为真。要判定 $G{\to}H$ 是否为永真式,要使用 $G{\to}H$ 的真值表,如表 4.6.2 所示。

表 4.6.2　$G{\to}H$ 的真值表

G	H	$G{\to}H$
0	0	1
0	1	1
1	0	0
1	1	1

只须判定表中第 3 行的情况是否发生,即可说明 $G{\to}H$ 是否永真。因此,若在假定前件 G 真的情况下,能说明后件 H 一定也为真,则可知真值表中第 3 行的情况下不会发生,故 $G{\to}H$ 是永真式,所以,有 $G{\Rightarrow}H$。否则,$G{\Rightarrow}H$ 不成立。

3. 前件为真推导后件为真法

设公式的前件为真,若能推导出后件也为真,则条件式是永真式,即蕴涵式成立。

因为要证 $G{\Rightarrow}H$,即证 $G{\to}H$ 为永真式。对于 $G{\to}H$,除在 G 取真和 H 取假时 $G{\to}H$ 为假外,其余情况下 $G{\to}H$ 都为真。所以,若 $G{\to}H$ 的前件 G 为真,则可推出 H 为真,则 $G{\to}H$ 是永真式,即 $G{\Rightarrow}H$。

例 4.6.3 试证明 $(G{\to}H){\Rightarrow}G{\to}(G\wedge H)$。

证明 设 $G{\to}H$ 为真。

(1) 若 G 为真,则 H 为真,$G\wedge H$ 为真,所以,$G{\to}(G\wedge H)$ 为真。

(2) 若 G 为假,则 $G{\to}(G\wedge H)$ 为真,所以,若 $G{\to}H$ 为真,则 $G{\to}(G\wedge H)$ 为真。所以,前件真时,总有后件也真。因此,$(G{\to}H){\Rightarrow}G{\to}(G\wedge H)$。

4. 后件为假推导前件为假法

设条件式的后件为假,若能推导出前件也为假,则条件式是永真式,即蕴涵式成立。

因为若 $G{\rightarrow}H$ 的后件为假,因此可推导出 G 为假,即可证明 $\neg H{\Rightarrow}\neg G$。又因为 $G{\rightarrow}H{\Leftrightarrow}\neg H{\rightarrow}\neg G$,所以,$G{\Rightarrow}H$ 成立。

例 4.6.4　试证明 $(G{\rightarrow}H)\wedge(H{\rightarrow}L){\Rightarrow}G{\rightarrow}L$。

证明　假设 $G{\rightarrow}L$ 为假,则 G 为真,L 为假。

(1) 若 H 为真,则 $H{\rightarrow}L$ 为假,$(G{\rightarrow}H)\wedge(H{\rightarrow}L)$ 为假。

(2) 若 H 为假,则 $G{\rightarrow}H$ 为假,$(G{\rightarrow}H)\wedge(H{\rightarrow}L)$ 为假。所以,当后件 $G{\rightarrow}L$ 为假时,前件 $(G{\rightarrow}H)\wedge(H{\rightarrow}L)$ 总是为假。

因此,$(G{\rightarrow}H)\wedge(H{\rightarrow}L){\Rightarrow}G{\rightarrow}L$。

4.6.3　基本的逻辑蕴涵式

(1) 化简式:$P\wedge Q{\Rightarrow}P$;$P\wedge Q{\Rightarrow}Q$。

(2) 附加式:$P{\Rightarrow}P\vee Q$;$Q{\Rightarrow}P\vee Q$。

(3) 化简式变形:$\neg(P{\rightarrow}Q){\Rightarrow}P$;$\neg(P{\rightarrow}Q){\Rightarrow}\neg Q$。

(4) 附加式变形:$\neg P{\Rightarrow}(P{\rightarrow}Q)$;$Q{\Rightarrow}(P{\rightarrow}Q)$。

(5) 假言推论:$P,P{\rightarrow}Q{\Rightarrow}Q$。

(6) 拒取式:$\neg Q,P{\rightarrow}Q{\Rightarrow}\neg P$。

(7) 析取三段论:$\neg P,P\vee Q{\Rightarrow}Q$。

(8) 条件三段论:$P{\rightarrow}Q,Q{\rightarrow}R{\Rightarrow}P{\rightarrow}R$。

(9) 双条件三段论:$P{\leftrightarrow}Q,Q{\leftrightarrow}R{\Rightarrow}P{\leftrightarrow}R$。

(10) 合取构造二难:$P{\rightarrow}Q,R{\rightarrow}S,P\wedge R{\Rightarrow}Q\wedge S$。

(11) 析取构造二难:$P{\rightarrow}Q,R{\rightarrow}S,P\vee R{\Rightarrow}Q\vee S$。

(12) 前件附加:$P{\rightarrow}Q{\Rightarrow}(P\vee R){\rightarrow}(Q\vee R)$;
$\qquad\qquad\quad P{\rightarrow}Q{\Rightarrow}(P\wedge R){\rightarrow}(Q\wedge R)$。

(13) $P\vee Q,P{\rightarrow}R,Q{\rightarrow}R{\Rightarrow}R$。

(14) $P{\rightarrow}Q,R{\rightarrow}S{\Rightarrow}(P\wedge R){\rightarrow}(Q\wedge S)$。

(15) $P,Q{\Rightarrow}P\wedge Q$。

例 4.6.5　判断 $(1)P{\rightarrow}(P\vee Q\vee R)$;$(2)(P\vee\neg P){\rightarrow}((Q\wedge\neg Q)\wedge\neg R)$ 的类型。

解　(1) 设 P 为真,则 $P\vee Q\vee R$ 为真,即 $P{\Rightarrow}(P\vee Q\vee R)$,所以,$P{\rightarrow}(P\vee Q\vee R)$ 为永真式。

(2) $(P\vee\neg P){\rightarrow}((Q\wedge\neg Q)\wedge\neg R){\Leftrightarrow}1{\rightarrow}(0\wedge\neg R){\Leftrightarrow}0$,所以,(2)是永假式。

例 4.6.6　证明 $\neg Q\wedge(P{\rightarrow}Q){\Leftrightarrow}\neg P$。

证明　方法 1　假设 $\neg Q\wedge(P{\rightarrow}Q)$ 为真,则 $\neg Q,P{\rightarrow}Q$ 均为真,从而 Q 为假,P 为假,因而 $\neg P$ 为真。所以,$\neg Q\wedge(P{\rightarrow}Q){\Leftrightarrow}\neg P$。

方法 2　假设 $\neg P$ 为假,P 为真,若 Q 为真,则 $\neg Q$ 为假,$\neg Q\wedge(P{\rightarrow}Q)$ 为假。若 Q 为假,由于 P 为真,则 $P{\rightarrow}Q$ 为假,$\neg Q\wedge(P{\rightarrow}Q)$ 为假。由于后件为假时总有前件为假,因此 $\neg Q\wedge(P{\rightarrow}Q){\Leftrightarrow}\neg P$。

习题 4.6

（A）

1. 设 A,B 是任意两个命题公式,请问 $A \to B$, $A \Rightarrow B$ 分别表示什么? 二者有何关系?

2. 设 A,B,C 是任意三个命题公式,若 $A \vee C \Leftrightarrow B \vee C$,则 $A \Leftrightarrow B$ 成立吗? 为什么?

3. 设 A,B,C 是任意三个命题公式,若 $A \wedge C \Leftrightarrow B \wedge C$,则 $A \Leftrightarrow B$ 成立吗? 为什么?

4. 设 A,B 是任意两个命题公式。

(1) $A \wedge (A \to B) \to B$ 一定为真吗?

(2) $(A \to B) \wedge (A \to \neg B) \leftrightarrow \neg A$ 一定为真吗? 为什么?

5. 下列表达式正确的是(　　)。

　　A. $P \Rightarrow P \wedge Q$ 　　　　　　　　B. $P \vee Q \Rightarrow P$

　　C. $\neg Q \Rightarrow \neg(P \to Q)$ 　　　　　D. $\neg(P \to Q) \Rightarrow \neg Q$

（B）

6. 试证明逻辑恒等式：$\neg P \wedge \neg Q \to \neg R \Leftrightarrow R \to Q \vee P$。

4.7　全功能联结词与极小联结词组

对于两个变元的公式,其真值表中共有 4 行(2^2),因此,最多可构成 16 个(2^4)等值的命题公式。全功能联结词集合如表 4.7.1 所示。

表 4.7.1　全功能联结词集合

1	2	3	4	5	6	7	8	9	10	11	12	13	14	15	16
		永真式	永假式	命题变元的否定	命题变元的否定	析取	合取	条件	条件	双条件	不可兼析取	与非	或非	条件否定	条件否定
P	Q	1	0	$\neg P$	$\neg Q$	$P \vee Q$	$P \wedge Q$	$P \to Q$	$Q \to P$	$P \leftrightarrow Q$	$P \overline{\vee} Q$	$P \uparrow Q$	$P \downarrow Q$	$P \overset{n}{\to} Q$	$Q \overset{n}{\to} P$
0	0	1	0	1	1	0	0	1	1	1	0	1	1	0	0
0	1	1	0	1	0	1	0	1	0	0	1	1	0	0	1
1	0	1	0	0	1	1	0	0	1	0	1	1	0	1	0
1	1	1	0	0	0	1	1	1	1	1	0	0	0	0	0

16 个联结词并非都是必要的,因为包含某些联结词的公式可以通过其他联结词等值地表示出来。

定义 4.7.1　设 S 是一些联结词组成的非空集合,如果任何命题公式都可以用仅包

含 S 中的联结词的公式表示,则称 S 是**联结词的全功能集**。特别地,若 S 是联结词的全功能集且 S 的任何真子集都不是全功能集,则称 S 是**极小全功能集**,又称**极小联结词组**。

定理 4.7.1　$\{\neg,\wedge,\vee,\to,\leftrightarrow\}$ 是联结词的全功能集。

定理 4.7.2　$\{\neg,\wedge,\vee\}$ 是联结词的全功能集。

定理 4.7.3　$\{\neg,\wedge\},\{\neg,\vee\},\{\neg,\to\}$ 是极小联结词组。

定理 4.7.4　$\{\uparrow\},\{\downarrow\}$ 是极小联结词组。

证明　$\neg P\Leftrightarrow P\uparrow P,$

$\qquad P\vee Q\Leftrightarrow(P\uparrow P)\uparrow(Q\uparrow Q),$

$\qquad P\wedge Q\Leftrightarrow(P\uparrow Q)\uparrow(P\uparrow Q),$

$\qquad P\to Q\Leftrightarrow P\uparrow(Q\uparrow Q),$

$\qquad P\leftrightarrow Q\Leftrightarrow(P\uparrow(Q\uparrow Q))\wedge(Q\uparrow(P\uparrow P))。$

故 $\{\uparrow\}$ 是极小全功能联结词组。

任意包含联结词 $\to$ 和 $\leftrightarrow$ 的公式 A,都可以利用蕴涵等值式和等价等值式经过等值运算化为一个与之等值的公式 B,而公式 B 只包含联结词 $\neg$、$\wedge$ 和 $\vee$。

由德·摩根律得:
$$A\vee B\Leftrightarrow\neg(\neg A\wedge\neg B),A\wedge B\Leftrightarrow\neg(\neg A\vee\neg B)。$$

因此,$\wedge$ 与 $\vee$ 可以相互代换。故 $\neg$、$\wedge$、$\vee$、$\to$、$\leftrightarrow$ 这 5 个联结词均可以由 $\{\neg,\vee\}$ 或 $\{\neg,\wedge\}$ 组成的命题所替换。

因此,联结词的集合 $\{\neg,\vee\}$ 和 $\{\neg,\wedge\}$ 即为命题公式的极小联结词组。

一般情况下,为简化公式的形式,人们仍常采用 5 个联结词。

习题 4.7

(A)

1. 试证明 $\{\vee\},\{\to\}$ 不是全功能联结词集合。

2. 对下列各公式,试仅用联结词 $\uparrow$ 或 $\downarrow$ 表示。

(1) $\neg P$;

(2) $P\wedge Q$;

(3) $P\vee Q$;

(4) $P\to Q$。

3. 将下列公式化成与之等值且仅含 $\{\neg,\to\}$ 中联结词的公式。

(1) $(P\to\neg Q)\wedge R$;

(2) $P\leftrightarrow(Q\wedge R)\vee P$。

4. 如果 $A(P,Q,R)$ 由 $R\uparrow(Q\wedge\neg(R\downarrow P))$ 给出,求它的对偶 $A^*(P,Q,R)$,并求出与 A 及 A^* 等值且仅包含联结词 $\wedge$,$\vee$ 及 $\neg$ 的公式。

(B)

5. 把 $P\uparrow Q$ 表示为只含有联结词 $\downarrow$ 的等值公式。

4.8　命题逻辑推理

4.8.1　命题逻辑推理理论

在逻辑学中,从某些给定的前提出发,按照严格定义的形式规则推出有效的结论,这样的过程称为演绎或形式证明。形式证明所得的结论称为有效结论,这里关心的不是结论的真实性,而是推理的有效性。前提的真假不作为推理有效性的依据。但是,如果前提为真,则有效结论应该为真,而非假。

例如,设 P:今天出太阳,Q:太阳是从西边出的。"今天出太阳,所以,太阳是从西边出的"就是一个有效但不合理的结论。

又如,设 P:x 是偶数,Q:x^2 是偶数。"x 是偶数,所以 x^2 是偶数"就是一个有效且合理的结论。

数理逻辑中主要研究从前提导出结论的推理规则和论证原理,与这些规则有关的理论称为推理理论。

定义 4.8.1　设 G 和 H 是两个命题公式,当且仅当 $G \to H$ 为永真式即 $G \Rightarrow H$ 时,称 H 为 G 的**有效结论**,或称 H 可由 G 逻辑推出。

定义 4.8.2　设 $G_1, G_2, \cdots, G_n, H$ 为命题公式,当且仅当 $G_1 \wedge G_2 \wedge \cdots \wedge G_n \to H$ 为永真式,即 $G_1 \wedge G_2 \wedge \cdots \wedge G_n \Rightarrow H$ 时,称 H 为 $G_1, G_2, \cdots, G_n$ 的**有效结论**。或称 H 可由 $G_1, G_2, \cdots, G_n$ 逻辑推出。

4.8.2　推理规则

下面给出推理中常用的推理规则。

(1) **P 规则**(前提引入规则):可以在证明的任何时候引入前提。

(2) **T 规则**(结论引入规则):在证明的任何时候,已证明的结论都可以作为后续证明的前提。

(3) **CP 规则**(也称条件证明引入规则):若推出有效结论为条件式 $P \to Q$ 时,只须将其前件 P 加入前提中作为附加前提,再去推出后件 Q 即可。

(4) **置换规则**:在证明的任何步骤中,命题公式的子公式都可以用与它等值的其他命题公式置换。

(5) **代入规则**:在证明的任何步骤中,永真式中的任一命题变元都可以用一个命题公式代入,得到的仍是永真式。

(6) **分离规则**:如果已知命题公式 $A \to B$ 和 A,则有命题公式 B。

定理 4.8.1　若 $G_1 \wedge G_2 \wedge \cdots \wedge G_n \wedge P \Rightarrow Q$,则 $G_1 \wedge G_2 \wedge \cdots \wedge G_n \Rightarrow P \to Q$。

由蕴涵式得出的推理定律如下。

(1) $P, Q \Rightarrow P$。

(2) $P, Q \Rightarrow Q$。

(3) $P \Rightarrow P \vee Q$。

(4) $Q \Rightarrow P \vee Q$。

(5) $\neg P \Rightarrow P \rightarrow Q$。

(6) $Q \Rightarrow P \rightarrow Q$。

(7) $\neg(P \rightarrow Q) \Rightarrow P$。

(8) $\neg(P \rightarrow Q) \Rightarrow \neg Q$。

(9) $P, Q \Rightarrow P \wedge Q$。

(10) $P, P \rightarrow Q \Rightarrow Q$。

(11) $\neg Q, P \rightarrow Q \Rightarrow \neg P$。

(12) $P \rightarrow Q, Q \rightarrow R \Rightarrow P \rightarrow R$。

(13) $P \vee Q, P \rightarrow R, Q \rightarrow R \Rightarrow R$。

(14) $P \rightarrow Q \Rightarrow (P \vee R) \rightarrow (Q \vee R)$。

(15) $P \rightarrow Q \Rightarrow (P \wedge R) \rightarrow (Q \wedge R)$。

由等值式得出的推理定律如下。

(1) $\neg \neg P \Leftrightarrow P$。

(2) $P \wedge Q \Leftrightarrow Q \wedge P$。

(3) $P \vee Q \Leftrightarrow Q \vee P$。

(4) $(P \wedge Q) \wedge R \Leftrightarrow P \wedge (Q \wedge R)$。

(5) $(P \vee Q) \vee R \Leftrightarrow P \vee (Q \vee R)$。

(6) $P \wedge (Q \vee R) \Leftrightarrow (P \wedge Q) \vee (P \wedge R)$。

(7) $P \vee (Q \wedge R) \Leftrightarrow (P \vee Q) \wedge (P \vee R)$。

(8) $\neg(P \wedge Q) \Leftrightarrow \neg P \vee \neg Q$。

(9) $\neg(P \vee Q) \Leftrightarrow \neg P \wedge \neg Q$。

(10) $P \vee P \Leftrightarrow P$。

(11) $P \wedge P \Leftrightarrow P$。

(12) $P \vee (Q \wedge \neg Q) \Leftrightarrow P$。

(13) $P \wedge (Q \vee \neg Q) \Leftrightarrow P$。

(14) $P \vee (Q \vee \neg Q) \Leftrightarrow 1$。

(15) $P \wedge (Q \wedge \neg Q) \Leftrightarrow 0$。

(16) $P \rightarrow Q \Leftrightarrow \neg P \vee Q$。

(17) $\neg(P \rightarrow Q) \Leftrightarrow P \wedge \neg Q$。

(18) $P \rightarrow Q \Leftrightarrow \neg Q \rightarrow \neg P$。

(19) $P \rightarrow (Q \rightarrow R) \Leftrightarrow (P \wedge Q) \rightarrow R$。

(20) $P{\leftrightarrow}Q{\Leftrightarrow}(P{\rightarrow}Q)\wedge(Q{\rightarrow}P)$。

(21) $P{\leftrightarrow}Q{\Leftrightarrow}(P\wedge Q)\vee(\neg P\wedge\neg Q)$。

(22) $\neg(P{\leftrightarrow}Q){\Leftrightarrow}\neg P{\leftrightarrow}\neg Q$。

4.8.3　判断有效结论的常用方法

1. 分析法

例 4.8.1　证明$(P{\rightarrow}Q)\wedge(Q{\rightarrow}R){\Rightarrow}(P{\rightarrow}R)$。

证明　设$(P{\rightarrow}Q)\wedge(Q{\rightarrow}R)$为真,则有$P{\rightarrow}Q$与$Q{\rightarrow}R$都为真。若$P$为真,则$Q$为真。由$Q{\rightarrow}R$与$Q$为真,可得$R$为真,从而$P{\rightarrow}R$为真。若$P$为假,则$P{\rightarrow}R$为真。所以$(P{\rightarrow}Q)\wedge(Q{\rightarrow}R){\Rightarrow}(P{\rightarrow}R)$。

2. 真值表法

用真值表法进行推理证明的方法是:列出前提$A_1,A_2,\cdots,A_n$和结论B的真值表,从真值表中找出$A_1,A_2,\cdots,A_n$为真的行,对于每一个这样的行,若B也为真,则A_1,$A_2,\cdots,A_n{\Rightarrow}B$成立。或者,看$B$的真值为假的行,在每个这样的行中,若$A_1,A_2,\cdots,A_n$的真值中至少有一个为假,则$A_1,A_2,\cdots,A_n{\Rightarrow}B$成立。

利用真值表可以判断结论的有效性。在前提和结论中,如果命题变元的数目较大,使用真值表法就会显得麻烦。

例 4.8.2　将以下命题用符号表示,并写出其真值表:今天下午要么我去踢足球,要么就在家看书;下午我没去踢足球,所以,我在家看书。

解　设P:我去踢足球。Q:我在家看书。原命题可以符号化为$(P\vee Q)\wedge\neg P{\Rightarrow}Q$。真值表如表 4.8.1 所示。

表 4.8.1　$(P\vee Q)\wedge\neg P{\Rightarrow}Q$ 真值表

P	Q	$P\vee Q$	$\neg P$	$(P\vee Q)\wedge\neg P$	$(P\vee Q)\wedge\neg P{\Rightarrow}Q$
0	0	0	1	0	1
0	1	1	1	1	1
1	0	1	0	0	1
1	1	1	0	0	1

3. 直接证法

直接证法就是根据一组前提,利用前面提供的一些推理规则,根据已知的等值公式和蕴涵式,推演得到有效的结论的方法,即由前提直接推导出结论。

例 4.8.3 试证明 $S \vee R$ 是 $P \vee Q, P \rightarrow R, Q \rightarrow S$ 的有效结论。

证明 (1) $P \vee Q$ P

(2) $P \rightarrow R$ P

(3) $Q \rightarrow S$ P

(4) $S \vee R$ T(1),(2),(3)。

例 4.8.4 试证明 $P \vee Q, P \rightarrow R, Q \rightarrow S \Rightarrow S \vee R$。

证明 (1) $P \vee Q$ P

(2) $\neg P \rightarrow Q$ T(1): $(P \rightarrow Q) \Leftrightarrow (\neg P \vee Q)$。

(3) $Q \rightarrow S$ P

(4) $\neg P \rightarrow S$ T(2)(3): $P \rightarrow Q, Q \rightarrow R \Rightarrow P \rightarrow R$。

(5) $\neg S \rightarrow P$ T(4): $P \rightarrow Q \Leftrightarrow \neg Q \rightarrow \neg P$。

(6) $P \rightarrow R$ P

(7) $\neg S \rightarrow R$ T(5)(6): $P \rightarrow Q, Q \rightarrow R \Rightarrow P \rightarrow R$。

(8) $S \vee R$ T(7): $(P \rightarrow Q) \Leftrightarrow (\neg P \vee Q)$。

例 4.8.5 试证明 $\{P \rightarrow (Q \rightarrow S), \neg R \vee P, Q\} \Rightarrow R \rightarrow S$。

证明 (1) $\neg R \vee P$ P

(2) $R \rightarrow P$ T(1): $(P \rightarrow Q) \Leftrightarrow (\neg P \vee Q)$。

(3) $P \rightarrow (Q \rightarrow S)$ P

(4) $R \rightarrow (Q \rightarrow S)$ T(2)(3): $P \rightarrow Q, Q \rightarrow R \Rightarrow P \rightarrow R$。

(5) $\neg R \vee (\neg Q \vee S)$ T(4): $(P \rightarrow Q) \Leftrightarrow (\neg P \vee Q)$。

(6) $\neg Q \vee (\neg R \vee S)$ T(5): 交换律,结合律

(7) Q P

(8) $\neg R \vee S$ T(6)(7): $\neg P, P \rightarrow Q \Rightarrow Q$。

(9) $R \rightarrow S$ T(8): $(P \rightarrow Q) \Leftrightarrow (\neg P \vee Q)$。

例 4.8.6 某厂正面临员工罢工问题。若厂方拒绝增加工资,则罢工不会停止,除非罢工超过一年并且工厂经理辞职。试问:如果厂方拒绝增加工资,而罢工又刚刚开始,罢工是否能停止?

解 令 P:厂方拒绝增加工资;Q:罢工停止;R:工厂经理辞职;S:罢工超过一年。则

G_1: $(P \wedge \neg(R \wedge S)) \rightarrow \neg Q$;$G_2$: P;G_3: $\neg S$;H: $\neg Q$。

下证 H 是 $\{G_1, G_2, G_3\}$ 的逻辑结果。

(1) $\neg S$ P

(2) $\neg S \vee \neg R$ T(1): $P \Rightarrow P \vee Q$。

(3) $\neg(R \wedge S)$ T(2): 德·摩根律

(4) P P

(5) $P \wedge \neg (R \wedge S)$ T(3)(4)：$P, Q \Rightarrow P \wedge Q$。

(6) $(P \wedge \neg (R \wedge S)) \rightarrow \neg Q$ P

(7) $\neg Q$ T(5)(6)：$P, P \rightarrow Q \Rightarrow Q$。

由此可知，罢工不会停止。

例 4.8.7 张三说李四在说谎，李四说王五在说谎，王五说张三、李四都在说谎，问三人中谁在说谎？

解 设 P：张三说真话；Q：李四说真话；R：王五说真话。则前提为：

$P \rightarrow \neg Q, \neg P \rightarrow Q, Q \rightarrow \neg R, \neg Q \rightarrow R, R \rightarrow (\neg P \wedge \neg Q), \neg R \rightarrow (P \vee Q)$。

(1) $P \rightarrow \neg Q$ P

(2) $\neg Q \rightarrow R$ P

(3) $P \rightarrow R$ T(1)(2)：$P \rightarrow Q, Q \rightarrow R \Rightarrow P \rightarrow R$。

(4) $R \rightarrow (\neg P \wedge \neg Q)$ P

(5) $P \rightarrow (\neg P \wedge \neg Q)$ T(3)(4)：$P \rightarrow Q, Q \rightarrow R \Rightarrow P \rightarrow R$。

(6) $\neg P \vee (\neg P \wedge \neg Q)$ T(5)：$P \rightarrow Q \Leftrightarrow (\neg P \vee Q)$。

(7) $\neg P$ T(6)：吸收律

(8) $\neg P \rightarrow Q$ P

(9) Q T(7)(8)：$P, P \rightarrow Q \Rightarrow Q$。

(10) $Q \rightarrow \neg R$ P

(11) $\neg R$ T(9)(10)：$P, P \rightarrow Q \Rightarrow Q$。

(12) $\neg P \wedge Q \wedge \neg R$ T(7)(9)(11)：$P, Q \Rightarrow P \wedge Q$。

结论：张三和王五在说谎，李四说的是真话。

4. 间接证法

间接证法主要有如下 3 种情况。

1）附加前提证明法

使用 CP 规则，即使用条件证明引入规则来证明推理的有效性。将结论中的前件作为前提的证明方法也称为附加前提证明法。在证明过程的任意时刻都可以引入结论中的前件。

例 4.8.8 用附加前提证明法证明下面推理。

前提：$P \rightarrow (Q \rightarrow R), \neg S \vee P, Q$。

结论：$S \rightarrow R$。

证明 (1) $\neg S \vee P$ P

(2) S P(附加前提)

(3) P T(1)(2)

(4) $P \rightarrow (Q \rightarrow R)$ P

(5) $Q \rightarrow R$ T(3)(4)

(6) Q P

(7) R T(5)(6)

(8) $S \rightarrow R$ CP。

2) 反证法

定义 4.8.3　设 $G_1, G_2, \cdots, G_n$ 是 n 个命题公式，如果 $G_1 \wedge G_2 \wedge \cdots \wedge G_n$ 是可满足式，则称 $G_1, G_2, \cdots, G_n$ 是**相容的**。否则（即 $G_1 \wedge G_2 \wedge \cdots \wedge G_n$ 是永假式），称 $G_1, G_2, \cdots, G_n$ 是**不相容的**。

定理 4.8.2　设命题公式 $G_1, G_2, \cdots, G_n$ 是相容的，于是从前提出发可以推出公式 H 的充分必要条件是 $G_1 \wedge G_2 \wedge \cdots \wedge G_n \wedge \neg H$ 是一个永假（矛盾）式。

例 4.8.9　证明 $R \rightarrow \neg Q, R \vee S, S \rightarrow \neg Q, P \rightarrow Q \Rightarrow \neg P$。

证明　用反证法，将 $\neg(\neg P)$ 作为附加前提，添加到前提集合中，然后推出矛盾。

(1) $\neg(\neg P)$ P(附加前提)

(2) P T(1)：双重否定律

(3) $P \rightarrow Q$ P

(4) Q T(2)(3)：$P, P \rightarrow Q \Rightarrow Q$。

(5) $R \rightarrow \neg Q$ P

(6) $\neg R$ T(3)(4)：双重否定律，$\neg Q, P \rightarrow Q \Rightarrow \neg P$。

(7) $R \vee S$ P

(8) S T(6)(7)：$\neg P, P \vee Q \Rightarrow Q$。

(9) $S \rightarrow \neg Q$ P

(10) $\neg Q$ T(8)(9)：$P, P \rightarrow Q \Rightarrow Q$。

(11) $Q \wedge \neg Q$ T(4)(10)：$P, Q \Rightarrow P \wedge Q$。

3) 归谬法

例 4.8.10　用反证法证明 $S \vee R$ 是前提 $P \vee Q, P \rightarrow R, Q \rightarrow S$ 的有效结论。

证明　(1) $\neg(S \vee R)$ P(附加前提)

(2) $\neg S \wedge \neg R$ I(1)

(3) $\neg S$ T(2)

(4) $\neg R$ T(2)

(5) $Q \rightarrow S$ P

(6) $\neg Q \vee S$ I(5)

(7) $\neg Q$ T(3)(6)

(8) $P \vee Q$ P

(9) P T(7)(8)

(10) $P \rightarrow R$ P

(11) $\neg P \vee R$ I(10)

(12) R T(9)(11)

(13) $\neg R \wedge R$ T(4)(12)。

由(13)得出矛盾,根据反证法说明推理正确。

> ★逻辑学中的经典逻辑是人工智能领域研究的数学基础。在人工智能研究领域,知识表示、知识推理,应用逻辑规则等方面起关键作用。

习题 4.8

(A)

1. 若 $A_1, A_2, \cdots, A_n$ 和 B 为命题公式,且 $A_1 \wedge A_2 \wedge \cdots \wedge A_n \Rightarrow B$ 则(　　)。

    A. $A_1 \wedge A_2 \wedge \cdots \wedge A_n \Rightarrow B$ 为 B 的前件

    B. B 为 $A_1, A_2, \cdots, A_n$ 的有效结论

    C. $A_1 \wedge A_2 \wedge \cdots \wedge A_n \wedge B \Leftrightarrow F$

    D. $A_1 \wedge A_2 \wedge \cdots \wedge A_n \wedge \neg B \Leftrightarrow F$

2. 用逻辑推理规则证明:$(A \wedge B) \rightarrow C, \neg D, \neg C \vee D \Rightarrow \neg A \vee \neg B$。

3. 用逻辑推理规则证明:$P \rightarrow Q, P \wedge R, \neg Q \vee R, \neg R, \neg S \vee P \Rightarrow \neg S$。

4. 用反证法证明:$R \rightarrow \neg Q, R \vee S, S \rightarrow \neg Q, P \rightarrow Q \Rightarrow \neg P$。

5. 用逻辑推理规则证明:$A \rightarrow B \wedge C, (E \rightarrow \neg F) \rightarrow \neg C, B \rightarrow (A \wedge \neg S) \Rightarrow B \rightarrow E$。

(B)

6. 在一个盗窃案件中,已知下列事实:

(1) 甲或乙是窃贼;

(2) 若甲是窃贼,则作案时间不会发生在夜间 12 点以前;

(3) 若乙的证词正确,则夜间 12 点时被盗物品所在房间灯光未灭;

(4) 若乙的证词不正确,则作案时间发生在夜间 12 点以前;

(5) 夜间 12 点被盗房间的灯光灭了。

判断谁是窃贼,并用构造证明法写出结论的判断过程。

(C)

7. (参考国防科技大学研究生院 2003 年硕士生入学考试)用命题逻辑推理证明:

(1) $\neg A \wedge \neg B \Rightarrow \neg(\neg A \rightarrow B)$;

(2) $\neg(\neg A \rightarrow B) \Rightarrow \neg A \wedge \neg B$。

*4.9　命题逻辑的思维导图

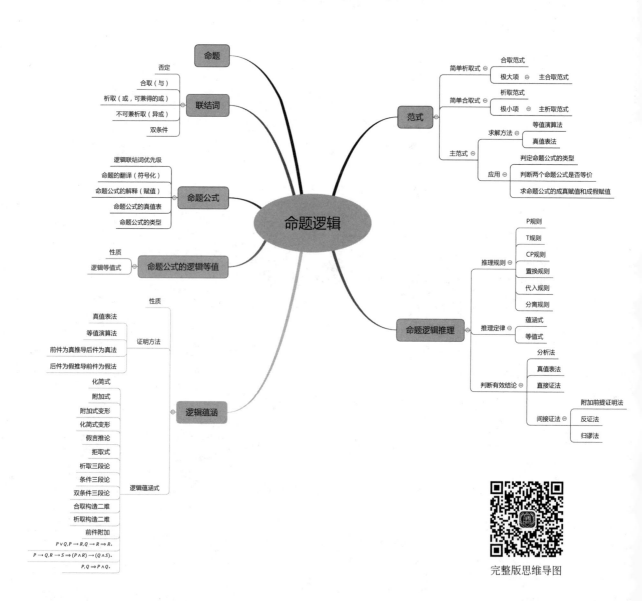

完整版思维导图

*4.10　命题逻辑的算法思想——求任意一个命题公式的真值表

真值表是命题逻辑中一个十分重要的概念,利用它几乎可以解决命题逻辑中的所有问题。例如,利用命题公式的真值表,可以判断命题公式的类型、求命题公式的主范式、判断两命题公式是否等值,还可以进行逻辑推理等。

我们可以通过编写一个程序,让计算机给出命题公式的真值表,并在此基础上进行命题公式类型的判定、求命题公式的主范式等。有助于读者更加深刻地理解真值表的概念,并掌握真值表的求解方法及其在解决命题逻辑中其他问题中的应用。

利用计算机求命题公式真值表的关键是:

(1) 给出命题变元的每一组赋值;

(2) 计算命题公式在每一组赋值下的真值。

真值表中命题变元的取值具有如下规律:每列中 0 和 1 是交替出现的,且 0 和 1 连续出现的个数相同。n 个命题变元的每组赋值的生成算法可基于这种思想。

含有 n 个命题变元的命题公式的真值的计算采用的方法为算符优先法。

为了程序实现的方便,约定命题变元只用一个字母表示,非、合取、析取、条件和双条件联结词分别用!、&、|、-、+来表示。用>、<、=和 E 分别表示大于、小于、等于和不可比较,大于号代表横向算符的优先级高于纵向算符的优先级。

算符之间的优先关系如表 4.10.1 所示。

表 4.10.1　算符优先级

	+	-			&	!	(	)	@
+	>	<	<	<	<	<	>	>
-	>	>	<	<	<	<	>	>
|	>	>	>	<	<	<	>	>
&	>	>	>	>	<	<	>	>
!	>	>	>	>	>	<	>	>
(	<	<	<	<	<	<	=	E
)	>	>	>	>	E	>	>
@	<	<	<	<	<	<	E	=

为实现算符优先算法,我们采用两个工作栈。一个称作 OPTR,用以寄存运算符;另一个称作 OPND,用以寄存操作数或运算结果。算法的基本思想是:

(1) 首先设置操作数栈为空栈,符号@为运算符的栈底元素;

(2) 调用函数 DIVI(exp,myopnd)得到命题公式包含的命题变元序列 myopnd(按字典序排列,同一个命题变元只出现一次);

（3）依次读入命题公式中的每个字符,若是命题变元则其对应的赋值进入 OPND 栈;若是运算符,则和 OPTR 栈的栈顶运算符比较后做相应操作,直至整个命题公式求值完毕。

4.11 本章小结

本章首先引入命题、简单命题、复合命题和逻辑联结词,并在此基础上定义了命题公式、命题公式的符号化和解释、真值表和类型;命题公式的逻辑等值、对偶与范式、逻辑蕴涵等概念,然后介绍了用等值式、蕴涵式等进行命题演算和推理的方法,最后给出命题逻辑的思维导图和部分算法思想描述。本章初步体现了数理逻辑的基本观点和基本方法,旨在为本书后续的学习和读者将来从事计算机工作打下良好的逻辑基础。

第5章

谓 词 逻 辑

命题逻辑研究命题与命题的逻辑关系,它的基本研究单位是原子命题。在命题演算中,原子命题是最小的单位,不能再进行分割。这样处理原子命题对研究命题间的关系来说是合适的。但是,原子命题不考虑命题内在的结构和逻辑关系,这就使人类的很多思维过程在命题逻辑中表达不出来。这给推理带来了很大的局限性,因此,本章引入谓词逻辑,介绍关于谓词逻辑的相关概念和定理,用来解决实际问题。

例如,逻辑学中著名的三段论是由一个大前提、一个小前提推出结论的方法。经典的苏格拉底三段论是:"凡是人都是要死的,苏格拉底是人,所以苏格拉底是要死的。"另有推论"所有自然数都是有理数,100 是自然数,所以,100 是有理数。"显然,这些都是正确的推理,但在命题逻辑中却无法得到证明。因为,三段论中每一句都是一个原子命题,分别用 P,Q,R 来表示。这样,三段论方法用符号表示应为:$P,Q \Rightarrow R$,即 $P \land Q \Rightarrow R$,亦即 $P \land Q \rightarrow R \Leftrightarrow 1$。但在命题逻辑中,$P \land Q \rightarrow R$ 显然不是重言式。出现问题的原因在于,三段论中,结论 R 与前提 P,Q 的内在联系不可能在命题逻辑中表示出来。

下面再看两个原子命题:张三是共青团员;李四是共青团员。在命题逻辑中,这两个命题分别对"张三"和"李四"这两个特定的人做出了判断,所以它们可能有不同的真值,需要用两个不同的字母表示。但这样一来便掩盖了这两个命题都表示"……是共青团员"这个共同的本质属性。

为了克服命题逻辑的局限性,我们在命题逻辑的基础上引入谓词逻辑。谓词逻辑将进一步揭示命题之间的内在联系和逻辑关系。

本章主要介绍谓词逻辑的基本内容,通过本章学习,读者将掌握以下内容:

(1) 个体、谓词和量词等基本谓词逻辑的概念;

(2) 谓词公式的定义、符号化、约束与替换、解释和类型;

(3) 谓词公式的逻辑等值的定义和基本的逻辑等值式;

(4) 谓词公式的前束范式的定义和计算;

(5) 谓词公式的逻辑蕴涵和逻辑蕴涵式;

(6) 谓词逻辑的推理规则和自然推理系统。

5.1 谓词逻辑的相关概念

5.1.1 个体词与谓词

定义 5.1.1 个体词是研究对象中不依赖人的主观而独立存在的具体的或抽象的客

观实体。

个体可以是具体的事物,也可是抽象的概念,例如:3、中国、计算机、大学生、物质等。

定义 5.1.2 具体或特定客体的个体词称为**个体常项**或**个体常元**,一般用小写英文字母 $a,b,c,\cdots$ 表示。抽象或泛指个体词称为**个体变项**或**个体变元**,一般用小写英文字母 $x,y,z,\cdots$ 表示。个体变元的取值范围称为**个体域**或**论域**,个体域可以是有限集合,也可以是无限集合。特别地,一个特殊的个体域,由宇宙间一切事物和概念构成的集合,称为**全总个体域**。一般情况下,如果没有特别说明,个体的取值范围为全总个体域。当给定个体域后,个体常元为该个体域中的一个确定的元素,个体变元则可取该个体域中的任一元素。

定义 5.1.3 用来刻画个体词的性质或个体词之间关系的词称为**谓词**。

一般来说,"x 是 A"类型的命题可以用 $A(x)$ 表达。对于"x 大于 y"这种两个个体之间关系的命题,可表达为 $B(x,y)$,这里 B 表示"……大于……"谓词。我们把 $A(x)$ 称为**一元谓词**,$B(x,y)$ 称为**二元谓词**,$C(x,y,z)$ 称为**三元谓词**,以此类推,通常把二元及其以上谓词称作**多元谓词**。

显然,n 元谓词不是命题。只有当个体变元用特定的个体替代时,才成为一个命题。但个体变元的取值范围对命题的真值有极大影响。例如,用 $F(x)$ 表示 x 是大学生,当取值范围限定为某大学的全体学生时,$F(x)$ 是真的,但当取值范围限定为某中学的所有学生时,则 $F(x)$ 是假的。因此,在谓词逻辑中,我们要指定个体的取值范围。

例 5.1.1 指出下列命题中的谓词。

(1) 张三是大学生。

(2) 3 大于 5。

在上述例子中,张三、3、5 都是个体,而"……是大学生""……大于……"是谓词。其中,"……是大学生"是刻画个体张三性质的谓词,"……大于……"是刻画个体 3 和 5 之间关系的谓词。

显然,有了个体和谓词的概念之后,可以进一步刻画命题的内在结构和命题之间的关系。例如在命题逻辑中,"张三是大学生"和"李四是大学生"之间的关系是无法表达的,现在可以用谓词"……是大学生"及个体"张三""李四"刻画;再如,"张三和李四是表兄弟",在命题逻辑中也是无法刻画其内在结构的,现在可用谓词"……和……是表兄弟"及个体"张三""李四"刻画之。

命题变元是真值不确定的陈述句,反映在上述结构中,由个体或谓词不确定来体现。

例 5.1.2 将下列命题在谓词逻辑中符号化,并讨论它们的真值:

(1) 只有 4 是素数,8 才是素数;

(2) 如果 1 小于 2,则 5 小于 4。

解 (1) 设谓词 $G(x)$:x 是素数;a:4;b:8。(1)中的命题符号化为谓词的蕴涵式:$G(a)\rightarrow G(b)$。由于此蕴涵式的前件为假,所以,(1)中的命题为真。

(2) 设谓词 $H(x,y)$:x 小于 y;a:1;b:2;c:5;d:4。(2)中的命题符号化为谓词的蕴涵式:$H(a,b)\rightarrow H(c,d)$。由于此蕴涵式的前件为真,后件为假,所以,(2)中的命题为假。

例 5.1.3　将下列命题在谓词逻辑中符号化：

(1) 李明是学生；

(2) 张亮比陈华高。

解　(1) "李明"是个体，用 a 表示。Q 是谓词"……是学生"，说明李明的性质，用 $Q(a)$ 表示。

(2) "张亮""陈华"是个体，用 b,c 表示。"……比……高"描述两个个体之间的高矮关系，是谓词，用 $G(b,c)$ 表示。

5.1.2　量词

定义 5.1.4　仅定义个体词和谓词的概念，对有些命题来说，还是不能准确地进行符号化，如"所有的"和"有些"表示个体常项或个体变项之间数量关系的词。将表示个体常项或个体变项之间数量关系的词称为**量词**。量词包括全称量词和存在量词两种。

定义 5.1.5　对于日常生活和数学中出现的"一切的""任意的""所有的""每一个""都""凡"等词统称为**全称量词**，用符号 $\forall$ 表示。$\forall x$，$\forall y$ 表示个体域中的所有个体，用 $(\forall x)F(x)$，$(\forall y)F(y)$ 等表示个体域中的所有个体具有性质 F。

例如，下面用符号表示命题"凡是人都是要死的"。

令 $D(x)$：x 是要死的。该命题可表示为 $(\forall x)D(x)$，x 的个体域为所有人的集合。

定义 5.1.6　对日常生活和数学中常用的"存在""存在一个""有一个""至少有一个""有些""有的"等词统称为**存在量词**，用符号 $\exists$ 表示。$\exists x$，$\exists y$ 表示个体域中有的个体，用 $(\exists x)F(x)$，$(\exists y)F(y)$ 等表示个体域中有的个体具有性质 F。

例如，下面用符号表示命题"有些有理数是整数"。

令 $I(x)$：x 是整数。该命题可表示为 $(\exists x)I(x)$，x 的个体域为有理数集。

现在，我们可以用个体、谓词和量词将命题符号化，并且可以刻画命题的内在结构以及命题之间的关系。因此，引进个体、谓词和量词后，用形式符号表示命题的功能得到加强，表达意思更加全面、确切。

例 5.1.4　用谓词和量词将下列命题符号化。

(1) 所有的人都是要死的。

(2) 每个自然数都是实数。

(3) 一些大学生有远大的理想。

(4) 有的学生选修了人工智能课。

解　(1) 符号化为 $(\forall x)(S(x)\rightarrow L(x))$，其中，$S(x)$：$x$ 是人，$L(x)$：x 是要死的。

(2) 符号化为 $(\forall x)(N(x)\rightarrow R(x))$，其中，$N(x)$：$x$ 是自然数，$R(x)$：x 是实数。

(3) 符号化为 $(\exists x)(P(x)\wedge Q(x))$，其中，$P(x)$：$x$ 是大学生，$Q(x)$：x 有远大理想。

(4) 符号化为 $(\exists x)(F(x)\wedge T(x))$，其中，$F(x)$：$x$ 是学生，$T(x)$：x 选修了人工智能课。

上述命题中都没有指明个体的取值范围，因而都指全总个体域。但当个体域为一个特定的范围时，其符号形式将会有所不同。例如，在命题(1)中将个体域指定为所有人的集合,则命题(1)符号化为$(\forall x)L(x)$,在命题(2)中将个体域指定为实数集,则命题(2)符号化为$(\forall x)R(x)$等。我们把例 5.1.4 中的 $S(x)$、$N(x)$、$P(x)$、$F(x)$ 这种对个体变元变化范围进行限制的谓词称为特性谓词。在命题符号化时,一定要正确地使用特性谓词。

最后,还需要指出 4 点注意事项。

(1) 在不同的个体域内,同一命题的符号化形式可能不同,也可能相同。

(2) 同一命题在不同的个体域中的真值可能不同,也可能相同。

(3) 全称量词后跟的是条件式,存在量词后跟的是合取式。

(4) $P(x)$ 不是命题,但前面加上量词后,$(\forall x)P(x)$ 和 $(\exists x)P(x)$ 在给定个体域内就有了真假,也就成了命题。

习题 5.1

(A)

1. 下列各命题中是否包含量词,如果包含,请指出是全称量词还是存在量词。

(1) 有理数是实数。

(2) 刘鸣是三好学生。

(3) 有人喜欢锻炼身体。

(4) 发光的东西不一定是金子。

(5) 星期二我去出差。

(6) 上海有外国人。

(7) 有些实数能表示成分数。

2. 指出下列命题中的个体词和谓词。

(1) 2 是素数。

(2) 小红和小明是大学同学。

(3) 并不是所有的汽车都比火车跑得慢。

(4) $8 > 3$。

(B)

3. 令 $Z(x)$:x 是整数,$Q(x)$:x 是有理数。则命题"并非每个有理数都是整数"的符号化表示为(   )。

    A. $\neg \exists x(Q(x) \rightarrow Z(x))$

    B. $\neg \forall x(Z(x) \wedge Q(x))$

    C. $\neg \forall x(Q(x) \rightarrow Z(x))$

    D. $\neg \forall x(Z(x) \vee Q(x))$

5.2 谓 词 公 式

5.2.1 谓词公式的定义

与命题逻辑一样,谓词逻辑中也同样包含命题变元和命题联结词,为了使谓词逻辑中谓词表达式符号化更加规范与准确,能正确进行谓词逻辑的演算和推理,我们首先在谓词逻辑公式中引入所使用的符号。

(1) 个体常项：$a,b,c,\cdots$。

(2) 个体变项：$x,y,z,\cdots$。

(3) 谓词：$F,G,H,\cdots$。

(4) 函数：$f,g,h,\cdots$。

(5) 联结词：$\neg,\wedge,\vee,\rightarrow,\leftrightarrow$。

(6) 量词：$\forall,\exists$。

(7) 括号及逗号：$(,)$以及","。

一个符号化的谓词表达式是由一串这些符号所组成的表达式,但并不是任意一个由此类符号组成的表达式都对应一个正确的谓词表达式,因此,要给出谓词表达式的严格定义。

定义 5.2.1 谓词逻辑中项的定义如下。

(1) 任何一个个体变元或个体常元称为**项**。

(2) 若 $f(x_1,x_2,\cdots,x_n)$ 是任意的 n 元函数,$t_1,t_2,\cdots,t_n$ 是任意的 n 个项,则 $f(t_1,t_2,\cdots,t_n)$ 是项。

(3) 由有限次使用(1),(2)得到的表达式是项。

定义 5.2.2 设 $P(x_1,x_2,\cdots,x_n)$ 是 n 元谓词,其中,$x_1,x_2,\cdots,x_n$ 是个体变项,则称 $P(x_1,x_2,\cdots,x_n)$ 为**谓词演算的原子公式**。

因此原子谓词公式包括各种特例,如 $Q,P(x),P(x,y),P(f(x),y),P(a,y)$ 等。

定义 5.2.3 谓词演算的谓词公式定义如下。

(1) 原子公式是谓词公式。

(2) 若 A 是谓词公式,则$(\neg A)$也是谓词公式。

(3) 若 A,B 是谓词公式,则$(A\wedge B),(A\vee B),(A\rightarrow B),(A\leftrightarrow B)$是谓词公式。

(4) 若 A 是谓词公式,则$(\forall x)A,(\exists x)A$ 是谓词公式。

(5) 只有有限次地应用(1)～(4)构成的符号串才是谓词公式。

由定义 5.2.3 可知,谓词公式是按上述规则由原子公式、联结词、量词、圆括号和逗号所组成的符号串,而且命题公式是它的一个特例。谓词逻辑的谓词公式就是合式公式或公式。

谓词公式中的某些括号也可以省略,其规定与命题公式相同,谓词公式最外层的括号可以省略,但量词后若有括号则不能省略。特别地,命题公式也是谓词公式,因此命题逻辑包含在谓词逻辑中。

5.2.2　谓词公式的符号化

谓词演算中命题符号化的步骤如下。

(1) 确定个体域,一般使用全总个体域。

(2) 分析命题中的个体及各个体间的关系,确定谓词。

(3) 根据表示数量的词确定量词,并利用联结词将整个命题符号化。

例 5.2.1　在个体域分别限制为(a)和(b)条件时,将下面的命题符号化。

(1) 所有人都是要死的。

(2) 有的人天生就近视。

其中,(a)个体域 D_1 为人类集合;(b)个体域 D_2 为全总个体域。

解　(a) 令 $F(x)$: x 是要死的;$G(x)$: x 天生就近视。

(1) 在个体域 D_1 中除人外,没有其他的事物,因而(1)可符号化为 $(\forall x)F(x)$。

(2) 在个体域 D_1 中有些人是天生就近视,因而(2)可符号化为 $(\exists x)G(x)$。

(b) 在个体域 D_2 中除人外,还有其他的事物,因而将(1)、(2)符号化时,必须考虑先将人分离出来,令 $M(x)$: x 是人。在个体域 D_2 中,(1)、(2)可分别描述如下。

(1) 对于宇宙间的一切事物,如果事物是人,则他是要死的。

(2) 在宇宙间存在着天生近视的人。

将(1)和(2)分别符号化为:

(1) $(\forall x)(M(x) \rightarrow D(x))$;

(2) $(\exists x)(M(x) \wedge G(x))$。

在个体域 D_1、D_2 中命题(1)、(2)都是真命题。

命题(1)、(2)在个体域 D_1、D_2 中符号化的形式不同,主要区别在于,使用个体域 D_2 时,要将人从其他事物中区别出来,为此引进谓词 $M(x)$,像这样的谓词称为**特性谓词**,在命题符号化时一定要正确使用特性谓词。

例 5.2.2　在个体域分别限制为(a)和(b)条件时,将下面的命题符号化:

(1) 对任意的 x,都有 $x^2 - 5x + 6 = (x-2)(x-3)$。

(2) 存在 x,使得 $x + 1 = 0$。

其中,(a)个体域 D_1 为自然数集合;(b)个体域 D_2 为实数集合。

解　(a) 令 $F(x)$: $x^2 - 5x + 6 = (x-2)(x-3)$;$G(x)$: $x + 1 = 0$。

(1) 可符号化为: $(\forall x)F(x)$。

(2) 可符号化为: $(\exists x)G(x)$。

在个体域 D_1 中命题(1)为真命题,命题(2)为假命题。

(b) 在个体域 D_2 中(1)、(2)符号化分别如下。

(1) $(\forall x)F(x)$。

(2) $(\exists x)G(x)$。

在个体域 D_2 中命题(1)、(2)都是真命题。

例 5.2.3　将下列命题符号化,并指出真值情况。

(1) 没有人登上过月球。

(2) 所有人的头发未必都是黑色的。

解　个体域为全总个体域,令 $M(x)$: x 是人。

(1) 令 $F(x)$: x 登上过月球。命题(1)可符号化为

$$\neg(\exists x)(M(x) \land F(x)),$$

设 a 是 1969 年登上月球完成阿波罗计划的一名美国人,则 $M(a) \land F(a)$ 为真,故命题(1)为假。

(2) 令 $H(x)$: x 的头发是黑色的。命题(2)可符号化为

$$\neg(\forall x)(M(x) \to H(x)),$$

我们知道有的人头发是褐色的,所以,$(\forall x)(M(x) \to H(x))$ 为假,故命题(2)为真。

例 5.2.4　将下列命题符号化。

(1) 火车比汽车跑得快。

(2) 有的火车比所有汽车跑得快。

(3) 并不是所有的火车比汽车跑得快。

(4) 不存在跑得同样快的两辆汽车。

解　设个体域为全总个体域。令 $C(x)$: x 是火车; $G(y)$: y 是汽车; $Q(x, y)$: x 比 y 跑得快; $L(x, y)$: x 和 y 跑得同样快。

这 4 个命题分别符号化如下。

(1) $(\forall x)(\forall y)(C(x) \land G(y) \to Q(x, y))$。

(2) $(\exists x)(C(x) \land (\forall y)(G(y) \to Q(x, y)))$。

(3) $\neg(\forall x)(\forall y)(C(x) \land G(y) \to Q(x, y))$。

(4) $\neg(\exists x)(\exists y)(G(x) \land G(y) \land L(x, y))$。

例 5.2.5　将下列命题符号化。

(1) 一切人不是一样高。

(2) 不是一切人都一样高。

(3) 会叫的狗未必咬人。

分析　"一切人"用 $\forall x$ 表示,为全总个体域,特性谓词 $M(x)$ 表示"x 是人";因为要比较高矮,所以引入二元谓词 $G(x, y)$;由于同一个人是一样高的,故还引入 $H(x, y)$。

解　设 $M(x)$: x 是人; $G(x, y)$: x 与 y 一样高; $H(x, y)$: x 与 y 是不同的人,则命题(1)、(2)可符号化如下。

(1) $(\forall x)(\forall y)(M(x) \land M(y) \land H(x, y) \to \neg G(x, y))$。

(2) $\neg((\forall x)(\forall y)(M(x) \land M(y) \land H(x, y) \to G(x, y)))$。

或 $(\exists x)(\exists y)(M(x) \land M(y) \to G(x, y))$。

(3) 令 $D(x)$: x 是狗; $P(x)$: x 会叫; $Q(x)$: x 会咬人。则命题可符号化为

$$(\exists x)(D(x) \land P(x) \land \neg Q(x))。$$

或　　　　　　　　　　$\neg(\forall x)(D(x) \land P(x) \to Q(x))$。

例 5.2.6　在谓词逻辑中将下列命题符号化。

(1) 不存在最大的数。

（2）计算机系的学生都要学离散数学。

解　取个体域为全总个体域。

（1）令 $F(x)$：x 是数；$L(x,y)$：x 大于 y；则命题（1）符号化为

$$\neg(\exists x)(F(x)\wedge(\forall y)(F(y)\rightarrow L(x,y)))。$$

（2）令 $C(x)$：x 是计算机系的学生；$G(x)$：x 要学离散数学；则命题（2）符号化为

$$(\forall x)(C(x)\rightarrow G(x))。$$

例 5.2.7　将下列命题符号化。

（1）尽管有人聪明，但并非所有人都聪明。

（2）这只大红书柜摆满了那些古书。

解　（1）令 $C(x)$：x 聪明；$M(x)$：x 是人。则命题（1）可符号化为

$$(\exists x)(M(x)\wedge C(x))\wedge\neg(\forall x)(M(x)\rightarrow C(x))。$$

（2）令 $F(x,y)$：x 摆满了 y；$R(x)$：x 是大红书柜；$Q(x)$：x 是古书；a：这只；b：那些。则命题（2）可符号化为

$$R(a)\wedge Q(b)\wedge F(a,b)。$$

例 5.2.8　将命题"凡人都是要死的；苏格拉底是人；苏格拉底是要死的"符号化。

解　令 $M(x)$：x 是人；$D(x)$：x 是要死的；a：苏格拉底。则命题的符号化表示为

$$((\forall x)(M(x)\rightarrow D(x))\wedge M(a))\rightarrow D(a)。$$

5.2.3　谓词的约束与替换

定义 5.2.4　在公式 $(\forall x)F(x)$ 和 $(\exists x)F(x)$ 中，称 x 为**指导变元**，称 $F(x)$ 为相应量词的**辖域**或作用域。在 $\forall x$ 和 $\exists x$ 的辖域中，x 的所有出现都称为**约束变元**，$F(x)$ 中不是约束变元的其他变元均称为**自由变元**。

要正确地理解谓词公式，必须准确地判断量词的辖域以及哪些是约束变元，哪些是自由变元。

一般地，判断量词的辖域要看其后是否是括号，如果是，则括号内的子公式为其辖域，否则量词邻接的子公式是其辖域。

判断给定公式中的个体变元是约束变元还是自由变元，关键要看它是约束出现还是自由出现。

★辖域的概念在程序设计中也有出现。例如，C 语言中的全局变量和局部变量，其辖域分别是整个程序和某个子程序。

例 5.2.9　指出下列各式量词的辖域及变元的约束情况。

（1）$(\forall x)(F(x,y)\rightarrow G(x,z))$。

（2）$(\forall x)(P(x)\rightarrow(\exists y)R(x,y))$。

（3）$(\forall x)(F(x)\rightarrow G(y))\rightarrow(\exists y)(H(x)\wedge M(x,y,z))$。

解　（1）对于 $\forall x$ 的辖域是 $A=(F(x,y)\rightarrow G(x,z))$，在 A 中，x 是约束变元，而且约束出现两次；y,z 均为自由变元，而且均自由出现一次。

（2）对于 $\forall x$ 的辖域是 $(P(x)\to(\exists y)R(x,y))$，$\exists y$ 的辖域是 $R(x,y)$，x,y 均是约束变元。

（3）对于 $\forall x$ 的辖域是 $(F(x)\to G(y))$，其中 x 是约束变元，而 y 是自由变元。对于 $\exists y$ 的辖域是 $(H(x)\wedge M(x,y,z))$，其中 y 是约束变元，而 x,z 是自由变元。在整个公式中，x 约束出现一次，自由出现两次；y 约束出现一次，自由出现一次；z 仅自由出现一次。

例 5.2.10　指出下列各式量词的辖域及变元的约束情况。

（1）$(\exists x)(\forall y)((P(x)\wedge Q(y))\to(\forall z)R(z))$。

（2）$(\forall x)(P(x,y)\to(\exists y)Q(x,y,z))\wedge S(x,z)$。

解　（1）$(\forall y)((P(x)\wedge Q(y))\to(\forall z)R(z))$ 是 $\exists x$ 的辖域，$((P(x)\wedge Q(y))\to(\forall z)R(z))$ 是 $\forall y$ 的辖域，$R(z)$ 是 $\forall z$ 的辖域，x,y,z 在公式（1）中均是约束变元，故都是约束变元。

（2）$(P(x,y)\to(\exists y)Q(x,y,z))$ 是 $\forall x$ 的辖域，$Q(x,y,z)$ 是 $\exists y$ 的辖域，$P(x,y)$，$Q(x,y,z)$ 中的 x 是约束变元，$Q(x,y,z)$ 中的 y 是约束变元，$P(x,y)$ 中的 y 是自由变元，$S(x,z)$ 中的 x 是自由变元，$Q(x,y,z)$，$S(x,z)$ 中的 z 是自由变元，因此公式（2）中，x,y 既是约束变元，又是自由变元。

在谓词公式中，一个个体变元可以既是约束变元，也是自由变元。为了避免一个变元既是约束变元又是自由变元引起混乱，可以对约束变元或自由变元进行改名，$(\exists x)A(x)$ 与 $(\exists y)A(y)$ 具有相同的意义，使得一个变元在一个公式中只呈现一种形式。

约束变元的换名规则

（1）将量词的作用变元及其辖域中所有相同符号的变元用一个新的变元符号代替，公式的其余部分不变。

（2）新的变元符号是原公式中没有出现过的。

（3）用（1）、（2）得到的新公式与原公式等值。

例 5.2.11　对下列公式进行换名。

（1）$(\forall x)(P(x)\to R(x,y))\wedge Q(x,y)$。

（2）$(\forall x)(P(x,y)\to(\exists y)Q(x,y,z))\wedge S(x,z)$。

解　（1）将约束变元 x 换名为 t：

$$(\forall t)(P(t)\to R(t,y))\wedge Q(x,y)。$$

（2）将约束变元 x,y 换成 u,v：

$$(\forall u)(P(u,y)\to(\exists v)Q(u,v,z))\wedge S(x,z)。$$

同理，对公式中的自由变元也可以更改，这种更改称作代入。

自由变元的代入规则

（1）对于谓词公式中的自由变元，可以代入，此时需要对公式中出现该自由变元的每一处进行代入。

（2）用以代入的变元与原公式中所有变元的名称都不能相同。

例 5.2.12 对下列公式代入。

(1) $(\exists x)(F(x) \rightarrow G(x,y)) \wedge (\forall y)H(y)$。

(2) $(\forall x)(P(x,y) \rightarrow (\exists y)Q(x,y,z)) \wedge S(x,z)$。

(3) $(\forall x)(\exists y)(P(x,z) \rightarrow Q(y)) \leftrightarrow S(x,y)$。

解 (1) 对 y 实施代入,经过代入后原公式为:

$$(\exists x)(F(x) \rightarrow G(x,t)) \wedge (\forall y)H(y)。$$

(2) 用 w,t 来代入 x,y 的自由变元:

$$(\forall x)(P(x,t) \rightarrow (\exists y)Q(x,y,z)) \wedge S(w,z),$$

其中,x,y 为约束变元;t,w,z 为自由变元。

(3) $\forall x$ 的辖域是 $(\exists y)(P(x,z) \rightarrow Q(y))$;$\exists y$ 的辖域是 $P(x,z) \rightarrow Q(y)$;$P(x,z)$,$Q(y)$ 中的 x,y 是约束变元;$P(x,z)$ 中的 z 是自由变元;$S(x,y)$ 中的 x,y 是自由变元。

将约束变元 x,y 换成 u,v:

$$(\forall u)(\exists v)(P(u,z) \rightarrow Q(v)) \leftrightarrow S(x,y)。$$

将自由变元 x,y 用 t,w 代入:

$$(\forall x)(\exists y)(P(x,z) \rightarrow Q(y)) \leftrightarrow S(t,w)。$$

另外,量词作用域中的约束变元,当个体域的元素有限时,个体变元的所有可能的取代是可以枚举的。

若个体域为 $\{a_1, a_2, \cdots, a_n\}$,则有下面二式成立。

(1) $(\forall x)A(x) \Leftrightarrow A(a_1) \wedge A(a_2) \wedge \cdots \wedge A(a_n)$。

(2) $(\exists x)A(x) \Leftrightarrow A(a_1) \vee A(a_2) \vee \cdots \vee A(a_n)$。

定义 5.2.5 没有自由变元的公式称为**闭式**。

例如,$(\forall x)(\exists y)(P(x) \rightarrow R(x,y)) \wedge (\exists x)(\forall y)Q(x,y)$ 是闭式。

在谓词公式中,自由变元虽然可以出现在量词的辖域中,但它不受相应量词中指导变元的约束,因而可把自由变元看作公式的参数。

在多个量词同时出现且它们之间无括号分隔时,后面的量词在前面量词的辖域之中,且不能随意颠倒它们的顺序。颠倒顺序后会改变原命题的含义。

例 5.2.13 $P(x)$:x 是学生;$Q(x)$:x 是坐在这个教室里的人(命题函数);a:张三;则

(1) $Q(x) \wedge P(x)$:x 是坐在这个教室里的学生。 (谓词公式)

(2) $Q(a) \wedge P(a)$:张三是坐在这个教室里的学生。 (命题)

(3) $(\exists x)(Q(x) \wedge P(x))$:有一些坐在这个教室里的人是学生。 (命题)

(4) $(\forall x)(Q(x) \rightarrow P(x))$:所有坐在这个教室里的人都是学生。 (命题)

一般来说,若 $P(x_1, x_2, \cdots, x_n)$ 是 n 元谓词,它有 n 个相互独立的自由变元,当对其中 k 个变元进行约束后,则 $P(x_1, x_2, \cdots, x_n)$ 成为一个含有 $n-k$ 个自由变元的命题函数。因此,谓词公式中如果没有自由变元出现,则该公式就成为一个命题。

例如,$(\forall x)(\exists y)H(x,y)$ 是一个命题。

5.2.4 谓词公式的解释

一个谓词公式一般含有个体变元、命题变元和谓词。只有当公式中的自由变元用某个体域中确定的个体代入,命题变元用确定的命题代入后,原公式才成为一个命题。对公式中的各种变元指定确定的常元代替,就构成了一个对该公式的指派(或解释)。

定义 5.2.6 谓词逻辑公式的一个解释 I,是由非空域 D 和对 G 中常项符号、函数符号、谓词符号以下列规则进行的一组指定组成。

(1) 对每一个常项符号指定 D 中一个元素。

(2) 对每一个 n 元函数符号,指定一个函数。

(3) 对每一个 n 元谓词符号,指定一个谓词。

显然,对任意公式 G,如果给定 G 的一个解释 I,则 G 在 I 的解释下有一个真值,记作 $T_I(G)$。

由于公式是由常量符号、变量符号、函数符号、谓词符号通过逻辑联结词和量词、括号连接起来的抽象符号串,所以,若不对常量符号、变量符号、函数符号、谓词符号给予具体的解释,则公式是没有实在意义的。因此,给公式以解释,就是将公式中的常量符号指为常量,函数符号指为函数,谓词符号指为谓词。

例 5.2.14 设有公式

$$(\exists x)(\forall y)(F(x,y) \rightarrow G(x,y)).$$

在给出的如下解释下,试判断该公式的真值。

(1) D:整数集合;

$F(x,y)$:$x+y=0$;

$G(x,y)$:$x>y$。

(2) D:整数集合;

$F(x,y)$:$xy=0$;

$G(x,y)$:$x=y$。

解 (1) 因为对任意的 $x,y \in D$,有 $x+y=0$ 为"假",所以,无论 $G(x,y)$ 为"真"或"假",都有 $F(x,y) \rightarrow G(x,y)$ 为"真"。因此,$(\exists x)(\forall y)(F(x,y) \rightarrow G(x,y))$ 为"真"。

(2) 因为对任意的 $x \neq 0$,当 $y=0$ 时,有 $F(x,y) \rightarrow G(x,y)$ 为"假",即有 $(\forall y)(F(x,y) \rightarrow G(x,y))$ 为"假"。

对 $x=0$,当 $y \neq 0$ 时,有 $F(x,y) \rightarrow G(x,y)$ 为"假",即有 $(\forall y)(F(x,y) \rightarrow G(x,y))$ 为"假"。

所以,对任意的 $x \in D$,都有 $(\forall y)(F(x,y) \rightarrow G(x,y))$ 为"假"。

即 $(\exists x)(\forall y)(F(x,y) \rightarrow G(x,y))$ 为"假"。

例 5.2.15 指出下面公式在解释 I 下的真值。

(1) $G=(\exists x)(P(f(x)) \wedge Q(x,f(a)))$。

(2) $H=(\forall x)(P(x) \wedge Q(x,a))$。

其中解释 I 为:

$D=\{2,3\}$;

$a : 2;$

$f(2):3;f(3):2;$

$P(2):0;P(3):1;$

$Q(2,2):1;Q(2,3):1;Q(3,2):0;Q(3,3):1。$

解   (1) $T_I(G)=T_I((P(f(2))\wedge Q(2,f(2)))\vee(P(f(3))\wedge Q(3,f(2))))$

$=T_I((P(3)\wedge Q(2,3))\vee(P(2)\wedge Q(3,3)))$

$=(1\wedge1)\vee(0\wedge1)$

$=1。$

(2) $T_I(H)=T_I(P(2)\wedge Q(2,2)\wedge P(3)\wedge Q(3,2))$

$=0\wedge1\wedge1\wedge0$

$=0。$

例 5.2.16   指出下面公式在解释 I 下的真值。

(1) $A=(\exists x)(P(f(x))\wedge Q(x,f(a)))。$

(2) $B=(\forall x)(P(x)\wedge Q(x,a))。$

其中解释 I 为:

$D=\{2,3\};$

$a:2;$

$f(2):3;f(3):2;$

$P(2):0;P(3):1;$

$Q(2,2):1;Q(2,3):1;Q(3,2):0;Q(3,3):1。$

解   (1) $A\Leftrightarrow(P(f(2))\wedge Q(2,f(2)))\vee(P(f(3))\wedge Q(3,f(2)))$

$\Leftrightarrow(P(3)\wedge Q(2,3))\vee(P(2)\wedge Q(3,3))$

$\Leftrightarrow(1\wedge1)\vee(0\wedge1)$

$\Leftrightarrow1。$

所以,公式在解释 I 下为真。

(2) $B\Leftrightarrow(P(2)\wedge Q(2,2))\wedge(P(3)\wedge Q(3,2))$

$\Leftrightarrow0\wedge1\wedge1\wedge0$

$\Leftrightarrow0。$

所以,公式在解释 I 下为假。

5.2.5 谓词公式的类型

定义 5.2.7   若存在解释 I,使得 G 在解释 I 下取值为真,则称公式 G 为**可满足的**,简称 I 满足 G。若不存在解释 I,使得 I 满足 G,则称公式 G 为**永假式**(或**矛盾式**)。若 G 的所有解释 I 都满足 G,则称公式 G 为**永真式**(或**重言式**)。

由于谓词公式的复杂性和解释的多样性,真值表方法已无法使用,目前还没有判断谓词公式类型的一种统一可行的方法,只能对一些特殊的谓词公式进行判断。

定义 5.2.8   设 A_0 是含命题变元 $p_1,p_2,\cdots,p_n$ 的命题公式,$A_1,A_2,\cdots,A_n$ 是 n 个

谓词公式,用 A_i 代换 $p_i (i=1,2,\cdots,n)$,所得公式 A 称为 A_0 的**代换实例**。

显然,有以下结论。

定理 5.2.1　(1) 命题公式中永真式的代换实例在谓词公式中仍为永真式(或逻辑有效式)。

(2) 命题公式中矛盾式的代换实例在谓词公式中仍为矛盾式。

例 5.2.17　讨论下面公式的类型。

(1) $(\forall x)G(x) \rightarrow (\exists x)G(x)$。

(2) $(\forall x)(\forall y)\neg F(x,y) \wedge (\exists x)(\exists y)F(x,y)$。

(3) $(\forall x)(F(x) \rightarrow G(x))$。

解　(1) 该公式在任何解释下的含义是:如果个体域中的每个元素都有性质 G,则个体域中的某些元素具有性质 G。$(\forall x)G(x)$ 为真时,$(\exists x)G(x)$ 也为真,所以,公式 $(\forall x)G(x) \rightarrow (\exists x)G(x)$ 为永真式。

(2) 该公式在任何解释下的含义是:个体域 D 中的每个 x,y 都不具备关系 F,但存在某些元素具有关系 F。这两个命题矛盾,所以,公式 $(\forall x)(\forall y)\neg F(x,y) \wedge (\exists x)(\exists y)F(x,y)$ 为永假式。

(3) 取解释 I:个体域为实数集合;$F(x)$:x 是整数;$G(x)$:x 是有理数。在解释 I 下公式 $(\forall x)(F(x) \rightarrow G(x))$ 为真,因而,公式不为矛盾式。

例 5.2.18　判断下列公式类型:

(1) $(\forall x)(\exists y)P(x,y) \wedge Q$,其中 x,y 的个体域为 R;$P(x,y)$:$x=y$;Q 是命题变元。

(2) $(P(x,y) \vee \neg P(x,y)) \wedge (Q \vee \neg Q)$。

(3) $(\forall x)(\forall y)(P(x,y) \wedge \neg P(x,y))$。

解　(1) $(\forall x)(\exists y)(x=y)$ 是真命题,当 $Q=1$ 时,该公式为真;当 $Q=0$ 时,该公式为假。因此,该公式是可满足公式。

(2) 因为 R 中任意取定的一组 x,y 均使 $(x=y) \vee (\neg(x=y))$ 是一真命题,而 $Q \vee \neg Q$ 是一重言式,所以,对于任一组指派,$P(x,y) \vee \neg P(x,y)$ 总为真,故该公式为永真公式。

(3) 因为 R 中任意取定的一组 x,y,公式 $P(x,y) \wedge \neg P(x,y)$ 总为假,所以,该公式为永假公式。

习题 5.2

(A)

1. 设 D:全总个体域,$F(x)$:x 是花,$M(x)$:x 是人,$H(x,y)$:x 喜欢 y。命题"有的人喜欢所有的花"的逻辑符号化为(　　)。

　　A. $(\forall x)(M(x) \rightarrow (\forall y)(F(y) \rightarrow H(x,y)))$

　　B. $(\forall x)(M(x)(\forall y)(F(y) \rightarrow H(x,y)))$

　　C. $(\exists x)(M(x) \rightarrow (\forall y)(F(y) \rightarrow H(x,y)))$

D. $(\exists x)(M(x)(\forall y)(F(y) \rightarrow H(x,y)))$

2. 设 $H(x)$：x 是人，$P(x)$：x 犯错误。"没有不犯错误的人"的逻辑符号化为（　　　）。

A. $(\exists x)(H(x) \rightarrow P(x))$　　　　　　B. $\neg((\exists x)(H(x) \neg P(x)))$

C. $\neg((\exists x)(H(x) \rightarrow \neg P(x)))$　　　D. $(\forall x)(H(x) \rightarrow P(x))$

3. 设个体域 $A=\{a,b\}$，则谓词公式 $(\forall x)(\exists y)R(x,y)$ 去掉量词后，可表示为（　　　）。

A. $R(a,a) \wedge R(a,b) \wedge R(b,a) \wedge R(b,b)$

B. $R(a,a) \vee R(a,b) \vee R(b,a) \vee R(b,b)$

C. $(R(a,a) \wedge R(a,b)) \vee (R(b,a) \wedge R(b,b))$

D. $(R(a,a) \vee R(a,b)) \wedge (R(b,a) \vee R(b,b))$

4. 谓词公式 $F(x,y) \rightarrow (G(x,y) \rightarrow F(x,y))$ 的真值（　　　）。

A. 与谓词变元有关，与论域无关　　　B. 与谓词变元无关，与论域有关

C. 与谓词变元和论域都有关　　　　　D. 与谓词变元和论域都无关

5. 设个体域 $D=\{2\}$，$P(x)$：$x>3$，$Q(x)$：$x=4$，则谓词公式 $(\exists x)(P(x) \rightarrow Q(x))$ 为（　　　）。

A. 永真式　　　　　B. 永假式　　　　　C. 可满足式　　　　　D. 无法判定

（B）

6. 设个体域 $D=\{a,b\}$，使谓词公式 $(\forall x)P(x)$ 的真值为 1 的谓词 P 满足（　　　）。

A. $P(a)=0, P(b)=0$　　　　　　B. $P(a)=0, P(b)=1$

C. $P(a)=1, P(b)=0$　　　　　　D. $P(a)=1, P(b)=0$

（C）

7. （参考国防科技大学 2018 年硕士研究生入学考试试题）已知前提：

(1) 任何能阅读者都识字；

(2) 海豚不识字；

(3) 有些海豚是有智力的。

结论：某些有智力者不能阅读。

请用如下谓词将上述推理进行符号化：

$P(x)$：x 识字。

$Q(x)$：x 有智力。

$R(x)$：x 能阅读。

$S(x)$：x 是海豚。

5.3　谓词公式的逻辑等值

5.3.1　谓词公式逻辑等值的定义

在谓词逻辑中，有些命题可以有不同的符号化形式。

定义 5.3.1　设 A，B 是命题逻辑中的任意两个公式,设它们有共同的个体域 E,若对任意的解释 I 都有 $T_I(A)=T_I(B)$,则称公式 A，B 在 E 上是**等价的**,记作 $A \Leftrightarrow B$。

在命题逻辑中,任意一个永真式,其中同一命题变元用同一命题公式代换,所得到的公式仍为永真式,把这个情况推广到谓词逻辑之中,命题逻辑中的永真公式所有相同的变元用谓词逻辑中的同一公式代替,所得到的谓词公式为永真式,所以,命题演算中的等价公式都可以推广到谓词逻辑中使用。例如,

(1) $(\forall x)G(x) \Leftrightarrow \neg \neg (\forall x)G(x)$；

(2) $(\forall x)(A(x) \rightarrow B(x)) \Leftrightarrow (\forall x)(\neg A(x) \vee B(x))$；

(3) $(\forall x) \neg (F(x) \vee G(x)) \Leftrightarrow (\forall x)(\neg F(x) \wedge \neg G(x))$；

(4) 设有命题 $\neg(P \wedge Q) \leftrightarrow (\neg P \vee \neg Q)$,若用 $(\forall x)P(x)$，$(\exists x)Q(x)$ 分别代替 P，Q,则命题可推广为 $\neg((\forall x)P(x) \wedge (\exists x)Q(x)) \leftrightarrow (\neg(\forall x)P(x) \vee \neg(\exists x)Q(x))$。

5.3.2　谓词公式基本的逻辑等值式

1. 量词转换

定理 5.3.1　设 $G(x)$ 是谓词公式,有关量词否定的两个等价公式如下。

(1) $\neg(\forall x)G(x) \Leftrightarrow (\exists x) \neg G(x)$。

(2) $\neg(\exists x)G(x) \Leftrightarrow (\forall x) \neg G(x)$。

量词转换律,当把量词前面的 $\neg$ 符号移到量词后面时,全称量词转换为存在量词,存在量词转换为全称量词。量词转换律对于有限个体域、无穷个体域均可被严格证明,此处仅就有限个体域情形给予证明。

证明　(1) 设个体域是有限的：$D = \{a_1, a_2, \cdots, a_n\}$,则有

$$\neg(\forall x)G(x) \Leftrightarrow \neg(G(a_1) \wedge G(a_2) \wedge \cdots \wedge G(a_n))$$
$$\Leftrightarrow \neg G(a_1) \vee \neg G(a_2) \vee \cdots \vee \neg G(a_n)$$
$$\Leftrightarrow (\exists x) \neg G(x)$$

例如,设 $G(x)$ 表示 x 来上课,"不是所有的人来上课",相当于"有一些人不来上课"。

(2) 设个体域是有限的：$D = \{a_1, a_2, \cdots, a_n\}$,则有

$$\neg(\exists x)G(x) \Leftrightarrow \neg(G(a_1) \vee G(a_2) \vee \cdots \vee G(a_n))$$
$$\Leftrightarrow \neg G(a_1) \wedge \neg G(a_2) \wedge \cdots \wedge \neg G(a_n)$$
$$\Leftrightarrow (\forall x) \neg G(x)。$$

例如,"不是有一些人来上课",相当于"所有人都不来上课"。

2. 量词辖域的收缩与扩张

定理 5.3.2　设 $G(x)$ 是任意的含自由变元个体变项 x 的公式,B 是不含 x 出现的公式,则有

(1) $(\forall x)(G(x) \vee B) \Leftrightarrow (\forall x)G(x) \vee B$。

(2) $(\forall x)(G(x) \wedge B) \Leftrightarrow (\forall x)G(x) \wedge B$。

(3) $(\forall x)(G(x) \rightarrow B) \Leftrightarrow (\exists x)G(x) \rightarrow B$。

(4) $(\forall x)(B \rightarrow G(x)) \Leftrightarrow B \rightarrow (\forall x)G(x)$。

(5) $(\exists x)(G(x) \vee B) \Leftrightarrow (\exists x)G(x) \vee B$。

(6) $(\exists x)(G(x) \wedge B) \Leftrightarrow (\exists x)G(x) \wedge B$。

(7) $(\exists x)(G(x) \rightarrow B) \Leftrightarrow (\forall x)G(x) \rightarrow B$。

(8) $(\exists x)(B \rightarrow G(x)) \Leftrightarrow B \rightarrow (\exists x)G(x)$。

证明 (1) 设 D 是个体域，I 为任意解释，即用确定的命题及确定的个体代替出现在 $(\forall x)(G(x) \vee B)$ 和 $(\forall x)G(x) \vee B$ 中的命题变元和个体变元，于是，得到两个命题。

若对 $(\forall x)(G(x) \vee B)$ 代替之后所得命题的真值为真，此时，必有 $G(x) \vee B$ 的真值为真；因而 $G(x)$ 真值为真，或 B 的真值为真。若 B 的真值为真，则 $(\forall x)G(x) \vee B$ 的真值为真；若 B 的真值为假，则必有对 D 中任意 x 都使得 $G(x)$ 的真值为真。所以，$(\forall x)(G(x) \vee B)$ 为真，从而 $(\forall x)G(x) \vee B$ 为真。

若对 $(\forall x)(G(x) \vee B)$ 代替之后所得命题的真值为假，则 $G(x)$ 和 B 的真值必为假，因此，$(\forall x)G(x) \vee B$ 的真值为假；所以，$(\forall x)(G(x) \vee B)$ 为假，有 $(\forall x)G(x) \vee B$ 为假。

(2)、(5) 和 (6) 的证明与 (1) 类似，证明过程略。

(3)
$$(\forall x)(G(x) \rightarrow B) \Leftrightarrow (\forall x)(\neg G(x) \vee B)$$
$$\Leftrightarrow (\forall x)\neg G(x) \vee B$$
$$\Leftrightarrow \neg(\exists x)G(x) \vee B$$
$$\Leftrightarrow (\exists x)G(x) \rightarrow B$$

(4)、(7)、(8) 的证明与 (3) 类似，证明过程略。

3. 量词分配律

定理 5.3.3 设 $G(x)$、$H(x)$ 是任意包含约束变元个体变元 x 的公式，则有：

(1) $(\forall x)(G(x) \wedge H(x)) \Leftrightarrow (\forall x)G(x) \wedge (\forall x)H(x)$。

(2) $(\exists x)(G(x) \vee H(x)) \Leftrightarrow (\exists x)G(x) \vee (\exists x)H(x)$。

即 $\forall x$ 对 $\wedge$ 可分配，$\exists x$ 对 $\vee$ 可分配，但 $\forall x$ 对 $\vee$ 不可分配，$\exists x$ 对 $\wedge$ 不可分配。

证明 (1) 设 D 是任一个体域，若 $(\forall x)(G(x) \wedge H(x))$ 的真值为真，则对任意 $a \in D$，有 $G(a)$ 和 $H(a)$ 同时为真，即 $(\forall x)G(x)$ 为真、$(\forall x)H(x)$ 为真，从而，$(\forall x)G(x) \wedge (\forall x)H(x)$ 为真。

若 $(\forall x)(G(x) \wedge H(x))$ 的真值为假，则存在任意 $a \in D$，有 $G(a)$ 和 $H(a)$ 不能同时为真，即 $(\forall x)G(x)$ 和 $(\forall x)H(x)$ 的真值不能同时为真，从而，$(\forall x)G(x) \wedge (\forall x)H(x)$ 的真值为假。

综上所述，$(\forall x)(G(x) \wedge H(x)) \Leftrightarrow (\forall x)G(x) \wedge (\forall x)H(x)$。

注意 $(\forall x)G(x)$ 真值规定：

① $(\forall x)G(x)$ 取 1 值，当且仅当对任意 $x \in D$，$G(x)$ 都取 1；

② $(\forall x)G(x)$ 取 0 值，当且仅当有一个 $x_0 \in D$ 使得 $G(x_0)$ 取 0 值。

(2) 设 D 是任一个体域,若 $(\exists x)(G(x) \vee H(x))$ 的真值为真,则存在 $a \in D$,使得 $G(a) \vee H(a)$ 为真,即 $G(a)$ 为真或 $H(a)$ 为真,即 $(\exists x)G(x)$ 为真或 $(\exists x)H(x)$ 为真,从而,$(\exists x)G(x) \vee (\exists x)H(x)$ 为真。

若 $(\exists x)(G(x) \vee H(x))$ 的真值为假,则存在任意 $a \in D$,使得 $G(a) \vee H(a)$ 为假,此时,$G(a)$ 为假,$H(a)$ 为假,从而 $(\exists x)G(x) \vee (\exists x)H(x)$ 的真值为假。

综上所述,$(\exists x)(G(x) \vee H(x)) \Leftrightarrow (\exists x)G(x) \vee (\exists x)H(x)$。

注意 $(\exists x)G(x)$ 真值规定:

① $(\exists x)G(x)$ 取 1 值,当且仅当有一个 $x_1 \in D$ 使得 $G(x_1)$ 取 1 值;

② $(\exists x)G(x)$ 取 0 值,当且仅当对于所有 $x \in D$ 使得 $G(x)$ 都取 0 值。

4. 双重量词

定理 5.3.4 设 $A(x, y)$ 是含个体变元 x 和 y 的谓词公式,则下列等价式成立:

(1) $(\forall x)(\forall y)A(x, y) \Leftrightarrow (\forall y)(\forall x)A(x, y)$;

(2) $(\exists x)(\exists y)A(x, y) \Leftrightarrow (\exists y)(\exists x)A(x, y)$。

下面通过例子来说明定理 5.3.4 也是成立的。

例如,设 $A(x, y)$ 表示 x 和 y 同姓,个体域 x 是甲村的人,个体域 y 是乙村的人,则

$(\forall x)(\forall y)A(x, y)$:甲村与乙村所有的人都同姓。

$(\forall y)(\forall x)A(x, y)$:乙村与甲村所有的人都同姓。

显然,上述两个句子的含义是相同的,故 $(\forall x)(\forall y)A(x, y) \Leftrightarrow (\forall y)(\forall x)A(x, y)$。

同理,

$(\exists x)(\exists y)A(x, y)$:甲村与乙村有人同姓。

$(\exists y)(\exists x)A(x, y)$:乙村与甲村有人同姓。

这两个句子的含义也是相同的,故 $(\exists x)(\exists y)A(x, y) \Leftrightarrow (\exists y)(\exists x)A(x, y)$。

例 5.3.1 试证明 $\exists x(A(x) \rightarrow B(x)) \Leftrightarrow \forall x A(x) \rightarrow \exists x B(x)$。

证明 $(\exists x)(A(x) \rightarrow B(x)) \Leftrightarrow (\exists x)(\neg A(x) \vee B(x))$
$$\Leftrightarrow (\exists x)\neg A(x) \vee (\exists x)B(x)$$
$$\Leftrightarrow \neg(\forall x)A(x) \vee (\exists x)B(x)$$
$$\Leftrightarrow (\forall x)A(x) \rightarrow (\exists x)B(x)。$$

例 5.3.2 证明下列各等价式:

(1) $\neg(\exists x)(F(x) \wedge G(x)) \Leftrightarrow (\forall x)(F(x) \rightarrow \neg G(x))$;

(2) $\neg(\forall x)(F(x) \rightarrow G(x)) \Leftrightarrow (\exists x)(F(x) \wedge \neg G(x))$。

证明 (1) $\neg(\exists x)(F(x) \wedge G(x)) \Leftrightarrow (\forall x)\neg(F(x) \wedge G(x))$
$$\Leftrightarrow (\forall x)(\neg F(x) \vee \neg G(x))$$
$$\Leftrightarrow (\forall x)(F(x) \rightarrow \neg G(x))。$$

(2) $\neg(\forall x)(F(x) \rightarrow G(x)) \Leftrightarrow (\exists x)\neg(F(x) \rightarrow G(x))$
$$\Leftrightarrow (\exists x)\neg(\neg F(x) \vee G(x))$$
$$\Leftrightarrow (\exists x)(F(x) \wedge \neg G(x))。$$

习题 5.3

（A）

1. 设 P 是不含自由变元 x 的谓词,则下列表达式错误的有（　　）。
  A. $(\forall x)(A(x) \rightarrow P) \Leftrightarrow (\exists x)A(x) \rightarrow P$
  B. $(\forall x)(A(x) \rightarrow B(x)) \Leftrightarrow (\exists x)A(x) \rightarrow (\forall x)B(x)$
  C. $(\exists x)(A(x) \rightarrow P) \Leftrightarrow (\forall x)A(x) \rightarrow P$
  D. $(\exists x)(A(x) \rightarrow B(x)) \Leftrightarrow (\forall x)A(x) \rightarrow (\exists x)A(x)$

2. 设 P 是不含自由变元 x 的谓词,则下列表达式错误的有（　　）。
  A. $(\forall x)(P \rightarrow B(x)) \Leftrightarrow P \rightarrow (\forall x)B(x)$
  B. $(\forall x)(A(x) \rightarrow B(x)) \Leftrightarrow (\exists x)A(x) \rightarrow (\forall x)B(x)$
  C. $(\exists x)(P \rightarrow B(x)) \Leftrightarrow P \rightarrow (\exists x)B(x)$
  D. $(\exists x)(A(x) \rightarrow B(x)) \Leftrightarrow (\forall x)A(x) \rightarrow (\exists x)A(x)$

3. 谓词公式 $(\exists x)(A(x) \rightarrow B(x)) \Leftrightarrow (\forall x)A(x) \rightarrow (\exists x)B(x)$ 为真吗？为什么？

4. 下列等价关系正确的是（　　）。
  A. $(\forall x)(P(x) \vee Q(x)) \Leftrightarrow (\forall x)P(x) \vee (\forall x)Q(x)$
  B. $(\exists x)(P(x) \vee Q(x)) \Leftrightarrow (\exists x)P(x) \vee (\exists x)Q(x)$
  C. $(\forall x)(P(x) \rightarrow Q) \Leftrightarrow (\forall x)P(x) \rightarrow Q$
  D. $(\exists x)(P(x) \rightarrow Q) \Leftrightarrow (\exists x)P(x) \rightarrow Q$

5. 求证：$(\forall x)(\forall y)(A(x) \rightarrow B(y)) \Leftrightarrow (\exists x)A(x) \rightarrow (\forall y)A(y)$。

（B）

6. 判断 $(\neg(\exists x)A(x) \wedge (\forall x)B(x)) \leftrightarrow (\forall x)(\neg A(x) \wedge B(x))$ 是否永真式,并证明。

（C）

7. (参考河南科技大学 2015 年硕士研究生入学考试试题)若解释 I 的个体域 D 仅包含一个元素,则 $(\exists x)P(x) \rightarrow (\forall x)P(x)$ 在解释 I 下真值为（　　）。

5.4 谓词公式的前束范式

讨论谓词公式的标准形式是很有意义的。本书仅讨论谓词公式的前束范式(prenex normal form)。

5.4.1 谓词公式前束范式的定义

定义 5.4.1　设 A 是谓词公式,如 A 具有形式 $(Q_1 x_1)(Q_2 x_2) \cdots (Q_k x_k)B$,其中 Q_i 为 $\forall$ 或 $\exists$,B 为不含量词的公式,则称 A 为**前束范式**。

例如,$(\forall x)(A(x) \rightarrow B(x))$ 为前束范式,而 $(\exists x)A(x) \rightarrow (\forall x)B(x)$ 不是前束范式。

直观地理解,谓词公式的前束范式是将所有量词放在最前面,去作用整个 B。

定义 5.4.2　设 A 是具有形式为 $(Q_1 x_1)(Q_2 x_2)\cdots(Q_k x_k)B$ 的前束范式,若 B 为合取范式,则称 A 为**前束合取范式**,若 B 为析取范式,则称 A 为**前束析取范式**。

定理 5.4.1　任何谓词公式的前束范式都存在。

5.4.2　谓词公式前束范式的计算

前束范式的计算步骤

(1) 消去联结词 $\rightarrow$ 和 $\leftrightarrow$,将逻辑联结词归约到只含 $\neg$,$\wedge$,$\vee$ 的谓词公式。

因为在要求记住的谓词逻辑等值式中,没有出现除 $\neg$,$\wedge$,$\vee$ 外的其他联结词。

(2) 消去 $\neg\neg$。

(3) 将 $\neg$ 移至量词之后,使用以下两个等值式将否定联结词往里面移:

① $\neg(\forall x)A(x) \Leftrightarrow (\exists x)\neg A(x)$;

② $\neg(\exists x)A(x) \Leftrightarrow (\forall x)\neg A(x)$。

(4) 使用等值式代入规则将所有量词移到最前面,使用换名规则,使公式中所有变元用不同的符号表示。

例 5.4.1　求 $(\forall x)A(x) \wedge (\forall x)B(x)$ 的前束范式。

解　$(\forall x)A(x) \wedge (\forall x)B(x) \Leftrightarrow (\forall x)(A(x) \wedge B(x))$。

例 5.4.2　求 $(\forall x)A(x) \rightarrow (\exists x)B(x)$ 的前束范式。

解　$(\forall x)A(x) \rightarrow (\exists x)B(x) \Leftrightarrow \neg(\forall x)A(x) \vee (\exists x)B(x)$
$$\Leftrightarrow (\exists x)\neg A(x) \vee (\exists x)B(x)$$
$$\Leftrightarrow (\exists x)(\neg A(x) \vee B(x))。$$

例 5.4.3　求 $(\exists x)A(x) \wedge (\exists x)B(x)$ 的前束范式。

解　$(\exists x)A(x) \wedge (\exists x)B(x) \Leftrightarrow (\exists x)A(x) \wedge (\exists y)B(y)$
$$\Leftrightarrow (\exists x)(A(x) \wedge (\exists y)B(y))$$
$$\Leftrightarrow (\exists x)(\exists y)(A(x) \wedge B(y))。$$

采用改名的技巧总可以利用等值式得出前束范式,但要求前束范式中的量词要尽可能地少。

例 5.4.4　求 $(\exists x)F(y,x) \rightarrow (\forall y)G(y)$ 的前束范式。

解　$(\exists x)F(y,x) \rightarrow (\forall y)G(y) \Leftrightarrow \neg(\exists x)F(y,x) \vee (\forall y)G(y)$
$$\Leftrightarrow (\forall x)\neg F(y,x) \vee (\forall y)G(y)$$
$$\Leftrightarrow (\forall x)(\neg F(t,x) \vee (\forall y)G(y))$$
$$\Leftrightarrow (\forall x)(\forall y)(\neg F(t,x) \vee G(y))。$$

在进行等值演算时,由于量词前移的顺序不同,因而可得到不同的前束范式。因此,给定公式的前束范式是不唯一的。例如,$(\forall x)(\exists y)(F(x)\wedge G(y))$ 和 $(\exists y)(\forall x)(F(x)\wedge G(y))$ 都是 $(\forall x)F(x)\wedge(\exists x)G(x)$ 的前束范式。

另外还要注意,一个公式的各指导变元应是各不相同的,原公式中自由出现的个体变元在前束范式中仍然是自由出现的。

习题 5.4

(A)

1. 下列谓词公式中是前束范式的是( )。

    A. $(\forall x)F(x)\wedge\neg(\exists x)G(x)$

    B. $(\forall x)F(x)\vee(\forall y)G(y)$

    C. $(\forall x)(P(x)\rightarrow(\exists y)Q(x,y))$

    D. $(\forall x)(\exists y)(P(x)\rightarrow Q(x,y))$

2. 判断下列谓词公式是否为前束范式。

(1) $A\rightarrow(\exists x)B(x)$。

(2) $(\forall x)A(x)\rightarrow B$。

(3) $(\forall y)(A(y)\rightarrow(\exists x)B(x))$。

(4) $A(x)\rightarrow B$。

3. 将 $(\exists x)(\neg((\exists y)P(x,y)\rightarrow((\exists z)Q(z)\rightarrow R(x))))$ 化为与其等价的前束范式。

4. 求谓词公式 $(\exists x)A(x)\rightarrow(B(y)\rightarrow\neg((\exists y)C(y)\rightarrow(\forall x)D(x)))$ 的前束范式。

5. 求谓词公式 $(\neg(\exists x)A(x)\vee(\forall y)B(y))\wedge(A(x)\rightarrow(\forall z)(C(z)))$ 的前束范式。

(B)

6. 求等价于下面公式的前束合取范与前束析取范式。

(1) $(\exists x)P(x)\vee(\exists x)Q(x)\rightarrow(\exists x)(P(x)\vee Q(x))$。

(2) $(\forall x)(P(x)\rightarrow Q(x,y))\rightarrow((\exists y)P(y)\wedge(\exists z)Q(y,z))$。

(C)

7. (参考河南科技大学 2015 年硕士研究生入学考试试题)谓词公式 $(\forall x)F(x)\wedge\neg((\exists x)G(x))$ 的前束范式为( )。

5.5 谓词公式的逻辑蕴涵

定义 5.5.1 设 A,B 是谓词逻辑中的任意两个公式,若 $A\rightarrow B$ 是永真式,则称公式 A **蕴涵公式 B**,记作 $A\Rightarrow B$。

定理 5.5.1 下列蕴涵式成立。

(1) $(\forall x)A(x) \lor (\forall x)B(x) \Rightarrow (\forall x)(A(x) \lor B(x))$。

(2) $(\exists x)(A(x) \land B(x)) \Rightarrow (\exists x)A(x) \land (\exists x)B(x)$。

(3) $(\forall x)(A(x) \to B(x)) \Rightarrow (\forall x)A(x) \to (\forall x)B(x)$。

(4) $(\forall x)(A(x) \to B(x)) \Rightarrow (\exists x)A(x) \to (\exists x)B(x)$。

(5) $(\exists x)A(x) \to (\forall x)B(x) \Rightarrow (\forall x)(A(x) \to B(x))$。

证明　(1) 设 $(\forall x)A(x) \lor (\forall x)B(x)$ 在任意解释下的真值为真,即对个体域中的每一个 x,都能使 $A(x)$ 的真值为真,或者对个体域中的每一个 x 都能使 $B(x)$ 的真值为真。无论哪种情况,对于个体域中的每一个 x,都能使 $A(x) \lor B(x)$ 的真值为真。因此,蕴涵式 $(\forall x)A(x) \lor (\forall x)B(x) \Rightarrow (\forall x)(A(x) \lor B(x))$ 成立。

(2) 设个体域为 D,在解释 I 下,$(\exists x)(A(x) \land B(x))$ 的真值为真,即存在 $a \in D$,使得 $A(a) \land B(a)$ 为真,从而 $A(a)$ 为真,$B(a)$ 为真,故有 $(\exists x)A(x)$,$(\exists x)B(x)$ 均为真,所以,蕴涵式 $(\exists x)(A(x) \land B(x)) \Rightarrow (\exists x)A(x) \land (\exists x)B(x)$ 成立。

(3) 设个体域为 D,在解释 I 下,$(\forall x)A(x) \to (\forall x)B(x)$ 的真值为假,即存在 $a \in D$,使得 $A(a) \to B(a)$ 为假,所以,蕴涵式 $(\forall x)(A(x) \to B(x)) \Rightarrow (\forall x)A(x) \to (\forall x)B(x)$ 成立。

(4)
$$(\forall x)(A(x) \to B(x)) \to ((\exists x)A(x) \to (\exists x)B(x))$$
$$\Leftrightarrow \neg(\forall x)(A(x) \to B(x)) \lor ((\exists x)A(x) \to (\exists x)B(x))$$
$$\Leftrightarrow \neg(\forall x)(A(x) \to B(x)) \lor (\neg(\exists x)A(x) \lor (\exists x)B(x))$$
$$\Leftrightarrow \neg(\forall x)(A(x) \to B(x)) \lor \neg(\exists x)A(x) \lor (\exists x)B(x)$$
$$\Leftrightarrow \neg((\forall x)(A(x) \to B(x)) \land (\exists x)A(x)) \lor (\exists x)B(x)$$
$$\Leftrightarrow ((\forall x)(A(x) \to B(x)) \land ((\exists x)A(x))) \to (\exists x)B(x)$$
$$\Leftrightarrow (\forall x)(A(x) \to B(x)) \Rightarrow (\exists x)A(x) \to (\exists x)B(x)。$$

(5)
$$(\exists x)A(x) \to (\forall x)B(x) \Leftrightarrow \neg(\exists x)A(x) \lor (\forall x)B(x)$$
$$\Leftrightarrow (\forall x)\neg A(x) \lor (\forall x)B(x)$$
$$\Rightarrow (\forall x)(\neg A(x) \lor B(x))$$
$$\Leftrightarrow (\forall x)(A(x) \to B(x))。$$

例 5.5.1　用全称量词将下列命题符号化:没有人长着绿色头发。

解　令 $M(x)$:x 是人;$G(x)$:x 长着绿头发。
$$\neg(\exists x)(M(x) \land G(x)) \Leftrightarrow (\forall x)(\neg(M(x) \land G(x))) \qquad (量词转换律)$$
$$\Leftrightarrow (\forall x)(\neg M(x) \lor \neg G(x))。$$

例 5.5.2　试证明:$(\forall x)(A(x) \to B(x)) \Rightarrow ((\forall x)A(x) \to (\forall x)B(x))$。

证明　$(\forall x)(A(x) \to B(x)) \to ((\forall x)A(x) \to (\forall x)B(x))$
$$\Leftrightarrow \neg(\forall x)(\neg A(x) \lor B(x)) \lor (\neg(\forall x)A(x) \lor (\forall x)B(x))$$

$$\qquad\qquad\qquad\qquad\qquad\qquad\qquad (蕴涵等值式)$$

$$\Leftrightarrow (\exists x)\neg(\neg A(x) \lor B(x)) \lor ((\exists x)(\neg A(x)) \lor (\forall x)B(x))$$

　　　　　　　　　　　　　　　　　　　　　　　（量词转换律）

$\Leftrightarrow (\exists x)(A(x) \wedge (\neg B(x))) \vee (\exists x)(\neg A(x)) \vee (\forall x)B(x)$

　　　　　　　　　　　　　　　　　　　　　（德·摩根律、结合律）

$\Leftrightarrow (\exists x)((A(x) \wedge (\neg B(x))) \vee (\neg A(x))) \vee (\forall x)B(x)$

　　　　　　　　　　　　　　　　　　　　　　　（量词分配律）

$\Leftrightarrow (\exists x)((A(x) \vee \neg A(x)) \wedge (\neg B(x) \vee \neg A(x))) \vee (\forall x)B(x)$　（分配律）

$\Leftrightarrow (\exists x)(\neg B(x) \vee \neg A(x)) \vee (\forall x)B(x)$　　　　　　（排中律、零一律）

$\Leftrightarrow (\exists x)(\neg B(x)) \vee (\exists x)(\neg A(x)) \vee (\forall x)B(x)$　　　（量词分配律）

$\Leftrightarrow (\neg (\forall x)B(x) \vee (\forall x)B(x)) \vee (\exists x)(\neg A(x))$　（量词转换律、结合律）

$\Leftrightarrow 1 \vee (\exists x)(\neg A(x))$　　　　　　　　　　　　　　（排中律）

$\Leftrightarrow 1$。　　　　　　　　　　　　　　　　　　　　　　（零一律）

　　例 5.5.3　试证明 $(\forall x)(A(x) \to B(x)) \Rightarrow ((\exists x)A(x) \to (\exists x)B(x))$

　　证明　假设结论 $(\exists x)A(x) \to (\exists x)B(x)$ 为假。则 $(\exists x)A(x)$ 为真，$(\exists x)B(x)$ 为假；即在 x 的个体域存在 x_0，使得 $A(x_0)$ 为真，$B(x_0)$ 为假，即 $A(x_0) \to B(x_0)$ 为假。因此，$(\forall x)(A(x) \to B(x))$ 为假。

　　定理 5.5.2　设 $A(x,y)$ 都是含个体变元 x 和 y 的谓词公式，则下列蕴涵式成立：

　　(1) $(\forall x)(\forall y)A(x,y) \Rightarrow (\forall x)A(x,x)$。

　　(2) $(\exists x)A(x,x) \Rightarrow (\exists x)(\exists y)A(x,y)$。

　　(3) $(\forall x)(\forall y)A(x,y) \Rightarrow (\exists y)(\forall x)A(x,y)$。

　　(4) $(\exists x)(\forall y)A(x,y) \Rightarrow (\forall y)(\exists x)A(x,y)$。

　　(5) $(\forall x)(\exists y)A(x,y) \Rightarrow (\exists y)(\forall x)A(x,y)$。

　　证明　仅证(1)。

　　设 I 为任意解释。如果 $(\forall x)A(x,x)$ 在 I 下为假，则存在一个个体 a 使得 $A(a,a)$ 为假，于是 $(\forall y)A(a,y)$ 为假，从而 $(\forall x)(\forall y)A(x,y)$ 为假，因此 $(\forall x)(\forall y)A(x,y) \Rightarrow \forall x A(x,x)$。

　　需要说明的是：定理 5.5.2 的逆不一定成立。下面举例对(5)进行说明。

　　例如，设 $A(x,y)$ 表示 x 和 y 同姓，个体域 x 是甲村的人，个体域 y 是乙村的人，则 $(\forall x)(\exists y)A(x,y)$ 表示对于甲村的所有人，乙村都有人与他同姓。$(\exists y)(\exists x)A(x,y)$ 表示乙村与甲村有人同姓。

　　显然，$(\forall x)(\exists y)A(x,y) \Rightarrow (\exists y)(\exists x)A(x,y)$ 成立，而其逆不成立。

　　例 5.5.4　下列断言是否为真，为什么？

　　(1) $(\forall x)P(x) \to (\forall x)Q(x) \Rightarrow (\forall x)(P(x) \to Q(x))$。

　　(2) $(\forall x)(P(x) \to Q(x)) \Rightarrow (\exists x)P(x) \to (\forall x)Q(x)$。

　　解　(1)和(2)均为假。

　　(1) 设个体域为 $\{1,2\}$，令 $P(x): x=1, Q(x): x=2$，则

$(\forall x)P(x)\rightarrow(\forall x)Q(x)\Leftrightarrow(P(1)\wedge P(2))\rightarrow(Q(1)\wedge Q(2))\Leftrightarrow1,$

$(\forall x)(P(x)\rightarrow Q(x))\Leftrightarrow(P(1)\rightarrow Q(1))\wedge(P(2)\rightarrow Q(2))\Leftrightarrow0。$

所以,该断言为假。

(2) 设个体域为$\{1,2\}$,令 $P(x): x=2,Q(x): x=2$,则

$(\forall x)(P(x)\rightarrow Q(x))\Leftrightarrow(P(1)\rightarrow Q(1))\wedge(P(2)\rightarrow Q(2))\Leftrightarrow1,$

$(\exists x)P(x)\rightarrow(\forall x)Q(x)\Leftrightarrow(P(1)\vee P(2))\rightarrow(Q(1)\wedge Q(2))\Leftrightarrow0。$

所以,该断言为假。

定义 5.5.2　设谓词公式 G 不包含联结词$\rightarrow,\leftrightarrow$。把 G 中出现的联结词$\wedge,\vee$互换;命题常量 1,0 互换;量词$\forall,\exists$互换之后得到的公式称为 G 的**对偶公式**,记作 G^*。

定理 5.5.3　(**对偶定理**)设 A,B 是任意两个公式并且不包含联结词$\rightarrow,\leftrightarrow$。若 $A\Leftrightarrow B$,则 $A^*\Leftrightarrow B^*$。

习题 5.5

(A)

1. 下列公式中,为永真蕴涵式的是(　　)。

    A. $\neg Q\Rightarrow Q\rightarrow P$　　　　　　　　B. $\neg Q\Rightarrow P\rightarrow Q$

    C. $P\Rightarrow P\rightarrow Q$　　　　　　　　　D. $\neg P(P\vee Q)\Rightarrow\neg P$

2. 下列表达式错误的有(　　)。

    A. $(\forall x)(A(x)\rightarrow B(x))\Rightarrow(\exists x)A(x)\rightarrow(\forall x)B(x)$

    B. $(\exists x)A(x)\rightarrow(\forall x)B(x)\Rightarrow(\forall x)(A(x)\rightarrow B(x))$

    C. $(\exists x)(A(x)\rightarrow B(x))\Rightarrow(\forall x)A(x)\rightarrow(\exists x)A(x)$

    D. $(\exists x)(A(x)\rightarrow B(x))\Rightarrow(\forall x)A(x)\rightarrow(\exists x)A(x)$

3. 下列表达式错误的有(　　)。

    A. $(\exists x)(A(x)\wedge B(x))\Rightarrow(\exists x)A(x)\wedge(\exists x)B(x)$

    B. $(\exists x)A(x)\wedge(\exists x)B(x)\Rightarrow(\exists x)(A(x)\wedge B(x))$

    C. $(\exists x)(A(x)\vee B(x))\Rightarrow(\exists x)A(x)\vee(\exists x)B(x)$

    D. $(\exists x)A(x)\vee(\exists x)B(x)\Rightarrow(\exists x)(A(x)\vee B(x))$

4. 下面蕴涵关系成立的是(　　)。

    A. $(\forall x)P(x)\wedge(\forall x)Q(x)\Rightarrow(\forall x)(P(x)\vee Q(x))$

    B. $(\exists x)P(x)\rightarrow(\forall x)Q(x)\Rightarrow(\forall x)(P(x)\rightarrow Q(x))$

    C. $(\forall x)P(x)\rightarrow(\forall x)Q(x)\Rightarrow(\forall x)(P(x)\rightarrow Q(x))$

    D. $(\exists x)(\forall y)A(x,y)\Rightarrow(\forall y)(\exists x)A(x,y)$

5. 设个体域 $D=\{a,b,c\}$,试求证: $(\forall x)A(x)\vee(\forall x)B(x)\Rightarrow(\forall x)(A(x)\vee B(x))$。

（B）

6. 判断下列谓词公式是否为永真公式,如不是请举反例。

(1) $(\exists x)(A(x)\to(\forall x)B(x))\leftrightarrow((\forall x)A(x)\to(\forall x)B(x))$。

(2) $(\exists x)(\forall y)(B(x,y)\to A(x))\to((\exists x)(\forall y)B(x,y)\to(\exists x)A(x))$。

（C）

7. (参考国防科技大学研究生院 2001 年硕士生入学考试试题)设 P 为一元谓词,试判断合式公式 $(\exists y)(\forall x)(P(x)\vee P(y)\to P(x)\wedge P(y))$ 是否为永真式,并说明理由。

5.6　谓词逻辑的推理

5.6.1　谓词逻辑中的逻辑蕴涵式

逻辑蕴涵式 $H_1,H_2,\cdots,H_n\Rightarrow C$ 的充要条件是 $H_1\wedge H_2\wedge\cdots\wedge H_n\to C$ 为永真式。

首先,根据命题逻辑中的逻辑蕴涵式可以产生谓词逻辑的逻辑蕴涵式。

如在命题逻辑中有 $P\to Q,P\Rightarrow Q$,则 $(P\to Q)\wedge P\to Q$ 永真,对于谓词公式 A 和 B,$(A\to B)\wedge A\to B$ 永真,从而有 $A\to B,A\Rightarrow B$。

其次,可以得出与量词有关的一些逻辑蕴涵式。

例 5.6.1　试证明 $(\exists x)(\forall y)A(x,y)\Rightarrow(\forall y)(\exists x)A(x,y)$。

证明　任意给定个体域 D 上的解释 I,假定在解释 I 下 $(\exists x)(\forall y)A(x,y)$ 取 1,则存在 $d_0\in D$,对于任意 $d\in D$,有 $A(d_0,d)$ 为 1,所以 $(\forall y)(\exists x)A(x,y)$ 为 1。因此,$(\exists x)(\forall y)A(x,y)\to(\forall y)(\exists x)A(x,y)$ 永真。

5.6.2　谓词逻辑的推理规则

命题逻辑中的基本推理规则可以很方便地推广到谓词逻辑。谓词逻辑中有两个非常重要且与量词有关的逻辑蕴涵式。

定理 5.6.1　下列逻辑蕴涵式成立。

(1) $(\forall x)A(x)\vee(\forall x)B(x)\Rightarrow(\forall x)(A(x)\vee B(x))$。

(2) $(\exists x)(A(x)\wedge B(x))\Rightarrow(\exists x)A(x)\wedge(\exists x)B(x)$。

要进行等价演算,除了应用以上重要的等值式外,还要记住下面 3 条规则。

(1) 置换规则。

设 $\varphi(A)$ 是含公式 A 的公式,$\varphi(B)$ 是用公式 B 代替 $\varphi(A)$ 中所有的 A 之后得到的公式,若 $A\Leftrightarrow B$,则 $\varphi(A)\Leftrightarrow\varphi(B)$。

(2) 换名规则。

设 A 为任意一个公式,将 A 中某量词辖域中约束变元的个体变元的所有出现及相应的指导变元改成该量词辖域中未曾出现过的某个个体变元符号,公式中其余部分不变,所得公式与原公式等值。

（3）代入规则。

设 A 为任一公式，将 A 中某个自由变元的个体变元的所有出现用 A 中未曾出现过的某个个体变元符号代替，公式中其余部分不变，所得公式与原公式等值。

5.6.3　谓词逻辑的自然推理系统

谓词演算的推理形式仍然为 $A_1,A_2,\cdots,A_k,B$，其中 $A_1,A_2,\cdots,A_k$ 和 B 为谓词公式。但谓词演算的推理较命题逻辑的推理复杂得多。命题逻辑中的所有推理规则和推理定律在谓词演算中都适用，另外谓词演算还有特有的推理规则。

谓词逻辑的自然推理系统是命题逻辑的自然推理系统的一种推广。初始符号增加了函词、谓词、量词；谓词公式的形成规则参见谓词公式的定义；没有公理；基本推理规则增加两个逻辑蕴涵式，以及下述 4 个与量词有关的基本推理规则。

1. 全称量词消去规则（Universal quantifier Specification，US）

（1）$(\forall x)A(x)\Rightarrow A(y)$；

（2）$(\forall x)A(x)\Rightarrow A(c)$。（其中 c 为个体域中任意个体）

在推理过程中，以上两种形式可根据需要选用。两式成立的条件是：

（1）x 为 $A(x)$ 中自由出现的个体变元；

（2）y 为任意的不在 $A(x)$ 中约束出现的个体变元；

（3）c 为任意的个体常元。

在使用中，如果不注意条件是会犯错误的。例如，在实数集上取 $F(x,y)$ 为 $x>y$，则公式 $(\forall x)(\exists y)F(x,y)$ 为真命题。若 $A(x)$ 表示 $(\exists y)F(x,y)$，则满足 x 在 $A(x)$ 中是自由出现的，而 y 在 $A(x)$ 中是约束出现的。若 y 取代 x，得 $(\forall x)(\exists y)F(x,y)\Rightarrow(\exists y)F(y,y)$，即有"存在 $y,y>y$"，这是假命题。出错的原因是违背了条件（2）。

2. 全称量词产生规则（Universal quantifier Generalization，UG）

$A(c)$（其中 c 为个体域中任意个体）$\Rightarrow \forall x A(x)$。

上式成立的条件是：

（1）y 是 $A(y)$ 中自由出现的个体变元，且 y 取任何值 A 均为真；

（2）取代 y 的 x 不能在 $A(y)$ 中约束出现。

在实数集上取 $F(x,y)$ 为 $x>y$，若 $A(y)$ 表示 $(\exists x)F(x,y)$，则对任意的 y，$A(y)$ 均为真命题。若 x 取代 y，得 $(\forall x)(\exists x)(x>x)$，这是假命题。出错的原因是违背了条件（2）。

3. 存在量词消去规则（Existential quantifier Specification，ES）

$(\exists x)A(x)\Rightarrow A(c)$，其中 c 为个体域中某个体。

注意   由$(\exists x)A(x)$推出$A(c)$,要确保c与其他自由变元无关。

上式成立的条件是:

(1)c是使A为真的特定的个体常元;

(2)c不曾在$A(x)$中出现过;

(3)$A(x)$中除x外还有其他自由出现的个体变元时,不能用此规则。

在实数集上取$F(x,y)$为$x>y$,若$A(x)$表示$F(x,2)$,则$(\exists x)A(x)$为真命题,2已在$A(x)$中出现过。若2取代x,得$2>2$,这是假命题。出错的原因是违背了条件(2)。

4. 存在量词产生规则(Existential quantifier Generalization,EG)

$A(c)$(其中c为个体域中某个体)$\Rightarrow(\exists x)A(x)$。

上式成立的条件是:

(1)c是特定的个体常元;

(2)取代c的x不能在$A(c)$中出现过。

在实数集上取$F(x,y)$为$x>y$,若$A(2)$表示$(\exists x)F(x,2)$,则$A(2)$为真命题,x已在$A(2)$中出现过。若x取代2,得$(\exists x)(x>x)$,这是假命题。出错的原因是违背了条件(2)。

谓词演算中推理的一般过程是,先把带量词前提中的量词去掉,变为命题逻辑的推理,推出结果后,再把量词附加上去,得出谓词逻辑的结论。为了避免出现错误,需要注意以下两点:

(1) US、UG、ES、EG 4个规则仅对谓词公式的前束范式适用;

(2) 要弄清去掉量词后,个体c是特定的还是任意的,有全称量词的前提和存在量词的前提,最好先引入存在量词的前提。

例 5.6.2   试证明苏格拉底三段论推理的有效性。

证明   设s:苏格拉底,$P(x)$:x是人,$D(x)$:x是要死的,

$$(\forall x)(P(x)\rightarrow D(x)),P(s)\Rightarrow D(s)$$

(1) $P(s)$	P
(2) $(\forall x)(P(x)\rightarrow D(x))$	P
(3) $P(s)\rightarrow D(s)$	US(2)
(4) $D(s)$	T(1)(3)。

例 5.6.3   用构造法证明以下推理:

$$(\forall x)(F(x)\rightarrow G(x)),(\exists x)F(x)\Rightarrow(\exists x)G(x)。$$

证明

(1) $(\exists x)F(x)$	P
(2) $F(c)$	ES(1)
(3) $(\forall x)(F(x)\rightarrow G(x))$	P
(4) $F(c)\rightarrow G(c)$	US(3)

(5) $G(c)$ 　　　　　　　　　　　　　　T(2)(4)I

(6) $(\exists x)G(x)$ 　　　　　　　　　　　EG(5)。

注意　(1),(2)与(3),(4)的顺序不能颠倒。(2)中 $F(c)$ 中的 c 是某个体,(4)中 $F(c)\to G(c)$ 中的 c 本来是任意个体,现取为(2)中出现的 c,这是可以的,但反过来则不可以。

避免这种错误的最好方法是像上面的证明过程一样,先消去存在量词,再消去全称量词。

例 5.6.4　用构造法证明以下推理:

$\neg(\exists x)(F(x)\wedge H(x)),(\forall x)(G(x)\to H(x))\Rightarrow(\forall x)(G(x)\to\neg F(x))$。

证明　(1) $\neg(\exists x)(F(x)\wedge H(x))$ 　　　　P

(2) $(\forall x)(\neg F(x)\vee\neg H(x))$ 　　　　　T(1)E

(3) $\neg F(c)\vee\neg H(c)$ 　　　　　　　　US(2)

(4) $H(c)\to\neg F(c)$ 　　　　　　　　T(3)E

(5) $(\forall x)(G(x)\to H(x))$ 　　　　　　P

(6) $G(c)\to H(c)$ 　　　　　　　　　US(5)

(7) $G(c)\to\neg F(c)$ 　　　　　　　　T(4)(6)I

(8) $(\forall x)(G(x)\to\neg F(x))$ 　　　　　UG(7)。

例 5.6.5　设个体域 D 为所有人组成的集合,在谓词逻辑中符号化下列各命题,并用构造法证明以下推理:每位科学家都是勤奋的,每个勤奋且身体健康的人在事业上都会获得成功,存在身体健康的科学家,所以存在事业获得成功或事业半途而废的人。

解　令 $Q(x)$: x 是勤奋的,$F(x)$: x 是健康的,$S(x)$: x 是科学家,$C(x)$: x 是事业获得成功的人,$F(x)$: x 是事业半途而废的人,则

$$(\forall x)(S(x)\to Q(x)),(\forall x)(Q(x)\wedge H(x)\to C(x)),$$
$$(\exists x)(S(x)\wedge H(x))\Rightarrow(\exists x)(C(x)\vee F(x))。$$

关于多重量词的推理,需要注意的问题比较多。

例 5.6.6　指出下列推理步骤中的错误。

(1) $(\forall x)(\exists y)(x>y)$ 　　　　　　　P

(2) $(\exists y)(c>y)$ 　　　　　　　　　US(1)

(3) $c>d$ 　　　　　　　　　　　　ES(2)

(4) $(\forall x)(x>d)$ 　　　　　　　　　UG(3)

(5) $(\exists y)(\forall x)(x>y)$ 　　　　　　EG(4)。

解　(3)错。在(2)中的 c 是个体域中任意个体,实际上是自由变元,当由(2)消去存在量词 $\exists y$ 时,不能利用 ES 规则。换句话说,(3)中所得到的 d 与 c 密切相关。

已经有例子表明,$(\forall x)(\exists y)A(x,y)\to(\exists y)(\forall x)A(x,y)$ 不是永真式。

习题 5.6

(A)

1. 设 y 是个体域 D 中任一确定元素,则推理规则 $(\forall x)P(x) \Rightarrow P(y)$ 可称为(　　)。

  A. US

  C. UG

  B. ES

  D. EG

2. 设 y 是个体域 D 中任一确定元素,则推理规则 $P(y) \Rightarrow (\exists x)P(x)$ 可称为(　　)。

  A. US　　　　　　B. ES　　　　　　C. UG　　　　　　D. EG

3. 给定推理:

(1) $(\forall x)(F(x) \rightarrow G(x))$　　　　P

(2) $F(y) \rightarrow G(y)$　　　　　　　　US(1)

(3) $(\exists x)F(x)$　　　　　　　　　　P

(4) $F(y)$　　　　　　　　　　　　ES(3)

(5) $G(y)$　　　　　　　　　　　　T(2)(4)I

(6) $(\forall x)G(x)$　　　　　　　　　　UG(5)

所以 $(\forall x)(F(x) \rightarrow G(x)) \Rightarrow (\forall x)G(x)$。

推理过程中错在(　　)。

  A. (1)→(2)　　　　B. (2)→(3)　　　　C. (3)→(4)　　　　D. (4)→(5)

  E. (5)→(6)

4. 用逻辑推理规则证明:
$$(\forall x)(P(x) \rightarrow (Q(x) \land R(x))), \neg(Q(a) \land R(a)), S(a),$$
$$(\forall x)(S(x) \rightarrow G(x)) \Rightarrow \neg P(a) \land G(a)。$$

5. 用逻辑推理规则证明:
$$(\exists x)(F(x) \land I(x)) \rightarrow (\forall y)(M(y) \rightarrow N(y)),$$
$$(\exists y)(M(y) \land \neg N(y)) \Rightarrow (\forall x)(F(x) \rightarrow \neg I(x))。$$

(B)

6. 用逻辑推理规则证明:
$$(\exists x)P(x) \rightarrow (\forall x)((P(x) \lor Q(x)) \rightarrow R(x)), (\exists x)P(x),$$
$$(\exists x)Q(x) \Rightarrow (\exists x)(\exists y)(P(x) \land R(y))。$$

(C)

7. (参考河南科技大学 2012 年硕士研究生入学考试试题)在一阶(谓词)逻辑中符号化下列语句,并构造推理证明。

每个计算机专业的学生都要学习离散数学,有些大学生没有学习离散数学,所以,有的大学生不是计算机专业的学生。

*5.7　谓词逻辑的思维导图

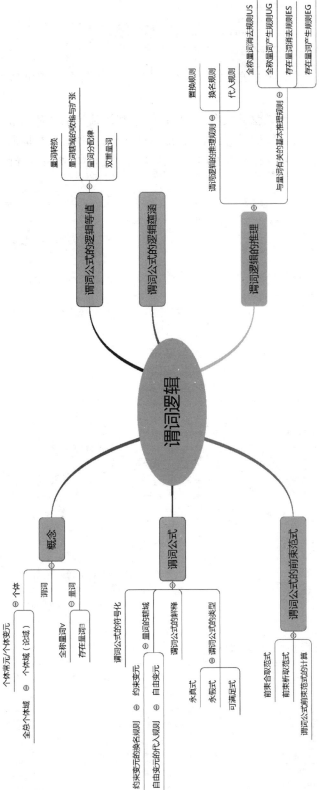

5.8 本 章 小 结

　　本章介绍的谓词逻辑是命题逻辑的深入和扩展,通过了解命题逻辑的局限性引入了个体、谓词、量词、个体域等概念;在此基础上,定义了谓词公式及对公式的符号化、解释、逻辑等值、逻辑蕴涵、前束范式及其计算等内容;然后利用谓词的逻辑等值式、逻辑蕴涵式、谓词逻辑的推理理论、全称量词消去规则、全称量词产生规则、存在量词消去规则和存在量词产生规则等进行谓词逻辑的自然推理;最后给出谓词逻辑的思维导图。

　　图论是近年来发展迅速、应用广泛、内容丰富的一门新兴学科。它最早起源于一些数学游戏的难题研究，如 1736 年欧拉(L. Euler)所解决的哥尼斯堡(Konigsberg)七桥问题；以及在民间广泛流传的一些游戏难题，如迷宫问题，匿门博弈问题，棋盘上马的行走路线问题等。这些古老的难题当时吸引了很多学者的注意，在这些问题研究的基础上又继续提出了著名的四色猜想，哈密尔顿(环游世界)数学难题。随着计算机和数学软件的发展，图论越来越多地被人们应用到实际生活和生产中，是解决众多实际问题的重要工具。

　　1847 年，克希霍夫(Kirchhoff)用图论分析电路网络，这是图论在工程科学领域最早的应用。之后，随着科学的发展，图论在解决运筹学、网络理论、信息论、控制论、博弈论以及计算机科学等各个领域的问题时，显示出越来越大的作用。图论在物理学科、工程领域、社会科学和经济等领域中的广泛应用，使它在数学界和工程界受到特别重视。对于这样一门应用广泛的学科，其包含的内容当然是浩瀚如海，我们这里仅介绍一些基本概念和定理，以及一些典型的应用实例。一个图可以代表一个电路、水网络、通信网络、交通网络、地图等有形的结构，也可以代表一些抽象的关系。例如，可用一个图表示一群人之间的关系：用结点代表人，凡有边相连的两个点表示他们互相认识，否则表示不认识，则这个图就可以表示这群人之间的关系。学习图论的目的是在今后对计算机有关学科展开学习研究时，可以用图论的基本知识作为解题工具。

第6章

图

图论是一个应用十分广泛而又极其有趣的数学分支。在历史上,有很多数学家对图论学科的形成做出过贡献。这里特别要提到欧拉、克希霍夫与凯莱。欧拉在1736年发表了第一篇图论的论文,解决了著名的哥尼斯堡七桥问题;克希霍夫在电路网络的研究中使用了图论的相关理论;凯莱在有机化学的计算中应用了树、生成树等图论概念。近几十年来,图论在解决运筹学、网络理论、信息论、控制论以及计算机科学等各个领域的问题时,显示出越来越重要的作用。

本书前面章节中介绍过二元关系的图形表示,即关系图。在关系图中,我们主要关心研究对象之间是否有连线(图论中称为边),这样的图正是图论的主要研究对象。图论中还根据实际需要,将此类图进行了推广,并且把它当作一个抽象的数学系统来进行研究。

本章主要介绍图的基本内容。通过本章的学习,读者将掌握以下内容:

(1) 结点、边、无向边及邻接点(边)、有向边及起点和终点、无向(有向)图、子图及生成子图、通路与回路以及图的同构等基本概念;

(2) 无向图结点的最大(小)度,有向图结点的最大(小)出度、最大(小)入度、握手定理及其推论;

(3) 无向图的连通性、点(边)割集、点(边)连通度;

(4) 有向图的连通性、强连通与极大强连通子图、单向连通与极大单向连通子图,弱连通与极大弱连通子图;

(5) 图的邻接矩阵及其性质、可达矩阵及其性质、关联矩阵及其性质;

(6) 加权图及其应用——最短通路问题和关键路径问题。

6.1 图的基本概念

图论起源于哥尼斯堡(Konigsberg)七桥问题。18世纪初普鲁士的哥尼斯堡位于加里宁格勒,普雷格尔河(Pregel River)横穿此城堡,河中有两个小岛,记为 A 和 D;河岸记为 B 和 C。有7座桥连接岛与河岸、岛与岛。当地居民热衷于研究一个有趣的问题:是否存在这样一种走法,要求从这四个河岸中的任何一个河岸出发,经过每座桥且恰巧都经过一次,再回到原来的出发区域。此问题就是著名的哥尼斯堡七桥问题,如图6.1.1所示。

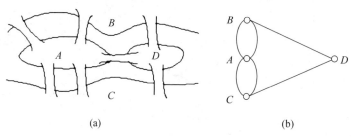

(a)　　　　　　　　　　　　　(b)

图 6.1.1　哥尼斯堡七桥问题

★瑞典数学家欧拉(Leonhard Euler)在 1736 年解决了哥尼斯堡七桥问题。欧拉认为,此问题关键在于河岸与岛所连接的桥的数目,而与河岸和岛的大小、形状以及桥的长度和曲直无关。为了解决这个问题,欧拉将每一块陆地区域用一个结点表示,每一座桥用连接相应 2 个结点的一条边来表示,于是得到一个多重图。因此,哥尼斯堡七桥问题就变为:在 4 个结点和 7 条边的多重图中,寻找从某个结点出发,经过每条边一次且仅一次回到出发结点的"闭路"问题。欧拉不仅对哥尼斯堡七桥问题给予了否定的回答,同时还推广了这个问题,从此开始了图论理论的研究。

6.1.1　图

定义 6.1.1　一个图 G 定义为一个有序对 $<V,E>$,记为
$$G=<V,E>,$$
其中 V 为非空有限集,其元素称为图 G 的**结点**或**顶点**,E 也是有限集,其元素称为图 G 的**边**。对 E 中的每条边都有 V 中的两个结点与之对应,其结点对可以有序也可以无序。

定义 6.1.2　若边 e 与无序结点对 $[u,v]$ 对应,称 e 为**无向边**,简称**边**,记为
$$e=[u,v],$$
u、v 称为边 e 的端点,也称为**邻接点**,边 e 关联 u 与 v。关联同一结点的两条边称为**邻接边**。连接一结点与它自身的边称为**环**或**自回路**。两个端点都相同的边称为**平行边**。

定义 6.1.3　若边 e 与有序结点对 $<u,v>$ 对应,称 e 为**有向边**或**弧**,记为
$$e=<u,v>,$$
u 称为弧 e 的**始点**,v 称为弧 e 的**终点**,也称 u **邻接到** v,v **邻接于** u。若 e 和 e' 有相同的始点,称 e 和 e' 相邻。始点和终点都相同的弧称为**平行弧**。

定义 6.1.4　在图中不与任何结点相邻接的结点称为**孤立结点**。

定义 6.1.5　每条边都是无向边的图称为**无向图**,用 G 表示。每条边都是有向边的图称为**有向图**,用 D 表示。既有有向边也有无向边的图称为**混合图**。将有向图各有向边去掉方向后的无向图称为原图的**基图**。

★图是一个抽象的数学概念,我们可以用平面上的一个图解来表示一个图,使这一抽象的数学概念变得形象、直观。用平面上的一些点分别表示图的结点,用连接相

应两个结点而不经过其他结点的直线(或曲线)来表示图的边。由于结点的位置和连线长短是无关紧要的,因此,一个图从外形上可以是差别很大的,图的任意一个图解都可被看作这个图。

例 6.1.1 判断图 6.1.2 所示的两图中,哪个是无向图,哪个是有向图。

由图 6.12 可见,图 6.1.2(a)是无向图;图 6.1.2(b)是有向图。在图 6.1.2(a)中,e_7 是环,e_1、e_2 与 e_3 是邻接边。在图 6.1.2(b)中,$<v_2,v_1>$ 与 $<v_2,v_3>$ 是邻接边,但 $<v_2,v_3>$ 和 $<v_3,v_2>$ 不是邻接边,v_5 为孤立结点。

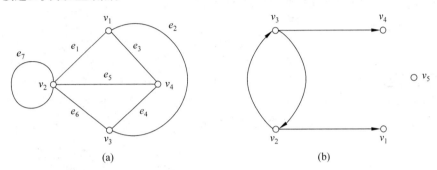

图 6.1.2 无向图和有向图

对于图,我们只关心图有多少个结点,哪些结点之间有边。至于结点的记号和位置,边的长短和曲直都不改变图的本质。但在有向图中,特别强调弧的方向性。

例 6.1.2 画出下面二图的图形。

(1) 无向图 $G=<V,E>$,其中

$V=\{v_1,v_2,v_3,v_4,v_5\}$,

$E=\{[v_1,v_1],[v_1,v_2],[v_1,v_4],[v_2,v_3],[v_3,v_2],[v_3,v_4],[v_4,v_3]\}$。

(2) 有向图 $D=<V,E>$,其中

$V=\{v_1,v_2,v_3,v_4,v_5\}$,

$E=\{<v_1,v_2>,<v_2,v_3>,<v_3,v_2>,<v_3,v_4>,<v_4,v_3>,$

$<v_4,v_1>,<v_5,v_5>\}$。

解 无向图 G 如图 6.1.3(a)所示,有向图 D 如图 6.1.3(b)所示。

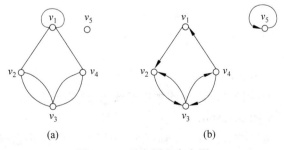

图 6.1.3 无向图和有向图

定义 6.1.6 设无向图 $G=<V,E>,u,v\in V,e\in E$。

如果在顶点 u 和顶点 v 之间存在一条边,即 $e=[u,v]$,则称顶点 u 和顶点 v 是边 e 的端点,e 与 u(或 e 与 v)是彼此**关联**的。

定义 6.1.7 含有平行边的图称为**多重图**。

定义 6.1.8 一个没有环又没有平行边的图称为**简单图**。

定义 6.1.9 具有 n 个结点和 m 条边的图称为 (n,m) 图,也称 n **阶图**。一个 $(n,0)$ 图称为**零图**,$(1,0)$ 图称为**平凡图**。

定义 6.1.10 设 $G=<V,E>$ 是 n 阶无向简单图,若 G 中任何顶点均与其余 $n-1$ 个顶点相邻,则这样的图称为 n **阶无向完全图**,记作 K_n。

易证,在 n 阶无向完全图中有

$$|E|=\frac{n(n-1)}{2}。$$

定义 6.1.11 设 $D=<V,E>$ 为 n 阶有向简单图,若对于任意顶点 $u,v\in V(u\neq v)$,既有有向边 $<u,v>$,又有有向边 $<v,u>$,则称 D 是 n **阶有向完全图**。

如图 6.1.4(a) 和图 6.1.4(b) 均为 4 阶完全图。

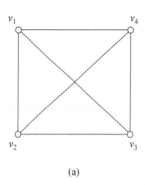

(a)

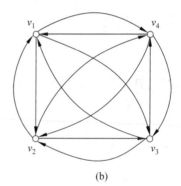

(b)

图 6.1.4　n 阶完全图

定义 6.1.12 在一个 n 边形内放置一个结点,使之与 n 边形的各结点有边,这样得到的简单图称为**轮图**,记为 W_n。

6.1.2　子图

定义 6.1.13 设 $G=<V,E>,G'=<V',E'>$ 是两个图,若 $V'\subseteq V$ 且 $E'\subseteq E$,则称 G' 是 G 的**子图**,G 是 G' 的**母图**,记作 $G'\subseteq G$。若 $G'\subseteq G$ 且 $G'\neq G$(即 $V'\subseteq V$ 或 $E'\subseteq E$),则称 G' 是 G 的**真子图**。

图 6.1.5(a) 是图 6.1.5(b) 的子图,且是真子图。

若 $G'\subseteq G$ 且 $V'=V$,则称 G' 是 G 的**生成子图**(或**支撑子图**)。

例如,图 6.1.5(a) 是图 6.1.5(b) 的一个生成子图。

定义 6.1.14 设 $G=<V,E>$ 是 n 阶无向简单图,将以 V 为顶点集和所有能使 G 成为完全图 K_n 的添加边组成的集合为边集的图,称为 G 相对于完全图 K_n 的**补图**,简称 G

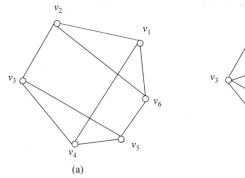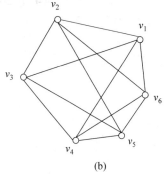

图 6.1.5 子图

的补图，记作 $\overline{G}$。

如图 6.1.6 所示，图 6.1.6(b) 为图 6.1.6(a) 的补图。

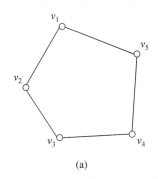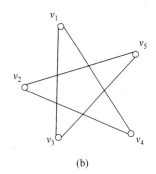

图 6.1.6 补图

6.1.3 通路与回路

定义 6.1.15 给定图 $G=<V,E>$，设 $v_0,v_1,\cdots,v_r\in V$，边（或弧）$e_1,e_2,\cdots,e_r\in E$，其中 v_{i-1},v_i 是 e_i 的结点，设 $v_0e_1v_1e_2\cdots e_rv_r$ 为图 G 中一个顶点与边的交替序列，若 $e_i=<v_{i-1},v_i>,i=1,2,\cdots,r$，则称其为顶点 v_0 到 v_r 的**通路**。v_0 到 v_r 分别称为此通路的**起点和终点**。$v_0v_1\cdots v_r$ 路上边的数目称为**路的长度**。当 $v_0=v_r$ 时，此通路称为**回路**。

定义 6.1.15 将通路（回路）表示成了顶点与边的交替序列，还可用以下简便方法表示通路与回路。

（1）用边的序列表示通路（回路）。

例如，$v_0e_1v_1e_2\cdots e_nv_n$ 可以表示成 $<e_1,e_2,\cdots,e_n>$。

（2）当不存在平行边时，也可用顶点序列表示通路（回路）。

此时，$v_0e_1v_1e_2\cdots e_nv_n$ 也可表示为 $<v_0,v_1,\cdots,v_n>$。

定义 6.1.16 在一条路中，若出现的所有边（或弧）互不相同，则称其为**简单路或迹**；若出现的结点互不相同，则称其为**初级通路**。

定义 6.1.17 在一条回路中，若每条边（或弧）出现恰好一次，则称其为**简单回路**；若每个结点出现恰好一次,则称其为**基本回路**或**初级回路**或**圈**。长度为奇数的圈称为**奇圈**;长度为偶数的圈称为**偶圈**。

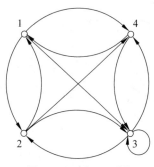

图 6.1.7　例 6.1.3 图

例 6.1.3　基于图 6.1.7,回答以下问题。

(1) 在图 6.1.7 中,开始于顶点 1 结束于顶点 3 的通路有:

P_1: <1,3>;

P_2: <1,2,3>;

P_3: <1,4,3>;

P_4: <1,2,4,3>;

P_5: <1,2,4,1,3>;

P_6: <1,2,4,1,2,3>;

P_7: <1,4,3,3,2,3>。

P_7 是简单通路,但不是初级通路;P_6 既不是初级通路,也不是简单通路。

(2) 在图 6.1.7 中有以下回路:

C_1: <3,3>;

C_2: <3,2,4,3>;

C_3: <3,2,1,4,3>;

C_4: <3,2,1,2,3>;

C_5: <3,2,1,2,1,3>。

由定义 6.1.17 可知,C_1、C_2、C_3 是初级回路(当然也是简单回路);C_4 是简单回路,但不是初级回路,而 C_5 既不是初级回路也不是简单回路。

(3) P_1 是长度为 2 的初级通路,P_6 是长度为 5 的简单通路。C_1 是长度为 1 的初级回路,C_4 是长度为 4 的简单回路。

定理 6.1.1　在一个图中,若从结点 u 到 v 存在一条路,则必有一条从 u 到 v 的初级通路。

证明　若 u 到 v 的路已是初级通路,结论成立。否则,在 u 到 v 的路中至少有一个结点重复出现,比如 w,于是经过 w 有一条回路 C,删去回路 C 上的所有边(或弧)。若得到的 u 到 v 的路上仍有结点重复出现,则续行此法,直到 u 到 v 的路上没有重复的结点为止,此时所得即是初级通路。

定理 6.1.2　在一个 n 阶图中,若从顶点 u 到 $v(u \neq v)$ 存在通路,则从 u 到 v 存在长度不大于 $n-1$ 的初级通路。

证明　设从 u 到 v 存在的通路为 $<u, \cdots, v>$,若其中有相同的顶点 v_k,如 $<u, \cdots, v_k, \cdots, v_k, \cdots, v>$,则删去 v_k 到 v_k 的这些边,它仍是 u 到 v 的通路,如此反复进行,直到没有重复顶点为止,此时所得的通路就是 u 到 v 的初级通路。由于 1 条初级通路的长度比此通路中顶点数少 1,而图中仅有 n 个顶点,故此初级通路的长度不大于 $n-1$。

定理 6.1.3　在一个 n 阶图中,若存在 v 到自身的回路,则从 v 到自身存在长度不大于 n 的初级回路。

6.1.4 图的同构

定义 6.1.18 设有图 $G=<V,E>$ 与 $G'=<V',E'>$,若有双射 $f:V\to V'$,使得对任意 $u,v\in V$,有

$$<u,v>\in E\Leftrightarrow <f(u),f(v)>\in E',$$

且其重数相同,则称 G 与 G' **同构**,记作 $G\cong G'$。若 G 与其补图同构,则称 G 为**自补图**。

若两个图同构,则它们的顶点间存在一一对应关系,而且这种对应关系也反映在表示边的顶点对中,如果是有向边,则对应的顶点对还保持相同的顺序。

图 6.1.8 中,(a)和(b)同构,(c)和(d)同构。

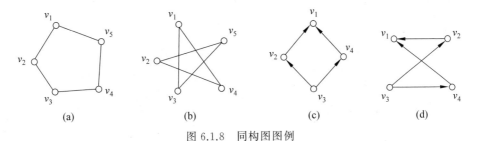

图 6.1.8 同构图图例

例 6.1.4 图 6.1.9 中的两图是否同构?

图 6.1.9(a)和图 6.1.9(b)是同构的。因为可作映射 g,使得 $g(1)=v_3$,$g(2)=v_1$,$g(3)=v_4$,$g(4)=v_2$。在映射 g 下,边 $<1,3>$,$<1,2>$,$<2,4>$ 和 $<3,4>$ 分别映射到 $<v_3,v_4>$,$<v_3,v_1>$,$<v_1,v_2>$ 和 $<v_4,v_2>$。

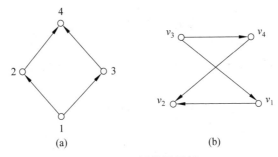

图 6.1.9 同构图图例

若两个图同构,则它们的结点数相同,边数相同,度数(详见定义 6.2.1)相同的结点数相同。但这并不是图同构的充分条件,如图 6.1.10(a)和图 6.1.10(b)虽然满足以上 3 个

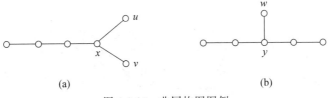

图 6.1.10 非同构图图例

条件,但不同构。图 6.1.10(a)中的 x 应与图 6.1.10(b)中的 y 对应,因为其度都是 3。但图 6.1.10(a)中的 x 与两个度为 1 的结点 u、v 邻接,而图 6.1.10(b)中的 y 仅与一个度为 1 的结点 w 邻接。

习题 6.1

(A)

1. 在如图 6.1.11 所示的有向图中,从 v_1 到 v_4 长度为 3 的通路有( )条。

  A. 1   B. 2   C. 3   D. 4

2. 在如图 6.1.12 所示的无向图中,相对于完全图 K_5 的补图为( )。

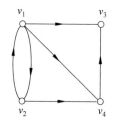

图 6.1.11 有向图图例   图 6.1.12 无向图图例

  A.   B.   C.   D.

3. 下列图中是简单图的有( )。

  A. $G_1 = \langle V_1, E_1 \rangle$,其中 $V_1 = \{a, b, c, d, e\}$,$E_1 = \{(a,b), (b,e), (e,b), (a,e), (d,e)\}$

  B. $G_2 = \langle V_2, E_2 \rangle$,其中 $V_2 = V_1$,$E_2 = \{(a,b), (b,c), (c,a), (a,d), (d,a), (d,e)\}$

  C. $G_3 = \langle V_3, E_3 \rangle$,其中 $V_3 = V_1$,$E_3 = \{(a,b), (b,e), (e,d), (c,c)\}$

  D. $G_4 = \langle V_4, E_4 \rangle$,其中 $V_4 = V_1$,$E_4 = \{(a,a), (a,b), (b,c), (e,c), (e,d)\}$

4. 证明:在至少有 2 个人的人群中,至少有 2 个人,他们的朋友数相同。

(B)

5. 对如图 6.1.13 所示的无向图,请写出它的一个生成子图。

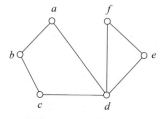

图 6.1.13 无向图图例

6.2　结点的度

6.2.1　结点的度的概念

定义 6.2.1　(1) 设无向图 $G=<V,E>$，对于任意的 $v\in V$，将所有与 v 关联的边的条数称为 v 的**度数**，简称**度**，记作 $d_G(v)$，简记为 $d(v)$。

注意，环的度为 2。

(2) 设有向图 $D=<V,E>$，对于任意的 $v\in V$，

将 v 作为 D 中边的始点的边的条数，称为 v 的**出度**，记作 $d_D^+(v)$，简记为 $d^+(v)$；

将 v 作为 D 中边的终点的边的条数，称为 v 的**入度**，记作 $d_D^-(v)$，简记为 $d^-(v)$；

$d^+(v)+d^-(v)$ 称为 v 的**度** $d(v)$。

(3) 在无向图 $G=<V,E>$ 中，记

$$\Delta(G)=\max\{d(v)|v\in V\},\delta(G)=\min\{d(v)|v\in V\},$$

分别称为无向图 $G=<V,E>$ 的**最大度**和**最小度**。

(4) 设 D 为一个有向图，类似可定义 D 中的最大度 $\Delta(D)$ 和最小度 $\delta(G)$。

另外，令 $\Delta^+(D)=\max\{d^+(v)|v\in V(D)\},\delta^+(D)=\min\{d^+(v)|v\in V(D)\}$，

$\Delta^-(D)=\max\{d^-(v)|v^-\in V(D)\},\delta^-(D)=\min\{d^-(v)|v\in V(D)\}$，

分别称 $\Delta^+(D),\delta^+(D),\Delta^-(D),\delta^-(D)$ 为 D 的**最大出度**、**最小出度**、**最大入度**、**最小入度**。

6.2.2　握手定理及其推论

定理 6.2.1　设 $G=<V,E>$ 是有 m 条边的图，则

$$\sum_{v\in V}d(v)=2m。$$

证明　因为 G 中每一条边(包括环)均有两个端点，而一条边恰好关联 2 个(可能相同)顶点。因此，在一个图中，顶点度的总和等于边数的 2 倍。

推论 6.2.1　在任何图(无向图或有向图)中，度为奇数的顶点的个数为偶数。

证明　设 V_1 和 V_2 分别是度为奇数和度为偶数的顶点集，则由定理 6.2.1 有

$$\sum_{v\in V_1}d(v)+\sum_{v\in V_2}d(v)=\sum_{v\in V}d(v)=2m，m \text{ 为图的边数}。$$

由于 $\sum_{v\in V_2}d(v)$ 和 $2m$ 均为偶数，所以 $\sum_{v\in V_1}d(v)$ 必为偶数，即 $|V_1|$ 为偶数。

定理 6.2.2　任何有向图 $D=<V,E>$ 中，所有顶点的入度之和等于所有顶点的出度之和。

证明　设有向图 D 有 m 条边，因为每条有向边为始点提供 1 个出度，为终点提供 1 个入度，而所有各顶点的入度之和及出度之和均由 m 条有向边提供，所以定理得证。

定理 6.2.3　设 G 为任意 n 阶无向简单图，则

$$\Delta(G)\leqslant n-1。$$

证明 因 G 无平行边也无环,所以 G 中任意结点 v 至多与其余 $n-1$ 个结点相邻,于是 $d(v) \leqslant n-1$。

由 v 的任意性可得,$\Delta(G) \leqslant n-1$。

定义 6.2.2 无向图中度为 1 的结点称为**悬挂结点**,它对应的边称为**悬挂边**。各结点的度均相同的图称为**正则图**。各结点的度均为 k 的图称为 **k 度正则图**。

定义 6.2.3 设 $V=\{v_1,v_2,\cdots,v_n\}$ 为图 G 的顶点集,称 $<d(v_1),d(v_2),\cdots,d(v_n)>$ 为 G 的**度序列**。

对于顶点标定的无向图,它的度序列是唯一的。

反之,对于给定的非负整数列 $d=<d_1,d_2,\cdots,d_n>$,若存在以 $V=\{v_1,v_2,\cdots,v_n\}$ 为顶点集的 n 阶无向图 G,使得 $d(v_i)=d_i$,则称 d 是**可图化的**。

若所得图 G 为简单图,称 d 是**可简单图化的**。

定理 6.2.4 设非负整数列 $d=<d_1,d_2,\cdots,d_n>$,当且仅当 $\sum\limits_{i=1}^{n}d_i$ 为偶数时,d 是可图化的。

证明 由握手定理知必要性显然成立。下证充分性。

由 $\sum\limits_{i=1}^{n}d_i$ 为偶数可得,d 中必有偶数个奇数,不妨设为 $d_1,d_2,\cdots,d_{2k}$。

首先在结点 v_r 和 v_{r+k} 之间连一条边 $(r=1,2,\cdots,k)$。

然后在 $v_i(i=1,2,\cdots,2k)$ 处作 $(d_i-1)/2$ 个环,在 $v_i(i=2k+1,2k+2,\cdots,n)$ 处作 $d_i/2$ 个环,得到的图 G 满足 $d(v_i)=d_i(i=1,2,\cdots,n)$,所以 d 是可图化的。

例 6.2.1 $<5,4,3,5>$ 和 $<3,2,1,1,4>$ 是否可图化?

解 由于这两个序列中,$\sum\limits_{i=1}^{n}d_i$ 均为奇数,由定理 6.2.4 可知,它们都不可图化。

例 6.2.2 判断下列各非负整数列哪些是可图化的,哪些是可简单图化的。

(1) $<5,5,4,4,2,1>$;

(2) $<5,4,3,2,2>$;

(3) $<3,3,3,1>$。

解 由定理 6.2.4 易知,除(1)中序列不可图化外,其余各序列都可图化,都是不可简单图化的。

(2)中序列有 5 个数,若它可简单图化,设所得图为 G,则 $\Delta(G)=5$,与定理 6.2.4 矛盾,所以(2)中序列不可简单图化。

若(3)中序列可简单图化,设 $G=<V,E>$ 以(3)中序列为度序列,$V=\{v_1,v_2,v_3,v_4\}$,且 $d(v_1)=d(v_2)=d(v_3)=3$,$d(v_4)=1$,v_4 只能与 v_1、v_2、v_3 中之一相邻,于是 v_1、v_2、v_3 不可能都是度为 3 的结点,这是矛盾的,因而(3)中序列是不可简单图化的。

习题 6.2

(A)

1. 下列序列中,能构成简单无向图的度序列是(   )。

    A. $<2,2,2,2,2>$　　B. $<1,1,2,2,3>$　　C. $<1,1,2,2,2>$　　D. $<0,1,3,3,3>$

2. 下列序列中,能构成简单无向图的度序列是(　　)。

    A. $<2,3,4,5,6,7>$ B. $<1,2,2,3,4>$　　C. $<2,1,1,1,2>$　　D. $<3,3,5,6,0>$

3. n 个结点的有向完全图的边数是(　　),每个结点的度是(　　)。

4. 设无向图 G 有 18 条边,且每个顶点的度都是 3,则图 G 有(　　)个顶点。

    A. 10　　　　　　　　B. 4　　　　　　　　C. 8　　　　　　　　D. 12

5. 设图 $G=<V,E>$,则下列结论中成立的是(　　)。

    A. $d(V)=2E$　　　　　　　　　　　　B. $d(V)=E$

    C. $\sum_{v\in V} d(v)=2|E|$　　　　　　　　　D. $\sum_{v\in V} d(v)=|E|$

(B)

6. 设图 $G=<V,E>$,$V=\{a,b,c,d,e\}$,$E=\{<a,b><a,c>,<b,c>,<c,d>,<d,e>\}$,那么 G 是有向图还是无向图?

6.3　图的连通性

6.3.1　无向图的连通性

定义 6.3.1　设 $G=<V,E>$ 为无向图,顶点 $u,v\in V$,若 u,v 之间存在通路,则称顶点 u 和 v 是**连通的**,记作 $u\sim v$,并规定 u 与自身是连通的。

定义 6.3.2　若无向图 $G=<V,E>$ 是平凡图或 G 中任何两个顶点都是连通的,则称 G 是**连通图**;否则,称 G 为**非连通图**或**分离图**。一个图 G 的极大连通子图称为连通分支,图的**连通分支数**记为 $\omega(G)$。

如图 6.3.1 中,(a)和(b)是连通图,(c)则是具有两个连通分支的非连通图。

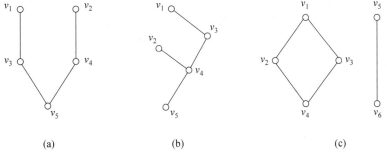

图 6.3.1　连通图与非连通图图例

定理 6.3.1　若 G 是 n 阶 m 条边的连通无向图,则
$$m\geqslant n-1。$$

证明　因为 G 连通,所以存在一条包含所有结点的路,而这样的路最短为 $n-1$,故 $m\geqslant n-1$。

该定理的逆否命题可用来判定一个图不连通。即设 G 是 n 阶 m 条边的连通无向图，若 $m < n-1$，则 G 是不连通的。

例 6.3.1 在图 6.3.2 中，图(a)是连通的，而图(b)是不连通的，因为 $m=5$，$n=7$，$m < n-1$，其连通分支数为 3。

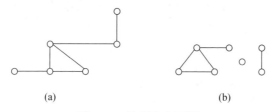

(a)　　　　　　　　　　(b)

图 6.3.2　连通分支图例

定义 6.3.3 设 $G=<V,E>$ 为无向图，顶点 $u,v \in V$，若 u 和 v 连通，则称 u 和 v 之间长度最短的通路为 u 和 v 之间的**短程线**，短程线的长度称为 u 和 v 之间的**距离**，记作 $d(u,v)$。

当 u 和 v 不连通时，规定 $d(u,v)=\infty$。

距离有如下性质。

(1) $d(u,v) \geqslant 0$，当且仅当 $u=v$ 时，等号成立。

(2) 对称性：

$$d(u,v)=d(v,u)。$$

(3) 满足三角不等式：任意 $u,v,w \in V(G)$，则

$$d(u,v)+d(v,w) \geqslant d(u,w)。$$

定义 6.3.4 设 $G=<V,E>$ 为无向图，称 $\max \{d(u,v) | u,v \in V\}$ 为 G 的**直径**，记作 $d(G)$。

定义 6.3.5 设 $G=<V,E>$ 是连通无向图，若存在顶点集 $V' \subset V$，且 $V' \neq \varnothing$，使得图 G 删除 V' 的所有顶点后，所得的子图是非连通图，而删除 V' 的任何真子集后，所得的子图仍是连通图，则称 V' 是 G 的一个**点割集**。

特别地，若某一个顶点构成一个点割集，则称该顶点为**割点**。

在图 6.3.3 中，$\{v_3\}$，$\{v_4,v_5\}$，$\{v_6\}$ 为点割集，其中，v_3，v_6 为割点。

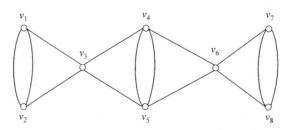

图 6.3.3　割点和点割集图例

定理 6.3.2 一个连通无向图 G 中的顶点 v 是割点，充分必要条件是存在两个顶点 u 和 w，使得在 u 和 w 之间的每条通路都通过 v。

证明 充分性：

若连通图 G 中存在结点 u 和 w,使得连接 u 和 w 的每条路都经过 v,则在子图 $G-\{v\}$ 中 u 和 w 必不可达,故 v 是 G 的割点。

必要性:

若 v 是 G 的割点,则 $G-\{v\}$ 至少有两个连通分支 $G_1=<V_1,E_1>$ 和 $G_2=<V_2,E_2>$。

任取 $u\in V_1,w\in V_2$,因为 G 连通,故在 G 中必有连接 u 和 w 的路 Γ,但 u、w 在 $G-\{v\}$ 中不可达,因此 Γ 必通过 v,即 u 和 w 之间的任意路必经过 v。

定义 6.3.6　设无向图 $G=<V,E>$ 是连通图,若存在边集 $E'\subset E$,且 $E'\neq\varnothing$,使得图 G 删除 E' 的所有边后,所得的子图是非连通图,而删除 E' 的任何真子集后,所得的子图仍是连通图,则称 E' 是 G 的一个**边割集**。

特别地,若某一条边构成一个边割集,则称该边为**割边**(或称为**桥**)。

在图 6.3.4 中,$\{e_1,e_2\}$,$\{e_2,e_3\}$,$\{e_4\}$,$\{e_5,e_6\}$ 等都是边割集,其中 e_4 是桥。

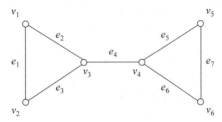

图 6.3.4　割边和边割集图例

定义 6.3.7　若 G 是连通无向图,称 $\gamma(G)=\min\{|S||S$ 是 G 的点割集$\}$ 为 G 的**点连通度**,称 $\lambda(G)=\min\{|T||T$ 是 G 的边割集$\}$ 为 G 的**边连通度**。

规定非连通图和平凡图的点连通度和边连通度为 0,完全图 K_n 的点连通度为 $n-1$。

在图 6.3.4 中,边连通度 $\lambda(G)=1$。

点连通度和边连通度反映了图的连通程度,$\gamma(G)$ 和 $\lambda(G)$ 的值越大,说明图的连通性越好。

定理 6.3.3　一个连通无向图 G 中的一条边 e 是割边,当且仅当 e 不包含在 G 的任何回路中。

证明　$e=[x,y]$ 是连通图 G 的割边,当且仅当 x、y 在 $G-\{e\}$ 的不同连通分支中,而后者等价于在 $G-\{e\}$ 中不存在 x 到 y 的路,从而等价于 e 不包含在图的任何基本回路中。于是定理得证。

定理 6.3.4　一个连通无向图 G 中的边 e 是割边的充要条件是存在结点 u 和 w,使得连接 u 和 w 的每条路都经过 e。

定理 6.3.5　对于任何无向图 G,都有下面的不等式成立:
$$\gamma(G)\leqslant\lambda(G)\leqslant\delta(G)。$$

其中,γ,λ,δ 分别为 G 的点连通度、边连通度和顶点的最小度。

证明　若 G 不连通或为平凡图,则
$$\gamma(G)=\lambda(G)=0\leqslant\delta(G)。$$

若 G 为完全图 K_n,则
$$\gamma(G)=\lambda(G)=\delta(G)=n-1。$$

其他情况,先证 $\lambda(G) \leqslant \delta(G)$。

由于度最小的结点关联的边都删除后,必使得 G 不再连通,所以 $\lambda(G) \leqslant \delta(G)$。

再证 $\gamma(G) \leqslant \lambda(G)$。

当在 G 中删除构成边割集的 $\lambda(G)$ 条边后,G 不连通。将这 $\lambda(G)$ 条边中取自不同边的 $\lambda(G)$ 个不同的端点删除后,G 亦不连通。因此 $\gamma(G) \leqslant \lambda(G)$。

6.3.2　有向图的连通性

定义 6.3.8　设 $D = <V, E>$ 为有向图,$u, v \in V$,若从顶点 u 到顶点 v 存在通路,则称 u **可达** v,记作

$$u \rightarrow v,$$

并规定 u 可达自身。

若 $u \rightarrow v$,且 $v \rightarrow u$,则称 u 与 v **互达**,记作

$$u \leftrightarrow v,$$

规定 u 与自身互达。

定义 6.3.9　设 $D = <V, E>$ 为有向图,如果忽略其边的方向后得到的无向图是连通图,则称 D 是**弱连通图**,简称**连通图**;如果其任何两顶点间,至少有一个顶点到另一个顶点是可达的,即任意 $u, v \in V$,$u \rightarrow v$ 或 $v \rightarrow u$ 至少成立其一,则称图 D 是**单向连通**的(或**单侧连通**的);如果其任何两顶点间均是相互可达的,即任意 $u, v \in V$ 均有 $u \leftrightarrow v$,则称 D 是**强连通的**。

图 6.3.5 的(a)、(b)、(c)、(d)分别给出了有向图的弱连通图、单向连通图、强连通图及非连通图的 4 个实例。

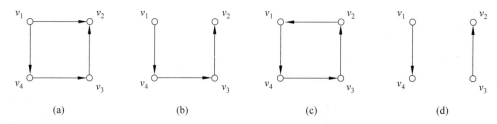

图 6.3.5　弱连通图、单向连通图、强连通图及非连通图图例

定理 6.3.6　一个有向图 $D = <V, E>$ 是强连通的,当且仅当 D 中有一条回路,它经过 D 中每个顶点至少一次。

证明　充分性:

如果 G 中有一回路,它至少通过每个结点一次,则 G 中任意两个结点相互可达,故 G 是强连通的。

必要性:

如果有向图 D 是强连通的,则其中任意两个顶点是相互可达的。因此,可作一回路经过图中所有各顶点。否则,必有一回路 C 不经过某顶点 v,且 v 与回路 C 上的各顶点不是相互可达的,这样与强连通条件矛盾。

定理 6.3.7　一个有向图 $D=<V,E>$ 是单向连通的,当且仅当 D 中有一条通路,它经过 D 中每个顶点至少一次。

定义 6.3.10　设 G 是有向图,G' 是其子图,若 G' 是强连通的(单向连通的,弱连通的),且 G 没有包含 G' 的更大的强连通(单向连通,弱连通)子图,则称 G' 是 G 的**极大强连通子图(极大单向连通子图,极大弱连通子图)**,也称为**强分支(单向分支,弱分支)**。

例如图 6.3.6(a)中,由点集 $\{v_1,v_2,v_3,v_4\}$ 或 $\{v_5\}$ 导出的子图是强分支。由点集 $\{v_1,v_2,v_3,v_4,v_5\}$ 导出的子图是单向分支也是弱分支。

在图 6.3.6(b)中,由点集 $\{v_1\}$,$\{v_2\}$,$\{v_3\}$,$\{v_4\}$ 导出的子图是强分支。由点集 $\{v_1,v_2,v_3\}$,$\{v_1,v_3,v_4\}$ 导出的子图是单向分支,由点集 $\{v_1,v_2,v_3,v_4\}$ 导出的子图是弱分支。

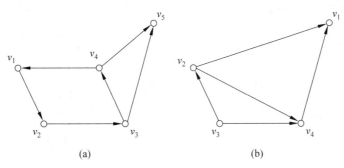

图 6.3.6　强分支图例

定理 6.3.8　在有向图 $G=<V,E>$ 中,它的每一个顶点位于且仅位于一个强分支中。

证明　设 $v\in V$,S 是 G 中所有与 v 相互可达的结点集合,由 S 诱导的子图是 G 的一个强分支,且包含结点 v。

若结点 v 位于两个不同的强分支 S_1 和 S_2 中,则 S_1 中每个结点与 v 相互可达,v 与 S_2 中每个结点也相互可达,于是 S_1 中任一结点与 S_2 中任一结点相互可达,与 S_1 和 S_2 是强分支矛盾。

所以,G 的任一结点恰位于一个强分支中。

定理 6.3.9　简单有向图中每个结点和每条弧至少位于一个单向分支中。

定理 6.3.10　简单有向图中每个结点和每条弧恰位于一个弱分支中。

例 6.3.2　设图 G 是 n 阶无向简单图,且图 G 中任意不同的两个顶点的度之和大于或等于 $n-1$,证明图 G 是连通图。

证明　用反证法。

假设图 G 不是连通图,则 G 是由多个连通分支构成,不妨设 G 有 k 个连通分支 G_1,$G_2,\cdots,G_k$,并设连通分支 G_1 中含有 n_1 个顶点,连通分支 G_2 中含有 n_2 个顶点……连通分支 G_k 中含有 n_k 个顶点。显然,

$$n_1+n_2+\cdots+n_k=n。$$

如果在连通分支 G_1 中任取一点 u,由于连通分支 G_1 是简单图,G_1 中任意一点的度小于或等于 n_1-1,所以,有

$$d(u) \leqslant n_1 - 1 \text{。}$$

再在连通分支 G_2 中任取一点 v，同理，有

$$d(v) \leqslant n_2 - 1 \text{。}$$

于是，有

$$d(u) + d(v) \leqslant n_1 - 1 + n_2 - 1 = (n_1 + n_2) - 2 \leqslant n - 2 \text{。}$$

例 6.3.3 设图 G 是 n 阶无向简单图，如果图中含有 m 条边，且

$$m > \frac{(n-1)(n-2)}{2},$$

证明图 G 是连通图。

证明 首先证明满足题设条件的图 G，其任意两个不同的顶点度之和大于或等于 $n-1$，由此利用例 6.3.2 的证明结果，即可证得图 G 是连通图。

用反证法，假设图 G 中存在两个顶点 v_i 和 v_j，其度之和小于 $n-1$，即

$$d(v_i) + d(v_j) \leqslant n - 2 \text{。}$$

如果在图 G 中删掉这两个点，则至多删掉了 $n-2$ 条边。又由题设可知 $m > \frac{(n-1)(n-2)}{2}$，或者有 $m \geqslant \frac{(n-1)(n-2)}{2} + 1$。

由此可得，

$$m - (n-2) \geqslant \frac{(n-1)(n-2)}{2} + 1 - (n-2) = \frac{(n-2)(n-3)}{2} + 1 \text{。}$$

于是可知，在图 G 中，删掉 v_i 和 v_j 后，所得的图为具有 $n-2$ 个顶点，且至少有 $\frac{(n-2)(n-3)}{2} + 1$ 条边。但这样的无向简单图是不存在的，因为具有 $n-2$ 个顶点的无向简单图最多有 $\frac{(n-2)(n-3)}{2}$ 条边，与假设矛盾。

由此可证得图 G 中任意不同的两点的度之和大于或等于 $n-1$，由定理 6.3.1 可知图 G 是连通图。

习题 6.3

（A）

1. 在任意 n 阶连通图中，其边数为（ ）。

   A. 至多 $n-1$ 条   B. 至少 $n-1$ 条

   C. 至多 n 条   D. 至少 n 条

2. 判断下列叙述是否正确。

(1) 设 G 是简单无向图，则它或它的补图是连通图。 （ ）

(2) 设 G 是简单无向图，则它与它的补图中的度为奇数的结点个数相同。 （ ）

3. 证明：一个图是强连通的，当且仅当图中有一条回路，它至少包含每个结点一次。

4. 证明：若无向图 G 中只有两个奇数度结点，则这两个结点一定是可达的。

5. 设 $G = \langle V, E \rangle$ 是一个连通且 $|V| = |E| + 1$ 的图，则 G 中有一个度为 1 的结点。

（B）

6. 若 n 阶连通图中恰有 $n-1$ 条边，则图中至少有一个结点度为 1。

（C）

7. （参考南京大学 1997 年考研试题）图 $G=<V_G,E_G>$，$|V_G|=n$，$|E_G|=m$，试证明 G 连通且恰好含一条回路的充分必要条件是下列三项中的任意两项成立。

（1）G 连通。

（2）G 恰好含一条回路。

（3）$m=n$。

6.4 图的矩阵表示

6.4.1 邻接矩阵

定义 6.4.1 设 $D=<V,E>$ 是一个 n 阶有向图，其中 $V=\{v_1,v_2,\cdots,v_n\}$，令 $a_{ij}(i=1,2,\cdots,n;j=1,2,\cdots,n)$ 为 v_i 邻接到 v_j 的边的个数，称矩阵 $(a_{ij})_{n\times n}$ 为 D 的**邻接矩阵**，记作 $A(D)$，简记为 A。

例如，图 6.4.1 所示有向图的邻接矩阵为 $A(D)$：

$$A(D)=\begin{bmatrix} 0 & 2 & 0 & 0 \\ 0 & 0 & 1 & 0 \\ 1 & 1 & 0 & 1 \\ 1 & 0 & 0 & 1 \end{bmatrix}$$

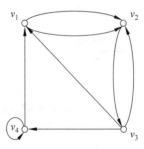

图 6.4.1 有向图 D

定义 6.4.2 设 $G=<V,E>$ 是一个 n 阶无向简单图，其中 $V=\{v_1,v_2,\cdots,v_n\}$，令

$$a_{ij}=\begin{cases} 1, & v_i \text{ 与 } v_j \text{ 相邻，且 } i\neq j \\ 0, & \text{否则} \end{cases}$$

称 $(a_{ij})_{n\times n}$ 为 G 的**邻接矩阵**，记为 $A(G)$，简记为 A。

定理 6.4.1 设 A 为简单图 G 的邻接矩阵，则 A^m 中第 i 行第 j 列上的元素 a_{ij}^m 等于 G 中联结 v_i 到 v_j 长度为 m 的路的数目。

证明 当 $m=1$ 时，结论显然成立。

假设 $m=k$ 时结论成立，考察 $m=k+1$ 的情形。因为 $A^{k+1}=A^k\cdot A$，则

$$a_{ij}^{k+1}=\sum_{r=1}^m a_{ir}^k a_{rj} \tag{6-1}$$

a_{ir}^k 是联结 v_i 到 v_r 长为 k 的路的数目，a_{rj} 是联结 v_r 到 v_j 长为 1 的路的数目，因此式（6-1）右端每项表示由 v_i 经过 v_r 到 v_j 长度为 $k+1$ 的路的数目。对 r 求和即得 a_{ij}^{k+1}，它是所有从 v_i 到 v_j 长度为 $k+1$ 的路的数目。

无向图的邻接矩阵有如下性质：

（1）A 是对称矩阵；

（2）$\sum_{j=1}^n a_{ij}=d(v_i)$；

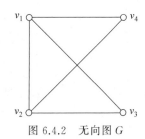

图 6.4.2 无向图 G

(3) $\sum_{i=1}^{n}\sum_{j=1}^{n}a_{ij}=\sum_{i=1}^{n}d(v_i)=2m$，其中 m 为边数，也为图中长度为 1 的通路数；

(4) 令 $M=A^k$，则此时 $m_{ij}=m_{ji}(i\neq j)$ 表示 G 中 v_i 到 v_j（v_j 到 v_i）长度为 k 的通路数，m_{ii} 为 v_i 到自身长度为 k 的回路数。

例如，图 6.4.2 所示无向图的邻接矩阵为：

$$
A(G)=\begin{bmatrix} 0 & 1 & 1 & 1 \\ 1 & 0 & 1 & 1 \\ 1 & 1 & 0 & 0 \\ 1 & 1 & 0 & 0 \end{bmatrix}, A^2=\begin{bmatrix} 3 & 2 & 1 & 1 \\ 2 & 3 & 1 & 1 \\ 1 & 1 & 2 & 2 \\ 1 & 1 & 2 & 2 \end{bmatrix}, A^3=\begin{bmatrix} 4 & 5 & 5 & 5 \\ 5 & 4 & 5 & 5 \\ 5 & 5 & 2 & 2 \\ 5 & 5 & 2 & 2 \end{bmatrix}。
$$

观察各矩阵发现，D 中 v_2 到 v_4 长度为 1 的通路有 1 条，长度为 2 的通路有 1 条，长度为 3 的通路有 5 条。而 D 中 v_2 到自身长度为 2 的回路有 3 条，长度为 3 的回路有 4 条。

通常情况下，我们不仅关心图 G 中某 2 个结点是否相连接，而且关心 G 中任意 2 个结点是否相连接，即图 G 是否为连通图。但当我们需要知道图 G 是否为连通图时，无论是矩阵 A 还是矩阵 A^l 都无法回答，为此，引进可达矩阵表示图的连通性。

6.4.2 可达矩阵

定义 6.4.3 设 $D=<V,E>$ 是一个有向图，其中 $V=\{v_1,v_2,\cdots,v_n\}$，令

$$
p_{ij}=\begin{cases} 1, & v_i \text{ 可达 } v_j \\ 0, & v_i \text{ 不可达 } v_j \end{cases}
$$

则称 $(p_{ij})_{n\times n}$ 为 D 的**可达矩阵**，记作 $P(D)$，简记为 P。

可达矩阵表明，图 G 中任何两结点之间是否存在路及任何结点是否存在回路。

由于任意两点之间有一条路，则必有一条长度不超过 n 的初级通路，所以由图 D 的邻接矩阵 A 得到可达矩阵 P，即令

$$
B_n=A+A^2+\cdots+A^n。
$$

再从 B_n 中将非 0 的元素均改为 1，而为 0 的元素则不变，这个改换后的矩阵即为可达矩阵 P。

有向图 D 的可达矩阵 $P(D)$ 具有下列性质：

(1) $P(D)$ 的主对角线元素全为 1；

(2) 若 D 是强连通图，则 P 的所有元素均为 1。

例 6.4.1 求有向图 $D=<V,E>$ 的可达矩阵，其中 $V=\{v_1,v_2,v_3,v_4\}$，$E=\{<v_1,v_2>,<v_2,v_3>,<v_2,v_4>,<v_3,v_1>,<v_3,v_2>,<v_3,v_4>,<v_4,v_1>\}$。

解 图 D 的邻接矩阵为

$$
A=\begin{bmatrix} 0 & 1 & 0 & 0 \\ 0 & 0 & 1 & 1 \\ 1 & 1 & 0 & 1 \\ 1 & 0 & 0 & 0 \end{bmatrix}
$$

经计算得

$$\boldsymbol{A}^2=\begin{bmatrix}0&0&1&1\\2&1&0&1\\1&1&1&1\\0&1&0&0\end{bmatrix},\quad \boldsymbol{A}^3=\begin{bmatrix}2&1&0&1\\1&2&1&1\\2&2&1&2\\0&0&1&1\end{bmatrix},\quad \boldsymbol{A}^4=\begin{bmatrix}1&2&1&1\\2&2&2&3\\3&3&2&3\\2&1&0&1\end{bmatrix},$$

故

$$\boldsymbol{B}_4=\begin{bmatrix}3&4&2&3\\5&5&4&6\\7&7&4&7\\3&2&1&2\end{bmatrix},$$

从而可达矩阵

$$\boldsymbol{P}=\begin{bmatrix}1&1&1&1\\1&1&1&1\\1&1&1&1\\1&1&1&1\end{bmatrix}。$$

由可达矩阵可知,图 D 的任意两顶点间均可达,并且每个顶点均有回路通过,这个图是一个连通图。此结果与图 6.4.3 所表示的图形直接观察到的结果是一样的。

由于在求可达矩阵时,我们只关心两结点之间是否存在路,而不管其路的长度和路的条数,所以可达矩阵可通过**布尔矩阵**的布尔运算来得到。方法是:对邻接矩阵 $\boldsymbol{A}$,记

$$\boldsymbol{A}\cdot\boldsymbol{A}=\boldsymbol{A}^{(2)},\cdots,\boldsymbol{A}^{n-1}\cdot\boldsymbol{A}=\boldsymbol{A}^{(n)},$$

其中 $\boldsymbol{A}^{(i)}$ 表示在布尔矩阵运算意义下的 $\boldsymbol{A}$ 的 i 次幂,则可达矩阵 $\boldsymbol{P}$ 为

$$\boldsymbol{P}=\boldsymbol{A}\bigvee\boldsymbol{A}^{(2)}\bigvee\cdots\bigvee\boldsymbol{A}^{(n)},$$

其中·和$\bigvee$分别为矩阵的布尔积、布尔和运算。

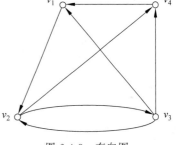

图 6.4.3　有向图

仍以例 6.4.1 为例,来说明这种求可达矩阵的方法。

根据布尔矩阵的布尔积、布尔和运算得:

$$\boldsymbol{A}^2=\begin{bmatrix}0&0&1&1\\2&1&0&1\\1&1&1&1\\0&1&0&0\end{bmatrix},\quad \boldsymbol{A}^3=\begin{bmatrix}2&1&0&1\\1&2&1&1\\2&2&1&2\\0&0&1&1\end{bmatrix},\quad \boldsymbol{A}^4=\begin{bmatrix}1&2&1&1\\2&2&2&3\\3&3&2&3\\2&1&0&1\end{bmatrix},$$

其对应的布尔矩阵分别是:

$$\boldsymbol{A}^{(2)}=\begin{bmatrix}0&0&1&1\\1&1&0&1\\1&1&1&1\\0&1&0&0\end{bmatrix},\quad \boldsymbol{A}^{(3)}=\begin{bmatrix}1&1&0&1\\1&1&1&1\\1&1&1&1\\0&0&1&1\end{bmatrix},\quad \boldsymbol{A}^{(4)}=\begin{bmatrix}1&1&1&1\\1&1&1&1\\1&1&1&1\\1&1&0&1\end{bmatrix}$$

$$\boldsymbol{P} = \boldsymbol{A} \vee \boldsymbol{A}^{(2)} \vee \boldsymbol{A}^{(3)} \vee \boldsymbol{A}^{(4)} = \begin{bmatrix} 1 & 1 & 1 & 1 \\ 1 & 1 & 1 & 1 \\ 1 & 1 & 1 & 1 \\ 1 & 1 & 1 & 1 \end{bmatrix}.$$

例 6.4.2 图 D 如图 6.4.4 所示，求 D 的可达矩阵 $\boldsymbol{P}$。

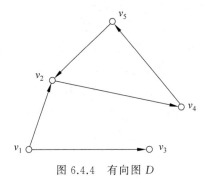

图 6.4.4 有向图 D

解 图 D 的邻接矩阵为

$$\boldsymbol{A} = \begin{bmatrix} 0 & 1 & 1 & 0 & 0 \\ 0 & 0 & 0 & 1 & 0 \\ 1 & 0 & 0 & 0 & 0 \\ 0 & 0 & 0 & 0 & 1 \\ 0 & 1 & 0 & 0 & 0 \end{bmatrix}$$

经计算

$$\boldsymbol{A}^{(2)} = \begin{bmatrix} 0 & 0 & 0 & 1 & 0 \\ 0 & 0 & 0 & 0 & 1 \\ 0 & 1 & 0 & 0 & 0 \\ 0 & 1 & 0 & 0 & 0 \\ 0 & 0 & 0 & 1 & 0 \end{bmatrix}, \quad \boldsymbol{A}^{(3)} = \begin{bmatrix} 0 & 0 & 0 & 0 & 1 \\ 0 & 1 & 0 & 0 & 0 \\ 0 & 0 & 0 & 1 & 0 \\ 0 & 0 & 0 & 1 & 0 \\ 0 & 0 & 0 & 0 & 1 \end{bmatrix},$$

$$\boldsymbol{A}^{(4)} = \begin{bmatrix} 0 & 1 & 0 & 0 & 0 \\ 0 & 0 & 0 & 1 & 0 \\ 0 & 0 & 0 & 0 & 1 \\ 0 & 0 & 0 & 0 & 1 \\ 0 & 1 & 0 & 0 & 0 \end{bmatrix}, \quad \boldsymbol{A}^{(5)} = \begin{bmatrix} 0 & 0 & 0 & 1 & 0 \\ 0 & 0 & 0 & 0 & 1 \\ 0 & 1 & 0 & 0 & 0 \\ 0 & 1 & 0 & 0 & 0 \\ 0 & 0 & 0 & 1 & 0 \end{bmatrix},$$

从而可达矩阵

$$\boldsymbol{P} = \boldsymbol{A} \vee \boldsymbol{A}^{(2)} \vee \boldsymbol{A}^{(3)} \vee \boldsymbol{A}^{(4)} \vee \boldsymbol{A}^{(5)} = \begin{bmatrix} 0 & 1 & 0 & 1 & 1 \\ 0 & 1 & 0 & 1 & 1 \\ 1 & 1 & 0 & 1 & 1 \\ 0 & 1 & 0 & 1 & 1 \\ 0 & 1 & 0 & 1 & 1 \end{bmatrix}.$$

定义 6.4.4 设 $G=<V,E>$ 是一个无向简单图,其中 $V=\{v_1,v_2,\cdots,v_n\}$,令

$$p_{ij}=\begin{cases}1, & v_i \text{ 与 } v_j \text{ 可达}\\ 0, & v_i \text{ 与 } v_j \text{ 不可达}\end{cases},$$

称 $(p_{ij})_{n\times n}$ 为 G 的**可达矩阵**,记作 $\mathbf{P}(G)$,简记为 $\mathbf{P}$。

无向图的可达矩阵有下列性质:

(1) $\mathbf{P}$ 的主对角元素均为 1;

(2) 若 G 是连通图,则 $\mathbf{P}$ 中元素均为 1。

6.4.3 关联矩阵

定义 6.4.5 设 $D=<V,E>$ 是一个无环有向图,其中 $V=\{v_1,v_2,\cdots,v_n\}$,$E=\{e_1,e_2,\cdots,e_m\}$,令

$$m_{ij}=\begin{cases}1, & v_i \text{ 是 } e_j \text{ 的始点}\\ 0, & v_i \text{ 与 } e_j \text{ 不关联}\\ -1, & v_i \text{ 是 } e_j \text{ 的终点}\end{cases},$$

称 $(m_{ij})_{n\times m}$ 为 D 的**关联矩阵**,记作 $\mathbf{M}(D)$。

例如,图 6.4.5 所示有向图的关联矩阵为:

$$\mathbf{M}(D)=\begin{array}{c}\\ v_1\\ v_2\\ v_3\\ v_4\end{array}\begin{array}{c}\begin{array}{cccccc}e_1 & e_2 & e_3 & e_4 & e_5 & e_6\end{array}\\ \begin{bmatrix}1 & -1 & 0 & 0 & 0 & 1\\ -1 & 1 & 1 & 0 & 0 & 0\\ 0 & 0 & -1 & -1 & 1 & 0\\ 0 & 0 & 0 & 1 & -1 & -1\end{bmatrix}\end{array}$$

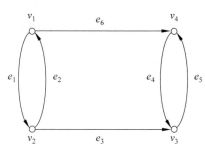

图 6.4.5 有向图 D

有向图 D 的关联矩阵 $\mathbf{M}(D)$ 有如下性质:

(1) $\sum_{i=1}^{n}m_{ij}=0(j=1,2,\cdots,m)$,从而

$$\sum_{j=1}^{m}\sum_{i=1}^{n}m_{ij}=0,$$

这说明 $\mathbf{M}(D)$ 中所有元素之和为 0;

(2) $\mathbf{M}(D)$ 中 -1 的个数与 1 的个数相等,都等于边数 m;

(3) 第 i 行中 1 的个数等于 $d^+(v_i)$,-1 的个数等于 $d^-(v_i)$,而第 i 行元素绝对值

之和等于 $d(v_i)$;

(4) 平行边所对应的列相同。

定义 6.4.6 设 G 是一个无环无向图,其中 $V=\{v_1,v_2,\cdots,v_n\}$, $E=\{e_1,e_2,\cdots,e_m\}$,令

$$m_{ij}=\begin{cases}1, & v_i \text{ 与 } e_j \text{ 彼此关联}\\ 0, & v_i \text{ 与 } e_j \text{ 不关联}\end{cases},$$

则称 $(m_{ij})_{n\times m}$ 为 G 的**关联矩阵**,记作 $\boldsymbol{M}(G)$。

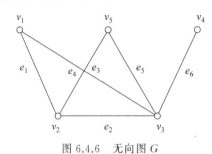

图 6.4.6 无向图 G

例如,图 6.4.6 所示无向图的关联矩阵为:

$$\boldsymbol{M}(G)=\begin{matrix} & \begin{matrix}e_1 & e_2 & e_3 & e_4 & e_5 & e_6\end{matrix} \\ \begin{matrix}v_1\\v_2\\v_3\\v_4\\v_5\end{matrix} & \begin{bmatrix}1 & 0 & 0 & 1 & 0 & 0\\1 & 1 & 1 & 0 & 0 & 0\\0 & 1 & 0 & 1 & 1 & 1\\0 & 0 & 0 & 0 & 0 & 1\\0 & 0 & 0 & 1 & 1 & 0\end{bmatrix}\end{matrix}。$$

无向图的关联矩阵有以下性质:

(1) $\sum\limits_{i=1}^{n}m_{ij}=2(j=1,2,\cdots,m)$,即 $\boldsymbol{M}(G)$ 每列元素之和均为 2,这正说明每条边关联两个顶点;

(2) $\sum\limits_{j=1}^{m}m_{ij}=d(v_i)$,即 $\boldsymbol{M}(G)$ 第 i 行元素之和为 $v_i(i=1,2,\cdots,n)$ 的度;

(3) $\sum\limits_{i=1}^{n}d(v_i)=\sum\limits_{i=1}^{n}\sum\limits_{j=1}^{m}m_{ij}=\sum\limits_{j=1}^{m}\sum\limits_{i=1}^{n}m_{ij}=\sum\limits_{j=1}^{m}2=2m$,这个结果正是握手定理的内容,即各顶点的度之和等于边数的 2 倍;

(4) 平行边所对应的列相同;

(5) 若一行中的元素全为 0,则其对应的顶点为孤立点;

(6) 同一个图,当顶点或边的编序不同时,其对应的关联矩阵仅有行序、列序的差别。

定理 6.4.2 如果一个连通图 G 有 n 个顶点,则其关联矩阵 $\boldsymbol{M}(G)$ 的秩为 $n-1$。

推论 6.4.1 设图 G 有 n 个顶点,s 个最大连通分支,则图 G 的关联矩阵 $\boldsymbol{M}(G)$ 的秩为 $n-s$。

习题 6.4

（A）

1. 设图 G 的邻接矩阵为 $\begin{bmatrix} 0 & 1 & 1 & 0 & 0 \\ 1 & 0 & 0 & 1 & 1 \\ 1 & 0 & 0 & 0 & 0 \\ 0 & 1 & 0 & 0 & 1 \\ 0 & 1 & 0 & 1 & 0 \end{bmatrix}$，则 G 的边数为（　　）。

    A. 6　　　　　　　B. 5　　　　　　　C. 4　　　　　　　D. 3

2. 已知图 G 的邻接矩阵为 $\begin{bmatrix} 0 & 1 & 0 & 1 & 1 \\ 1 & 0 & 0 & 0 & 1 \\ 0 & 0 & 0 & 1 & 1 \\ 1 & 0 & 1 & 0 & 1 \\ 1 & 1 & 1 & 1 & 0 \end{bmatrix}$，则 G 有（　　）。

    A. 5 个点，8 条边　　B. 6 个点，7 条边　　C. 6 个点，8 条边　　D. 5 个点，7 条边

3. 设有向图 $G = <V, E>$ 如图 6.4.7 所示，试用邻接矩阵方法求长度为 2 的路的总数和回路总数。

4. 设有向图 $G = <V, E>$ 如图 6.4.8 所示，请写出它的邻接矩阵。

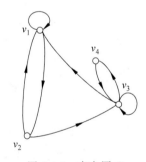

图 6.4.7　有向图 G

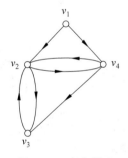

图 6.4.8　有向图 G

5. 有向图 G 如图 6.4.9 所示，回答下列问题。

（1）求 v_2 到 v_5 长度分别为 1，2，3，4 的通路数。

（2）求 v_5 到 v_5 长度分别为 1，2，3，4 的回路数。

（3）求 G 中长度为 4 的通路数。

（4）求 G 中长度小于或等于 4 的回路数。

（5）写出 G 的可达矩阵。

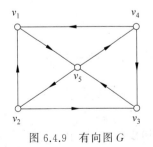

图 6.4.9　有向图 G

（B）

6. 设有向图 G 如图 6.4.10 所示，用邻接矩阵计算 v_1 到 v_4 长度小于或等于 3 的通路数。

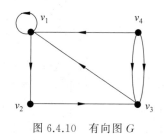

图 6.4.10　有向图 G

（C）

7.（参考河南科技大学 2012 年考研试题）已知无向图 G 如图 6.4.11 所示，请计算：

(1) 图 G 的邻接矩阵；

(2) v_2 到 v_4 长度为 2 的路有几条？

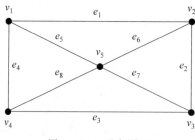

图 6.4.11　无向图 G

6.5　图 的 应 用

★随着计算机技术的飞速发展，人们对效率的要求越来越高，最短通路问题也逐渐成为计算机、运筹学、地理信息科学等领域的研究热点之一。由于在实际中得到广泛的应用，因此求最短通路问题的算法以及提高该算法的求解效率也有其重大的现实意义，国内外诸多行业的专家均对此问题进行了深入研究。

6.5.1　加权图的最短通路

定义 6.5.1　对于有向图或无向图 $G=\langle V,E\rangle$ 的每条边 e 都指定一个实数 $l(e)$ 与之对应，则称 $l(e)$ 为边 e 上的**权**。如果 $e\notin E$，则令 $l(e)=+\infty$。G 连同各边上的权称为**加权图**或**赋权图**。

$$a_{ij}=\begin{cases}\omega_{ij}, & v_i \text{ 和 } v_j \text{ 之间有边相连}\\ \infty, & v_i \text{ 和 } v_j \text{ 之间没有边相连},\\ 0, & i=j\end{cases}$$

其中 $\omega_{ij}(i=1,2,\cdots,n;j=1,2,\cdots,n)$ 表示 v_i 到 v_j 的边上的权。

称 $\omega=(\omega_{ij})_{n\times n}$ 为**赋权矩阵**。此时，赋权图也记作：$G=<V,E,W>$。

定义 6.5.2　设 $G=<V,E>$ 是一个图，$v\in V$，称
$$\mathrm{Succ}(v)=\{x\,|\,x\in V\wedge [v,x]\in E(\text{或}<v,x>\in E)\}$$
为 v 的**后续结点集**，
$$\mathrm{Pree}(v)=\{x\,|\,x\in V\wedge [x,v]\in E(\text{或}<x,v>\in E)\}$$
为 v 的**前驱结点集**。

定义 6.5.3　设加权图 $G=<V,E>$，G 中每条边的权都大于等于 0，如果 C 为 G 中的一条通路，称 C 所经过的各条边的权之和为通路 C 的**长度**。

定义 6.5.4　设加权图 $G=<V,E>$，u,v 为 G 中任意两个顶点，从 u 到 v 的所有通路中长度最小的通路称为 u 到 v 的**最短通路**。

如图 6.5.1 是一个加权图。图中顶点表示各个城市，边表示城市间的公路，边上的权表示城市间公路的里程数（单位：百公里），这就是一个公路交通网络图。

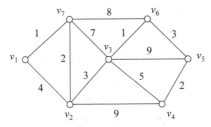

图 6.5.1　加权图表示公路交通网络图

求最短通路问题的应用背景广泛，研究此问题具有实际价值。

最短通路问题一般归为两类：一类是求从某个顶点（源点）到其他顶点（终点）的最短通路；另一类是求图中每一对顶点间的最短通路。关于最短通路的研究，目前已有很多算法，但基本上均是以 Dijkstra 和 Warshall-Floyd 两种算法为基础，因此，对 Dijkstra 算法和 Warshall-Floyd 算法进行本质的研究非常必要。

最短通路问题要解决的就是求加权图 $G=<V,E,W>$ 中两个给定顶点之间的最短通路。求单源点最短通路的一个著名算法就是 Dijkstra 算法。

Dijkstra 算法的基本思想是：设源点是 u_0，目标点为 v_0。按距离 u_0 由近及远为顺序，依次求得 u_0 到 G 的各顶点的最短通路和距离，设 G 为赋权有向图或无向图，且图中边上的权均非负。

对每个顶点，定义两个标记 $(l(v),z(v))$，其中，$l(v)$ 表示从顶点 u_0 到 v 的一条路的权，$z(v)$ 表示顶点 v 的父亲点，用以确定最短路的路线。

算法的过程就是在每一步改进这两个标记，使最终 $l(v)$ 是从顶点 u_0 到 v 的最短路的权。

设 S 为具有永久标号的顶点集，用来存放已经访问过的顶点。

若 $u_0u_1\cdots u_{m-1}u_m$ 是从 u_0 到 u_m 的最短通路，则 $u_0u_1\cdots u_{m-1}$ 是从 u_0 到 u_{m-1} 的最短通路。输入 G 的赋权矩阵 W。直至 G 的所有顶点（或 v_0），算法结束。

为避免重复并保留每一步的计算信息,采用标号算法。

★标号算法的描述如下。

(1) 赋初值:令 $S=\{u_0\}$,$l(u_0)=0$;

$$\forall v\in \bar{S}=V-S,令\ l(v)=\infty ,z(v)=u_0,u=u_0。$$

(2) 更新 $l(v),z(v)$:$\forall v\in \bar{S}=V-S$,

若 $l(v)>l(u)+W(u,v)$,则令

$$l(v)=l(u)+\pmb{W}(u,v),z(v)=u。$$

(3) 设 v^* 是使 $l(v)$ 取最小值的 $\bar{S}$ 中的顶点,则令 $S=S\cup \{v^*\},u=v^*$ 。

(4) 若 $S\neq \varnothing$,转(2),否则停止。

用上述算法求出的 $l(v)$ 就是 u_0 到 v 的最短路的权,从 v 的父亲点 $z(v)$ 追溯到 u_0 到 v 的最短路的路线。

算法结束时,从 u_0 到各顶点 v 的距离由 v 的最后一次的标号 $l(v)$ 给出。在 v 进入 S 之前的标号 $l(v)$ 叫 **T 标号**,v 进入 S 时的标号 $l(v)$ 叫 **P 标号**。

标号算法就是不断修改各个点的 T 标号,直至获得 P 标号。

若在标号算法运行过程中,将每一顶点获得 P 标号所由来的边在图上标明,则当算法结束时,u_0 至各个点的最短路也在图上标示出来了。

例 6.5.1 计算图 6.5.2 中 v_1 到 v_5 的最短通路。

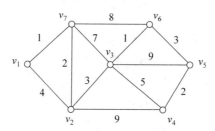

图 6.5.2 无向加权图

解 (1) 初始时,$P=\{v_1\}$,$T=\{v_2,v_3,v_4,v_5,v_6,v_7\}$,且
$D(v_1)=0,D(v_2)=4,D(v_3)=\infty ,D(v_4)=\infty $,
$D(v_5)=\infty ,D(v_6)=\infty ,D(v_7)=1$ 。

因为 $D(v_7)=1$ 是 T 中最小的 D 值,所以,将 v_7 加入 P 中,即 $P=\{v_1,v_7\}$,$T=\{v_2,v_3,v_4,v_5,v_6\}$ 。

(2) 计算 T 中各点的 D 值:
$D(v_2)=\min \{4,1+2\}=3$;
$D(v_3)=\min \{\infty ,1+7\}=8$;
$D(v_4)=\min \{\infty ,\infty \}=\infty $;
$D(v_5)=\min \{\infty ,\infty \}=\infty $;

$D(v_6)=\min\{\infty,1+8\}=9$。

$D(v_2)$是 T 中最小的 D 值,将 v_2 加入 P 中,即 $P=\{v_1,v_2,v_7\}$,$T=\{v_3,v_4,v_5,v_6\}$。

(3) 计算 T 中各点的 D 值:

$D(v_3)=\min\{8,3+3\}=6$;

$D(v_4)=\min\{\infty,3+9\}=12$;

$D(v_5)=\min\{\infty,\infty\}=\infty$;

$D(v_6)=\min\{9,\infty\}=9$。

$D(v_3)$是 T 中最小的 D 值,将 v_3 加入 P 中,即 $P=\{v_1,v_2,v_3,v_7\}$,$T=\{v_4,v_5,v_6\}$。

(4) 计算 T 中各点的 D 值:

$D(v_4)=\min\{12,6+5\}=11$;

$D(v_5)=\min\{\infty,6+9\}=15$;

$D(v_6)=\min\{9,6+1\}=7$。

$D(v_6)$是 T 中最小的 D 值,将 v_6 加入 P 中,即 $P=\{v_1,v_2,v_3,v_6,v_7\}$,$T=\{v_4,v_5\}$。

(5) 计算 T 中各点的 D 值:

$D(v_4)=\min\{11,\infty\}=11$;

$D(v_5)=\min\{15,7+3\}=10$。

$D(v_5)$是 T 中最小的 D 值,所以,v_1 到 v_5 的最短距离是10,如果每次在求 T 中最小的 D 值时,把各点通过的通路记录下来,就能得到最短通路所经过的顶点。本例中,v_1 到 v_5 的最短通路是$(v_1,v_7,v_2,v_3,v_6,v_5)$。

列表法来求最短通路,它使求解过程显得十分简洁,并可求出最短通路所经过的的顶点。仍以图 6.5.2 为例。

用 $D_i^{(r)}/v_j$ 表示在第 r 步 v_i 获得 T 中最小的 D 值 $D_i^{(r)}$,且在 v_1 到 v_i 的最短通路上,v_i 的前驱是 v_j,则算法可用表格的形式给出。如表 6.5.1 所示,第 0 行是算法的开始。

表 6.5.1　Dijkstra 算法求解过程

	v_1	v_2	v_3	v_4	v_5	v_6	v_7
0	0	4	∞	∞	∞	∞	1
1		4	∞	∞	∞	∞	$1/v_1$
2			$3/v_7$	8	∞	∞	9
3				$6/v_2$	12	∞	9
4					11	15	$7/v_3$
5					11	$10/v_6$	
6					$11/v_3$		
	0	3	6	11	10	7	1

由表 6.5.1 可知：

v_1 到 v_2 的最短通路的长度为 3,最短通路为(v_1,v_7,v_2);

v_1 到 v_3 的最短通路的长度为 6,最短通路为 (v_1,v_7,v_2,v_3);

v_1 到 v_4 的最短通路的长度为 11,最短通路为(v_1,v_7,v_2,v_3,v_4);

v_1 到 v_5 的最短通路的长度为 10,最短通路为$(v_1,v_7,v_2,v_3,v_6,v_5)$;

v_1 到 v_6 的最短通路的长度为 7,最短通路为(v_1,v_7,v_2,v_3,v_6);

v_1 到 v_7 的最短通路的长度为 1,最短通路为(v_1,v_7)。

★最短通路问题是重要的最优化问题之一,也是图论研究中的一个经典算法问题,它不仅直接应用于解决生产实践中的众多问题,如管道的铺设、线路的安排、厂区的选址和布局、设备的更新等,而且也经常被作为一种基本工具,用于解决其他的预测和决策问题。从数学的解读考虑,大量优化问题等价于在一个图中找到最短通路问题。在图论中,最短通路算法比任何其他算法都解决得更彻底。

6.5.2　加权图的关键路径

定义 6.5.5　设 $G=<V,E>$ 是 n 阶有向简单加权图,G 中没有回路,其中有一个顶点的入度为 0,称为**发点**;有一个顶点的出度为 0,称为**收点**。对任意的除发点、收点外的顶点,都在从发点到收点的某条路径上,则称图 G 为**计划评审图**(**PERT 图**)。

在计划评审图中,每条边表示一个活动或一道工序,若有向边$<v_i,v_j>$,$<v_j,v_k>$ 相邻,则表示活动$<v_j,v_k>$必须在活动$<v_i,v_j>$结束后才能开始,发点表示整个工程的开始,收点表示整个工程的结束,图中各边上的权表示完成相应活动所需的时间,因而各边上的权都大于等于零。

定义 6.5.6　在计划评审图中,**关键路径**是从发点到收点的通路中权和最大的路径。处于关键路径上的顶点,称为**关键状态**;处于关键路径上的边,称为**关键活动**或**关键工序**。

在 PERT 图中,求关键路径就是求从发点到收点的一条最长路径。

由计划评审图的含义可知,任何计划评审图中的关键路径都是存在的,但关键路径可以不只一条,要想使整个工期缩短,必须将每条关键路径上至少一条边的权缩小。

定义 6.5.7　设计划评审图 G,任意的 $v_i \in V(G)$,称从发点沿着关键路径到达 v_i 所需的时间为 v_i 的**最早完成的时间**,记作 $T_E(v_i)$。

从定义可以看出,$T_E(v_i)$ 是以 v_i 为起点的各活动的最早可能开工时间,因而称为 v_i 的最早完成的时间,它是发点到 v_i 的关键路径的权和。

显然,发点的最早完成时间为 0,收点的最早完成时间为关键路径的长度(权和)。

设 v_1 为发点,v_n 为收点,最早完成时间的计算公式如下:

$$\begin{cases} T_E(v_i)=0, & i=1 \\ T_E(v_i)=\max\limits_{v_j \in \Gamma^-(v_i)}\{T_E(v_j)+w_{ji}\}, & i\neq 1 \end{cases},$$

其中，$\Gamma^-(v_i)$ 为 v_i 的先驱元素集合，w_{ji} 为边 $<v_j, v_i>$ 的权值。

定理 6.5.1 设 $P_E = \{v \mid T_E(v)$ 已经算出$\}$，$T_E = V - P_E$，若 $T_E \neq \varnothing$，则存在 $u \in T_E$，使得 $\Gamma^-(u) \subseteq P_E$。

定义 6.5.8 在保证收点 v_n 的最早完成时间 $T_E(v_n)$ 不增加的条件下，自发点 v_1 最迟到达 v_i 所需要的时间称为 v_i 的**最晚完成时间**，记作 $T_L(v_i)$。

各项活动所允许的最迟的开工时间，其计算公式为

$$\begin{cases} T_L(v_n) = T_E(v_n), \\ T_L(v_i) = \min_{v_j \in \Gamma^+(v_i)} \{T_L(v_j) - w_{ij}\}, i \neq n。 \end{cases}$$

其中 $\Gamma^+(v_i)$ 为 v_i 的后继元素集合，w_{ij} 为边 $<v_i, v_j>$ 的权值。

定理 6.5.2 设 $P_L = \{v \mid T_L(v)$ 已经算出$\}$，$T_L = V - P_L$。若 $T_L \neq \varnothing$，则存在 $v \in T_L$，使得 $\Gamma^+(v) \subseteq P_L$。

定理 6.5.3 缓冲时间 $T_S(v_i) = 0$，当且仅当 v_i 处于关键路径上。

例 6.5.2 计算图 6.5.3 中各顶点的最早、最晚及缓冲时间，并求出所有关键路径。

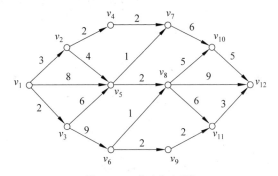

图 6.5.3 有向加权图

解 表 6.5.2 给出了各顶点的最早时间 $T_E(v_i)$、最晚时间 $T_L(v_i)$ 及缓冲时间 $T_S(v_i)$。

表 6.5.2 有向加权图的最早、最晚及缓冲时间

v_i	$T_E(v_i)$	$T_L(v_i)$	$T_S(v_i)$	v_i	$T_E(v_i)$	$T_L(v_i)$	$T_S(v_i)$
v_1	0	0	0	v_7	9	11	2
v_2	3	6	3	v_8	12	12	0
v_3	2	2	0	v_9	13	17	4
v_4	5	9	4	v_{10}	17	17	0
v_5	8	10	2	v_{11}	18	19	1
v_6	11	11	0	v_{12}	22	22	0

习题 6.5

（A）

1. 求图 6.5.4 赋权图中 v_1 到其他顶点的距离。

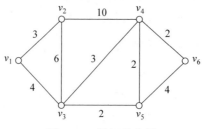

图 6.5.4　赋权无向图

2. 如图 6.5.5 所示的赋权图表示某 7 个城市 $v_1, v_2, v_3, v_4, v_5, v_6, v_7$ 及它们之间的直接通信造价（单位：万元），试给出一个设计方案，使得各城市之间能够通信，且总造价最低。

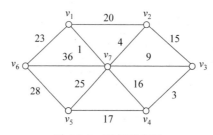

图 6.5.5　赋权无向图

（B）

3. 设邮局为 D 点，计算如图 6.5.6 所示的赋权图中最优投递路线并求出投递路线长度。

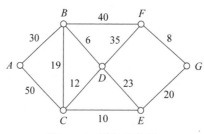

图 6.5.6　赋权无向图

*6.6　图的思维导图

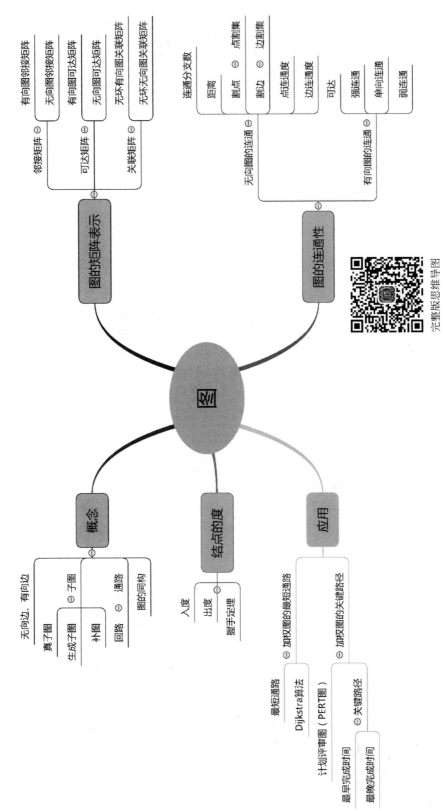

完整版思维导图

*6.7　图的算法思想

图论是一个应用十分广泛而又极其有趣的数学分支,以离散对象的二元关系结构为研究对象。图论在网络理论、信息论、控制论和计算机科学等领域都有着广泛的应用。下面一组实验的目的是让学生更加深刻地理解图论中的一些基本概念,并熟悉图在计算机上的表示和运算方法,且能够应用图论解决实际问题。

6.7.1　图的可达矩阵算法

设图 $G=<V,E>$ 的结点集为 $V=\{0,1,\cdots,n-1\}$,其邻接矩阵用 A 表示,可达矩阵用 P 表示。

邻接矩阵 A 定义为:

$$a_{ij}=\begin{cases}1,& i \text{ 与 } j \text{ 之间有边相连}\\0,& i \text{ 与 } j \text{ 之间无边相连}\end{cases}$$

利用 Warshall-Floyd 算法求图的可达矩阵的算法

(1) 置 $P=A$。

(2) $i=0$。

(3) 对所有 j,如果 $P[j,i]=1$,则对 $k=0,1,\cdots,n-1,P[j,k]=P[j,k]\vee P[i,k]$。

(4) i 加 1。

(5) 如果 $i\leqslant n-1$,则转到步骤(3),否则停止。

6.7.2　有向图的所有强分支算法

设图 $G=<V,E>$ 的结点集为 $V=\{0,1,\cdots,n-1\}$,其邻接矩阵用 A 表示,可达矩阵用 P 表示。

邻接矩阵 A 定义为:

$$a_{ij}=\begin{cases}1,& i \text{ 与 } j \text{ 之间有边相连}\\0,& i \text{ 与 } j \text{ 之间无边相连}\end{cases}$$

求图 G 的可达矩阵详见 6.4.2 节相关内容。

若 P 是图 G 的可达矩阵,P^T 是 P 的转置,则 $P\wedge P^T$ 的第 i 行元素为 1 的列号为下标的结点构成了包含 i 的强分支,其中 $A\wedge B$ 定义为 $(A\wedge B)_{ij}=a_{ij}\wedge b_{ij}$。

6.7.3　有向图的所有单向分支算法

设图 $G=<V,E>$ 的结点集为 $V=\{0,1,\cdots,n-1\}$,其邻接矩阵用 B 表示,可达矩阵用 P 表示。

邻接矩阵 B 定义为:

$$b_{ij} = \begin{cases} 1, & i \text{ 与 } j \text{ 之间有边相连} \\ 0, & i \text{ 与 } j \text{ 之间无边相连} \end{cases}。$$

设 G' 是图 G 的删去其所有强分支的边之后得到的图，其邻接矩阵用 B 表示。

通过对有向图的分析可得出以下结论。

(1) 一个强分支的所有结点一定同在或同不在一个单向分支中。

(2) 图 G' 的单向分支要么是孤立结点，要么是不可扩充成回路的通路。

(3) 对 G 的结点归并，即可得到 G 的所有单向分支：

① 将 G' 的每条不可扩展路的结点及其该结点所在 G 的强分支归并；

② 将完成①之后的未处理结点按其所在 G 的强分支进行归并。

于是，求有向图所有单向分支的算法如下。

(1) 求 G 的所有强分支。

(2) 求删去 G 的强分支的所有边所得子图 G'。

(3) 求图 G' 的所有不可扩展路。

(4) 按照结论(3)对所有结点进行归并，即得 G 的所有单向分支。

6.7.4　图的所有割点算法

设图 $G=<V,E>$ 的结点集为 $V=\{0,1,\cdots,n-1\}$，其邻接矩阵用 A 表示，可达矩阵用 P 表示。

邻接矩阵 A 定义为：

$$a_{ij} = \begin{cases} 1, & v_i \text{ 和 } v_j \text{ 之间有边相连} \\ 0, & i=j \qquad\qquad\quad (i,j=0,1,\cdots,n-1)。 \\ \infty, & v_i \text{ 和 } v_j \text{ 之间无边相连} \end{cases}$$

判断结点 i 是否为割点的算法如下：

(1) 由图 G 的邻接矩阵 A 求出子图 $G-\{i\}$ 的邻接矩阵 A^i。

(2) 按照 Floyd 算法求出子图 $G-\{i\}$ 的最短通路长度矩阵 D^i。

(3) 若 D^i 中除主对角线元素外具有无穷元，则结点 i 是割点，否则结点 i 不是割点。

6.7.5　图的所有割边算法

设图 $G=<V,E>$ 的结点集为 $V=\{0,1,\cdots,n-1\}$，其邻接矩阵用 A 表示，可达矩阵用 P 表示。

邻接矩阵 A 定义为：

$$a_{ij}=\begin{cases}1, & v_i \text{ 和 } v_j \text{ 之间有边相连} \\ 0, & i=j \\ \infty, & v_i \text{ 和 } v_j \text{ 之间无边相连} \end{cases} \quad (i,j=0,1,\cdots,n-1)。$$

判断边$[i,j]$是否为割边的算法

(1) 由图 G 的邻接矩阵 A 求出子图 $G-\{[i,j]\}$ 的邻接矩阵 A^i。

(2) 按照 Floyd 算法求出子图 $G-\{[i,j]\}$ 的最短通路长度矩阵 D^i。

(3) 若 D^i 中除主对角线元素外具有无穷元,则边$[i,j]$是割边,否则边$[i,j]$不是割边。

6.7.6 发点到其他各点的所有最短通路算法

由于经典 Dijkstra 算法存在着许多不足,尤其是当结点数很大时,该算法会占用大量的存储空间,并且该算法需要计算从起点到每一个结点的最短通路,这也降低了程序运行的效率。同时研究分析发现,当两点之间有多条最短通路时,上述 Dijkstra 算法只能求出一条,因而 Dijkstra 算法具有局限性,因为在实际问题中往往需要求出所有最短通路。为了克服算法的局限性,下面给出一种改进后的算法。

Dijkstra 矩阵算法比 Dijkstra 算法更容易在计算机上实现,它能够计算加权图中任意两顶点之间的最短距离。该算法的基本思想是将加权图 $G=<V,E>$ 存储在矩阵 $A=(a_{ij})_{n \times n}$ 里,赋权图 $G=<V,E,W>$ 的矩阵 A 按下面方式定义:

$$a_{ij}=\begin{cases}\omega_{ij}, & v_i \text{ 和 } v_j \text{ 之间有边相连} \\ \infty, & v_i \text{ 和 } v_j \text{ 之间无边相连} \\ 0, & i=j \end{cases}。$$

其中,n 为图 G 的顶点个数。

将 Dijkstra 算法的思想应用于此矩阵的第 k 行,可求出顶点 v_k 到其他各顶点的最短距离,将最短距离仍保存在矩阵 A 的第 k 行,其中 $k=1,2,\cdots,n$。当算法结束时,矩阵 A 的元素值就是任意两顶点之间的最短距离。

设 S 表示已找到从 v_0 出发的最短通路的终点的集合,向量 D 的每个分量 $D[i]$ 表示从始点 v_0 到每个终点 v_i 的最短通路的长度,Succ(u) 表示 u 的后继结点组成的集合。

求结点 0 到其他各结点的所有最短通路的算法

(1) 初始化 S 及 D。从 v_0 到其他各结点的最短通路长度,即一维数组 D 的各分量 $D[i]$。$S=\{0\}$,$D[i]=A[0,i]$,$i=0,1,\cdots,n-1$。

(2) 选取 j,使得 $D[j]=\min\{D[i]|i \in V-S\}$,令 $S=S \cup \{j\}$。

(3) 修改从 0 出发到集合 $V-S$ 上任一结点 k 可达的最短通路长度。如果 $D[j]+A[j][k]<D[k]$,则修改 $D[k]$ 为 $D[k]=D[j]+A[j][k]$。

(4) 重复操作(2)、(3)共 $n-1$ 次,求得从 0 到其余各结点 j 的最短通路长度 $D[j]$。

（5）按如下方法构造矩阵 $\boldsymbol{P}$：
$$\boldsymbol{P}[i,j]=\begin{cases}\boldsymbol{A}[i,j]+\boldsymbol{D}[i]&0<\boldsymbol{A}[i,j]<\infty\text{且}\boldsymbol{D}[i]\neq\infty\\\boldsymbol{A}[i,j]&\text{其他}\end{cases}。$$

（6）依据 $\boldsymbol{P}$ 求出从 v_0 到其他各结点的所有最短通路。方法是：按照 $\mathrm{Succ}(v_i)=\{v_j\,|\,\boldsymbol{P}[i,j]=\boldsymbol{D}[v_j]\text{且}\,v_i\neq v_j\}$ 依次求出每个结点的后继结点组成的集合，根据求得的结果，按秩的大小输出从 v_0 到其他各结点的所有最短通路。

以上算法只是简单地将 Dijkstra 算法的思想应用到矩阵的每一行，这样做仍有很多重复计算，效率不高，算法可以继续优化。

6.7.7　求两点间最短通路的 Warshall-Floyd 算法

设图 $G=<V,E>$，顶点集记作 $<v_1,v_2,\cdots,v_n>$，G 的每条边赋有一个权值，ω_{ij} 表示边 v_iv_j 上的权，若 v_i，v_j 不相邻，则令 $\omega_{ij}=+\infty$。

Warshall-Floyd 算法简称 Floyd 算法，它利用了动态规划算法的基本思想，即若 d_{ik} 是顶点 v_i 到顶点 v_k 的最短距离，d_{kj} 是顶点 v_k 到顶点 v_j 的最短距离，则 $d_{ij}=d_{ik}+d_{kj}$ 是顶点 v_i 到顶点 v_j 的最短距离。

对于任何一个顶点 $v_k\in V$，顶点 v_i 到顶点 v_j 的最短路经过顶点 v_k 或者不经过顶点 v_k。比较 d_{ij} 与 $d_{ik}+d_{kj}$ 的值。若 $d_{ij}>d_{ik}+d_{kj}$，则令 $d_{ij}=d_{ik}+d_{kj}$，保持 d_{ij} 是当前搜索的顶点 v_i 到顶点 v_j 的最短距离。重复这一过程，最后当搜索完所有顶点 v_k 时，d_{ij} 就是顶点 v_i 到顶点 v_j 的最短距离。

Floyd 算法的基本步骤

令 d_{ij} 是顶点 v_i 到顶点 v_j 的最短距离，ω_{ij} 是顶点 v_i 到顶点 v_j 的权。

（1）输入图 G 的赋权矩阵 $\boldsymbol{W}$。对所有 i,j，有 $d_{ij}=\omega_{ij}$，$k=1$。

（2）更新 d_{ij}。对所有 i,j，若 $d_{ik}+d_{kj}<d_{ij}$，则令 $d_{ij}=d_{ik}+d_{kj}$。

（3）若 $d_{ii}<0$，则存在一条含有顶点 v_i 的回路，其权值为负数，停止；或者 $k=n$ 停止，否则转到步骤（2）。

6.7.8　图的所有关键路径算法

赋权图 $G=<V,E,W>$ 的邻接矩阵 $\boldsymbol{A}$ 按下面方式定义：
$$a_{ij}=\begin{cases}\omega_{ij},&v_i\text{ 和 }v_j\text{ 之间有边相连}\\0,&i=j\end{cases}。$$

设向量 $\boldsymbol{D}$ 的每个分量 $\boldsymbol{D}[i]$ 表示当前所找到的从发点 0 到每个收点 i 的路径的最大长度；向量 $\boldsymbol{S}$ 的每个分量 $\boldsymbol{S}[i]$ 表示从发点 0 到收点 i 的最长距离是否已求出，若已求出则 $\boldsymbol{S}[i]=1$，否则 $\boldsymbol{S}[i]=0$；$\boldsymbol{P}$ 为按照下述方法对 $\boldsymbol{A}$ 进行修正后得到的矩阵；$\mathrm{Pre}(u)$ 表示 u

的前驱结点组成的集合。

求发点 0 到收点 $n-1$ 的所有关键路径的算法描述如下。

（1）初始化矩阵 $\boldsymbol{S}$、$\boldsymbol{D}$ 和 $\boldsymbol{P}$。

```
for(i=0;i<n;i++)
    S[i]=0;
    S[0]=1;
    for(i=0;i<n;i++)
        D[i]=A[0,i];
        P=A;
```

（2）选择 k，使得
$$\boldsymbol{D}[k]=\max\{\boldsymbol{D}[i]\,|\,\boldsymbol{S}[i]=0\},$$
并令 $\boldsymbol{S}[k]=1$。用 $\boldsymbol{D}[k]$ 修正矩阵 $\boldsymbol{P}$ 第 $k+1$ 行的值，即：
若 $\boldsymbol{P}[k,i]$ 不等于 0，则
$$\boldsymbol{P}[k][i]=\boldsymbol{P}[k,i]+\boldsymbol{D}[k],$$
否则 $\boldsymbol{P}[k,i]$ 的值不变，$i=0,1,\cdots,n-1$。

（3）根据矩阵 $\boldsymbol{P}$ 第 $k+1$ 行的值修正 $\boldsymbol{D}$ 的值，即：
若 $\boldsymbol{D}[i]<\boldsymbol{P}[k,i]$，则 $\boldsymbol{D}[i]=\boldsymbol{P}[k,i]$ 且 $\boldsymbol{S}[i]=0$，否则 $\boldsymbol{D}[i]$ 的值不变，$i=0,1,\cdots,n-1$。

（4）判断该过程是否结束，若结束则转向（5），否则转向（2）。

（5）根据矩阵 $\boldsymbol{P}$ 输出所有关键路径。方法是按照下面公式求出每个顶点的前驱结点组成的集合
$$\mathrm{Pre}(u)=\{w\,|\,\boldsymbol{P}[w,u]=\boldsymbol{D}[u]\,\text{且}\,u\neq w\}.$$

根据求得的结果输出从发点到收点的所有关键路径。

6.8　本章小结

本章详细介绍了图的基本概念、子图、通路、回路、图的同构、结点的度和握手定理及其推论，有（无）向连通图的相关概念和定理，以及有（无）向图的矩阵表示；接着介绍了加权图和它的两个应用，即求最短通路和关键路径；最后给出图的思维导图和部分算法思想描述。

第7章

欧拉图与哈密尔顿图

图论是一种处理离散对象的重要的数学工具。本章主要介绍了从实际问题引出的两种特殊的图：欧拉图与哈密尔顿图。通过本章的学习,读者将掌握以下内容：

(1) 欧拉通路、欧拉回路、欧拉图和半欧拉图的概念；

(2) 欧拉图和半欧拉图的判定准则；

(3) 欧拉图的应用——中国邮递员问题和计算机旋转鼓轮的设计；

(4) 哈密尔顿通路、哈密尔顿回路、哈密尔顿图和半哈密尔顿图的概念；

(5) 哈密尔顿图和半哈密尔顿图的判定准则；

(6) 哈密尔顿图的应用——周游世界问题。

7.1 欧 拉 图

★欧拉(Leonhard Euler,1707—1783),出生在瑞士的巴塞尔城,13 岁进巴塞尔大学读书,得到当时最著名的数学家约翰·伯努利(Johann Bernoulli,1667—1748)的精心指导。欧拉是科学史上最多产的杰出的数学家之一。他凭借杰出的智慧、顽强的毅力、孜孜不倦的治学精神,即使双目失明也从未停止过对数学的研究。据统计,在欧拉不倦的一生中,他共撰写 886 本书籍和论文,包括分析学、代数、数论、物理、天文学、弹道学、航海学和建筑学等。欧拉去世后,彼得堡科学院整理他的著作,足足忙碌了 47 年才得以完成。高斯曾评价说:"研究欧拉的著作永远是理解数学的最好方法。"

欧拉研究问题总是喜欢深入自然与社会的深层,总是喜欢结合具体问题,被誉为非常出色的理论联系实际的巨匠和应用数学的大师。

欧拉在数学学科方面的建树颇丰,其中之一就是对著名的哥尼斯堡七桥问题的解答,并由此开创了图论学科的研究。每逢欧拉诞辰,国内外的图论学者都会以不同形式的交流来纪念他,追溯他对图论不朽的功绩。

总之,我们要感谢欧拉,要永远学习他高尚的科学精神。

7.1.1 欧拉图的定义

七桥问题是著名的图论问题,这个问题是：在哥尼斯堡有 4 块被河流分隔的陆地与连接它们的 7 座桥,如图 7.1.1(a)所示,问是否可从一块陆地出发通过每座桥恰好一次,最后回到原来的那块陆地?

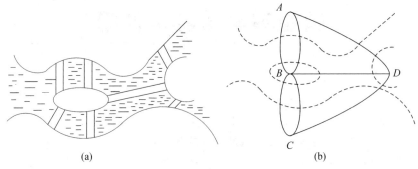

图 7.1.1　七桥问题

定义 7.1.1　(1) 通过图中所有边一次且仅一次行遍所有顶点的通路称为**欧拉通路**;

(2) 通过图中所有边一次且仅一次行遍所有顶点的回路称为**欧拉回路**;

(3) 具有欧拉回路的图称为**欧拉图**;

(4) 具有欧拉通路但无欧拉回路的图称为**半欧拉图**。

图 7.1.2(a)存在欧拉通路,但不存在欧拉回路,因而它不是欧拉图。而图 7.1.2(b)中存在欧拉回路,所以是欧拉图。

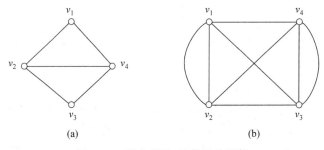

图 7.1.2　欧拉通路、欧拉回路图例

7.1.2　欧拉图的判定

定理 7.1.1(欧拉定理)　无向图 G 是欧拉图,当且仅当图 G 是连通的,且图 G 中所有顶点的度都是偶数。

证明　必要性:

若连通无向图 G 有欧拉回路,设 α 是 G 的一条欧拉回路,则 α 通过 G 的任一结点时必通过关联该点的两条边,而 G 中每条边仅出现一次,所以 α 所通过的每个结点必为偶数度结点。

充分性:

设 G 是 $<n,m>$ 图,对边数 m 归纳。

当 $m=1$ 时,$n=1$,结论显然成立。

假设对于边数小于 m 且每个结点的度均为偶数的连通图结论成立。

不妨设 $n \geqslant 2$。由于每个结点的度均为偶数，G 中必存在一个圈 C。在 G 中去掉 C 的所有边得到的图，其每个连通分支的每个结点的度均为偶数，于是每个连通分支是欧拉图，进而 G 是欧拉图。

推论 7.1.1　无向连通图 G 中存在欧拉回路，当且仅当图 G 中所有顶点的度都是偶数。

如何判断一个图是否存在欧拉回路和欧拉通路呢？

如果没有孤立结点，存在欧拉回路或欧拉通路的图必是连通图，但一个连通图却不一定是欧拉图或存在欧拉通路。

对于如何判断一个连通图是否存在欧拉回路，欧拉给出了十分简单的判别准则。

现在，我们回过头来看七桥问题，如果将陆地看作结点，将连接陆地的桥看作边，则可得到图 7.1.1(b)。由定理 7.1.1 知，七桥问题无解，甚至不存在欧拉通路。欧拉正是利用这种抽象思维的方式解决七桥问题的，如图 7.1.3 所示。

定理 7.1.2　无向图 G 是半欧拉图，当且仅当图 G 是连通的，且图 G 中只有两个顶点的度为奇数，而其他顶点的度为偶数。

证明　设图 G 中度为奇数的顶点为 u,v，在图 G 中附加一条新边，从而形成一个新图 G'。

于是，G 有一条 u 与 v 间的欧拉通路，当且仅当 G' 有一条欧拉回路。

也就是说，G 有一条 u 与 v 间的欧拉通路，当且仅当 G' 是连通的，且所有顶点的度都是偶数，从而当且仅当 G 是连通的，且只有 u,v 的度为奇数，而其余顶点的度均为偶数。

推论 7.1.2　无向连通图 G 中顶点之间存在欧拉通路，当且仅当图 G 中顶点的度为奇数，而其他顶点的度为偶数。推论示例如图 7.1.4(a) 所示。

定理 7.1.3　有向图 G 是欧拉图，当且仅当图 G 是强连通的，且图 G 中每个顶点的入度都等于出度。定理示例如图 7.1.4 所示。

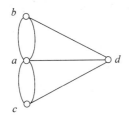　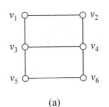　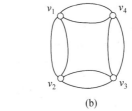

(a)　　　　(b)

图 7.1.3　七桥问题图解　　　图 7.1.4　无向图和有向图的欧拉图示例

定理 7.1.4　有向图 G 是半欧拉图，当且仅当图 G 是单向连通的，且图 G 中恰有两个奇度顶点，其中一个的入度比出度大 1，另一个的出度比入度大 1，而其他顶点的入度都等于出度。定理示例如图 7.1.5 所示。

★一笔画问题就是典型的欧拉通路和欧拉回路的问题。所谓一个图能一笔画出是指从图的某结点出发，线可以相交但不能重合，不起笔就可以将图画完，图上的每条边都要画到且不能重复。

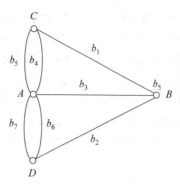

图 7.1.5　有向图的半欧拉图示例

图 7.1.6 是两个一笔画的图例,读者不妨思考如何将对应的图形一笔画出。

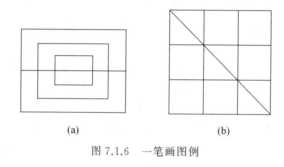

(a)　　　　　　　　　　(b)

图 7.1.6　一笔画图例

那么,哪些画能够一笔画出呢?

> ★一笔画的图必须是连通的,并且顶点的度必须全是偶数或只有两个顶点的度是奇数,因为若从某一点出发,一笔画出了某个图形,再到某一点终止,那么中间每经过一点,总有画进那点的一条线和从那点画出的一条线,也就是那点一定要和偶数条线相连,除非是起点和终点,这两点允许有奇数条线与它们相连。

因此,若图上只有两个顶点的度是奇数,也能一笔画出,但画的时候只能以这两点作为起点和终点。

7.1.3　欧拉图的应用

1. 中国邮递员问题

如图 7.1.7 所示,一位邮递员从邮局选好邮件去投递,然后返回邮局,要求邮递员必须经过其负责的每一条街至少一次,试为这位邮递员设计一条投递线路,使其所走的路最短。

若连通无向图有度为奇数的结点,由于必须返回邮局,邮递员必须得重复走一些街道,问题是怎样才能使得完成投递任务所走的路最短。这是一个允许添加多重边后求最短欧拉回路的问题。

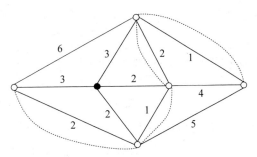

图 7.1.7　中国邮递员问题图例

★中国邮递员问题首次由中国图论专家管梅谷于 1962 年提出并研究,提出了"奇偶点图上作业法",引起世界上不少数学家的关注。1973 年,匈牙利数学家 Edmonds 和 Johnson 对中国邮递员问题给出了一种有效算法,另外在 1995 年王树禾研究了多邮递员中国邮路问题(k-Postman Chinese Postman Problem)。

在一个赋权图中,经过每条边至少一次,且出发点和终止点相同的通路称为**环游**。环游 $v_0 e_1 v_1, \cdots, e_n v_0$ 的权定义为 $\sum_{i=1}^{n} \omega(e_i)$,其中 $\omega(e_i)$ 是边 e_i 的权($i = 1, 2, \cdots, n$)。显然,中国邮递员问题就是在具有非负权的赋权连通图中找到一条最小权的环游,这种环游称为**最优环游**。

若 G 是欧拉图,则 G 的任何欧拉环游都是最优环游,这是因为欧拉环游是一条通过 G 的每条边恰好一次的环游。针对这种情形,弗罗莱(Fleury)提出一种算法,能够在欧拉图中找到欧拉环游,并且是一个好的算法,解决了中国邮递员问题。

2. 计算机旋转鼓轮的设计

★欧拉图的一个重要应用是计算机旋转鼓轮的设计原理。

将旋转鼓轮的表面分成 $2n$ 段,例如,将图 7.1.8 所示的旋转鼓轮的表面分成 $2^4 = 16$ 段,每段由绝缘体或导电体组成,绝缘体将给出信号 0,导电体将给出信号 1。鼓轮的表面还有 4 个触点 0,根据鼓轮的一个确定位置,就可读出一个 4 位二进制序列。

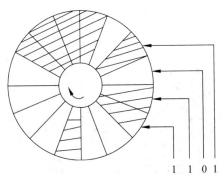

1 1 0 1

图 7.1.8　计算机旋转鼓轮

在图 7.1.8 中,按当时确定的位置,读出的数为 1101,鼓轮按顺时针方向旋转一格,下一个读数为 1010。

我们要设计成这样的旋转鼓轮表面,能够在鼓轮旋转一周后读出 0000～1111 的 16 个不同的二进制数。

现在构造一个有向图 G,G 有 8 个顶点,每个顶点分别表示 000～111 的一个二进制数。设 $\alpha_i \in \{0,1\}(i=1,2,3)$,从顶点 $\alpha_1\alpha_2\alpha_3$ 引出两条有向边,其终点分别为 $\alpha_2\alpha_30$ 和 $\alpha_2\alpha_31$,这两条边分别为 $\alpha_1\alpha_2\alpha_30$ 以及 $\alpha_1\alpha_2\alpha_31$,按照此种方法,8 个顶点的有向图共有 16 条边。

在这个图的任意一条通路中,其邻接的边必是 $\alpha_i\alpha_j\alpha_k\alpha_t$ 和 $\alpha_j\alpha_k\alpha_t\alpha_s$ 的形式,即前一条有向边的后 3 位与后一条有向边的前 3 位相同。因为图中的 16 条边被记成不同的 4 位二进制信息,即对应于图中的一条欧拉回路。

在图 7.1.9 中,每个顶点的入度等于 2,出度等于 2,所以图中至少存在一条欧拉回路,

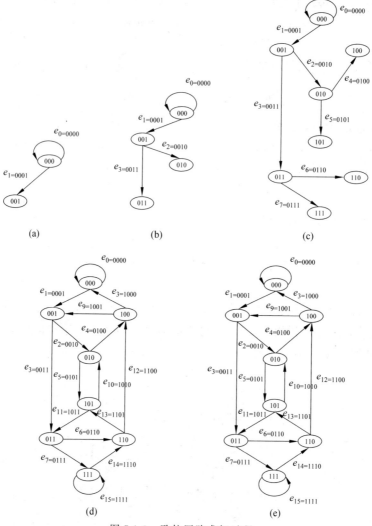

图 7.1.9 欧拉回路求解过程

如$(e_0e_1e_2e_4e_9e_3e_6e_{13}e_{10}e_5e_{11}e_7e_{15}e_{14}e_{12}e_8)$，根据邻接边的标记方法，这 16 个二进制数可写成对应的二进制序列 0000100110101111。把这个序列排成环状，即与所求的鼓轮相对应。

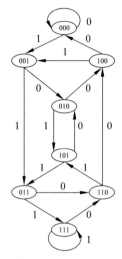

图 7.1.10　鼓轮对应的二进制序列

习题 7.1

（A）

1. 如下所示各图中,(　　　)是欧拉图。

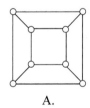 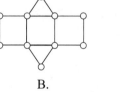 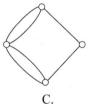 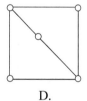

　　　A.　　　　　　　B.　　　　　　　C.　　　　　　　D.

2. 判断对错：如果一个有向图 D 是强连通图,则 D 是欧拉图。　　　　　　(　　　)

3. 无向图 G 存在欧拉通路,当且仅当(　　　)。

A. G 中所有结点的度全为偶数

B. G 中至多有两个奇数度结点

C. G 连通且所有结点的度全为偶数

D. G 连通且至多有两个奇数度结点

4. 下列图中是欧拉图的有(　　　)。

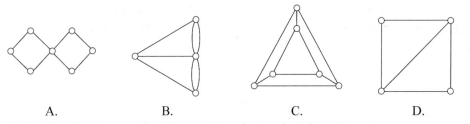

A.　　　　　B.　　　　　C.　　　　　D.

5. 判断对错：如图 7.1.11 所示的无向图 G 存在一条欧拉回路。　　　　（　　）

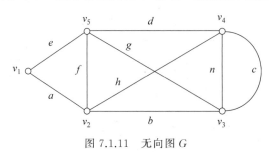

图 7.1.11　无向图 G

（B）

6. 设连通图 G 有 k 个奇数度的结点，试证明在图 G 中至少要添加 $\dfrac{k}{2}$ 条边才能使其成为欧拉图。

（C）

7. （参考北京大学 1992 年硕士生研究生入学考试试题）给出平面图 G 的对偶图 G^* 的一个充分必要条件，并证明之。

7.2　哈密尔顿图

7.2.1　哈密尔顿图的定义

周游世界问题

　　1859 年，爱尔兰数学家哈密尔顿（W. R. Hamilton）发明了一个周游世界游戏。他提出一个关于十二面体的数字游戏，即能否在十二面体中找到一条回路，能通过图中每一个结点一次且仅一次。将十二面体画作与其同构的平面图，如图 7.2.1 所示。哈密尔顿把图中的每个结点看作一个城市，连接两个结点的边看作交通线。于是，把一个十二面体的 20 个顶点分别标上北京、东京、华盛顿等 20 个大都市的名字，要求玩的人从某城出发，找到一条旅行路线，沿着十二面体的棱（交通线）通过每个城市恰好一次，再回到出发的那个城市。这种游戏在欧洲曾风靡一时，哈密尔顿以 25 个金币的高价把该项专利卖给了一个玩具商。

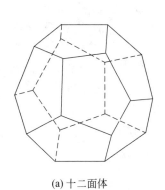

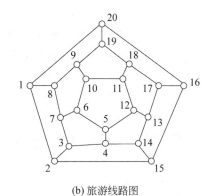

(a) 十二面体　　　　　　　　　　(b) 旅游线路图

图 7.2.1　周游世界问题

从图论的角度来讲,此游戏本质就是在十二面体上寻找经过每个顶点一次且仅一次的特殊回路,称为哈密尔顿回路。

定义 7.2.1　(1) 经过图中所有顶点一次且仅一次的通路,称为**哈密尔顿通路**;

(2) 经过图中所有顶点一次且仅一次的回路,称为**哈密尔顿回路**;

(3) 具有哈密尔顿回路的图,称为**哈密尔顿图**;

(4) 具有哈密尔顿通路而不具有哈密尔顿回路的图,称为**半哈密尔顿图**。

在图 7.2.2(a)、图 7.2.2(b) 中存在哈密尔顿回路,所以是哈密尔顿图。

图 7.2.2(c) 中存在哈密尔顿通路,但不存在哈密尔顿回路,所以是半哈密尔顿图。

图 7.2.2(d) 中既无哈密尔顿回路,也无哈密尔顿通路,所以不是哈密尔顿图。

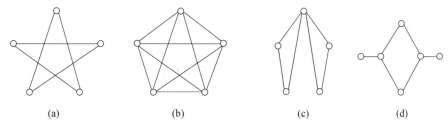

(a)　　　　　　　(b)　　　　　　　(c)　　　　　　　(d)

图 7.2.2　哈密尔顿图、半哈密尔顿图和非哈密尔顿图图例

7.2.2　哈密尔顿图的判定

与欧拉图的情形相反,到目前为止,判断哈密尔顿图的充分必要条件尚不清楚;事实上,这是图论中尚未解决的主要问题之一。下面给出一些有关哈密尔顿图的已有结论。

1. 判定哈密尔顿图的必要条件

定理 7.2.1　设无向图 $G = <V, E>$ 是哈密尔顿图,则对于顶点集的任意非空子集 V_1 均有

$$\omega(G - V_1) \leqslant |V_1|$$

成立。其中 $\omega(G - V_1)$ 为 G 中删除 V_1(删除 V_1 中各顶点及关联的边)后所得图的连通分

支数。

证明 设 C 为 G 中的一条哈密尔顿回路。

(1) 若 V_1 中的顶点在 C 上彼此相邻，则
$$\omega(C-V_1)=1\leqslant|V_1|。$$

(2) 设 V_1 中的顶点在 C 上共有 $r(2\leqslant r\leqslant|V_1|)$ 个互不相邻，则
$$\omega(C-V_1)=r\leqslant|V_1|。$$

一般而言，V_1 中的顶点在 C 上既有相邻的顶点，又有不相邻的顶点，因而总有
$$\omega(C-V_1)\leqslant|V_1|；$$

又因为 C 是 G 的生成子图，故
$$\omega(G-V_1)\leqslant\omega(C-V_1)\leqslant|V_1|。$$

推论 7.2.1 若连通图 $G=<V,E>$ 存在哈密尔顿路，V_1 是 V 的任意真子集，则
$$\omega(G-V_1)\leqslant|V_1|+1。$$

定理 7.2.1 给出了图是哈密尔顿图的必要条件，因此该定理的逆否命题可用来判断一个图不是哈密尔顿图，这是它的价值所在。

例 7.2.1 设图 7.2.3(a)图为 G，取 $V_1=\{v\}$，则
$$\omega(G-V_1)=2\geqslant|V_1|=1。$$

$G-V_1$ 如图 7.2.3(b)所示，由定理 7.2.1 可知，G 不是哈密尔顿图。

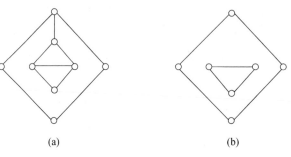

(a)　　　　　　(b)

图 7.2.3　例 7.2.1 图

需要特别注意的是：彼得森图(Petersen)(见图 7.2.4)满足上述定理的条件，但不是哈密尔顿图。

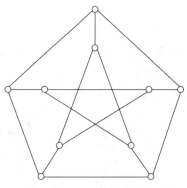

图 7.2.4　彼得森图

2. 判定哈密尔顿图的充分条件

定理 7.2.2　设 G 是 $n(n \geqslant 3)$ 阶无向简单图,如果 G 中任何一对不相邻的顶点的度之和都大于或等于 $n-1$,即

$$d(u)+d(v) \geqslant n-1,$$

则 G 中存在哈密尔顿通路,即 G 是半哈密尔顿图。

证明　先证 G 是连通的。若 G 不连通,设 G_1、G_2 为其两个连通分支,u、v 分别是 G_1、G_2 的结点,则 u、v 在 G 中不相邻且有

$$d(u)+d(v) \leqslant |V(G_1)|-1+|V(G_2)|-1 \leqslant n-2,$$

与已知矛盾,所以 G 是连通的。

再证 G 中存在一条哈密尔顿路。设 $\Gamma : v_1 v_2 \cdots v_s$ 是 G 的最长的简单路,则 $s \leqslant n$。若 $s < n$,先证 G 必有经过 $v_1, v_2, \cdots, v_s$ 的回路,当 $s=n$,$\Gamma : v_1 v_2 \cdots v_s$ 就是 G 的一条哈密尔顿路。

推论 7.2.2　设 G 是 $n(n \geqslant 3)$ 阶无向简单图,若对于任意的不相邻结点 $u,v \in V$,

$$d(u)+d(v) \geqslant n,$$

即 G 中任何一对不相邻的顶点的度之和都大于或等于 n,则 G 存在哈密尔顿回路,即 G 为哈密尔顿图。

证明　设 $\Gamma : v_1 v_2 \cdots v_n$ 是 G 中的哈密尔顿路,若 v_1 与 v_n 邻接,则 $\Gamma \bigcup \{[v_1,v_n]\}$ 是一条哈密尔顿回路;若 v_1 与 v_n 不邻接,可证有一条通过 Γ 的所有结点的一条回路,该回路即为哈密尔顿回路。

★1960 年,美国著名图论专家奥斯坦·奥勒(Oystein Ore)推广了 1952 年狄拉克(Dirac)的结果,得到奥勒定理。

推论 7.2.3　设 $G = <V,E>$ 是 $n(n \geqslant 3)$ 阶简单无向图,若对于任意结点 $v \in V$,有

$$d(v) \geqslant n/2,$$

则 G 是哈密尔顿图。

定理 7.2.2 只是一个充分条件,但反过来未必成立。

例 7.2.2　某地有 5 个风景点,若每个风景点均有两条道路与其他地点相通,问是否可经过每个风景点恰好一次而游玩这 5 处?

解　将风景点作为结点,连接风景点的路作为边,则得到一个无向图 G。由题意可知,对 G 中每个结点均有 $d(v)=2$。

于是对任意 $u,v \in G$,有

$$d(u)+d(v)=2+2=4=5-1,$$

所以该图有一哈密尔顿通路,故本题有解。

例 7.2.3　假定现有 7 门课要考试,每天考一门,7 天考完,但要求同一个老师给出的

两门考试不得安排在相邻的两天中,且一个教师最多给出 4 门课的考试,问能否安排?

解 可以安排。

将每门考试用一个顶点表示,若两门考试不是由同一个教师给出的,则在相应的两个顶点间连一条边,这样得到一个含有 7 个顶点的无向图 G。

显然,G 的每个顶点的度至少是 3,因此,G 的任意两顶点的度之和大于或等于 $7-1=6$。

于是,根据定理 7.2.2 可知,G 中存在一条哈密尔顿通路,这条哈密尔顿通路正好对应一个 7 门考试的适当安排。

注意 由于判断哈密尔顿图的必要条件和充分条件不同,存在某些图不能判断。

(1) 如不符合必要条件,则不是哈密尔顿图。

(2) 如符合充分条件,则一定是哈密尔顿图。

(3) 如符合必要条件,但不符合充分条件,则不能确定是否为哈密尔顿图。这时只能从图上来判断了。

例 7.2.4 已知关于 7 个人 a,b,c,d,e,f,g 的下述事实:a 讲英语;b 讲英语和汉语;c 讲英语、意大利语和俄语;d 讲日语和汉语;e 讲德语和意大利语;f 讲法语、日语和俄语;g 讲法语和德语。适当排座位,使每个人都能与身边的人交谈。

解 用结点表示人,用边表示连接两个人能讲同一种语言。则该例用图表示如图 7.2.5 所示,得到哈密尔顿环 $abdfgeca$。将 7 人按哈密尔顿环的次序围圆桌而坐,即可以满足本题的要求。

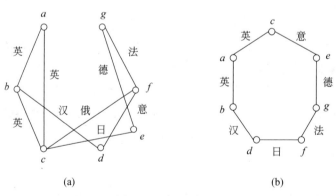

图 7.2.5 例 7.2.4 图

7.2.3 哈密尔顿图的应用

1. 周游世界问题

能否沿着正十二面体的棱寻找一条旅行路线(见图 7.2.6),通过每个城市恰好一次又回到出发城市?

答案是可以，因为该图是哈密尔顿图。

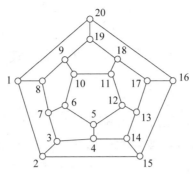

图 7.2.6　正十二面体

从周游世界这个游戏中，可以抽象出图论中一种非常重要的哈密尔顿图，且派生出至今为止仍具研究价值的旅行商问题。

2. 旅行商问题

有 n 个城镇，其中任意两个城镇间都有道路（若没有，则规定该边上的权为 $+\infty$），一个售货员要去这 n 个城镇售货，从某城镇出发，依次访问其余 $n-1$ 个城镇且每个城镇只能访问一次，最后又回到原出发地。问售货员要如何安排经过个城镇的行走路线，才能使他所走的路程最短。这就是著名的**旅行商问题**（Traveling Salesman Problem，TSP），或叫**"货郎担问题"**。

> ★结合图论知识，旅行商问题的本质就是要在赋权完全图中找出一条权最小的哈密尔顿回路。这是一个比判断一个图是否是哈密尔顿图更困难的问题。与最短路径问题相反，至今还未有求解旅行商问题的有效算法。可以先将所有的哈密尔顿回路找出来，再比较其权的大小，求出权最小的哈密尔顿回路即可。此方法只是试图寻找可以获得比较好的解，但不一定是最优解，且对于阶数较大的赋权图而言，这样计算的工作量太大。

习题 7.2

（A）

1. 下图中是哈密尔顿图的是(　　　)。

　A.　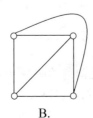　B.　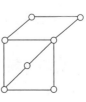　C.　D.

2. 下图中为哈密顿图的是( )。

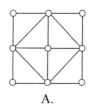 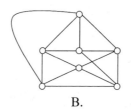 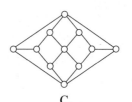 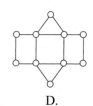

A.　　　　　　　B.　　　　　　　C.　　　　　　　D.

3. 下面给出的 4 个图中,不是哈密尔顿图的是( )。

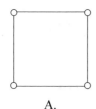 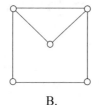 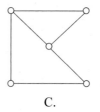 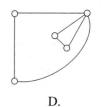

A.　　　　　　　B.　　　　　　　C.　　　　　　　D.

4. 设 G 是一个哈密尔顿图,则 G 一定是( )。

A. 欧拉图　　　　　　　　　　B. 树

C. 平面图　　　　　　　　　　D. 连通图

5. 按以下要求,作出对应的图。

(1) 既为欧拉图又为哈密顿图。

(2) 欧拉图而非哈密顿图。

(3) 哈密顿图而非欧拉图。

(4) 既非欧拉图也非哈密尔顿图。

(5) 既为欧拉通路又为哈密尔顿通路。

(6) 欧拉通路而非哈密尔顿通路。

(7) 哈密尔顿通路而欧拉通路。

(8) 既非欧拉通路也非哈密尔顿通路。

(B)

6. 判别下面各图是否为哈密尔顿图,若不是,请说明理由,并回答它是否有哈密尔顿通路。

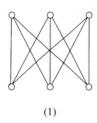 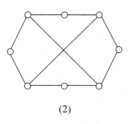 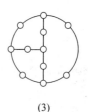

(1)　　　　　　　(2)　　　　　　　(3)

(C)

7. (参考南京大学 2002 年考研试题)设 G 为无向简单图,e 为 G 的边数,v 为 G 的点数,试证明:若 $e \geqslant (v_2-3v+6)/2$,则 G 含有哈密尔顿回路。

*7.3　欧拉图和哈密尔顿图的思维导图

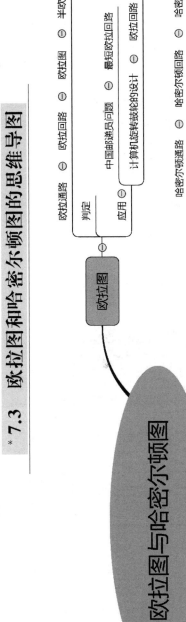

欧拉通路 ⊕ 欧拉回路 ⊕ 欧拉图 ⊕ 半欧拉图

判定

应用⊕ 中国邮递员问题 ⊕ 最短欧拉回路

计算机旋转鼓轮的设计 ⊕ 欧拉回路

欧拉图

哈密尔顿通路 ⊕ 哈密尔顿回路 ⊕ 哈密尔顿图 ⊕ 半哈密尔顿图

判定

应用 ⊕ 周游世界问题（旅行售货员问题/货郎担问题）

哈密尔顿图

欧拉图与哈密尔顿图

*7.4　欧拉图和哈密尔顿图的算法思想

7.4.1　求欧拉回路的算法

如何找出欧拉回路？1921 年弗罗莱(Fleury)给出了一个求欧拉回路的算法。

设 G 为欧拉图,一般说来,G 中存在若干条欧拉回路,下面介绍一种求欧拉回路的算法——Fleury 算法。

> **Fleury 算法**
> (1) 任取 $v_0 \in V(G)$,令 $P_0 = V_0$;
> (2) 设 $P_i = v_0 e_1 v_1 e_2 \cdots e_i v_i$ 已经行遍,按下面方法从
> $$E(G) - \{e_1, e_2, \cdots, e_i\}$$
> 中选取 e_{i+1}:
> ① e_{i+1} 与 v_i 相关联;
> ② 除非无别的边可供行遍,否则 e_{i+1} 不应该为
> $$G_i = G - (e_1, e_2, \cdots, e_i)$$
> 中的割边(桥);
> (3) 当(2)不能再进行时,算法停止。

例如在图 7.4.1 中,
$$P_{12} = v_1 e_1 v_2 e_2 v_3 e_3 v_4 e_4 v_5 e_5 v_6 e_6 v_7 e_7 v_8 e_9 v_2 e_{10} v_4 e_{11} v_6 e_{12} v_8 e_8 v_1$$
就是图的一条欧拉回路。

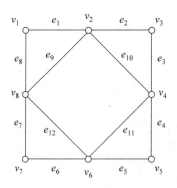

图 7.4.1　Fleury 算法示例图

7.4.2　判断一个图是否为哈密尔顿图

设图 $G = <V, E>$ 的结点集为 $V = \{0, 1, \cdots, n-1\}$,其邻接矩阵用 A 表示,可达矩阵用 P 表示。

邻接矩阵 **A** 定义为：

$$a_{ij}=\begin{cases}1, & i\text{ 与 }j\text{ 有边}\\0, & i\text{ 与 }j\text{ 无边}\end{cases}$$

判断一个图是否为哈密尔顿图的算法

（1）$i=0$；

（2）求从 i 出发的所有不可扩展的基本路，若存在长度为 n 的基本路且形成回路，则该图为哈密尔顿图，结束；

（3）$i=i+1$。若 $i=n-1$，该图不是哈密尔顿图，结束。否则，转向（2）。

7.5　本章小结

本章详细介绍了两种特殊的连通图——欧拉图和哈密尔顿图，给出了它们的判定定理，并介绍了欧拉图和哈密尔顿图的应用，最后给出欧拉图和哈密尔顿图的思维导图和部分算法思想描述。

特 殊 图

本章主要介绍 3 类特殊的图：树、二部图和平面图。通过本章的学习，读者将掌握以下内容：

(1) 无向树、平凡树、树叶和分支点等树的基本定义；

(2) 生成树、树枝、余树等基本概念，利用"破圈法"和"避圈法"寻找连通图的生成树的算法；

(3) 最小生成树的定义，并利用 Kruskal 算法和 Prim 算法求最小生成树；

(4) 有向树、根树、树枝、树叶、层数、树高等基本概念；

(5) k 叉树、完全 k 叉树、正则 k 叉树、二叉树、有序树、定位二叉树、Huffman 树和 Huffman 编码等基本概念；

(6) 二部图、完全二部图，以及二部图的匹配、完全匹配、极大匹配、最大匹配、完美匹配、完备匹配等；

(7) 平面图的基本概念和性质，表示平面图的结点数、边数和面数之间的关系的欧拉公式和判定，平面图的面着色、结点着色和边着色问题。

8.1 树

★ 树是图论中最重要的概念之一，是克希霍夫（Gustav Robert Kirchhoff，1824—1887）在解决电路理论中求解联立方程时首先提出的，它是图论中结构最简单、用途最广泛的一种连通图。树本身具有很好的性质，且拓扑结构简单。对于许多实际的或图论理论中的一般图问题至今未能得到解决，或者没有找到简单的方法；而对于树，则已圆满解决，而且方法较为简单，并且树在众多不同领域中有着广泛的应用。

8.1.1 无向树

定义 8.1.1 (1) 连通而不含回路的无向图称为**无向树**，简称树，常用 T 来表示；

(2) 连通分支数大于或等于 2，且每个连通分支均是树的非连通无向图称为**森林**；

(3) 平凡图称为**平凡树**；

(4) 设 $T=<V,E>$ 为一棵无向树, $v\in V$,

若 $d(v)=1$,则 v 称为 T 的**树叶**,

若 $d(v)\geqslant 2$,则称 v 为 T 的**分支点**。

若 T 为平凡图,则 T 既无树叶,也无分支点。

在图 8.1.1 中,(a)是树,因为它连通且不含回路,但(b)和(c)不是树,因为(b)虽连通但有回路,(c)无回路但不连通。

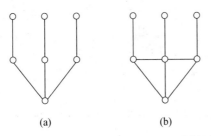

$$(a) \qquad\qquad (b) \qquad\qquad (c)$$

图 8.1.1 树和非树图例

定理 8.1.1 设 $T=<V,E>$ 是 n 阶 m 条边的无向图,则下面各命题是等价的:

(1) T 是树(连通无回路);

(2) T 中无回路,且 $m=n-1$;

(3) T 是连通的,且 $m=n-1$;

(4) T 是连通的,但删去任意一条边后,则变成不连通图,即每条边都是割边;

(5) T 中无回路,但在 T 中任意两个不同顶点之间增加一条边,就形成唯一的一条初级回路(圈);

(6) T 的每对顶点之间有一条且仅有一条通路。

证明 (1)$\Rightarrow$(2):只须证 $m=n-1$。因为 T 是树,所以 T 是连通平面图,且 T 只有一个无限面,由欧拉公式得

$$n-m+1=2,$$

即

$$m=n-1。$$

也可参见定理 8.3.3。

(2)$\Rightarrow$(3):只须证 T 连通。若 T 不连通,不妨设有 k 个连通分支($k\geqslant 2$),分别记为 $T_1,T_2,\cdots,T_K,T_i$ 的结点数和边数分别记为 n_i 和 $m_i(i=1,2,\cdots,k)$,则有

$$n=\sum_{i=1}^{k}n_i, m=\sum_{i=1}^{k}m_i, m_i=n_i-1(i=1,2,\cdots,k)。$$

于是,

$$m=\sum_{i=1}^{k}m_i=\sum_{i=1}^{k}(n_i-1)=n-k<n-1,$$

矛盾。

所以 T 连通。

(3)$\Rightarrow$(4):只须证 T 的每条边都是割边。任取 T 的边 e,则 $T-\{e\}$ 的边数为 $m-1$,结

点数为 $n-1$,于是

$$m-1=n-2<n-1,$$

所以 $T-\{e\}$ 是不连通的,因而 e 是割边。故 T 的每条边都是割边。

(4)$\Rightarrow$(5):由于 T 的每条边都是割边,因而 T 中无回路。

在 T 中添加新边 $[u,v]$,由于 T 是连通的,则存在 u 到 v 的一条路 Γ,于是

$$\Gamma+[u,v]$$

构成一回路。

若得到的回路不唯一,不妨记为 Γ_1 和 Γ_2,则

$$\Gamma_1-\{[u,v]\}\text{与}\Gamma_2-\{[u,v]\}$$

构成一回路,其上的边都不是割边,矛盾。

故在 T 中任意增加一条边产生唯一一条回路。

(5)$\Rightarrow$(6):若 T 中两结点 u 和 v 之间不存在路,则添加边 $[u,v]$ 不产生回路,矛盾。

所以 T 中任意两个结点之间存在路。

若 u 和 v 之间存在两条不同的路 Γ_1 和 Γ_2,则 Γ_1 和 Γ_2 形成回路,矛盾。

所以 T 中每对结点间恰有一条路。

(6)$\Rightarrow$(1):因为 T 中每对结点间恰有一条路,所以 T 是连通的。

若 T 有回路,则回路上的任意两个结点之间存在两条路,矛盾,所以 T 没有回路。

因此,T 是树。

> ★由于树少一边就不连通,多一边就有回路,所以树是以"最经济"的方式把各结点连接起来的图。因此,它可以用作典型的数据结构,各类网络的主干网也通常都是树结构。

定理 8.1.2 任意非平凡的无向树至少有两片树叶。

证明 由 T 是树得,$|E|=|V|-1$。设 T 有 k 片树叶,应用握手定理可得

$$2|E|=2(|V|-1)=\sum_{v\in V}d(v)\geq k+2(|V|-k),$$

于是 $k\geq 2$。

8.1.2 生成树与最小生成树

简单图 G 的生成树指 G 的特殊生成子图,它同时又是树。许多实际问题均能归结为简单图的生成树以及生成树的个数问题,并且生成树在图中占有关键性位置,因此,全面认识生成树极为重要。

定义 8.1.2 设 $G=<V,E>$ 是无向连通图,T 是 G 的生成子图,并且 T 是树,则称 T 是 G 的**生成树**。

图 G 在 T 中的边称为 T 的**树枝**,图 G 不在 T 中的边称为 T 的**弦**。T 的所有弦的集合称为 T 的**补**。T 的所有弦的集合的导出子图称为 T 的**余树**。

图 8.1.2(b)为图 8.1.2(a)的一棵生成树,记为 T,其中 e_1,e_2,e_3,e_4,e_5,e_6 都是生成树 T 的树枝,e_7,e_8 是生成树 T 的弦,$\{e_7,e_8\}$ 是生成树 T 的补。

图 8.1.2(c)是生成树 T 的余树,注意余树不一定是树。

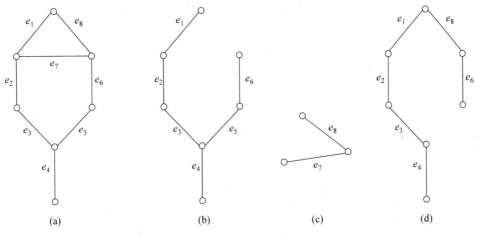

图 8.1.2　生成树、余树图例

定理 8.1.3　无向图 $G=<V,E>$ 有生成树当且仅当 G 是连通的。

证明　必要性:

设 $T=<V_T,E_T>$ 是 G 的生成树,则有 $V_T=V$。由于 T 是连通的,所以 G 是连通的。

充分性:

若 G 中无回路,则 G 本身就是一棵生成树;

若 G 中有回路,删去回路上的一条边得到图 G_1,G_1 仍是连通的且与 G 有相同的结点集;

若 G_1 还有回路,就再删去此回路上的一条边得到图 G_2,G_2 是连通的且与 G 有相同的结点集。

续行此法,直到得到连通图 T,它无回路且与 G 有相同的结点集,T 就是 G 的生成树。

定理 8.1.4　若 T 是连通图 G 的任意生成树,则:

(1) G 的每条回路和 T 的补至少有一条公共边;

(2) G 的每个边割集和 T 至少有一条公共边。

证明　(1) 若存在 G 的一条回路和 T 的补没有公共边,则该回路一定包含在 T 中,与 T 是树矛盾。

(2) 若 G 的边割集与 T 没有公共边,那么删去这个边割集后所得子图必包含该生成树,这意味着删去边割集后 G 仍然是连通的,与边割集的定义矛盾。

定理 8.1.5　任何连通图至少有一棵生成树。

推论 1　设 G 为 n 阶 m 条边的无向连通图,则

$$m \geqslant n-1。$$

推论 2　设 T 是 n 阶 m 条边的无向连通图 G 的一棵生成树,则 T 的余树 T' 有

$$m-n+1$$

条边。

　　在图 8.1.3(a)中,相继删除边 e_2,e_3 和 e_6,就得到生成树 T_1,如图 8.1.3(b)所示,若相继删除图 8.1.3(a)的边 e_5,e_6,e_7,可得生成树 T_2,如图 8.1.3(c)所示。

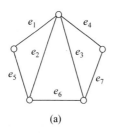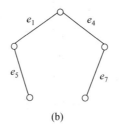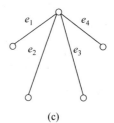

图 8.1.3　生成树

　　更进一步,用构造性的方法寻找连通图的生成树的算法过程。

方法 1　破圈法

　　设 G 是一个连通图,如果 G 是树,则 G 本身就是 G 的一棵生成树。如果 G 不是树,则 G 至少有一条回路 C,在 C 中任取一条边 e,则 $G-e$ 仍是连通图,即 $G_1 = G-e$ 是 G 的连通生成子图。

　　如果 G_1 仍不是树,可以继续此过程,直到一条边从最后一条回路中去掉。所得到的图 T 就是 G 的一个连通生成子图,而且没有回路,故 T 就是 G 的一棵生成树。

方法 2　避圈法

　　设 G 是一个连通图,在 $V(G)$ 中逐次添加 $E(G)$ 中的边,要求每次添加边之后所得子图都不含回路。

　　把上述过程进行到无法再进行为止。所得到的子图 T 是 G 的一个极大无回路生成子图,T 就是 G 的生成树。

　　★给定一个连通图,求它的生成树的数目,这是图论中树的计数问题。这在化学分子结构理论及计算机科学中具有重要的应用。

定义 8.1.3　在图 G 的所有生成树中,树权最小的那棵生成树称为图 G 的**最小生成树**。

　　★求图 G 的最小生成树问题具有较高的实际应用价值,例如,要在若干个城市之间建立一个交通网(或管道系统等),要求各个城市都能触达且造价最低,这就是一个典型的最小生成树问题。

　　那么如何求最小生成树呢?显然,最小生成树问题是一个优化问题,需要设计优化算法寻找其最优解。

　　下面介绍求最小生成树的两种算法:Kruskal 算法和 Prim 算法。

　　设 $G = <V, E, W>$ 是 n 阶 m 条边的连通无向带权图。其中 m 条边 e_1,e_2,$\cdots$,e_m,它们的带权分别为 ω_1,ω_2,$\cdots$,ω_m,不妨设 $\omega_1 \leqslant \omega_2 \leqslant \cdots \leqslant \omega_m$。

Kruskal 算法描述

(1) 在 G 中选取最小权边 e_1(e_1 非环,若 e_1 为环,则弃去 e_1),并置边数 $i=1$;

(2) 当 $i=n-1$ 时结束,否则转向(3);

(3) 设已选择的边为 $e_1,e_2,\cdots,e_i$,在 G 中选取不同于 $e_1,e_2,\cdots,e_i$ 的边 e_{i+1},使得 e_{i+1} 是满足与 $e_1,e_2,\cdots,e_i$ 不构成回路,且权值最小的边;

(4) 置 i 为 $i+1$,转向(2)。

由于 Kruskal 算法在求最小生成树时,初始状态为 n 个结点,然后逐步加边,这个过程中一直要避免回路的产生,所以又称其为"避圈法"。

在图 8.1.4 中,实边所示的生成树均是由避圈法得到的最小生成树。

图 8.1.4(a)中的 $C(T)=57$,图 8.1.4(b)中的 $C(T)=15$。

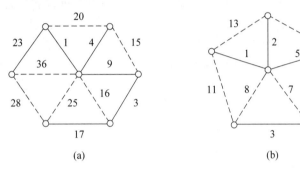

图 8.1.4　避圈法求最小生成树

Prim 算法描述

(1) 在 G 中任意选取一结点 v_1,并置 $U=\{v_1\}$,置最小生成树的边集 $TE=\{\}$;

(2) 在所有 $u\in U$,$v\in V-U$ 的边 $[u,v]\in E$ 中,选取权值最小的边 $[u,v]$,将 $[u,v]$ 并入 TE,同时将 v 并入 U;

(3) 重复(2)直到 $U=V$ 为止。

例 8.1.1　求图 8.1.5(a)的最小生成树,并求生成树的权。

解　求得的最小生成树如图 8.1.5(b)所示,生成树的权为 34。

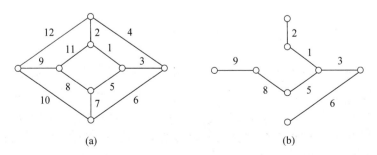

图 8.1.5　最小生成树

8.1.3 有向树与根树

定义 8.1.4 如果有向图 D 略去有向边的方向所得的无向图是一棵树,那么就称 D 为**有向树**。

在所有的有向树中,根树最重要,所以我们只讨论根树。

定义 8.1.5 对于一棵非平凡的有向树,如果有一个顶点的入度为 0,其余所有顶点的入度都为 1,则称此有向树为**根树**。入度为 0 的顶点称为**树根**;入度为 1、出度为 0 的顶点称为**树叶**;入度为 1、出度大于 0 的顶点称为**内点**,内点和树根统称为**分支点**。从树根到顶点 v 的通路长度称为 v 的**层数**,记为 $l(v)$;层数最大的顶点的层数称为**树高**。根树 T 的树高记为 $h(T)$。

若根树的一个子图也是树,则称其为**根树的子树**。

在根树中,由于各有向边的方向是一致的,所以画根树时可以省去各边的方向,并将树根画在最上方,将分支点和树叶依次画在下方。因此,根树具有很好的层次结构。

图 8.1.6 也表示一棵根树,v_0 为树根,v_1,v_2,v_3,v_5,v_6,v_8 为树叶,v_4,v_7 为内点,v_0,v_4,v_7 均为分支点;且 v_1,v_2,v_4 的层数为 1,v_3,v_5,v_7 的层数为 2,v_6,v_8 的层数为 3;树高为 3。

定义 8.1.6 设 T 为一棵非平凡的根树,任意 $u,v\in V(T)$,若 u 可达 v,则 u 为 v 的**祖先**,v 为 u 的**后代**;若 u 邻接 v(即 $<u,v>\in E(T)$),则称 u 为 v 的**父亲**,v 为 u 的**儿子**。

若 u,v 的父亲相同,则称 u 与 v 是**兄弟**。

例 8.1.2 可用根树表示表的结构,一般来说,表是由表元素的序列所组成的,而表元素是行或是表。我们可用小写拉丁字母表示行,并用逗点分割表元素,用括号括住的表元素序列构成一张表,图 8.1.7 中的根树表示的即是一张表:$(a,(b,c),d,(e,f,g))$。

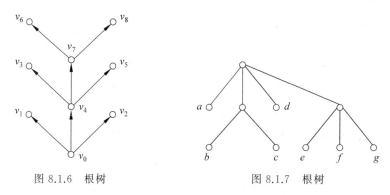

图 8.1.6 根树   图 8.1.7 根树

例 8.1.3 设小王(W)和小张(Z)两人进行乒乓球比赛,规定先连胜两局者或总共取胜 3 次者得奖。

图 8.1.8 的根树指出了竞赛可能进行的各种途径,图中的十个树叶分别对应竞赛中可能出现的 10 种情况:它们分别是 WW、$WZWW$、$WZWZW$、$WZWZZ$、WZZ、ZWW、$ZWZWW$、$ZWZWZ$、$ZWZZ$、ZZ。

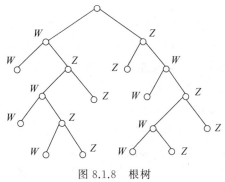

图 8.1.8　根树

上面 W 表示小王得胜，Z 表示小张得胜。

8.1.4　k 叉树与有序树

定义 8.1.7　在根树中，如果每一个顶点的出度小于或等于 k，则称这棵树为 **k 叉树**。

若每一个顶点的出度恰好等于 k 或零，则称这棵树为**完全 k 叉树**，若所有树叶的层次相同，称为**正则 k 叉树**。当 $k=2$ 时，称为**二叉树**。

例如，图 8.1.9(a) 是 4 叉树，图 8.1.9(b) 是完全 4 叉树，图 8.1.9(c) 是正则 3 叉树。

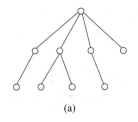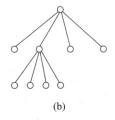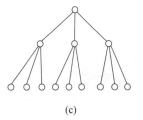

(a)　　　　　　　　　(b)　　　　　　　　　(c)

图 8.1.9　k 叉树

定理 8.1.6　设有完全 m 叉树，其叶子数为 t，分支点数为 i，则
$$(m-1)i = t-1。$$

证明　由已知可知，该树共有 $t+i$ 个结点，共有 mi 条边，于是
$$mi = t+i-1，$$
即
$$(m-1)i = t-1。$$

例 8.1.4　假设有一台计算机，它有一条加法指令，可计算 3 个数的和，如果要计算 9 个数的和，至少需要执行几次加法指令？

解　若用每个树叶表示一个数，内结点表示 3 个数的和，则上述问题可抽象为一个完全 3 叉树。

由定理 8.1.6 有 $(3-1)i = 9-1$，即 $i=4$。即至少需要执行 4 次加法指令。

定义 8.1.8　在根树中，如果每一个顶点的儿子都规定次序（一般采用自左到右），则称此树为**有序树**。

在 k 叉树中,应用最广泛的是二叉树。由于二叉树在计算机中易于处理,所以常把有序树和森林用二叉树来表示。这里只给出树转化为二叉树的方法:

(1) 从根开始,保留每个父亲同其左边儿子的连线,撤销与其他儿子的连线;

(2) 兄弟间用从左到右的有向边连接;

(3) 选定二叉树的左儿子和右儿子如下:直接处于给定结点下面的结点作为左儿子,对于同一水平线上与给定结点右邻的结点,作为右儿子,以此类推。

例 8.1.5　将图 8.1.10(a)转化为二叉树。

解　对图 8.1.10(a)进行步骤(1)(2)得图 8.1.10(b),再进行步骤(3)得图 8.1.10(c)。

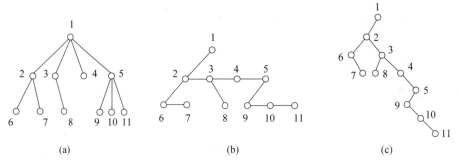

图 8.1.10　例 8.1.5 图

对于二叉有序树,每个分枝结点至多有两个儿子。若对这两个儿子,包括只有一个儿子的情形,还根据实际情况确定了其左右位置,分别称为**左儿子**和**右儿子**,这就是**定位二叉树**。

定义 8.1.9　设 G 是一棵有序二叉树,若对同一个结点的所有儿子(至多 2 个)结点确定一个左右位置,则称 G 为**定位二叉树**(Positional Binary Tree),如图 8.1.11 所示。

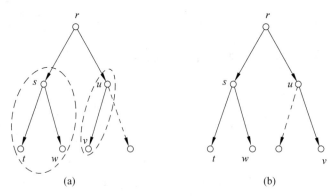

图 8.1.11　定位二叉树

★定位二叉树是数据结构中的二叉树(Binary tree)。哈夫曼(Huffman)树又称最优二叉树,是树形结构应用之一。

定理 8.1.7 (1) T 为 Huffman 树,v_i,v_j 是兄弟,则 $l_i = l_j$;

(2) v_1 与 v_2 是兄弟;

(3) 设 T^+ 是带权 $p_1 + p_2, p_3, \cdots, p_n$ 的 Huffman 树,与 $p_1 + p_2$ 相应的叶子生出两个新叶分别有权 p_1 和 p_2,则得到的树即为 $p_1, p_2, \cdots, p_n$ 的 **Huffman 树**。

定义 8.1.10 设 T 为带权 $p_1, p_2, \cdots, p_n$ 的 Huffman 树,其中,不妨设 $p_1 \leqslant p_2 \leqslant \cdots \leqslant p_n$,且它们分别为相应叶子 $v_1, v_2, \cdots, v_n$ 的权,则称 $A = <p_1, p_2, \cdots, p_n>$ 为树 T 叶子 $v_1, v_2, \cdots, v_n$ 的**权重向量**。

若 ω_i 均为 v_{i1} 与 v_{i2} 之父,v_{i1} 与 v_{i2} 是兄弟,则称 ω_i, v_{i1} 和 v_{i2} 所构成的部分为该 Huffman 树 T 的一个**单元树**。

Huffman 树的特点如下:

(1) n 个叶结点的 Huffman 树共有 $2n-1$ 个结点;

(2) 权值越大的叶结点离根结点越近,权值越小的叶子结点离根结点越远;

(3) Huffman 树是正则二叉树,只有度为 0(叶子)和度为 2(分支)的结点,不存在度为 1 的结点。

> ★在定位二叉树中,与 Huffman 树密切相关的是 Huffman 编码。Huffman 在 1952 年根据香农(Shannon)在 1948 年和范若(Fano)在 1949 年提出了一种不定长编码的方法,即哈夫曼(Huffman)编码。

前缀码是任何一个字符的编码都不是另一个字符的编码的前缀。

利用二叉树可以构造出前缀编码,而利用 Huffman 算法可以设计出最优的前缀编码,这种编码就称为**哈夫曼(Huffman)编码**。

构造 Huffman 编码的方式是将需要传送的信息中各字符出现的频率作为权值来构造一棵 Huffman 树,每个带权叶结点都对应一个字符,根结点到叶结点都有一条路径,约定路径上指向左子树的分支用 0 表示,指向右子树的分支用 1 表示,则根结点到每个叶结点路径上的 0、1 码序列即为相应字符的 Huffman 编码。

> ★用二进制对计算机及通信中使用的符号进行编码:
> (1) 保证编码没有歧义,不会将字母传错;
> (2) 保证码长要尽可能地短;
> (3) 保证电文总长最短。
> 为了使电文总长尽可能短,使用 Huffman 编码即可。

Huffman 编码是使得电文总长最短的二进制前缀编码,其叶上的权为传输各符号的频率,所得到的 Huffman 树的权为传输一个符号需要使用的二进制数字的个数。

> ★Huffman 编码是数据文件压缩的一个十分有效的编码方法,其压缩率为 20%~90%。

例 8.1.6　将 7 个符号按其出现的频率 $0.2, 0.19, 0.18, 0.17, 0.15, 0.1, 0.01$ 构造出 Huffman 编码。

解　其 Huffman 编码如图 8.1.12 所示。

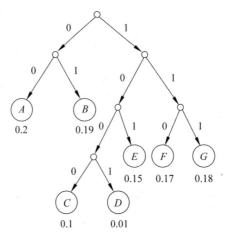

图 8.1.12　Huffman 编码

在数据结构中，经常需要遍访二叉有序树的每一个顶点，或称**遍历二叉有序树**。常用的算法有 3 种：前序、中序、后序遍历算法。

设需要遍历的二叉树为 T，其左子树为 T_1，右子树为 T_2，则

（1）**前序遍历**算法的递归定义为：

① 访问 T 的根；

② 用前序遍历算法遍历左子树 T_1；

③ 用前序遍历算法遍历右子树 T_2。

用前序遍历算法，图 8.1.13 二叉树 T 中各顶点的访问顺序为：

$$a \rightarrow b \rightarrow d \rightarrow e \rightarrow h \rightarrow c \rightarrow f \rightarrow g \rightarrow i \rightarrow j.$$

（2）**中序遍历**算法的递归定义为：

① 用中序遍历算法遍历 T 的左子树 T_1；

② 访问 T 的根；

③ 用中序遍历算法遍历 T 的右子树 T_2。

用中序遍历算法，图 8.1.13 二叉树 T 中各顶点的访问顺序为

$$d \rightarrow b \rightarrow h \rightarrow e \rightarrow a \rightarrow f \rightarrow c \rightarrow i \rightarrow g \rightarrow j.$$

（3）**后序遍历**算法的递归定义为：

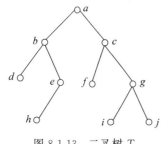

图 8.1.13　二叉树 T

① 用后序遍历算法遍历 T 的左子树 T_1；

② 用后序遍历算法遍历 T 的右子树 T_2；

③ 访问 T 的根。

用后序遍历算法，图 8.1.13 二叉树 T 中各顶点的访问顺序为

$$d \rightarrow h \rightarrow e \rightarrow b \rightarrow f \rightarrow i \rightarrow j \rightarrow g \rightarrow c \rightarrow a.$$

例 8.1.7　写出算术表达式$((a-4b)c-(7d+b))/(c+5a)$的"前缀式"波兰表示。

解　其波兰表示为：$/-\times-a\times4bc+\times7db+c\times5a$。

利用二叉树的前序遍历算法能方便地得到算术表达式的波兰表示。

首先，用二叉树来表示算术表达式，其方法是用树中的分支点表示运算符，用树叶表示运算对象。如对于例 8.1.6 中提出的算术表达式，其对应的二叉树如图 8.1.14 所示。

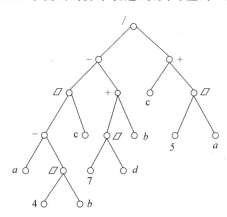

图 8.1.14　用二叉树表示算术表达式

其次，对此二叉树经前序遍历算法，即得：$/-\times-a\times4bc+\times7db+c\times5a$。

定义 8.1.11　设二叉树 T 有 t 片树叶，分别带权 $\omega_1,\omega_2,\cdots,\omega_t$，称 $\omega(T)$ 为 T 的权，其中 $L(\omega_i)$ 为带权 ω_i 的树叶的通路长度。在所有带权 $\omega_1,\omega_2,\cdots,\omega_t$ 的二叉树中，带权最小的二叉树称为**最优二叉树**。

定理 8.1.8　设 T 为带权 $\omega_1\leqslant\omega_2\leqslant\cdots\leqslant\omega_t$ 的最优树，则

(1) 带权 ω_1,ω_2 的树叶 v_1,v_2 是兄弟；

(2) 以树叶 v_1,v_2 为儿子的分支点，其通路长度最长。

证明　设 v 是 T 中通路长度最长的分支点，v 的儿子分别带权 ω_x 和 ω_y，则 $L(\omega_x)\geqslant L(\omega_1)$，且 $L(\omega_y)\geqslant L(\omega_2)$。若 $L(\omega_x)>L(\omega_1)$，将 ω_x 与 ω_1 对调，得到新树 T'，则

$$\omega(T')-\omega(T)=(L(\omega_x)\omega_1+L(\omega_1)\omega_x)-(L(\omega_1)\omega_1+L(\omega_x)\omega_x)$$
$$=L(\omega_x)(\omega_1-\omega_x)+L(\omega_1)(\omega_x-\omega_1)$$
$$=(\omega_x-\omega_1)(L(\omega_1)-L(\omega_x))<0,$$

即 $\omega(T')<\omega(T)$，与 T 是最优树矛盾，故 $L(\omega_x)=L(\omega_1)$。

同理可证 $L(\omega_y)=L(\omega_2)$。

因此，$L(\omega_1)=L(\omega_2)=L(\omega_x)=L(\omega_y)$。

分别将 ω_1,ω_2 与 ω_x,ω_y 对调得到一棵最优树，其中带权 ω_1 和 ω_2 的树叶是兄弟，且结点 v_1、v_2 的通路长度等于树高。

定理 8.1.9　设 T 为带权 $\omega_1\leqslant\omega_2\leqslant\cdots\leqslant\omega_t$ 的最优树，若将以带权 ω_1 和 ω_2 的树叶为儿子的分支点改为带权 $\omega_1+\omega_2$ 的树叶，得到一棵新树 T'，则 T' 也是最优树。

证明　根据题设，$\omega(T)=\omega(T')+\omega_1+\omega_2$。若 T' 不是最优树，则必有另一棵带权 $\omega_1+\omega_2,\omega_3,\cdots,\omega_t$ 的最优树 T''。对 T'' 中带权 $\omega_1+\omega_2$ 的树叶生成两个儿子，得到新树

$\hat{T}$,则 $\omega(\hat{T})=\omega(T'')+\omega_1+\omega_2$。

因为 T'' 是带权 $\omega_1+\omega_2,\omega_3,\cdots,\omega_t$ 的最优树,故 $\omega(T'')\leqslant\omega(T')$。如果 $\omega(T'')<\omega(T')$,则 $\omega(\hat{T})=\omega(T'')+\omega_1+\omega_2<\omega(T')+\omega_1+\omega_2=\omega(T)$,与 T 为带权 $\omega_1,\omega_2,\omega_3,\cdots,\omega_t$ 的最优树矛盾,因此 $\omega(T'')=\omega(T')$。即 T' 是带权 $\omega_1+\omega_2,\omega_3,\cdots,\omega_t$ 的最优树。

根据上述两个定理,我们可以得出求最优树的 Huffman 算法。

给定实数 $\omega_1,\omega_2,\cdots,\omega_t$ 且 $\omega_1\leqslant\omega_2\leqslant\cdots\leqslant\omega_t$,则按下列步骤求最优二叉树:

(1) 连接 ω_1,ω_2 为权的两片树叶,得一分支点,其权为 $\omega_1+\omega_2$;

(2) 在 $\omega_1+\omega_2,\omega_3,\cdots,\omega_t$ 中选两个最小的权,连接它们对应的结点(不一定都是树叶),得分支点及所带的权;

(3) 重复(2)直到形成 $t-1$ 个分支点,t 片树叶为止。

例 8.1.8 求带权为 7、8、9、12、16 的最优二叉树及其权。

解 构造最优二叉树的全部过程如图 8.1.15 所示。树的权为 $(9+12+16)\times2+(7+8)\times3=119$。

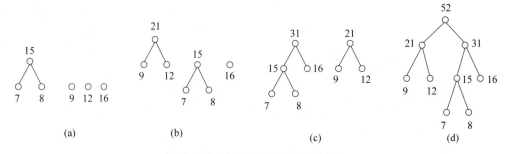

图 8.1.15　构造最优二叉树的过程

习题 8.1

(A)

1. 若一棵完全二元(叉)树有 $2n-1$ 个顶点,则它有(　　)片树叶。

    A. n B. $2n$ C. $n-1$ D. 2

2. 一棵无向树的顶点数 n 与边数 m 关系是(　　)。

3. 连通图 G 是一棵树,当且仅当 G 中(　　)。

    A. 有些边是割边   B. 每条边都是割边

    C. 所有边都不是割边   D. 图中存在一条欧拉路径

4. 设 G 是有 n 个结点,m 条边的连通图,必须删去 G 的(　　)条边,才能确定 G 的一棵生成树。

    A. $m-n+1$ B. $m-n$

    C. $m+n+1$ D. $n-m+1$

5. 求带权为 2,3,5,7,8 的最优二叉树 T 及其权。

（B）

6. 请写出如图 8.1.16 所示二元有序树的 3 种遍历结果。

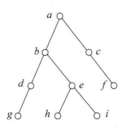

图 8.1.16　二元有序树

（C）

7.（参考北京大学 1999 年硕士研究生入学考试试题）设在某次通信中，字母 $a,b,c,$ d,e,f,g,h 出现的频率如表 8.1.1 所示。

表 8.1.1　频率表

字母	a	b	c	d	e	f	g	h
频率(%)	25	20	15	15	10	6	5	4

试编写一个传输他们的最佳前缀码，并求传输 $100^{n}(n \geqslant 2)$ 个按上述频率出现的字母所用的二进制数字的个数。

8.2　二　部　图

8.2.1　二部图的概念

定义 8.2.1　若能将无向图 $G=\langle V,E\rangle$ 的顶点集 V 划分成两个子集：V_1 和 V_2，它们满足 $V_1 \cup V_2 = V, V_1 \cap V_2 = \varnothing$，且使得图 G 的每一边的一个端点属于 V_1，另一个端点属于 V_2，则称 G 为**二部图**（或偶图）。V_1 和 V_2 称为互补顶点子集，此时，可将 G 记作 $G=\langle V_1,V_2,E\rangle$。

在二部图 $G=\langle V_1,V_2,E\rangle$ 中，若 $|V_1|=m$，$|V_2|=n$，且对任意的 $u \in V_1$ 和 $v \in V_2$ 均有 $[u,v] \in E$，则称 G 为**完全二部图**，记为 $K_{m,n}$。

图 8.2.1(a) 为一个二部图，它的互补顶点集为 $V_1=\{v_1,v_2,v_3\}$，$V_2=\{v_4,v_5\}$。图 8.2.1(b) 为一个完全二部图，可记为 $K_{3,3}$，它是一个重要的二部图。

V_1 和 V_2 是二部图的互补结点集合，一般不唯一。在图 8.2.2(a) 中，互补结点集合 $V_1=\{v_1,v_2,v_3,v_4,v_5\}$，$V_2=\{v_6,v_7,v_8\}$，也可以表示为 $V_1=\{v_1,v_3,v_4,v_5,v_6\}$，$V_2=\{v_2,v_7,v_8\}$。图 8.2.2(b) 为一个完全二部图 $K_{3,4}$。

定理 8.2.1 给出了简单无向图是二部图的充要条件。

定理 8.2.1　设 G 为阶数 $\geqslant 2$ 的简单无向图，则 G 是二部图的充要条件是 G 中任意

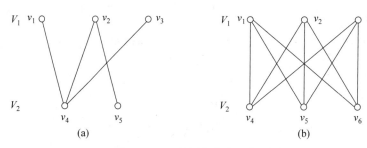

图 8.2.1 二部图与完全二部图

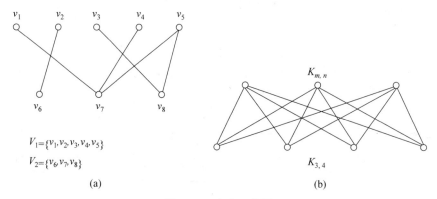

$V_1=\{v_1,v_2,v_3,v_4,v_5\}$

$V_2=\{v_6,v_7,v_8\}$

(a)   (b)

图 8.2.2 完全二部图

圈的长度为偶数。

证明 必要性：若 G 中无回路，结论显然成立。若 G 中有回路，令 $v_0v_1v_2\cdots v_{m-1}v_0$ 是 G 中长度为 m 的基本回路。不妨设 $v_0\in V_1$，于是 $v_0,v_2,v_4,\cdots\in V_1,v_1,v_3,v_5,\cdots\in V_2$。因此 $m-1$ 必为奇数，从而 m 为偶数。

充分性：因只要 G 的每个分图为二部图，G 即为二部图，故只须考察连通图 $G=<V,E>$。

任取 $u\in V$，令 $V_1=\{v\,|\,v\in V$ 且 $d<u,v>$ 为偶数$\}$，$V_2=V-V_1$，则 $V=V_1\bigcup V_2,V_1\bigcap V_2=\varnothing$。若存在 $v_i,v_j\in V_1$，且 $[v_i,v_j]\in E$，则由 u 到 v_i 距离为偶数的最短路、边 $[v_i,v_j]$ 和 v_j 到 u 距离为偶数的最短路构成一个基本回路，其长度为奇数，与已知条件矛盾，故 V_1 中不存在相邻的结点。同理可证，V_2 中也不存在相邻的结点。故 G 为二部图。

定理 8.2.2 一个无向图 G 是二部图的充分必要条件是 G 中所有回路的长度为偶数。

证明 必要性：设 G 是一个二部图，故它的顶点集合 V 被划分为 V_1 和 V_2。设回路
$$P=<v_{i_0},v_{i_1},v_{i_2},\cdots,v_{i_{t-1}},v_{i_0}>$$
是 G 中的长度为 t 的一条回路。如果 $v_{i_0}\in V_1$，而 $v_{i_2},v_{i_4},\cdots\in V_1,v_{i_1},v_{i_3},\cdots\in V_2$，这样 $t-1$ 必为奇数，而 t 必为偶数。

充分性：假设连通图 G 的每一条回路的长度为偶数，定义 V 的两个子集 V_1 和 V_2 如下。

$V_1=\{v_i\,|\,v_i$ 与某一固定顶点 v 间的长度为偶数$\}$；

$V_2=V-V_1$。

如果存在一条边$<v_i,v_j>$,其中$v_i,v_j\in V_1$,于是由v与v_i间的通路(长度为偶数)以及边$<v_i,v_j>$,再加上v_j与v间的通路(长度为偶数)所组成的回路,其长度为奇数,故与假设矛盾。如果$v_i,v_j\in V_2$,则有类似的结果。

由此可知,G的每一边$<v_i,v_j>$必有v_i,v_j属于不同的子集V_1和V_2。由此定理 8.2.1 得证。

如图 8.2.3 中,图 8.2.3(a)和图 8.2.3(c)不是二部图,图 8.2.3(b)是二部图。

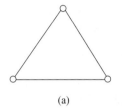 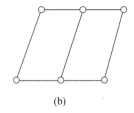 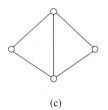

(a) (b) (c)

图 8.2.3　二部图与非二部图

8.2.2　二部图的匹配

★ 匹配理论起源于组合数学中著名的婚配问题。

某团体有若干未婚的漂亮姑娘和帅气的小伙子,所有姑娘都已到结婚年龄,若没有另外的条件限制,为了满足所有姑娘们的愿望,唯一的必备条件是可供选择的小伙子至少要和姑娘一样多。而每位姑娘都不会草率处理自己的终身大事,她们往往会排除一些小伙子作为她的可能配偶,因此会有一个她认为可接受的配偶名单。问:这个团体中的每位姑娘是否都可以与自己认可的小伙子结婚?

显然,这并非永远可以,因为或许有 3 位姑娘,她们手头上的名单都列出相同 2 位小伙子结婚,而且 3 张名单完全一样!既然并非永远可行,那么在什么条件下可以满足每位姑娘的心愿?当这种条件不具备时,又问:

(1) 最多有几位姑娘的愿望得以满足?

(2) 如何配对,才会使婚后这个团体的家庭最为美满?

很多实际问题都与上述婚配问题的数学模型一致。为了解决诸如此类的问题,发展一种匹配理论和有效算法正是本节所要研究的内容。

定义 8.2.2　设$G=<V,E>$是一个二部图,如果E的一个子集M中的任意两条边均不相邻,则称M为二部图G的一个**匹配**(或**边独立集**)。若结点v与M中的边关联,称v为M**饱和点**,否则称v为M**非饱和点**。

若G中每个结点都是M饱和点,称M是**完全匹配**。若在M中再加入一条边后M不再匹配,则称M为**极大匹配**。边数最多的极大匹配称为**最大匹配**。最大匹配中的边的个数称为G的**匹配数**。

在图 8.2.4(a)所示的二部图中,边集$\{<v_1,v_4>\}$、$\{<v_2,v_4>\}$、$\{<v_3,v_4>\}$、$<v_2,$

$v_5>$}都是匹配,而且{$<v_2,v_4>$}、{$<v_1,v_4>$,$<v_2,v_5>$}是极大匹配,{$<v_1,v_4>$, $<v_2,v_5>$}是最大匹配。

在图 8.2.4(b)所示的二部图中,边集{$<v_1,v_4>$},{$<v_1,v_5>$},{$<v_2,v_6>$}是匹配,{$<v_1,v_4>$},{$<v_2,v_5>$,$<v_3,v_6>$}是最大匹配。

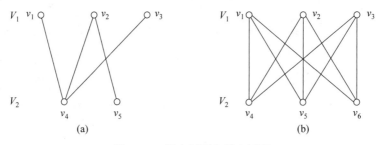

图 8.2.4　极大匹配和最大匹配

例 8.2.1　某教研室有 5 位教师 x_1,x_2,x_3,x_4,x_5,要开设 5 门课程 y_1,y_2,y_3,y_4, y_5。已知 x_1 能讲授 y_1 和 y_2;x_2 能讲授 y_2 和 y_3;x_3 能讲授 y_2 和 y_5;x_4 只能讲授 y_3; x_5 能讲授 y_3,y_4 和 y_5。问:能否通过适当安排,使每位教师只讲一门课程,且每门课程也只有一位教师讲授?

解　将教师与课程之间的关系建立为图 8.2.5(a),我们只须求这个二部图一个匹配即可,如图 8.2.5(b)所示。

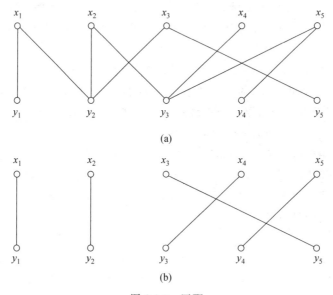

图 8.2.5　匹配

定义 8.2.3　设 M 是二部图 G 的一个匹配,若 G 中每个顶点都是 M 的饱和顶点,则称 M 为 G 中的**完美匹配**。

定义 8.2.4　设 $G=<V_1,V_2,E>$ 为一个二部图,$|V_1|\leqslant|V_2|$,M 为 G 中的最大匹配,若 $|M|=|V_1|$,则称 M 为 V_1 到 V_2 的一个**完备匹配**(complete matching)。

1935 年 Hall 给出了判定二部图是否存在完备匹配的充要条件——"相异性条件"。

定理 8.2.3　(Hall,1935)设 $G=<V,E>$ 是二部图,V_1 和 V_2 为二部图 G 的互补结点集,则 G 中存在从 V_1 到 V_2 的完备匹配的充要条件是 V_1 中的任意 $k(k=1,2,\cdots,|V_1|)$ 个结点至少与 V_2 中的 k 个结点邻接。

> ★美国数学家哈罗德·库恩(Harold Kuhn)于 1965 年提出匈牙利算法,可用于求 V_1 到 V_2 的完备匹配,先找出全部匹配,然后保留匹配数最多的。此算法之所以被称作匈牙利算法,是因为算法很大一部分是基于以前匈牙利数学家 Dénes König 和 Jenö Egerváry 的工作创建起来的。但是这个算法的时间复杂度为边数的指数级函数。因此,需要寻求一种更加高效的算法。

根据 Hall 定理可得定理 8.2.3。

定理 8.2.4　设 $G=<V,E>$ 是二部图,V_1 和 V_2 为 G 的互补结点集,若存在 t 使得如下"t 条件"成立:

(1) V_1 中的每个结点至少关联 t 条边;

(2) V_2 中的每个结点至多关联 t 条边,

则 G 中存在从 V_1 到 V_2 的完备匹配。

证明　由 V_1 中每个结点至少关联 $t(t>0)$ 条边可知,V_1 中任意 k 个结点至少邻接 V_2 中的 kt 条边。而 V_2 中每个结点至多关联 t 条边,所以 V_1 中任意 k 个结点至少邻接 V_2 中的 k 个结点。由定理 8.2.2 得,G 中存在 V_1 到 V_2 的完备匹配。

推论 8.2.1　设图 $G=<V_1,V_2,E>$,对任意 $v\in V_1$ 或 V_2 有 $d(v)=k>0$,则 G 有一个完全匹配。

定理 8.2.4 给出了任意简单无向图存在完美匹配的充要条件。

定理 8.2.5　(Tutte)图 $G=<V,E>$ 有完美匹配的充要条件是对于任意 $W\subseteq V$ 均有 $O(G-W)\leqslant|W|$,其中 $O(G-W)$ 表示含**奇数个结点的连通分支数**。

习题 8.2

(A)

1. 二部图 $K_{2,3}$ 是(　　　)。

　　A. 欧拉图　　　　　　　　　　　　B. 哈密尔顿图

　　C. 非平面　　　　　　　　　　　　D. 平面图

2. 完全二部图 $K_{m,n}$ 为哈密尔顿图,当且仅当(　　　)。

3. 判断:设简单无向图 G 为二部图,如果 G 中结点的个数为奇数,则 G 一定不是哈密尔顿图。(　　　)

4. 试证明:设 G 是 $<n,m>$ 简单二部图,则 $m\leqslant\dfrac{n^2}{4}$。

(B)

5. 试证明:无向树至多有一个完美匹配。

（C）

6.（参考北京大学 1993 年硕士研究生入学考试试题）某年级共开设 7 门课程，由 7 位教员承担。已知每位教员都能承担其中的 3 门课程。他们将自己能承担的课程报到教务员处后，教务员发现每门课都恰好有 3 位教员能承担。问教务员能否安排这 7 位教员每人担任一门课程，且每门课都有人承担？请用图论中的理论说明理由。

8.3 平 面 图

8.3.1 平面图的概念

定义 8.3.1 设 G 是一个无向图，如果能够将图 G 在一个平面上画出，且它的任意两条边除顶点外无其他交点，则称 G 是一个**平面图**，或称图 G 是可平面化的。

图 8.3.1(a)和图 8.3.1(b)都是平面图。

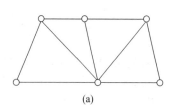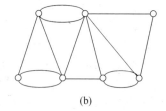

图 8.3.1 平面图

有些图形从表面上看有边相交，但不能就此断定它不是平面图。例如，图 8.3.2(a)虽然表面看有边相交，但如把它画成图 8.3.2(b)，则可看出它是平面图。

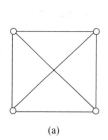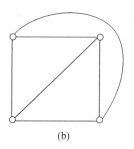

图 8.3.2 平面图

例 8.3.1 K_1、K_2、K_3、K_4 都是平面图，完全二部图 $K_{1,n}(n \geqslant 1)$、$K_{2,n}(n \geqslant 2)$ 也是平面图。

在研究平面图理论中有两个十分重要的图，就是被称为库拉图斯基图的完全二部图 $K_{3,3}$ 和完全图 K_5，它们都不是平面图。其中，$K_{3,3}$ 是边数最少的非平面图，K_5 是结点数最少的非平面图。

由定义 8.3.1 不难得出：

（1）平面图的任何子图都是平面图；

（2）非平面图的任何母图都是非平面图；

（3）图中的平行边和环并不影响图的平面性。

当且仅当一个图的每个连通分支都是平面图时，这个图才是平面图。所以，在研究平面图的性质时，只要讨论连通平面图就可以了。

8.3.2　欧拉公式

欧拉公式是平面图基本而重要的公式，它反映了平面图的结点数、边数和面数之间的关系。

定义 8.3.2　设 G 是一个连通平面图，G 的边将 G 所在的平面划分成若干个区域，每个区域称为 G 的一个**面**，其中面积无限的区域称为**无限面**或**外部面**，面积有限的区域称为**有限面**或**内部面**。包围面 R 的诸边所构成的回路称为这个面的边界，边界的长度称为**该面的次数**，记为 $\deg(R)$。

显然，任何连通平面图只有一个无限面。

图 8.3.3 所示为一连通平面图，具有 5 个顶点和 8 条边，它把平面划分为 5 个面：R_0，R_1，R_2，R_3，R_4，由图可知 $\deg(R_0)=4$，$\deg(R_1)=\deg(R_2)=\deg(R_3)=\deg(R_4)=3$。

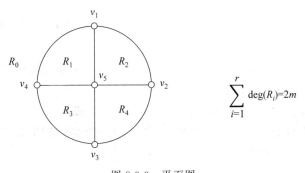

图 8.3.3　平面图

定理 8.3.1　一个有限平面图 G，所有面的次数之和等于其边数 m 的两倍，即

$$\sum_{i=1}^{r}\deg(R_i)=2m$$

证明　因为 G 中每条边无论作为两个面的公共边界，还是作为一个面的边界，在计算总的次数时都计算两次，所以结论成立。

定理 8.3.2　设 G 是 $n(n\geqslant 3)$ 阶简单连通平面图，则 G 的每个面的次数大于或等于 3。

证明　因为 G 的任意一个面上至少有 3 个结点，所以 G 的每个面的次数都大于或等于 3。

定理 8.3.3　（欧拉公式）设 G 是一个连通平面图，共有 n 个顶点 m 条边和 r 个面，则有 $n-m+r=2$ 成立。

证明　用归纳法证明，因此先对图的边数进行归纳。

当 G 为一个平凡图时，$n=1,m=0,r=1$，欧拉公式自然成立。

当 G 只有一条边时，它有两种情况，一是由两个顶点和一条关联这两个顶点的边构成。易知，$n=2,m=1,r=1$（仅有一个无限区域），所以，欧拉公式 $n-m+r=2$ 成立；另一种是由一条自回路构成的图，这时 $n=1,m=1,r=2$，所以，欧拉公式也成立。

设 G 具有 k 条边时，欧拉公式成立，现证明对于具有 $k+1$ 条边的连通平面图，欧拉公式也成立。

易见，一个具有 $k+1$ 条边的连通平面图，可以由 k 条边的连通平面图添加一条边构成。在一个含有 k 条边的连通平面图添加一条边时，可能有如下 3 种不同的情况。

（1）加上一个新的顶点，该顶点与图中顶点相连，如图 8.3.4(a) 所示，此时顶点数和边数都增加 1，而面数不变，故 $n-m+r=2$。

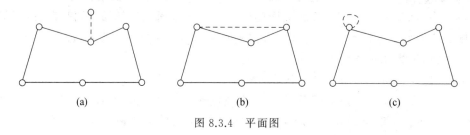

图 8.3.4　平面图

（2）把图中的两个顶点相连，如图 8.3.4(b) 所示，此时边数和面数都增加 1，而顶点数不变，故 $n-m+r=2$。

（3）图中的某个顶点增加一个自回路，如图 8.3.4(c) 所示，此时边数和面数都增加 1，而顶点数不变，故 $n-m+r=2$。

综上所述，对于连通平面图，欧拉公式 $n-m+r=2$ 成立。

定理 8.3.4　设 G 是一个有 n 个顶点 m 条边的连通简单平面图，若 $n \geqslant 3$，则 $m \leqslant 3n-6$。

证明　因为 G 是简单连通平面图，所以 G 任意面的次数 $\deg(G) \geqslant 3$。由定理 8.3.2 可得 $m \leqslant 3n-6$。

上述定理是判别平面图的必要条件，而不是充分条件。也就是说，即使一个图满足上述不等式，也未必是平面图，但使用上述定理的逆否命题，可以判别一个图不是平面图。

例 8.3.2　设图 G 如图 8.3.5(a) 所示，图 G 为 K_5 图，由于顶点数 $n=5$，边数 $m=10$，$3n-6=9 < m=10$，不满足平面图的必要条件。所以，K_5 是非平面图。

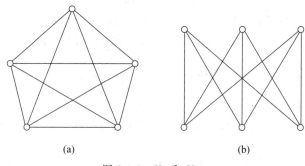

图 8.3.5　K_5 和 $K_{3,3}$

例 8.3.3　完全二部图 $K_{3,3}$ 如图 8.3.5(b)所示，其顶点数 $n=6$，边数 $m=9$，于是有 $3n-6=12>m$。虽然完全二部图 $K_{3,3}$ 满足不等式 $m\leqslant 3n-6$，但根据下例可知它却是非平面图。

例 8.3.4　证明 $K_{3,3}$ 是非平面图。

证明　由于 $K_{3,3}$ 是完全二部图，因此，每条回路由偶数条边组成，而 $K_{3,3}$ 又是简单图，所以，若 $K_{3,3}$ 是平面图，则其每一个面至少由 4 条边围成，于是有 $2m\geqslant 4r$ 或 $r\leqslant\dfrac{1}{2}m$。代入欧拉公式后可得 $2n-4\geqslant m$。由于 $K_{3,3}$ 中，$n=6$，$m=9$，不满足上述不等式，所以 $K_{3,3}$ 是非平面图。

定理 8.3.5　设 G 是一个有 n 个顶点 m 条边 r 个面的连通平面图，G 的每个面至少由 $k(k\geqslant 3)$ 条边围成，则 $m\leqslant\dfrac{k(n-2)}{k-2}$。

证明　因为 $\displaystyle\sum_{i=1}^{r}\deg(R_i)=2m$，而 $\deg(R_i)\geqslant k$ $(1\leqslant i\leqslant r)$，得 $2m\geqslant kr$，即 $r\leqslant\dfrac{2m}{k}$。

而 $n-m+r=2$，故 $n-m+\dfrac{2m}{k}\geqslant 2$，从而，$m\leqslant\dfrac{k(n-2)}{k-2}$。

例 8.3.5　证明如图 8.3.6 所示的彼得森图（Petersen）不是平面图。

证明　彼得森图的每一个顶点用圆圈表示，对边集 E 中的每一个元素 $\{i,j\}\in E$，用一条直线或曲线连接顶点 i 与 j。顶点的位置及边的长短、形状均无关紧要。

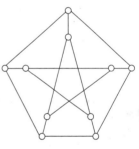

图 8.3.6　彼得森图

彼得森图的每个面至少由 5 条边组成，$k=5$，$m=15$，$n=10$，这样 $m\leqslant\dfrac{k(n-2)}{k-2}$ 不成立。所以根据定理 8.3.4，彼得森图不是平面图。

8.3.3　平面图的判定

判断一个图是否为平面图是一件困难的事。通常我们可以采用直观的方法，即在图中找出一个长度尽可能大的且边不相交的基本回路，然后将图中那些相交于非结点的边适当放置在已选定的基本回路内侧或外侧，若能避免除结点之外边的相交，则该图为平面图，否则便是非平面图。

例 8.3.6　K_5 不是平面图，因为无论如何画都不能使其所有边不相交。

另外，也可以采用下面的定义来判断。

定义 8.3.3　若图 G_2 可由在图 G_1 中的一些边上适当插入或添加度为 2 的有限个结点后而得到，则称 G_1 与 G_2 **同态**或在 2 度结点内同构。

例 8.3.7　图 8.3.7 所示的两个图形是同态的。

定理 8.3.6（**库拉图斯基图定理**）　一个图 G 是平面图，当且仅当 G 中不含同态于

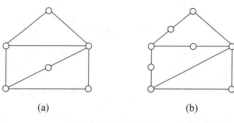

图 8.3.7　同态图

$K_{3,3}$ 或 K_5 的子图。

8.3.4　平面图的着色

★着色问题源于图论在化学、生物科学、管理工程、计算机科学以及通信与网络等领域的广泛应用，所以它具有较强的应用背景。虽然着色具有重要的理论意义和实际意义，但是确定图的有关着色点数是十分困难的，也是图论的主要研究问题之一。

图的着色问题的研究源于著名的四色问题，它是图论中最出名的、最难的问题之一。所谓**四色猜想**（Four Color Conjecture，4CC），就是在平面上的任何一张地图，总可以用最多 4 种颜色给每一个国家染色，使得任何相邻国家（公共边界上至少有一段连续曲线）的颜色是不同的。

图 8.3.8 所示的地图用了 4 种颜色给每个区域着色，使得任何两个相邻的区域有不同的颜色。

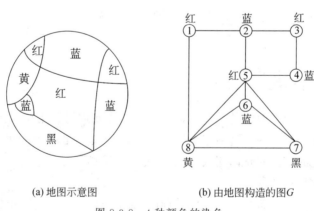

(a) 地图示意图　　　(b) 由地图构造的图 G

图 8.3.8　4 种颜色的染色

从地图出发来构造一个图 G：让每个顶点代表地图的一个区域，如果两个区域有一段公共边界线，就在相应的顶点之间连上一条边。图 8.3.8(b) 所示的图 G 就是从图 8.3.8(a) 的地图构造而来的。

1852 年,Guthrie 兄弟在通信中提出了四色问题,小 Guthrie 求教于他的老师摩根(Morgan),Morgan 与他的朋友在通信中讨论过这个问题,但都无法解决。1878 年,凯莱(Cayley)在伦敦数学会上宣布了这个问题,引起数学界的广泛关注。直到 1976 年,也就是经过 100 多年以后,这个貌似简单的四色猜想才被美国的 K.Appel 和哈肯(W.Haken)借助高速电子计算机花了 1200 多小时证明了四色猜想成立,从此四色猜想成了四色定理。然而,给出四色定理一个无须借助计算机的证明仍然是一个未获解决的问题。

1. 平面图的面着色

定义 8.3.4 连通无桥平面图的平面嵌入及其所有的面称为**平面地图**或**地图**,地图的面称为**国家**。若两个国家的边界至少有一条公共边,则称这两个国家是**相邻的**。

定义 8.3.5 设 G 是平面图,若对 G 的每个面涂上一种颜色,且要求相邻的面出现不同的颜色,则称对该平面图的**面着色**(face coloring),所需颜色的最少种数称为**面着色数**(region chromatic number)。若能用 k 种颜色给 G 的面着色,就称 G 是可 k-面着色的。若 G 是可 k-面着色的,但不是可 $(k-1)$-面着色的,就称 G 的**面色数**为 k,记作 $\chi^*(G)=k$。

图 8.3.9 是几种平面图的面着色示例。

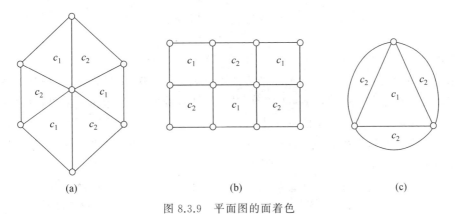

(a)   (b)   (c)

图 8.3.9 平面图的面着色

显然,任意平面图均有无限面。

例 8.3.8 用 n 种颜色对正六面体的面着色,问有多少种不同的着色方法?

解 设 n 种颜色的集合为 $A=\{a_1,a_2,\cdots,a_n\}$,正六面体的面集合为 $B=\{b_1,b_2,b_3,b_4,b_5,b_6\}$,则每一种着色方法对应一个映射:$f:B\to A$,反之,每一个映射 $f:B\to A$ 对应一种着色法。由于每一个面的颜色有 n 种选择,所以全部着色法的总数为 n^6,但这样的着色法与面的编号有关,其中有些着色法可适当旋转正六面体使它完全重合,对这些着色法,称它们为本质上是相同的。我们的问题是求本质上不同的着色法的数目。

当 n 很小时,不难用枚举法求得结果,例如,当 $n=2$ 时,可以算出本质上不同的着色法数为 10。

2. 任意无向图的结点着色

(1) 任意无向图的结点着色

定义 8.3.6　设 G 是任意无向图，若对 G 的每个结点涂上一种颜色，且要求相邻的结点出现不同的颜色，则称对该图的**结点着色**（vertex coloring），简称**着色**（coloring），所需颜色的最少种数称为**结点着色数**，简称**着色数**（chromatic number），记为 $\chi(G)$。

$$\chi(K_n) = n$$

图 8.3.10 是几种无向图的结点着色示例。

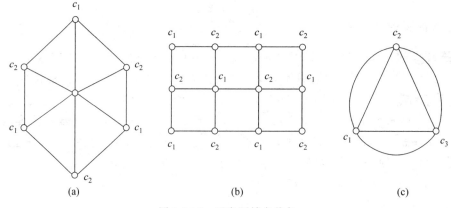

图 8.3.10　无向图结点着色

定理 8.3.7　任意无向图 G 无自环，则 $\chi(G) \leqslant \Delta(G) + 1$。

虽然到目前为止还没有一个简单的方法可以确定任一图 G 是否是 n 色的，但我们可以用韦尔奇·鲍威尔(Welch Powell)算法对图的结点着色，进而求出其上界，方法如下。

(1) 将结点按度从大到小的顺序排列。

(2) 用第一种颜色对第一个结点着色，并且按照其余未着色结点顺序，对不邻接的每一个结点着上同样的颜色。

(3) 对尚未着色的第一个结点及其不邻接的结点着第二种颜色；续行此法，直到全部结点着完色为止。

例 8.3.9　用韦尔奇·鲍威尔方法给图 8.3.11 着色。

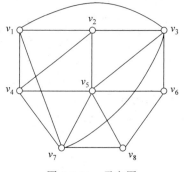

图 8.3.11　无向图

解 （1）根据结点的度递减排列各结点为 v_5、v_3、v_7、v_1、v_2、v_4、v_6、v_8；

（2）对 v_5 及后边未着色的不邻接结点 v_1 着 c_1 色；

（3）对 v_3 及后边未着色的不邻接结点 v_4、v_8 着 c_2 色；

（4）对 v_7 及后边未着色的不邻接结点 v_2、v_6 着 c_3 色。

因此 G 是可 3-着色的。又因为 v_1、v_2、v_3 互相邻接，故必须着 3 种颜色。所以 $\chi(G)=3$。着色详情如图 8.3.12 所示。

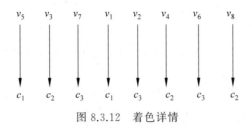

图 8.3.12 着色详情

（2）平面图的结点着色。

平面图的结点着色与一般无向图的结点着色是相同的。平面图的面着色，可以转换为其对偶图（也是平面图）的结点着色。

定理 8.3.8 对于 n 个结点的完全图 K_n，有 $\chi(K_n)=n$。

定理 8.3.9（五色定理） 设 $G=<V,E>$ 是 n 阶 m 条边的连通平面图，$n\geqslant 3$，则 G 必有一个结点 u 使得 $\chi(G)\leqslant 5$。

证明 若任意 $u\in V$ 都有 $d(G)\geqslant 6$，由握手定理可得 $\sum\limits_{v\in V}d(v)=2m\geqslant 6n$，则 $m\geqslant 3n>3n-6$，与 G 是连通平面图必满足 $m\leqslant 3n-6$ 矛盾。所以 G 必有一个结点 u 使得 $\chi(G)\leqslant 5$。

定理 8.3.10 任意平面图 $G=<V,E>$ 都是可 5-着色的。

证明 对结点数用归纳法。

当 $|V|\leqslant 5$ 时，结论显然成立。

假设 $|V|=k$ 时结论成立。当 $|V|=k+1$ 时，由于连通平面图中必有一个结点 u 使得 $d(u)\leqslant 5$，在 G 删去结点 u 之后，对 $G-\{u\}$ 结论成立。将 u 加入 $G-\{u\}$ 中，若 $d(u)<5$，显然对 u 可正常着色，得到一个最多是可 5-着色的图 G。

若 $d(u)=5$，设与 u 邻接的结点按逆时针排列为 v_1、v_2、v_3、v_4、v_5，它们分别着色 C_1、C_2、C_3、C_4、C_5，如图 8.3.13 所示。

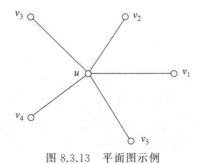

图 8.3.13 平面图示例

令 H 为 $G-\{u\}$ 中所有着 C_1 和 C_3 色的结点集合，F 为 $G-\{u\}$ 中所有着 C_2 和 C_4 色的结点集合。

（1）若 v_1 与 v_3 属于集合 H 所导出子图的两个不同的连通分支，将 v_1 所在子图中的 C_1、C_3 两种颜色对调，并不影响图 $G-\{u\}$ 的正常着色，然后在 u 上着 C_1 色，即得图 G 是可 5-着色的。

（2）若 v_1 与 v_3 属于集合 H 所导出子图的同一连通分支，那么从 v_1 到 v_3 必有一条路 P，P 上各个结点都是 C_1 或 C_3 色，路 P 与边 $[u,v_1]$、$[u,v_3]$ 一起构成一回路 L，它包围了 v_2 或 v_4，但不能同时包围 v_2 和 v_4，故 v_2 和 v_4 分属 F 所导出子图的两个不同连通分支中。因此在包含 v_2 的连通分支中将 C_2 和 C_4 对调，不影响 $G-\{u\}$ 的正常着色，那样，v_2 和 v_4 着 C_4 色，对 u 着 C_2 色，得到五色图。

定理 8.3.11　设 G 中至少含一条边，则 $\chi(G)=2$，当且仅当 G 为二部图。

定理 8.3.12　对于任意的无向图 G（不含环），均有 $\chi(G)\leqslant\Delta(G)+1$。

证明　对 G 的阶数 n 作归纳法。$n=1$ 时，结论显然成立。假设 $n=k$ 时结论成立，下证 $n=k+1$ 时结论也成立。设 v 为 G 中任一结点，令 $G_1=G-\{v\}$，则 G_1 的阶数为 k，由归纳假设可知 $\chi(G_1)\leqslant\Delta(G_1)+1\leqslant\Delta(G)+1$。当将 G_1 还原成 G 时，由于 v 至多与 G_1 中 $\Delta(G)$ 个结点相邻，而在 G_1 的点着色中，$\Delta(G)$ 个结点至多用了 $\Delta(G)$ 种颜色，于是在 $\Delta(G)+1$ 种颜色中至少存在一种颜色给 v 涂色，使 v 与相邻结点涂不同颜色。

贮藏问题是图的点着色在实际问题中的一个具体应用。例如，某一仓库要存放 n 种化学药品 $C_1,C_2,\cdots,C_n$，其中某些化学药品不能放在一起，否则会引起化学反应甚至爆炸。因此，为了安全，该仓库应分割成若干个小仓库，以便把这些不能放在一起的化学药品放在不同的小仓库中。试问该仓库至少应分割成几个小仓库？

3. 任意无向图的边着色

定义 8.3.7　设 G 是任意无向图，若对 G 的每条边涂上一种颜色且相邻的边出现不同的颜色，则称对该图的**边着色**（edge coloring），若能用 k 种颜色给 G 的边着色，就称 G 是**可 k-边着色的**。若 G 是可 k-边着色的，但不是可 $(k-1)$-边着色的，所需颜色的最少种数称为**边着色数 k**（edge-chromatic number），记作 $\chi'(G)=k$。

图中的两条边相邻是指它们有公共的结点。

图 8.3.14 是几种无向图的边着色示例。

六人集会问题是组合数学中著名的 Ramsey 理论的一个最简单的特例。假设一群人中，有 p 个人彼此认识或有 q 个人彼此不认识，这种人群至少多少人？Ramsey 问题中的答案记为 $R(p,q)$。

例 8.3.10　试证明：任意 6 个人中，有 3 个人彼此认识或有 3 个人彼此不认识。

证明　在 6 人中任选 1 人，称为主人，主人与其他 5 人的关系可分为两类：认识和不认识。即 5 人分为两类，至少有一类是 3 人以上。

假设认识的至少有 3 人，这 3 人如果相互全不认识，即满足后一条件。否则，至少有 2 人认识，再加上主人，即有 3 人彼此认识，满足前一条件。因此，两个条件必居其一。

假设不认识的至少有 3 人，将前一假设中"认识"与"不认识"互换，即可证明结论。

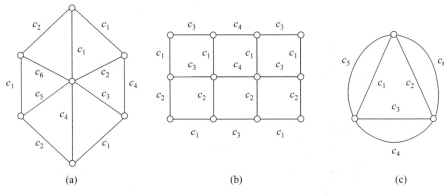

图 8.3.14　无向图的边着色

排课表是边着色问题在实际应用中一个具有代表性的例子。一所学校有 m 位教师 $x_1, x_2, \cdots, x_m$ 和 n 个班级 $y_1, y_2, \cdots, y_n$。在明确教师 x_i 需要给班级 y_i 讲授 p_{ij} 节课后，要求制作一张课时尽可能少的完善的课表。这个问题就称为排课表问题。

习题 8.3

（A）

1. 设 G 是连通平面图，有 v 个结点，e 条边，r 个面，则 $r=($　　　)。

　　A. $e-v+2$　　　　　　　　　　　　B. $v+e-2$

　　C. $e-v-2$　　　　　　　　　　　　D. $e+v+2$

2. 设连通平面图 G 的结点数为 5，边数为 6，则面数为(　　　)。

3. 具有 6 个顶点，12 条边的连通简单平面图中，每个面都是由(　　　)条边围成的。

　　A. 2　　　　　　　B. 4　　　　　　　C. 3　　　　　　　D. 5

4. 分别求出下列各类图的色数。

（1）n 阶零图 N_n。

（2）完全图 K_n。

（3）二部图 $K_{n,m}$。

（4）彼得森图。

5. 证明：设 G 是阶数不小于 11 的简单图，则 G 或 $\overline{G}$ 中至少有一个是非平面图。

（B）

6. 证明：若 $G=\langle V, E \rangle (|V|=v, |E|=e)$ 是每一个面至少由 $k(k \geqslant 3)$ 条边围成的连通平面图，则 $e \leqslant \dfrac{k(v-2)}{k-2}$。

（C）

7. （参考北京大学 1999 年硕士研究生入学考试试题）Heawood 已证明了五色定理，即任何平面图都是 5-可着色的，你能找到色数为 5 的平面图吗？为什么？

*8.4 特殊图的思维导图

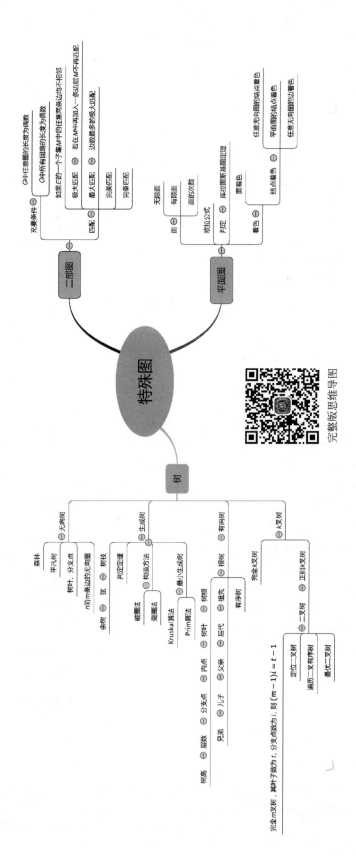

完全 m 叉树，其叶子数为 t，分支点数为 i，则 $(m-1)i = t-1$

完整版思维导图

*8.5　特殊图的算法思想

8.5.1　求 Huffman 树

> **求 Huffman 树的算法**
> （1）对给出的所要求的叶子顶点的权进行从小到大排序,写出顶点的权重向量 $A=<p_1,p_2,\cdots,p_n>$；
> （2）写出兄弟的权重分别为 p_1 和 p_2 以及父亲的权重为 (p_1+p_2) 的一棵单元树；
> （3）对权重分别为 $p_1+p_2,p_3,\cdots,p_n$ 的 $(n-1)$ 个叶权值重新从小到大进行排序,重复(2)和(3),直到只剩下一片叶子；
> （4）算法结束。

程序参数说明如下。

A 表示已知的叶子顶点的权重向量,而叶子顶点的权重就是权重向量的分量。

W 表示所求的 Huffman 树的输出形式,即以 Huffman 树所有单元树集合的输出形式。

有关程序运行后所求的 Huffman 树的输出形式 W 的说明如下。

（1）W 的每一行为 3 个顶点构成的树,且前两列为叶子,最后一列为根,其相应的值代表该结点的权值。

（2）W 中所有单元树按照从下到上的顺序排列,将这些单元树中权值相同的两个顶点合并为一个顶点(但是任意 3 个权值相同的顶点不能合并,W 中完全相同的行也不能合并),即可得到 Huffman 树。

```
//—————最优二叉树的存储结构
typedef struct{
    int weight;     //结点的权值
    int parent;     //指向其双亲结点
    char child;     //表示该结点是其双亲结点的左或右孩子结点
}Node, * huffmantree;
//————— Huffman 编码的存储结构
typedef struct node{
    char data;
    struct node * next;
}node, * huffmancode;
```

假定 n 个叶结点的所带权值为 $\{\omega_1,\omega_2,\cdots,\omega_n\}$,求其对应最优二叉树的 Huffman 编码的算法如下。

构造最优二叉树算法

(1) 根据给定的 n 个权值 $\{\omega_1, \omega_2, \cdots, \omega_n\}$ 构成 n 棵二叉树的集合 $F = \{T_1, T_2, \cdots, T_n\}$,其中每棵二叉树 T_i 中只有一个带权为 ω_i 的根结点,其左右子树为空;

(2) 在 F 中选取两棵根结点的权值最小的树作为左右子树构造一棵新的二叉树,且置新的二叉树的根结点的权值为其左、右子树上根结点的权值之和;

(3) 在 F 中删除这两棵树,同时将新得到的二叉树加入 F 中;

(4) 重复(2)和(3),直到 F 只含一棵树为止。

在得到最优二叉树之后,从每个叶子结点出发走一条从叶子到根的路径即可得到该叶子结点字符对应的 **Huffman** 编码。

8.5.2　求无(有)向图的生成树的算法

任意选择一条边,记录边的顶点集合 S,删除集合 S 中各顶点之间的所有边(有向边),在新的矩阵中寻找与集合 S 中顶点相关联的边(有向边),选择其中一条边(有向边),将其顶点存到集合 S 中,删除该边,删除集合 S 中各顶点之间的所有边(有向边),重复以上过程,直到 S 中包含所有的顶点,这些选择的边(有向边)就构成了一棵生成树。

8.5.3　求最小生成树的两种算法：Kruskal 算法、Prim 算法

1. Kruskal 算法

设一个有 n 个顶点的连通图 $G = <V, E>$,最初先构造一个只有 n 个顶点,但没有边的非连通图 $T = <V, \varnothing>$,图中每个顶点自成一个连通分量。

在 E 中选一个权值最小的边,若该边的两个顶点落在不同的连通分量上,则将此边加入 T 中;否则,将此边舍去,重新选择一条权值最小的边。

重复以上过程,直到所有顶点落在同一个连通分量上。

综合上述基本思想,给出最小生成树模型的 **Kruskal** 算法。

Kruskal 算法

设 $G = <V, E, W>$ 是 n 阶 m 条边的连通无向带权图。

(1) 在 G 中选取最小权边 e_1,并置边数 $i=1$;

(2) 设已选择的边为 $e_1, e_2, \cdots, e_i$,在 G 中选取不同于 $e_1, e_2, \cdots, e_i$ 的边 e_{i+1},使得 e_{i+1} 是满足与 $e_1, e_2, \cdots, e_i$ 不构成回路且权值最小的边;

(3) 重复(2),直到选取 $i = n-1$ 时结束。

2. Prim 算法

从连通图 $G = <V, E>$ 从某一顶点出发,选择与其关联的具有最小权值的边 $<u_0, v>$,

将其顶点加入生成树的顶点集合 U 中。

以后的每一步,从一个顶点在 U 中而另一个顶点步骤 U 中的各条边中选择权值最下的边$<u,v>$,把它的顶点加入集合 U 中,如此下去,直到图中的所有顶点都加入生成树顶点集合 u 中为止,这时得到一棵最小生成树。

Prim 算法

(1) 在 G 中任意选取一结点 v_1,并置 $U=\{v_1\}$,置最小生成树的边集 TE$=\{\}$;

(2) 在所有 $u\in U$,$v\in V-U$ 的边 $[u,v]\in E$ 中,选取权值最小的边 $[u,v]$,将 $[u,v]$ 并入 TE,同时将 v 并入 U;

(3) 重复(2)直到 $U=V$ 为止。

两个方法运行的结果是一致的。在几条边的权值相等的情况下,求得的最小生成树的边集合可能不同,但最小生成树的权值和应该相等。

8.5.4　广度优先搜索算法

广度优先搜索算法(Breadth First Search,BFS)的思想方法已渗透到图论的许多算法之中。

广度优先搜索算法

(1) $\forall v\in v(G)$,标号 $l(v)=0$,令 $l=0$;

(2) 当所有标号为 l 的、与顶点 u 相关联的边的端点都已标号时,则停止;否则,把与 u 相关联的边的未标号的顶点标以 $l+1$,并记录这些边,令 $l=l+1$,重复执行(2)。

根据广度优先搜索算法思想,不难得出若 BFS 终止时仍有未标号的顶点,则 G 不连通;否则,由记录下的边导出的子图是 G 的一棵生成树。用 BFS 算法不仅可以判定图的连通性,而且还可以找出连通图的一棵生成树。

8.5.5　深度优先搜索算法

深度优先搜索算法(Depth First Search,DFS)与 BFS 算法同等重要。DFS 算法在求生成树、割点、块和平面图嵌入算法中起着极为关键的作用。

　　★深度优先算法的思想源于一个古典故事。相传雅典王子忒修斯冲进克里特岛的迷宫去斩除吃人的牛身人面妖精米诺托时,为了让忒修斯留下退路,且不忘记那些走廊已被搜索,公主亚丽阿特涅给他一个绒线球,告诉他:“把线的一头拴在迷宫大门上,你一边走,一边放开线球。”

　　由上述的故事,启发人们设计了 DFS 算法思想,即迷宫法则:从迷宫入口处出发，每个走廊都要搜索，最后再从入口出来。为了不兜圈子，可以记住哪些走廊已经走过，沿着未走过的通道尽可能远地走下去，走到死胡同或那些已无未走过的走廊可选处，沿原路返回，到达一个路口，发现可通往一条未走过的走廊时，沿这一未走过的走廊尽可能远地走下去……最后即可搜索全部走廊和厅室，再由入口走入迷宫。

根据上述思想，Hopcroft 和 Tarjan 在 1973 年给出 DFS 算法的过程如下：

(1) 标记一切边"未用过"，对任意顶点 $v \in V(G)$，$k(v) \leftarrow 0$。令 $i \leftarrow 0$，$v \leftarrow s$；

(2) $i \leftarrow i+1$，$k(v) \leftarrow i$；

(3) 若 v 没有"未用过"的关联边，转(5)；

(4) 选一条"未用过"的与 v 关联的边 $e = vu$，标记 e"用过"。若 $k(u) \neq 0$，转 (3)；否则，$f(u) \leftarrow v$，$v \leftarrow u$，转(2)；

(5) 若 $k(v) = 1$，停止；

(6) $v \leftarrow f(v)$，转(3)。

其中，上述中的 $k(v)$ 称为顶点 v 的 **DFS 编码**；$f(v)$ 称为顶点 v 的父，v 称为 $f(v)$ 的子，且以 $f(v)$ 为始点、v 为终点的有向边称为**父子边**。

根据上述 DFS 算法，易知该算法的复杂度为 $O(|E|)$，并得出定理 8.5.1，由此可见，用 DFS 算法可以找出连通图的某固定顶点的外向生成树。

定理 8.5.1   设连通图 G，则由 DFS 中产生的父子边到导出的子图是以 s 为根的外向生成树，并且在返回边 $e = ab$ 中，或 a 是 b 的祖先，或 a 是 b 的后代孙。

8.5.6   二叉树的遍历

给定一棵二叉树，要求分别按照前序遍历、中序遍历和后序遍历，输出各个结点。

一棵给定的树通常有两种存储方法。

方法一：邻接矩阵表示法。

因为树也是图，所以用邻接矩阵来表示。但邻接矩阵不能表示每个结点的结点信息，而且也不能清楚地描述树的层次以及结点之间的关系。

方法二：链表指针法。

就是对树的每个结点除了设置结点信息之外，还要设置链表指针的位置。对于 m 元树就设置 m 个单元存储其对应子树的根结点的地址。任意给定二叉树，每个结点表示：

结点信息	左子树指针	右子树指针

当该结点的子树存在时，指针单元存放子树根结点的地址。

当该结点的左子树（或者右子树）不存在时，指针单元存放一负数，该负数的绝对值等于该结点所对应的左根（或者右根）的地址。

当该结点的左子树（或者右子树）及左根（或者右根）均不存在时，该指针单元存放数字零。

8.5.7　二部图的所有完备匹配算法

设二部图 $G=<V_1,V_2,E>$，其中 $V_1=\{u_0,u_1,\cdots,u_{n-1}\}$，$V_2=\{v_0,v_1,\cdots,v_{m-1}\}$，则二部图 G 可用 $n\times m$ 阶矩阵 $A=(a_{ij})_{n\times m}$ 表示，其中

$$a_{ij}=\begin{cases}1,&\text{若 }u_i\text{ 和 }v_j\text{ 之间有边}\\0,&\text{否则}\end{cases}。$$

定义一个全局变量 $B[n]$ 来存储求出的一个完备匹配，其初值元素全为 -1。根据二部图完备匹配的定义可知，若 B 是二部图 G 的一个匹配，则向 B 中添加边，并保证 B 仍然是一个匹配，直到不能再添加边为止，若 B 中边数为 n，则 B 一定是二部图 G 的一个完备匹配。因此，求 G 的完备匹配的过程实际上是从矩阵 A 的不同行、不同列选取元素为 1 的极大元组。该算法采用搜索、试探、前进、回溯等几种运算来实现。

8.5.8　图的着色算法

1. 顶点着色算法

从度最小的顶点开始着色，找到不与其相邻的顶点，并选择其中一个顶点进行着色，再找到与这两个顶点都不相邻的顶点集合，并对其中一个顶点着色，直到找不到为止。再找到未着色的度更小的顶点，重复进行以上过程，直到所有顶点都已着色为止，程序结束。

2. 边着色算法

从图的任意一条边着色，然后找到一条与其不相邻的边进行着色，再找到与两条着色边都不相邻的一条边进行着色，直到没有可以着色的边为止；再找到一条没有着色的边，重复上述过程，直到所有边都已着色为止，程序结束。

8.6　本章小结

本章主要介绍了三种特殊的图：树、二部图和平面图。首先介绍了树、生成树、最小生成树、有向树与根树的定义，并给出最小生成树以及二叉有序树的遍历算法；然后介绍了二部图、平面图的概念及有关性质，平面图的面着色问题，任意无向图的结点着色以及边着色等相关内容；最后给出特殊图的思维导图和部分算法思想描述。

第四部分

代数系统

　　人们研究和考察现实世界中的各种现象或过程，往往要借助某些数学工具。譬如，在微积分学中，可以用导数来描述质点运动的速度，可以用定积分来计算面积、体积等；在代数学中，可以用正整数集合上的加法运算来描述数据的叠加可以用集合之间的并、交运算来描述单位与单位之间的关系，可以在逻辑运算中用命题之间的析取运算来表示二者之间的或运算。综上所述，针对某个具体问题选用适宜的数学结构进行较为确切的描述，这就是所谓的"数学模型"。可见，数学结构在数学模型中占有极为重要的位置。

　　初等代数、高等代数和线性代数都称为经典代数（Classical Algebra），它的研究对象主要是代数方程和线性方程组。我们这里所要介绍的是一类特殊的数学结构——由一个集合和定义在这个集合中的一种运算或若干种运算所构成的系统，通常称它为代数系统。近世代数（Modern Algebra）又称为抽象代数（Abstract Algebra），它的研究对象是代数系统。代数系统在计算机科学中有着广泛的应用，对计算机学科的发展有重大影响。反过来计算机学科的发展对抽象代数又提出新的要求，促使抽象代数不断涌现新概念，发展新理论。

　　由于近世代数在近代物理、近代化学、计算机科学、数字通信、系统工程等许多领域都有重要应用，因而它是现代科学技术的数学基础之一，许多科技人员都需要掌握它的基本内容与方法。

第9章

代 数 结 构

在一个非空集合上定义某种运算法则和运算规律,则称这个集合具有了代数结构。本章所讲的代数系统是指抽象的概念,即不具体指哪一个系统,运算也不具体指哪一个运算,一旦抽象的系统性质被证实,那么这些结论和方法将用于实际。

通过本章的学习,读者将掌握以下内容:

(1) 二元运算、n 元运算、运算表的相关概念和运算性质;

(2) 代数系统的基本概念;

(3) 代数系统的交换律、结合律、分配律、吸收律、幂等律、单位元、幺元、逆元、消去律等运算性质;

(4) 代数系统的同态与同构;

(5) 半群、交换半群、子半群、循环半群,独异点、交换独异点、子独异点、循环独异点;

(6) 群、有(无)限群的概念及其性质;

(7) 子群、平凡子群的概念和判定;

(8) 阿贝尔群、循环群、置换群的概念和性质;

(9) 群的同态与同构的概念及其判定。

9.1 代数系统的定义

9.1.1 代数运算

定义 9.1.1 设 A,B,C 为集合,如果 f 是 $A \times B$ 到 C 的一个映射,则称 f 是 $A \times B$ 到 C 的一个**代数运算**。

例如,$A = \{$所有整数$\}$,$B = \{$所有不等于零的整数$\}$,$C = \{$所有有理数$\}$,则

$$f: A \times B \to C, <a,b> \to \frac{a}{b}$$

是一个 $A \times B$ 到 C 的代数运算,也就是数的除法。

定义 9.1.2 设 A 为集合,如果 f 是 $A \times A$ 到 A 的代数运算,则称 f 是 A 上的一个**二元运算**,也称集合 A 对于代数运算 f 来说是**封闭的**。

例如,设 $*$ 是集合 A 上的一个二元(或一元)运算,$S \subseteq A$,若对于每一个序偶 $<a_i,a_j> \in S$(或 $a_i \in S$)都有 $* <a_i,a_j> \in S$(或 $* a_i \in S$),则运算 $*$ 在 S 上是封闭的。

例 9.1.1 定义映射 $*: \mathbf{N}^2 \to \mathbf{N}$,使 $* <n_1,n_2> = n_1 \cdot n_2$,令 $S_1 = \{2^k \mid k \in \mathbf{N}\} =$

$\{2,4,8,16,\cdots\}$，$S_2=\{1,2,\cdots,10\}$，分别判断其在集合 S_1 和 S_2 的运算是否满足封闭性。

解 $S_1\subseteq\mathbf{N},S_1^2\subseteq\mathbf{N}^2$。

对于任意 $<2^i,2^j>\in S_1^2$，$*<2^i,2^j>=2^i\cdot 2^j=2^{i+j}\in S_1$。

所以，运算 $*$ 在 S_1 上是封闭的。

取 $<4,5>\in S_2^2$，

$$*<4,5>=4\cdot 5=20\notin S_2。$$

所以，运算 $*$ 在 S_2 上不封闭。

(1) 整数集合 $\mathbf{Z}$ 上的加法、减法和乘法都是 $\mathbf{Z}$ 上的二元运算，而除法不是。

(2) 实数集合 $\mathbf{R}$ 上的加法、减法和乘法都是 $\mathbf{R}$ 上的二元运算，但除法不是。

(3) 集合 A 的幂集 $\rho(A)$ 上的集合的并、交都是 $\rho(A)$ 上的二元运算。

(4) 设 $M_n(\mathbf{R})$ 表示所有 n 阶 $(n\geqslant 2)$ 实矩阵的集合，则矩阵的加法和乘法都是 $M_n(\mathbf{R})$ 上的二元运算。

加法、乘法运算是自然数集 $\mathbf{N}$、整数集 $\mathbf{Z}$、有理数集 $\mathbf{Q}$、实数集 $\mathbf{R}$ 上的二元运算。但除法不是，因为 0 不能做除数，因而在上述集合中除法运算封闭性不成立。

非 0 实数集 $\mathbf{R}-\{0\}$ 上的乘法、除法运算是 $\mathbf{R}-\{0\}$ 上的二元运算。但加法、减法不是，因为加法、减法运算得到的结果 0 不在集合 $\mathbf{R}-\{0\}$ 中，因而对于加法和减法运算，封闭性不成立。

例 9.1.2 设 $\mathbf{Z}_m=\{[0],[1],\cdots,[m-1]\}$ 是模 m 同余关系所有剩余类组成的集合，在 $\mathbf{Z}_m$ 上定义运算 $+_m$ 和 $\times_m$ 为：对任意的 $[a],[b]\in\mathbf{Z}_m$，$[a]+_m[b]=[a+b]$，$[a]\times_m[b]=[a\times b]$，则 $+_m$ 和 $\times_m$ 是 $\mathbf{Z}_m$ 上的二元运算。

需要说明运算结果是唯一确定的，即与代表元的选取无关。

对于任意的 $[a'],[a],[b'],[b]\in\mathbf{Z}_m$，若 $[a']=[a],[b']=[b]$，则 $m\mid(a'-a),m\mid(b'-b)$。因而，$m\mid((a'-a)+(b'-b)),m\mid(a'(b'-b)+(a'-a)b)$，即 $m\mid((a'+b')-(a+b)),m\mid(a'b'-ab)$，有 $[a'+b']=[a+b],[a'\times b']=[a\times b]$。这就证明了 $+_m$ 和 $\times_m$ 是 $\mathbf{Z}_m$ 上的二元运算。

例 9.1.3 (1) 设 $A=\{1,2\}$，则

$$f:<1,1>\rightarrow 1,<2,2>\rightarrow 2,<1,2>\rightarrow 2,<2,1>\rightarrow 1$$

是一个 A 上的二元运算。

(2) 设 $\mathbf{R}$ 为实数集合，则

$$f:<a,b>\rightarrow a+ab$$

是 $\mathbf{R}$ 上的二元运算。

例 9.1.4 (1) 设有映射 $f:\mathbf{N}^2\rightarrow\mathbf{N}$，对于任意 $<n_1,n_2>\in\mathbf{N}^2$，定义 $f(<n_1,n_2>)=n_1+n_2$。

例如：$f(<3,5>)=8,f(<5,3>)=8,f(<3,9>)=12$。

(2) 设有映射 $g:\mathbf{I}^2\rightarrow\mathbf{I}$，对于任意 $<i_1,i_2>\in\mathbf{I}^2$，定义 $g(<i_1,i_2>)=i_1-i_2$。

例如：$g(<3,5>)=-2,g(<5,3>)=2,g(<-9,2>)=-11$。

(3) 定义映射 $\sim:\mathbf{R}-\{0\}\rightarrow\mathbf{R}-\{0\}$，定义 $\sim(r)=1/r$。

例如 $\sim\left(\dfrac{1}{2}\right)=2,\sim\left(-\dfrac{8}{3}\right)=-\dfrac{3}{8}$。

例 9.1.5　设 A 为非零正整数，A 上的二元关系 $*$ 定义如下：

$$\forall a,b\in A,f:<a,b>\to a*b=a^b$$

计算 $3*2,2*3$。

解　$3*2=3^2=9,2*3=2^3=8$。

类似于二元运算，也可以定义集合 A 上的 n 元运算。

定义 9.1.3　设 A 为非空集合，映射 $f:A^n\to A$ 称为 A 上的一个 **n 元代数运算**，简称 **n 元运算**。其中 n 为正整数，$A^n=\underbrace{A\times A\times\cdots\times A}_{n}$，它是 A 中所有任意 n 个元素的有序 n 元组

$$<a_1,a_2,\cdots,a_n>,f(a_1,a_2,\cdots,a_n)=a\in A。$$

由代数系统运算的定义可知，运算的本质就是映射，由此可得运算的特点如下。

(1) 运算的对象和结果都是 A 中的元素。

(2) 运算的对象和结果不仅可以是数，而且可以是任何个体。

(3) 常用运算符：$*,\cdot,\wedge,\vee,\cap,\cup,\sim,-$。

(4) 一元运算的表示：$\cdot(a),\sim(a)$。

(5) 二元运算的表示：$*(a_i,a_j)=a_i*a_j=a$。

求一个数的绝对值是整数集 $\mathbf{Z}$，有理数集 $\mathbf{Q}$，实数集 $\mathbf{R}$ 上的一元运算。

求一个数的相反数是 $\mathbf{Z},\mathbf{Q},\mathbf{R}$ 上的一元运算。

求一个 n 阶 $(n\geqslant2)$ 实矩阵的转置矩阵是 $\mathbf{M}_n(\mathbf{R})$ 上的一元运算。

$\mathbf{R}$ 为实数集，令 $f:\mathbf{R}^n\to\mathbf{R},<x_1,x_2,\cdots,x_n>\to x_1$，则 f 是 $\mathbf{R}$ 上的 n 元运算。

当 A 为有限集时，A 上的二元运算可以用**运算表**来给出。例如：设 $A=\{a_1,a_2,\cdots,a_n\}$，$\sim$ 为 A 上的一元运算，它的运算表如表 9.1.1 所示。

表 9.1.1　$\sim$ 运算一元运算表

a_i	$\sim(a_i)$
a_1	$\sim(a_1)$
a_2	$\sim(a_2)$
$\vdots$	$\vdots$
a_n	$\sim(a_n)$

$\circ$ 为 A 上的二元运算，它的运算表如表 9.1.2 所示。

表 9.1.2　$\circ$ 运算二元运算表

$\circ$	a_1	a_2	$\cdots$	a_n
a_1	$a_1\circ a_1$	$a_1\circ a_2$	$\cdots$	$a_1\circ a_n$
a_2	$a_2\circ a_1$	$a_2\circ a_2$	$\cdots$	$a_2\circ a_n$

续表

°	a_1	a_2	...	a_n
⋮	⋮	⋮	⋱	⋮
a_n	$a_n°a_1$	$a_n°a_2$	...	$a_n°a_n$

例如,例 9.1.3 的运算表如表 9.1.3 所示。

表 9.1.3　°运算表

°	1	2
1	1	2
2	1	2

例 9.1.6　设 $A = \{1,3,5,7\}$,~和 * 运算定义分别如表 9.1.4 和表 9.1.5 所示。

表 9.1.4　~运算表

a_i	$\sim(a_i)$
1	7
3	5
5	3
7	1

表 9.1.5　* 运算表

*	1	3	5	7
1	1	3	5	7
3	3	9	5	7
5	5	3	5	7
7	1	3	5	7

9.1.2　代数系统

定义 9.1.4　非空集合 A 和 A 上 k 个一元或二元运算 $f_1,f_2,\cdots,f_k$ 组成的系统称为一个**代数系统**或**代数结构**,简称**代数**,记作 $<A,f_1,f_2,\cdots,f_k>$。A 称为该代数系统的**域**。当 A 是有限集合时,称 $<A,f_1,f_2,\cdots,f_k>$ 为**有限代数系统**。

由定义可知,一个代数系统需要满足下面 3 个条件:

(1) 有一个非空集合 A;

(2) 有一些建立在集合 A 上的运算;

(3) 这些运算在集合 A 上是封闭的。

一个在整数集 **Z** 上且带有加法运算"＋"的系统构成一个代数系统$<\mathbf{Z},+>$。

一个在实数集 **R** 上且带有加法运算"＋"与乘法运算"×"的系统构成一个代数系统$<\mathbf{R},+,\times>$。

$n(n\geqslant2)$阶实数矩阵集合 $\boldsymbol{M}_n(\mathbf{R})$ 及矩阵加法运算"＋"和矩阵乘法运算"·"的系统构成一个代数系统$<\boldsymbol{M}_n(\mathbf{R}),+,\cdot>$。

全集 U 的幂集 $\rho(U)$ 和集合的交、并、补运算,构成代数系统$<\rho(U),\bigcap,\bigcup,'>$

★设有一计算机,它的字长是 32 位,并由定点加、减、乘、除以及逻辑加、逻辑乘等多种运算指令,这时在该计算机中由 232 个不同的数字所组成的集合 S 及计算机的运算型机器指令构成了一个代数系统。

习题 9.1

（A）

1. 举出 3 个代数结构的例子。

2. 下列集合（　　）对普通加法和普通乘法都封闭。

　　A. $\{0,1\}$　　　　　B. $\{1,2\}$　　　　　C. $\{2n\,|\,n\in\mathbf{N}\}$　　　　D. $\{2^n\,|\,n\in\mathbf{N}\}$

3. 有理数集 **Q** 关于下列哪个运算能构成代数系统?

　　A. $a*b=a^b$　　　　　　　　　　　B. $a*b=\ln(a^2+b^2+1)$

　　C. $a*b=\sin(a+b)$　　　　　　　D. $a*b=a+b-ab$

（B）

4. 设 $A=\{1,2,\cdots,10\}$,下面定义的运算 $*$ 关于 A 封闭的有（　　）。

　　A. $x*y=\max(x,y)$

　　B. $x*y=$ 质数 p 的个数使得 $x\leqslant p\leqslant y$

　　C. $x*y=\gcd(x,y)(\gcd(x,y)$表示 x 和 y 的最大公约数）

　　D. $x*y=\text{lcm}(x,y)(\text{lcm}(x,y)$表示 x 和 y 的最小公倍数）

（C）

5. (参考北京大学 1993 年硕士研究生入学考试试题)令 $A=\{a+b\sqrt[3]{2}\,|\,a,b\in\mathbf{Z}\}$,其中 **Z** 为整数集合,判断 A 关于下列运算是否构成代数系统。

(1) 普通加法。

(2) 普通乘法。

9.2 代数系统的性质

9.2.1 交换律

定义 9.2.1 设 $*$ 为集合 A 上的二元运算,若对任意 $x,y\in A$,都有 $x*y=y*x$,

则称二元运算 $*$ 是**可交换的**,也称运算 $*$ 在 A 上满足**交换律**。

例 9.2.1 设 $\mathbf{Z}$ 是整数集,$\cdot$ 是 $\mathbf{Z}$ 上的二元运算,对任意的 $a,b\in\mathbf{Z}$,$a\cdot b=2^{a+b}$,问运算是否可交换?

解 因为 $a\cdot b=2^{a+b}=2^{b+a}=b\cdot a$,所以运算 $\cdot$ 是可交换的。

9.2.2 结合律

定义 9.2.2 设 $<A,*>$ 是一个代数系统,若对任意的 $x,y,z\in S$ 有 $(x*y)*z=x*(y*z)$,则称二元运算 $*$ 是**可结合的**,也称 $*$ 在 A 上满足**结合律**。

例如,给定代数系统 $<A,*>$,且对任意的 $a,b\in A$ 有 $a*b=b$,则 $*$ 是可结合的。因为对任意的 $a,b,c\in A$,有 $(a*b)*c=a*(b*c)=a*b*c$。

例 9.2.2 设 $\mathbf{R}$ 为实数集,$\cdot$ 为集合 $\mathbf{R}$ 上的二元运算,对任意的 $a,b\in\mathbf{R}$,$a\cdot b=a+2b$,问这个运算是否满足交换律、结合律。

解 因为 $2\cdot 3=2+2\times 3=8$,$3\cdot 2=3+2\times 2=7$,即 $2\cdot 3\neq 3\cdot 2$,故该运算不满足交换律。

又因为 $(2\cdot 3)\cdot 4=(2\cdot 3)+2\times 4=(2+2\times 3)+2\times 4=16$,

$$2\cdot(3\cdot 4)=2+2\times(3\cdot 4)=2+2\times(3+2\times 4)=23,$$

即 $(2\cdot 3)\cdot 4\neq 2\cdot(3\cdot 4)$,故该运算也不满足结合律。

9.2.3 分配律

定义 9.2.3 设代数系统 $<A,*,\cdot>$,对任意 $x,y,z\in A$,

(1) 若 $x*(y\cdot z)=(x*y)\cdot(x*z)$,则称 $*$ 对 $\cdot$ 满足**左分配律**;

(2) 若 $(y\cdot z)*x=(y*x)\cdot(z*x)$,则称 $*$ 对 $\cdot$ 满足**右分配律**;

(3) 若两者都满足,则称 $*$ 对 $\cdot$ 满足**分配律**。

例 9.2.3 对代数系统 $<\mathbf{Z}_m,+_m,\times_m>$,则 $\times_m$ 对 $+_m$ 满足分配律。

证明 对任意 $[a],[b],[c]\in\mathbf{Z}_m$,有

$$([a]+_m[b])\times_m[c]=[a+b]\times_m[c]=[(a+b)\times c]=[a\times c+b\times c]$$
$$=[a\times c]+_m[b\times c]=([a]\times_m[c])+_m([b]\times_m[c]),$$

同理可证 $[c]\times_m([a]+_m[b])=[c]\times_m[a]+_m[c]\times_m[b]$。

因此,$\times_m$ 对 $+_m$ 满足分配律。

实数集 $\mathbf{R}$ 上的乘法对加法是可分配的,但加法对乘法不满足分配律。

9.2.4 吸收律

定义 9.2.4 设 $<A,*,\cdot>$ 是一个代数系统,对任意的 $x,y\in A$,

(1) 若 $x*(x\cdot y)=x$,则称 $*$ 对 $\cdot$ 满足**左吸收律**;

(2) 若 $(x\cdot y)*x=x$,则称 $*$ 对 $\cdot$ 满足**右吸收律**;

(3) 若两者都满足,则称 $*$ 对 $\cdot$ 满足**吸收律**。

例 9.2.4 给定 $<\mathbf{N},*,\cdot>$,对任意的 $a,b\in\mathbf{N}$ 有 $a*b=\max\{a,b\}$,$a\cdot b=\min\{a,b\}$,则 $*$ 对 $\cdot$、$\cdot$ 对 $*$ 分别满足吸收律。

证明　对任意的 $a,b \in \mathbf{N}$，有

$$a * (a \cdot b) = \max\{a, \min\{a, b\}\} = a \text{ 和 } a \cdot (a * b) = \min\{a, \max\{a, b\}\} = a。$$

又因为 $*$ 和 $\cdot$ 是可交换的，所以 $*$ 对 $\cdot$，$\cdot$ 对 $*$ 分别满足吸收律。

设 X 为非空集合，$\rho(X)$ 为 X 的幂集，$\rho(X)$ 上的二元运算交 $\bigcap$ 和并 $\bigcup$ 满足吸收律：$\forall A, B \in \rho(X)$，有

$$A \bigcap (A \bigcup B) = A, A \bigcup (A \bigcap B) = A。$$

9.2.5　幂等律

定义 9.2.5　设 $<A, *>$ 是一个代数系统，若对任意的 $x \in A$ 有 $x * x = x$，则称 $*$ 是**幂等的**，也称为 $*$ 满足**幂等律**。若 $a \in A$，使得 $a * a = a$，则称 a 是**幂等元**。

对于幂等律，有以下结论成立。

(1) 非空集合 X 的幂集 $P(X)$ 对于集合的交运算 $\bigcap$ 和并运算 $\bigcup$ 都是幂等的。

(2) 实数集 $\mathbf{R}$ 上的乘法运算，0，1 是幂等元。

(3) 全集 U 的幂集 $\rho(U)$ 上的并运算 $\bigcup$，交运算 $\bigcap$，$\rho(U)$ 中的每个元素都是幂等元。

9.2.6　单位元（幺元）

定义 9.2.6　设代数系统 $<A, *>$，且存在 $e_l \in A, e_r \in A, e \in A$，对任意 $x \in A$，

(1) 若 $e_l * x = x$，则称 e_l 是 A 中关于 $*$ 的一个**左单位元（左幺元）**；

(2) 若 $x * e_r = x$，则称 e_r 是 A 中关于 $*$ 的一个**右单位元（右幺元）**。

(3) 若 e 关于 $*$ 既是左幺元又是右幺元，则称 e 为 A 中关于 $*$ 的**单位元（幺元）**。

对于单位元（幺元），有以下结论成立。

(1) 在 $<\mathbf{R}, +, \times>$ 中，运算 $+$ 的幺元是 0，运算 $\times$ 的幺元是 1，因为

$$x + 0 = 0 + x = x, x \times 1 = 1 \times x = x。$$

(2) 在 $<\mathbf{Z}_m, +_m, \times_m>$ 中，运算 $+_m$ 的幺元是 $[0]$，运算 $\times_m$ 的幺元是 $[1]$。

(3) 在 $<\rho(A), \bigcup, \bigcap>$ 中，运算 $\bigcup$ 的幺元是 $\varnothing$，运算 $\bigcap$ 的幺元是 A。

例 9.2.5　设 $S = \{a, b, c, d\}$，在 S 上定义运算 $*$ 和 $\odot$，如表 9.2.1 所示，试指出关于 $*$ 和 $\odot$ 的左幺元或右幺元。

表 9.2.1　$*$ 和 $\odot$ 运算表

$*$	a	b	c	d	$\odot$	a	b	c	d
a	d	a	b	c	a	a	b	d	c
b	a	b	c	d	b	b	a	c	d
c	a	b	c	c	c	c	d	a	b
d	a	b	c	d	d	d	d	c	c

解　b, d 是 S 中关于 $*$ 的左幺元，关于 $*$ 没有右幺元；a 是 S 中关于 $\odot$ 的右幺元，关于 $\odot$ 没有左幺元。

定理 9.2.1 设$<A,*>$是一个代数系统,e_l、e_r 分别为 A 中关于 $*$ 的左幺元和右幺元,则有 $e_l=e_r=e$,且 e 是 A 中关于 $*$ 的唯一的单位元。

证明 (1) 由 e_r 为右单位元得 $e_l=e_l*e_r$,由 e_l 为左单位元得 $e_r=e_l*e_r$,所以 $e_l=e_r$。

(2) 令 $e=e_l=e_r$,即 e 是单位元。若 e' 也是 A 关于 $*$ 的单位元,则 $e'=e'*e=e$,所以 e 是唯一的。

9.2.7 零元

定义 9.2.7 设代数系统$<A,*>$,且存在 $\theta_l,\theta_r,\theta\in A$,对任意的 $x\in A$,

(1) 若 $\theta_l*x=\theta_l$,则称 θ_l 是 A 中关于 $*$ 的一个**左零元**;

(2) 若 $x*\theta_r=\theta_r$,则称 θ_r 是 A 中关于 $*$ 的一个**右零元**;

(3) 若 θ 关于 $*$ 既是左零元又是右零元,则称 θ 为 A 中关于 $*$ 的**零元**。

对于零元,有以下结论成立。

(1) 在$<\mathbf{Z}_m,\times_m>$中,$[0]$ 是零元,因为对任意的 $[a]\in\mathbf{Z}_m$,有 $[a]\times_m[0]=[0]\times_m[a]=[0]$。

(2) 在$<\rho(A),\cup,\cap>$中,运算 $\cup$ 的零元是 A,运算 $\cap$ 的零元是 $\varnothing$。

定理 9.2.2 设$<A,*>$是一个代数系统,θ_l,θ_r 分别为 $*$ 的左零元和右零元,则有 $\theta_l=\theta_r=\theta$ 且 θ 是 A 上关于 $*$ 的唯一的零元。

对于实数集 $\mathbf{R}$ 上的数的加法运算来说,0 是单位元,没有零元;对于乘法运算来说,1 是单位元,0 是零元。

定理 9.2.3 设集合 A 中至少含有两个元素,e 和 θ 分别为 A 中关于运算的单位元和零元,则 $e\neq\theta$。

证明 假设 $e=\theta$,则对任意 $x\in A$,有

$$x=x\cdot e=x\cdot\theta=\theta,$$

与 A 中至少包含两个元素矛盾,所以 $e\neq\theta$。

例 9.2.6 设 $A=\{3,4,6,9,17,22\}$,定义 A 上的二元运算 $\min$,其中 $\min\{a,b\}$ 为 a 与 b 中较小者。

解 对任意 $a\in A$,$\min\{3,a\}=\min\{a,3\}=3$,所以,3 是运算 $\min$ 的零元。

对任意 $a\in A$,$\min\{22,a\}=\min\{a,22\}=a$,所以,22 是运算 $\min$ 的单位元。

例 9.2.7 对于全集合 U 的幂集 $\rho(U)$ 上 $\cap$ 和 $\cup$ 运算,对任意 $A\in\rho(U)$,求其在 $\cap$ 和 $\cup$ 运算中的单位元和零元。

解 $\varnothing\cup A=A\cup\varnothing=A$,$\varnothing$ 是 $\cup$ 的单位元。

$U\cup A=A\cup U=U$,$\varnothing$ 是 $\cup$ 的零元。

$U\cap A=A\cap U=A$,U 是 $\cap$ 的单位元。

$\varnothing\cap A=A\cap\varnothing=\varnothing$,$\varnothing$ 是 $\cap$ 的零元。

9.2.8 逆元

定义 9.2.8 设$<A,*>$是一个代数系统,且 e 是 A 中关于运算 $*$ 的单位元。

（1）如果对于 A 中的一个元素 x，存在 $y_l \in A$，使得 $y_l * x = e$，则称 y_l 是 x 关于运算 $*$ 的**左逆元**。

（2）如果对于 A 中的一个元素 x，存在 $y_r \in A$，使得 $x * y_r = e$，则称 y_r 是 x 关于运算 $*$ 的**右逆元**。

（3）如果元素 y 既是 x 的左逆元，又是 x 的右逆元，则称 y 是 x 的一个**逆元**，通常记为 x^{-1}。

显然，如果 y 是 x 的逆元，那么 x 也是 y 的逆元，即 x 和 y 互为逆元。

例 9.2.8 设集合 $A = \{1,2,3,4\}$，定义在 A 上的二元运算 $*$ 如表 9.2.2 所示。

表 9.2.2 $*$ 运算表

$*$	1	2	3	4
1	1	2	3	4
2	2	3	4	1
3	3	1	2	4
4	4	1	2	3

通过二元运算 $*$ 运算表可以看出，元素 1 是单位元，元素 2 和 4 互为逆元，2 和 3 是 4 的左逆元，3 和 4 是 2 的左逆元，2 和 4 是 3 的右逆元，但 3 没有左逆元。

例 9.2.9 定义实数集 $\mathbf{R}$ 上的二元运算 $*$：$r_1 * r_2 = r_1 + r_2 - r_1 r_2$，判断 $*$ 运算是否存在逆元。

解 设 r_l 是左单位元，$r_l * r = r_l + r - r_l r = r, r_l - r_l r = 0$，

即 $r_l (1-r) = 0；r_l = 0$ 是左单位元。

由于 $*$ 是可交换的，所以，r_l 也是右单位元和单位元。

设 s 是 r 的左逆元，则有：

$$s * r = s + r - sr = 0, sr - s = r, s(r-1) = r, s = r/r-1。$$

只要 $r \neq 1$，其他 r 都有逆元，为 $\dfrac{r}{r-1}$。

一个元素的左逆元不一定等于该元素的右逆元，并且一个元素可以有左逆元而没有右逆元，也可以有右逆元而没有左逆元。甚至一个元素的左或右逆元还可以不是唯一的。

定理 9.2.4 设 $<A, *>$ 是一个代数系统，$*$ 为集合 A 上可结合的二元运算，且单位元为 e，则对于 A 中任意元素 x，若存在 x 的关于运算 $*$ 的左逆元 y_l 和右逆元 y_r，则有 $y_l = y_r = y$，且 y 是 x 关于运算 $*$ 的唯一的逆元。

证明 y_l 和 y_r 分别是 x 关于运算的左逆元和右逆元，则有

$$y_l * x = e, x * y_r = e$$

由于运算是可结合的，故有

$$y_l = y_l * e = y_l * (x * y_r) = (y_l * x) * y_r = e * y_r = y_r$$

令 $y = y_l = y_r$，则 y 是 x 关于运算 $*$ 的逆元。

假设 y, z 均是 x 的逆元，则有

$$y = y * e = y * (x * z) = (y * x) * z = e * z = z$$

所以，x 关于运算的逆元是唯一的。

根据定理 9.2.4，将一个元素 x 的逆元记为 x^{-1}。

9.2.9 消去律

定义 9.2.9 设 $*$ 为集合 A 上的二元运算，若对任意 $x, y, z \in A$（x 不是运算 $*$ 的零元），都有 $x * y = x * z$，可知 $y = z$，则称 $*$ 满足**左消去律**，x 是关于 $*$ 的**左消去元**；$y * x = z * x$，可知 $y = z$，则称 $*$ 满足**右消去律**，x 是关于 $*$ 的**右消去元**。

若两者都满足，则称 $*$ 满足**消去律**，x 是关于 $*$ 的**消去元**。

关于消去律，有以下结论成立。

(1) 整数集 $\mathbf{Z}$，有理数集 $\mathbf{Q}$，实数集 $\mathbf{R}$ 上的数的加法和乘法适合消去律。

(2) $n(n \geqslant 2)$ 阶实矩阵集合 $\mathbf{M}_n(\mathbf{R})$ 上的矩阵加法适合消去律，但矩阵乘法不适合消去律。

定理 9.2.5 设 $<A, *>$ 是一个代数系统，且 $*$ 是可结合的。若 x 是关于 $*$ 可逆的，且 $x \neq \theta$，则 x 也是关于 $*$ 的消去元。

证明 对任意 $y, z \in S$，若 $x * y = x * z$ 或 $y * x = z * x$，由 $*$ 是可结合的且 x 关于 $*$ 可逆，有

$$y = e * y = (x^{-1} * x) * y = x^{-1} * (x * y) = x^{-1} * (x * z)$$
$$= (x^{-1} * x) * z = e * z = z。$$

所以，由 $x * y = x * z$ 可推得 $y = z$。同理可证，由 $y * x = z * x$ 可推得 $y = z$。故 x 是关于 $*$ 的消去元。

例 9.2.10 设 $S = \{a, b, c, d\}$，S 上定义运算 $*$ 和 $\odot$ 如表 9.2.3 所示，试讨论关于运算 $*$、$\odot$ 在 S 上的特殊元素。

表 9.2.3 $*$ 和 $\odot$ 运算表

$*$	a	b	c	d	$\odot$	a	b	c	d
a	d	a	b	c	a	a	b	c	d
b	a	b	c	d	b	b	c	d	a
c	a	b	c	c	c	c	d	a	b
d	a	b	c	d	d	d	a	b	c

解 对于运算 $*$，无幺元也无零元。对于运算 $\odot$，a 是幺元，由运算表 9.2.3 可知，$a^{-1} = a$，$b^{-1} = d$，$c^{-1} = c$，$d^{-1} = b$，对于运算 $\odot$ 无零元。

例 9.2.11 设 $S = \{a, b, c\}$，且对任意的 $x, y \in S$，有 $x * y = x$。列出运算表，并判断运算 $*$ 的性质和相应的特殊元素。

解 运算表如表 9.2.4 所示。

表 9.2.4　＊运算表

＊	a	b	c
a	a	a	a
b	b	b	b
c	c	c	c

由运算表可知：＊是封闭的；＊是不可交换的，因为运算表不对称；a,b,c 是关于 ＊ 的右幺元，但无左幺元；a,b,c 是关于 ＊ 的左零元，但无右零元；＊是可结合的。

例 9.2.12　设代数系统$<A,＊>$，其中 $A=\{x,y,z\}$，＊是 A 上的一个二元运算。对于表 9.2.5 中所确定的几个运算，试分别讨论它们的交换性、幂等性，并且讨论在 A 中关于 ＊ 是否有零元及单位元，如果有单位元，那么 A 中的元素是否有逆元。

表 9.2.5　＊运算表

＊	x	y	z
x	x	y	z
y	y	z	x
z	z	x	y

(a)

＊	x	y	z
x	x	y	z
y	y	x	z
z	z	z	z

(b)

＊	x	y	z
x	x	y	z
y	x	y	z
z	x	y	z

(c)

＊	x	y	z
x	x	y	z
y	y	y	y
z	z	z	y

(d)

解　(a) 具有交换性，但不具有幂等性。没有零元，x 为单位元。每个元素均有

逆元,

$$x^{-1}=x,y^{-1}=y,z^{-1}=z。$$

（b）具有交换性,但不具有幂等性。z 为零元,x 为单位元,z 没有逆元,x 和 y 有逆元,分别为 x,y。

（c）不具有交换性,但具有幂等性。x,y,z 均为右零元,同时也都是左单位元。

（d）具有交换性,但不具有幂等性。没有零元,x 为单位元。$x^{-1}=x$,但 y,z 没有逆元。

习题 9.2

（A）

1. 在自然数集 **N** 上,下面哪种运算是可结合的?（   ）

A. $a-b$ B. $\max\{a,b\}$ C. $a+2b$ D. $|a-b|$

2. 考查整数集 $\mathbf{Z}=\{\cdots,-1,0,1,2,\cdots\}$。试判定 **Z** 上的下列运算是否是可结合的。

（1）加法。

（2）减法。

（3）乘法。

3. 判定整数集 **Z** 上在下列运算是否可结合的?

（1）除法。

（2）取幂。

4. 假设集合 S 上的一个运算 $*$ 不是可结合的,形成 4 个元素的积能有多少种方法?

5. 设 $<L,\times,+>$ 是代数系统,若 $<L,\times,+>$ 满足幂等律,则对 $\forall a\in L$ 有_____。

（B）

6. 设 $<\{a,b,c\},*>$ 为代数系统,$*$ 运算结果如表 9.2.6 所示,则零元为（   ）。

表 9.2.6 $*$ 运算表

$*$	a	b	c
a	a	b	c
b	b	a	c
c	c	c	c

A. a B. b C. c D. 没有

（C）

7. （参考北京大学 2005 年硕士研究生入学考试试题）判断下列集合 A 和二元运算 $*$ 是否构成代数系统,其中 $\mathbf{Z},\mathbf{R}$ 分别代表整数集和实数集。如果构成代数系统 V,说明 $*$ 运算是否满足交换律,结合律,幂等律。如果 V 中有单位元,求出这个单位元,并找出 V 中所有可逆元素的逆元。

（1）$A=\mathbf{Z},\forall x,y\in A,x*y=x+y-xy$。

（2）$A=\mathbf{Z},\forall x,y\in A,x*y=|x-y|$。

（3）$A=n\mathbf{Z}=\{nk\,|\,k\in\mathbf{Z}\}$，$n$ 为正整数，$*$ 为普通乘法。

9.3　代数系统的同态与同构

定义 9.3.1　设 $<A,f_1,f_2,\cdots,f_k>$ 和 $<B,g_1,g_2,\cdots,g_k>$ 是代数系统，若 f_i 与 g_i 有相同的运算对象个数，$i=1,2,\cdots,k$，则称这两个代数系统是**同类型的**。

定义 9.3.2　设 $<A,f_1,f_2,\cdots,f_k>$ 和 $<B,g_1,g_2,\cdots,g_k>$ 是同类型的代数结构，若存在 $\varphi:A\to B$ 使得 φ 保持所有运算，即对于 n_i 元运算 f_i 和 g_i，$1\leqslant i\leqslant k$ 有：
$$\varphi(f_i(x_1,x_2,\cdots,x_{n_i}))=g_i(\varphi(x_1),\varphi(x_2),\cdots,\varphi(x_{n_i}))$$

即 x 先在集合 A 中进行 f_i 运算再进行 φ 映射等于 x 先进行 φ 映射再在 B 中进行 g_i 运算，则称 φ 为 $<A,f_1,f_2,\cdots,f_k>$ 到 $<B,g_1,g_2,\cdots,g_k>$ 的**同态映射**，称 $<A,f_1,f_2,\cdots,f_k>$ 和 $<B,g_1,g_2,\cdots,g_k>$ **同态**（homomorphism），记作 $<A,f_1,f_2,\cdots,f_k>\sim<B,g_1,g_2,\cdots,g_k>$。

如果映射 φ 是双射，则称 $<A,f_1,f_2,\cdots,f_k>$ 和 $<B,g_1,g_2,\cdots,g_k>$ **同构**，记作 $<A,f_1,f_2,\cdots,f_k>\cong<B,g_1,g_2,\cdots,g_k>$。

简而言之，同态映射指先运算再映射等于先映射再运算。

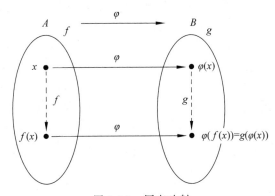

图 9.3.1　同态映射

例 9.3.1　试证明代数系统 $<\mathbf{Z},+,\times>$ 与代数系统 $<\mathbf{Z}_m,+_m,\times_m>$ 是同态的。

证明　令 $f:\mathbf{Z}\to\mathbf{Z}_m,f(x)=[x]$，则

对任意的 $x,y\in\mathbf{Z}$，有
$$f(x+y)=[x+y]=[x]+_m[y]=f(x)+_mf(y)$$
$$f(x\times y)=[x\times y]=[x]\times_m[y]=f(x)\times_mf(y)$$

所以 f 是 $\mathbf{Z}$ 到 $\mathbf{Z}_m$ 的同态映射。故 $<\mathbf{Z},+,\times>$ 与 $<\mathbf{Z}_m,+_m,\times_m>$ 同态。

例 9.3.2　设 $V=\{a,b,c,\cdots,x,y,z\}$ 是字母的集合。V^* 是所有字母串的集合。定义 V^* 上的二元运算 $\cdot$，对任意 $\alpha,\beta\in V^*$，$\alpha\cdot\beta$ 代表把 β 接到 α 的后面。$\cdot$ 在 V^* 上是封闭的，构成代数系统 $<V^*,\cdot>$，对代数系统 $<V^*,\cdot>$ 和 $<\mathbf{Z},+>$，定义映射 $f:V^*\to\mathbf{Z},f(\alpha)=|\alpha|$，对任意 $\alpha,\beta\in V^*$，有：$f(\alpha\cdot\beta)=|\alpha\cdot\beta|=|\alpha|+|\beta|=f(\alpha)+f(\beta)$。

例 9.3.3　已知代数系统 $V_1 = \langle \mathbf{Z}, +, \cdot \rangle$ 和 $V_2 = \langle \mathbf{Z}_6, \oplus_6, \otimes_6 \rangle$，其中定义 $\mathbf{Z}_6 = \{0, 1, 2, 3, 4, 5\}, z_1 \oplus_6 z_2 = (z_1 + z_2) \bmod 6, z_1 \otimes_6 z_2 = (z_1 \cdot z_2) \bmod 6$。定义映射 $h: \mathbf{Z} \to \mathbf{Z}_6, h(i) = (i) \bmod 6$。试证明 h 是从 V_1 到 V_2 的一个同态映射。

证明　设 $i_1 = 6q_1 + r_1 (0 \leqslant r_1 < 6), i_2 = 6q_2 + r_2 (0 \leqslant r_2 < 6)$，则：

$$i_1 + i_2 = 6(q_1 + q_2) + (r_1 + r_2),$$
$$(i_1 + i_2) \bmod 6 = (r_1 + r_2) \bmod 6,$$
$$i_1 \oplus_6 i_2 = r_1 \oplus_6 r_2 = (r_1 + r_2) \bmod 6,$$

所以：$(i_1 + i_2) \bmod 6 = i_1 \oplus_6 i_2$。

$$i_1 \cdot i_2 = (6q_1 + r_1) \cdot (6q_2 + r_2) = 36q_1q_2 + 6q_1r_2 + 6q_2r_1 + r_1 \cdot r_2,$$
$$r_1 \otimes_6 r_2 = (r_1 \cdot r_2) \bmod 6,$$

所以 $(i_1 \cdot i_2) \bmod 6 = i_1 \otimes_6 i_2$，$h$ 是从 V_1 到 V_2 的一个同态映射。

定义 9.3.3　若 f 是代数系统 $\langle X, * \rangle$ 到 $\langle X, * \rangle$ 的同态映射，则称 f 是**自同态**。若 f 是 $\langle X, * \rangle$ 到 $\langle X, * \rangle$ 的同构映射，则称 f 是**自同构**。

定义 9.3.4　若 f 是代数系统 $\langle X, * \rangle$ 到 $\langle Y, \odot \rangle$ 的同态映射，则称 $\langle f(X), \odot \rangle$ 是 $\langle X, * \rangle$ 在 f 下的**同态像**。

定理 9.3.1　若 f 是代数系统 $\langle X, * \rangle$ 到 $\langle Y, \odot \rangle$ 的同态映射，则 $\langle f(X), \odot \rangle$ 是 $\langle Y, \odot \rangle$ 的**子代数系统**。

证明　因为 f 是代数系统 $\langle X, * \rangle$ 到 $\langle Y, \odot \rangle$ 的同态映射，有 $f(X) \subseteq Y$，且对于任意的 $y_1, y_2 \in f(X)$，存在 $x_1, x_2 \in X$，使得 $f(x_1) = y_1$ 和 $f(x_2) = y_2$，而且存在 $x_3 \in X$，使得 $x_1 * x_2 = x_3 \in X$，所以 $y_1 \odot y_2 = f(x_1) \odot f(x_2) = f(x_1 * x_2) = f(x_3) \in f(X)$。可见，$f(X)$ 在 $\odot$ 下是封闭的。因此，$\langle f(X), \odot \rangle$ 是 $\langle Y, \odot \rangle$ 的子代数系统。

定义 9.3.5　若 f 是代数系统 $\langle X, * \rangle$ 到 $\langle Y, \odot \rangle$ 的同态映射，

(1) 如果 f 为满射，则称 f 是 $\langle X, * \rangle$ 到 $\langle Y, \odot \rangle$ 的满同态映射；

(2) 如果 f 为单射，则称 f 是 $\langle X, * \rangle$ 到 $\langle Y, \odot \rangle$ 的单同态映射；

(3) 如果 f 为双射，则称 f 是 $\langle X, * \rangle$ 到 $\langle Y, \odot \rangle$ 的同构映射，记为 $\langle X, * \rangle \cong \langle Y, \odot \rangle$。

例如，(1) 令 $f: \mathbf{R} \to \mathbf{R}, x \to 5x$，则 f 是 $\langle \mathbf{R}, + \rangle$ 到 $\langle \mathbf{R}, \times \rangle$ 的单同态映射；

(2) 令 $f: \mathbf{Z} \to \mathbf{Z}_5, x \to [x]$，则 f 是 $\langle \mathbf{Z}, + \rangle$ 到 $\langle \mathbf{Z}_5, +_5 \rangle$ 的满同态映射；

(3) 令 $f: \mathbf{Z} \to \mathbf{Z}, x \to x$，则 f 是 $\langle \mathbf{Z}, + \rangle$ 到 $\langle \mathbf{Z}, + \rangle$ 的同构映射。

例 9.3.4　已知代数系统 $V = \langle \mathbf{R}, + \rangle$，定义 $h: \mathbf{R} \to \mathbf{R}, h(r) = 3r$，验证 h 是单同态，但不是满同态。

解　由 h 的定义可知，

$$h(r_1 + r_2) = 3(r_1 + r_2) = 3r_1 + 3r_2 = h(r_1) + h(r_2),$$

所以，h 是 V 到 V 的同态（V 上的自同态），h 是单射的，但不是满射的。所以，h 是单同态，不是满同态。

例 9.3.5　$V_1 = \langle \mathbf{Z}, \cdot \rangle, V_2 = \langle I, \cdot \rangle, V_3 = \langle A, \cdot \rangle, A = \{x^2 \mid x \in \mathbf{Z}\} = \{0^2, 1^2, 2^2, 3^2, \cdots\}$，

定义映射 $f: \mathbf{Z} \to A, f(z) = z^2, g: I \to A, f(i) = i^2$，

$$f(z_1 \cdot z_2) = (z_1 \cdot z_2)^2 = z_1^2 \cdot z_2^2 = f(z_1) \cdot f(z_2),$$
$$g(i_1 \cdot i_2) = (i_1 \cdot i_2)^2 = i_1^2 \cdot i_2^2 = g(i_1) \cdot g(i_2),$$

不难看出,f 不是单射,是满射,所以,f 是满同态。g 是满射,但不是单射,所以,g 是满同态。

定理 9.3.2 设 h 是从代数系统 $V_1 = <S_1, *_1, \cdot_1, \sim_1>$ 到 $V_2 = <S_2, *_2, \cdot_2, \sim_2>$ 的一个满同态,

(1) 若 $*_1, \cdot_1$ 是可交换的,则 $*_2, \cdot_2$ 也是可交换的;

(2) 若 $*_1, \cdot_1$ 是可结合的,则 $*_2, \cdot_2$ 也是可结合的;

(3) 若 $*_1$ 对 $\cdot_1$ 是可分配的,则 $*_2$ 对 $\cdot_2$ 也是可分配的;

(4) 若 $*_1, \cdot_1$ 有单位元 e,则 $*_2, \cdot_2$ 也有单位元 $h(e)$;

(5) 若 $*_1, \cdot_1$ 有零元 z,则 $*_2, \cdot_2$ 也有零元 $h(z)$;

(6) 若对 $*_1, \cdot_1$,S_1 中元素 x 有逆元 x^{-1},则对 $*_2, \cdot_2$,S_2 中 $h(x)$ 也有逆元 $h(x^{-1})$。

证明 (1) 设 $y_1, y_2 \in S_2$,因为 h 是满射,有 $x_1, x_2 \in S_1$,使得 $h(x_1) = y_1, h(x_2) = y_2$。

因 $*_1$ 可交换,有 $x_1 *_1 x_2 = x_2 *_1 x_1$,于是 $h(x_1 *_1 x_2) = h(x_2 *_1 x_1)$。

h 是同态,所以 $h(x_1) *_2 h(x_2) = h(x_1 *_1 x_2)$,$h(x_2) *_2 h(x_1) = h(x_2 *_1 x_1)$。

所以,$h(x_1) *_2 h(x_2) = h(x_2) *_2 h(x_1)$。即 $y_1 *_2 y_2 = y_2 *_2 y_1$。

同理,可证(2),(3)。

(4) 设 $y \in S_2$,因 h 是满射的,有 $x \in S_1$,使得 $h(x) = y$。因为 $e *_1 x = x *_1 e = x$,有 $h(e *_1 x) = h(x *_1 e) = h(x)$。

因 h 是同态,有 $h(e) *_2 h(x) = h(x) *_2 h(e) = h(x)$,即 $h(e) *_2 y = y *_2 h(e) = y$。

所以,$*_2$ 有单位元 $h(e)$。

同理可证(5)。

(6) 因为 $\forall x \in S, x *_1 x^{-1} = x^{-1} *_1 x = e$,所以,$h(x *_1 x^{-1}) = h(x^{-1} *_1 x) = h(e)$。

h 是同态,有:$h(x) *_2 h(x^{-1}) = h(x^{-1}) *_2 h(x) = h(e)$。

所以,$h(x^{-1})$ 是 $h(x)$ 关于 $*_2$ 的逆元。

定理 9.3.3 若 f 是代数系统 $<X, *>$ 到 $<Y, \odot>$ 的满同态映射,

(1) 如果 $*$ 满足结合律,则 $\odot$ 也满足结合律;

(2) 如果 $*$ 满足交换律,则 $\odot$ 也满足交换律;

(3) 如果 $*$ 满足幂等律,则 $\odot$ 也满足幂等律。

证明 (1) 因 f 是 $<X, *>$ 到 $<Y, \odot>$ 的满同态,则对任意 $y_1, y_2, y_3 \in Y$,存在 $x_1, x_2, x_3 \in X$,使 $f(x_1) = y_1, f(x_2) = y_2, f(x_3) = y_3$,且

$$\begin{aligned}
f(x_1 * (x_2 * x_3)) &= f(x_1) \odot f(x_2 * x_3) \\
&= f(x_1) \odot (f(x_2) \odot f(x_3)) \\
&= y_1 \odot (y_2 \odot y_3), \\
f((x_1 * x_2) * x_3) &= f(x_1 * x_2) \odot f(x_3) \\
&= (f(x_1) \odot f(x_2)) \odot f(x_3) \\
&= (y_1 \odot y_2) \odot y_3,
\end{aligned}$$

由 $*$ 满足结合律得 $x_1 * (x_2 * x_3) = (x_1 * x_2) * x_3$，于是 $y_1 \odot (y_2 \odot y_3) = (y_1 \odot y_2) \odot y_3$。故 $\odot$ 也满足结合律。

（2）因 f 是 $<X, *>$ 到 $<Y, \odot>$ 的满同态映射，所以，对任意 $y_1, y_2 \in Y$，存在 $x_1, x_2 \in X$，使得 $f(x_1) = y_1$ 和 $f(x_2) = y_2$，且

$$f(x_1 * x_2) = f(x_1) \odot f(x_2) = y_1 \odot y_2,$$
$$f(x_2 * x_1) = f(x_2) \odot f(x_1) = y_2 \odot y_1,$$

由 $*$ 满足交换律得 $x_1 * x_2 = x_2 * x_1$，于是 $y_1 \odot y_2 = y_2 \odot y_1$。故 $\odot$ 也满足交换律。

（3）因 f 是 $<X, *>$ 到 $<Y, \odot>$ 的满同态映射，所以，对任意的 $y \in Y$，存在 $x \in X$，使得 $f(x) = y$，而且有 $f(x * x) = f(x) \odot f(x) = y \odot y$。由 $*$ 满足幂等律得 $x * x = x$，于是 $y \odot y = y$。故 $\odot$ 也满足幂等律。

定理 9.3.4　代数系统之间的同构关系是等价关系。

证明　因恒等映射是同构映射，所以，$<S, *> \cong <S, *>$。

若 $<S, *> \cong <T, \odot>$，且 f 是 $<S, *>$ 到 $<T, \odot>$ 的同构映射，则 f^{-1} 是 $<T, \odot>$ 到 $<S, *>$ 的同构映射，所以，$<T, \odot> \cong <S, *>$。

若 $<S, *> \cong <T, \odot>$ 且 $<T, \odot> \cong <R, \triangle>$，设 f, g 分别是 $<S, *>$ 到 $<T, \odot>$ 和 $<T, \odot>$ 到 $<R, \triangle>$ 的同构映射，则 $g \circ f$ 是 $<S, *>$ 到 $<R, \triangle>$ 的同构映射，所以，$<S, *> \cong <R, \triangle>$。

综上所述，同构关系是等价关系。

例 9.3.6　设 $V_1 = <\mathbf{R}, \cdot>$ 和 $V_2 = <\mathbf{R}^+, \cdot>$，$\mathbf{R}, \mathbf{R}^+$ 分别表示实数集和正实数集，$\cdot$ 表示数的乘法。定义映射：

（1）$f_1: \mathbf{R} \to \mathbf{R}^+$，$f_1(x) = |x|$；

（2）$f_2: \mathbf{R}^+ \to \mathbf{R}^+$，$f_2(x) = |x|$；

（3）$f_3: \mathbf{R}^+ \to \mathbf{R}^+$，$f_3(x) = 2x$。

问：f_1, f_2, f_3 是否是同构映射。

解　（1）由 $f_1(x \cdot y) = |x \cdot y| = |x| \cdot |y| = f_1(x) \cdot f_1(y)$，可知 f_1 是同态。但 $f_1(x) = f_1(-x) = |x|$，所以，f_1 不是内射，从而 f_1 不是同构。

（2）同上，f_2 是同态。且 $f_2(x) = x$，所以 f_2 是恒等映射，是双射，所以 f_2 是同构。

（3）$f_3(x \cdot y) = 2xy$，$f_3(x) \cdot f_3(y) = 2x \cdot 2y = 4xy$，$f_3(x \cdot y) \neq f_3(x) \cdot f_3(y)$，

所以，f_3 不是同态，更不是同构。

习题 9.3

（A）

1. 试证明：正实数集合 $\mathbf{R}^+$ 关于乘法运算 $\cdot$ 所构成的代数结构 $<\mathbf{R}^+, \cdot>$ 与实数集合 $\mathbf{R}$ 关于加法运算 $+$ 所构成的代数结构 $<\mathbf{R}, +>$ 同构。

2. 非零实数集合 $\mathbf{R}^*$ 关于乘法运算 $\cdot$ 所构成的代数结构 $<\mathbf{R}^*, \cdot>$ 与实数集合 $\mathbf{R}$ 关于加法运算 $+$ 所构成的代数结构 $<\mathbf{R}, +>$ 同构吗，为什么？

（B）

3. 证明：如果 f 是由 $<A,+>$ 到 $<B,*>$ 的同态映射，g 是由 $<B,*>$ 到 $<C,\triangle>$ 的同态映射，则 $g\circ f$ 是由 $<A,+>$ 到 $<C,\triangle>$ 的同态映射。

（C）

4. （参考北京大学 2006 年硕士研究生入学考试试题）设 $V_1=<\mathbf{Z},\triangle>$，$V_2=<\mathbf{Z}_2,\diamondsuit>$ 是代数系统，其中 $\mathbf{Z}$ 为整数集合，$\mathbf{Z}_2=\{0,1\}$，一元运算 $\triangle$ 和 $\diamondsuit$ 分别定义如下：

$$\triangle(x)=x+1,\diamondsuit(x)=(x+1)\bmod 2。$$

令 $f:\mathbf{Z}\to\mathbf{Z}_2,f(x)=(x)\bmod 2$，证明 f 是 V_1 到 V_2 的同态映射，并说明 f 是否为单同态，满同态和同构。

9.4 半群与独异点

9.4.1 半群

定义 9.4.1 设 $<S,*>$ 是一个代数系统，其中 S 是非空集合。$*$ 是二元运算，如果运算 $*$ 满足结合律，即对任意的 $a,b,c\in S$，有

$$<a*b>*c=a*<b*c>，$$

则称代数系统 $<S,*>$ 是**半群**。

定义 9.4.2 如果半群 $<S,*>$ 满足交换律，即对任意 $a,b\in S$，有

$$a*b=b*a，$$

则称 $<S,*>$ 为**交换半群**。

代数系统 $<\mathbf{N},+>$，$<\mathbf{Z},+>$，$<\mathbf{Q},+>$，$<\mathbf{R},+>$ 都是半群，且是可交换半群。

例 9.4.1 设 S 是一个非空集合，对于任意的 $a,b\in S$，规定 $a*b=b$，试说明 $<S,*>$ 构成半群。

解 由 $a*b=b$ 可知，$*$ 在 S 上是封闭的。又

$$<a*b>*c=c=b*c=a*<b*c>，$$

于是 $*$ 满足结合律，所以，$<S,*>$ 是一个半群。

定义 9.4.3 设 $<S,*>$ 是一个半群，T 是 S 的一个非空子集，且 $*$ 在 T 上是封闭的，则称 $<T,*>$ 为 $<S,*>$ 的**子半群**。

例 9.4.2 设 $<S,*>$ 是一个半群，$a\in S,M=\{a^n\,|\,n\in\mathbf{N}\}$，试说明 $<M,*>$ 是 $<S,*>$ 的子半群。

证明 因为 $<S,*>$ 是半群，所以 $*$ 在 S 中是封闭的。而 $a\in S$，则 $a^n\in S$，所以 $M\subseteq S$ 且 M 是非空的。又因为对任意的 $a^i,a^j\in M$，有 $a^i*a^j=a^{i+j}\in M$，所以，$*$ 在 M 中是封闭的。故 $<M,*>$ 是 $<S,*>$ 的子半群。

定理 9.4.1 设 $<S,*>$ 是一个半群，如果 S 是有限集，则必存在 $a\in S$，使得 $a*a=a$。

证明 因为 $<S,*>$ 是一个半群，对任意的 $b\in S$，由 $*$ 的封闭性可知，$b^2=b*b\in$

$S,b^3=b^2*b\in S,\cdots,b^n\in S,\cdots$。

因为 S 是有限集,所以必存在 $j>i$,使得 $b^i=b^j$。令 $p=j-i$,则 $b^j=b^p*b^j$。所以对 $q\geq i$,有 $b^q=b^p*b^q$。

因为 $p\geq 1$,所以总可以找到 $k\geq 1$,使得 $kp\geq i$。对于 $b\in S$,有

$$b^{kp}=b^p*b^{kp}=b^p*(b^p*b^{kp})=\cdots=b^{kp}*b^{kp},$$

令 $a=b^{kp}$,则 $a\in S$,且 $a*a=a$。

定义 9.4.4 在半群 $<S,*>$ 中,存在 $g\in S$,且对于 S 中任意元素 a,存在 $k\in \mathbf{N}$ 使得

$$a=g^k,$$

则称半群 $<S,*>$ 为**循环半群**,g 称为该循环半群的**生成元**。

例如,$<\mathbf{N}-\{0\},+>$ 是循环半群,其生成元为 1。

★半群理论在形式语言与自动机研究中发挥重要作用。

9.4.2 独异点

定义 9.4.5 如果半群 $<S,\cdot>$ 存在单位元 $e\in S$ 或者含幺半群,即对任意 $a\in S$ 有
$$a\cdot e=e\cdot a=a,$$
则称 $<S,\cdot>$ 是**独异点**。

定义 9.4.6 如果 $<S,*>$ 是独异点,且 $*$ 是可交换的,则称 $<S,*>$ 为**可交换独异点**。

若 $<S,*>$ 是独异点,T 是 S 的非空子集,且 $<T,*>$ 构成独异点,则称 $<T,*>$ 为 $<S,*>$ 的**子独异点**。

例 9.4.3 证明代数系统 $<\mathbf{Z}_m,+_m>$ 是独异点,且是可交换独异点。

证明 因为对任意的 $[a],[b],[c]\in \mathbf{Z}_m$,有
$$[a]+_m([b]+_m[c])$$
$$=[a]+_m[b+c]=[a+b+c]$$
$$=[a+b]+_m[c]=([a]+_m[b])+_m[c]$$
所以,$+_m$ 满足结合律。

又因为 $[0]$ 是关于 $+_m$ 的幺元,所以 $<\mathbf{Z}_m,+_m>$ 是独异点。而
$$[a]+_m[b]=[a+b]=[b+a]=[b]+_m[a],$$
所以,$+_m$ 是可交换的。

故 $<\mathbf{Z}_m,+_m>$ 是可交换独异点。

定义 9.4.7 在独异点 $<S,*>$ 中,如果存在 $g\in S$,且对于 S 中任意元素 a,存在 $k\in \mathbf{N}$ 使得

$$a=g^k,$$

则称 $<S,*>$ 为**循环独异点**,g 称为该循环独异点的**生成元**。

规定：$e=g^0$。

例 9.4.4　试证$<\mathbf{N},+>$是循环独异点，并求其生成元。

证明　因为在 $\mathbf{N}$ 上十是可结合的，且有幺元 0，所以$<\mathbf{N},+>$是独异点。

对于任意的 $i\in\mathbf{N}$，若 $i\neq0$，则 $i=1^i$；若 $i=0$，有 $0=1^0$。故$<\mathbf{N},+>$是循环独异点，其生成元为 1。

定理 9.4.2　设$<S,*>$为独异点，则关于运算 $*$ 的运算表中没有两行或两列是相同的。

证明　设 S 中关于 $*$ 的幺元是 e。对于任意的 $a,b\in S$，当 $a\neq b$ 时，总有
$$a*e=a\neq b=b*e,e*a=a\neq b=e*b,$$
所以，在 $*$ 的运算表中不可能有两行或两列是相同的。

定理 9.4.3　循环独异点$<S,*>$是可交换的。

证明　设$<S,*>$为循环独异点，且 g 为其生成元。则对于任意的 $a,b\in S$，存在 $m,n\in\mathbf{N}$，使得 $a=g^m,b=g^n$，于是
$$a*b=g^m*g^n=g^{m+n}=g^{n+m}=g^n*g^m=b*a,$$
所以，$<S,*>$是可交换的。

例 9.4.5　设$<S,*>$是可交换独异点，$T=\{x\,|\,x\in S\wedge(x*x=x)\}$，试证明$<T,*>$为$<S,*>$的子独异点。

证明　对任意的 $a,b\in T$，有 $a*a=a,b*b=b$。由 $*$ 是可交换的，得
$$(a*b)*(a*b)=(a*b)*(b*a)$$
$$=a*(b*b)*a$$
$$=a*b*a$$
$$=a*a*b$$
$$=a*b,$$
所以，$a*b\in T$，即 T 对 $*$ 是封闭的。

又因为幺元 $e\in T$，所以$<T,*>$是$<S,*>$的子独异点。

对于独异点，有以下结论成立。

(1) 整数集 $\mathbf{Z}$，有理数集合 $\mathbf{Q}$，实数集 $\mathbf{R}$ 关于数的加法都可以构成半群和独异点，0 为单位元。

(2) 正整数集 $\mathbf{Z}^+$ 关于数的加法构成半群，但没有单位元，不是独异点。

(3) $n(n\geqslant2)$阶实矩阵集合 $\mathbf{M}_n(\mathbf{R})$ 关于矩阵加法或矩阵乘法都能构成半群和独异点。n 阶零矩阵和 n 阶单位矩阵分别为关于矩阵加法和矩阵乘法的单位元。

(4) 幂集 $\rho(B)$ 关于集合的并可以构成半群和独异点，集合 B 为其单位元；$\rho(B)$ 关于集合的交也可以构成半群和独异点，空集$\varnothing$为其单位元。

例 9.4.6　设 $\cdot$ 为正整数集 $\mathbf{Z}^+$ 的二元运算，对于任意的 $a,b\in\mathbf{Z}^+$，定义 $a\cdot b=[a,b]$，即 $a\cdot b$ 表示 a 和 b 的最小公倍数，试证明$<\mathbf{Z}^+,\cdot>$是半群，同时也是独异点。

证明　显然$<\mathbf{Z}^+,\cdot>$是代数系统。对于任意的 $a,b,c\in\mathbf{Z}^+$，有
$$(a\cdot b)\cdot c=[[a,b],c]=[a,b,c]=[a,[b,c]]=a\cdot(b\cdot c),$$
因此，$<\mathbf{Z}^+,\cdot>$是半群。

又存在 $1 \in \mathbf{Z}^+$,对任意的 $a \in \mathbf{Z}^+$,有

$$a \cdot 1 = [a,1] = a = [1,a] = 1 \cdot a,$$

故 1 是 $<\mathbf{Z}^+, \cdot>$ 中的单位元,所以,$<\mathbf{Z}^+, \cdot>$ 是独异点。

设 $A = \{a,b\}$,A 的运算 $\circ$ 由表 9.4.1 规定。

表 9.4.1　$\circ$ 运算表

$\circ$	a	b
a	a	a
b	a	a

显然,$<A, \cdot>$ 是半群,但没有单位元。

习题 9.4

(A)

1. 请完成下列填空。

(1) 设 $A = \{2,4,6\}$,A 上的二元运算 $*$ 定义为:$a * b = \max\{a,b\}$,则在独异点 $<A, *>$ 中,单位元是( ),零元是( )。

(2) 设 $A = \{3,6,9\}$,A 上的二元运算 $*$ 定义为:$a * b = \min\{a,b\}$,则在独异点 $<A, *>$ 中,单位元是( ),零元是( )。

2. $\mathbf{Z}$ 是由所有整数组成的集合,对于下列 $*$ 运算,哪些代数系统 $<\mathbf{Z}, *>$ 是半群?

(1) $a * b = a$。

(2) $a * b = ab$。

(3) $a * b = \max\{a,b\}$。

3. $\mathbf{Z}$ 是整数集合,运算 $*$ 定义为 $a * b = a + b + ab$,试证明 $<\mathbf{Z}, *>$ 是独异点。

4. 试证明:设 $<\mathbf{R}, *>$ 是一个代数系统,$*$ 是 $\mathbf{R}$ 上二元运算,$\forall a,b \in \mathbf{R}$,$a * b = a + b + a \cdot b$,则 0 是幺元,且 $<\mathbf{R}, *>$ 是独异点。

5. 试证明:设半群 $<A, *>$ 中消去律成立,则 $<A, *>$ 是可交换半群,当且仅当 $\forall a,b \in A$,$(a \cdot b)^2 = a^2 \cdot b^2$。

(B)

6. 设 $<A, *>$ 为半群,$\forall a \in A$。令 $A_a = \{a^i \mid i \in \mathbf{Z}^+\}$,试证 $<A_a, *>$ 是 $<A_a, *>$ 的子半群。

(C)

7. (参考北京大学 1999 年硕士研究生入学考试试题)设 $A = \{1,2,3\}$,B 是 A 上等价关系的集合。

(1) 列出 B 的元素。

(2) 给出代数系统 $V = <B, \wedge>$ 的运算表。

(3) 求出 V 的零元,单位元和所有可逆元的逆元。

（4）说明 V 是否为半群,独异点。

9.5　群

近世代数的研究对象是代数系统。最简单的代数系统是在一个集合中只定义一种运算,这种代数系统就是群。

9.5.1　群的定义

定义 9.5.1　设 $<G,\cdot>$ 是一个代数系统,其中 G 是非空集合,$\cdot$ 是 G 上一个二元运算,如果满足下列条件:

（1）运算满足结合律,即对任意 $a,b,c\in G$,有 $(a\cdot b)\cdot c=a\cdot(b\cdot c)$;

（2）存在单位元 $e\in G$;

（3）对于每一个元素 $a\in G$,存在它的唯一逆元 $a^{-1}\in G$。

则称此代数系统 $<G,\cdot>$ 是**群**。

通常把群的定义概括为 4 点:封闭性、结合律、单位元和逆元。

对于群,有以下结论成立。

（1）$<\mathbf{Z},+>$ 是一个群,称为整数加群,其中 $\mathbf{Z}$ 是整数集,运算 $+$ 是数的加法。0 是其单位元,对于任意 $x\in\mathbf{Z}$,$-x$ 是 x 的逆元。但正整数集 $\mathbf{Z}^+$ 关于数的加法不构成群。

（2）$<\mathbf{Z}_n,\oplus>$ 是群,称为模 n 整数加群,其中 $\mathbf{Z}_n=\{0,1,\cdots,n-1\}$,规定对任意 x,$y\in\mathbf{Z}_n$,有

$$x\oplus y=(x+y)\bmod n。$$

0 是其单位元,对于任意 $k\in\mathbf{Z}_n$,$i\in\mathbf{Z}_n$,$n-k$ 是 k 的逆元。

（3）设 $<\boldsymbol{M}_n(\mathbf{R}),+>(n\geqslant 2)$ 是群,称为 n 阶实矩阵加群,其中 $\boldsymbol{M}_n(\mathbf{R})$ 为 n 阶实矩阵的全体,运算 $+$ 是矩阵的加法。n 阶零矩阵是其单位元,$-\boldsymbol{M}$ 是矩阵 $\boldsymbol{M}$ 的加法逆元。

（4）设 $<GL_n(\mathbf{R}),\cdot>(n\geqslant 2)$ 是群,其中 $GL_n(\mathbf{R})$ 为 n 阶实可逆矩阵的全体,运算 $\cdot$ 是矩阵的乘法。n 阶单位矩阵 $\boldsymbol{E}_n$ 是其单位元,逆矩阵 $\boldsymbol{A}^{-1}$ 是矩阵 $\boldsymbol{A}$ 的逆元。

例 9.5.1　设 $<G,*>$ 是群,若存在 $g\in G$,定义 $a\odot b=a*g*b$,试证明 $<G,\odot>$ 是群。

证明　对于任意的 $a,b\in G$,由 $a\odot b=a*g*b$ 可知,$\odot$ 在 G 上是封闭的。

对于任意的 $a,b,c\in G$,有

$$(a\odot b)\odot c=a*g*b\odot c=(a*g*b)*g*c$$
$$a\odot(b\odot c)=a\odot(b*g*c)=a*g*(b*g*c)$$

由 $<G,*>$ 是群可知,$*$ 是可结合的,所以

$$(a*g*b)*g*c=a*g*(b*g*c)。$$

于是有

$$(a\odot b)\odot c=a\odot(b\odot c),$$

所以,$\odot$ 是可结合的。

令 $e' = g^{-1}$，则对任意的 $a \in G$，有

$$a \odot e' = a * g * e' = a * g * g^{-1} = a。$$

同理可证

$$e' \odot a = a。$$

所以，$e' = g^{-1}$ 是 G 中关于 $\odot$ 的幺元。

对任意的 $a \in G$，令 $b = g^{-1} * a^{-1} * g^{-1}$，则

$$a \odot b = a * g * (g^{-1} * a^{-1} * g^{-1}) = g^{-1}。$$

同理可证 $b \odot a = g^{-1}$。所以，G 的每个元素都有逆元。

综上可知，$<G, \odot>$ 是群。

定义 9.5.2 设 $<G, *>$ 是一个群，如果 G 是有限集，那么称 $<G, *>$ 是**有限群**，G 中元素的个数通常称为该有限群 G 的**阶数**，记为 $|G|$；如果 G 是无限集，则称 $<G, *>$ 是**无限群**。

例 9.5.2 设 $S = \{a, b, c\}$，$*$ 的定义如表 9.5.1 所示，试证明 $<S, *>$ 是 3 阶群。

表 9.5.1 $*$ 运算表

$*$	a	b	c
a	a	b	c
b	b	c	a
c	c	a	b

证明 由 $*$ 的运算表容易验证 $<S, *>$ 是群，其中 a 是幺元，b, c 互为逆元。又因为 $|S| = 3$，所以 $<S, *>$ 是 3 阶群。

例 9.5.3 设 $H = \left\{ \begin{pmatrix} 1 & 0 \\ 0 & 1 \end{pmatrix}, \begin{pmatrix} -1 & 0 \\ 0 & -1 \end{pmatrix}, \begin{pmatrix} 1 & 0 \\ 0 & -1 \end{pmatrix}, \begin{pmatrix} -1 & 0 \\ 0 & 1 \end{pmatrix} \right\}$，试证 H 对矩阵的乘法 $\cdot$ 构成群。

证明 按矩阵乘法运算表如表 9.5.2 所示。

表 9.5.2 矩阵乘法 $\cdot$ 运算表

$\cdot$	$\begin{pmatrix} 1 & 0 \\ 0 & 1 \end{pmatrix}$	$\begin{pmatrix} -1 & 0 \\ 0 & -1 \end{pmatrix}$	$\begin{pmatrix} 1 & 0 \\ 0 & -1 \end{pmatrix}$	$\begin{pmatrix} -1 & 0 \\ 0 & 1 \end{pmatrix}$
$\begin{pmatrix} 1 & 0 \\ 0 & 1 \end{pmatrix}$	$\begin{pmatrix} 1 & 0 \\ 0 & 1 \end{pmatrix}$	$\begin{pmatrix} -1 & 0 \\ 0 & -1 \end{pmatrix}$	$\begin{pmatrix} 1 & 0 \\ 0 & -1 \end{pmatrix}$	$\begin{pmatrix} -1 & 0 \\ 0 & 1 \end{pmatrix}$
$\begin{pmatrix} -1 & 0 \\ 0 & -1 \end{pmatrix}$	$\begin{pmatrix} -1 & 0 \\ 0 & -1 \end{pmatrix}$	$\begin{pmatrix} 1 & 0 \\ 0 & 1 \end{pmatrix}$	$\begin{pmatrix} -1 & 0 \\ 0 & 1 \end{pmatrix}$	$\begin{pmatrix} 1 & 0 \\ 0 & -1 \end{pmatrix}$
$\begin{pmatrix} 1 & 0 \\ 0 & -1 \end{pmatrix}$	$\begin{pmatrix} 1 & 0 \\ 0 & -1 \end{pmatrix}$	$\begin{pmatrix} -1 & 0 \\ 0 & 1 \end{pmatrix}$	$\begin{pmatrix} 1 & 0 \\ 0 & 1 \end{pmatrix}$	$\begin{pmatrix} -1 & 0 \\ 0 & -1 \end{pmatrix}$
$\begin{pmatrix} -1 & 0 \\ 0 & 1 \end{pmatrix}$	$\begin{pmatrix} -1 & 0 \\ 0 & 1 \end{pmatrix}$	$\begin{pmatrix} 1 & 0 \\ 0 & -1 \end{pmatrix}$	$\begin{pmatrix} -1 & 0 \\ 0 & -1 \end{pmatrix}$	$\begin{pmatrix} 1 & 0 \\ 0 & 1 \end{pmatrix}$

从表 9.5.2 中可以看出：

(1) 矩阵乘法是 H 的二元运算，是封闭的；

(2) $\begin{pmatrix} 1 & 0 \\ 0 & 1 \end{pmatrix}$ 为单位元；

(3) 每个元素都有逆元，其逆元是其本身。

由线性代数内容可知，矩阵的乘法满足结合律，所以，H 关于矩阵的乘法也满足结合律。综上所述，$<H,\cdot>$ 是群。

定理 9.5.1　若 $<G,*>$ 是群，且 $|G|>1$，则 $<G,*>$ 中无零元。

证明　设 e 为群 $<G,*>$ 的幺元。若 $<G,*>$ 中存在零元，不妨记为 θ，则由定理 9.2.3 可知，有 $e\neq\theta$。对任意的 $x\in G$，有 $\theta*x=\theta\neq e$，故 θ 没有逆元，与 $<G,*>$ 是群矛盾，所以 $<G,*>$ 中没有零元。

定理 9.5.2　若 $<G,*>$ 是群，则对于任意的 $a,b\in G$，必有唯一的 $x\in G$，使得 $a*x=b$；有唯一的 $y\in G$，使得 $y*a=b$。

证明　设 e 是群 $<G,*>$ 的幺元。令 $x=a^{-1}*b$，则

$$a*x=a*(a^{-1}*b)=(a*a^{-1})*b=e*b=b。$$

所以，$x=a^{-1}*b$ 是 $a*x=b$ 的解。

若 $x'\in G$ 也是 $a*x=b$ 的解，则

$$x'=e*x'=(a^{-1}*a)*x'=a^{-1}*(a*x')=a^{-1}*b=x。$$

所以，$x=a^{-1}*b$ 是 $a*x=b$ 的唯一解。

同理可证有唯一的 $y\in G$，使得 $y*a=b$。

定理 9.5.3　设 $<G,*>$ 是群，则消去律成立。即对任意的 $a,b,c\in G$，有

(1) 若 $a*b=a*c$，则 $b=c$。

(2) 若 $b*a=c*a$，则 $b=c$。

定理 9.5.4　若 $<G,*>$ 是群，则 $<G,*>$ 中唯一的幂等元是幺元。

证明　设 $a\in G$ 是幂等元，则 $a*a=a$。又

$$e=a^{-1}*a=a^{-1}*(a*a)=(a^{-1}*a)*a=e*a=a。$$

所以，$<G,*>$ 中唯一的幂等元是幺元 e。

定理 9.5.5　$<G,*>$ 是群，则对任意的 $a,b\in G$，有 $(a*b)^{-1}=b^{-1}*a^{-1}$。

证明　设 e 是群 $<G,*>$ 的幺元，对任意的 $a,b\in G$，有

$$(a*b)*(b^{-1}*a^{-1})=a*(b*b^{-1})*a^{-1}=a*a^{-1}=e,$$
$$(b^{-1}*a^{-1})*(a*b)=b^{-1}*(a^{-1}*a)*b=b^{-1}*b=e。$$

所以，$(a*b)^{-1}=b^{-1}*a^{-1}$。

9.5.2　群的性质

性质 9.5.1　设 $<G,\cdot>$ 是群，对任意 $a,b\in G$，有

(1) $(a^{-1})^{-1}=a$；

(2) $(a\cdot b)^{-1}=b^{-1}\cdot a^{-1}$；

(3) $a^n \cdot a^m = a^{n+m}, m, n \in \mathbf{Z}$;

(4) $(a^n)^m = a^{nm}, m, n \in \mathbf{Z}$。

证明 仅证(1),(3)。

(1) 因为 $a \cdot a^{-1} = a^{-1} \cdot a = e$,所以,$a^{-1}$ 的逆元是 a,即 $(a^{-1})^{-1} = a$。

(3) 只须考虑 n, m 异号的情况,不妨设 $n < 0, m > 0$,且 $n = -n_1 (n_1 > 0)$,则

$$a^n \cdot a^m = a^{-n_1} \cdot a^m = \underbrace{a^{-1} \cdot a^{-1} \cdots a^{-1}}_{n_1} \cdot \underbrace{a \cdot a \cdots a}_{m}$$

$$= \begin{cases} a^{m-n_1}, & m \geqslant n_1 \\ (a^{-1})^{n_1 - m}, & m < n_1 \end{cases} = a^{n+m}。$$

定理 9.5.6 设 $<G, \cdot>$ 是一个代数系统,如果满足下列条件:

(1) 运算满足结合律;

(2) 对任意 $a, b \in G$,方程 $a \cdot x = b$ 和 $y \cdot a = b$ 在 G 内有唯一解,

则 $<G, \cdot>$ 是群。

习题 9.5

(A)

1. 设 $\mathbf{R}$ 是实数集合,$\times$ 为普通乘法,则代数系统 $<\mathbf{R}, \times>$ 是( )。

   A. 群 B. 独异点 C. 半群 D. 都不是

2. 设 $S = \left\{1, \dfrac{1}{2}, 2, \dfrac{1}{3}, 3, \dfrac{1}{4}, 4\right\}$。$*$ 为普通乘法,则 $<S, *>$ 是( )。

   A. 代数系统 B. 半群 C. 群 D. 都不是

3. 代数系统 $<G, *>$ 是一个群,则 G 的幂等元是( )。

4. 设 $<G, *>$ 是一个群,$\forall a, b, c \in G$,回答下列问题。

   (1) 若 $c * a = b$,则 $c = ($)。

   (2) 若 $c * a = b * a$,则 $c = ($)。

5. 试证明:在半群 $<G, *>$ 中,若对 $\forall a, b \in G$,方程 $a * x = b$ 和 $y * a = b$ 都有唯一解,则 $<G, *>$ 是一个群。

(B)

6. 试证明:在一个群 $<G, *>$ 中,若 G 中的元素 a 的阶是 k,即 $|a| = k$,则 a^{-1} 的阶也是 k。

(C)

7. (参考北京大学 1995 年硕士研究生入学考试试题)设 $G = <A, *>$ 是一个 n 阶非交换群,$n \geqslant 3$。试证明:A 中存在非单位元 c 和 d,$c \neq d$,使得 $c * d = d * c$。

9.6　子　　群

9.6.1　子群的定义

定义 9.6.1　设$<G,\cdot>$是一个群,H 是 G 的非空子集,如果 H 对于 G 的运算来说构成一个群,则称$<H,\cdot>$是$<G,\cdot>$的一个**子群**,简记作 $H \leqslant G$。

定义 9.6.2　任意群$<G,\cdot>$至少有下面两个子群:

(1) 由 G 本身得到的群$<G,\cdot>$;

(2) $<\{e\},\cdot>$,其中 e 为群$<G,\cdot>$的单位元。

这两个子群称为$<G,\cdot>$的**平凡子群**。

例 9.6.1　设$<\mathbf{Z},+>$是群,其中 $\mathbf{Z}$ 为整数集,$+$ 为数的加法。$\mathbf{Z}_0$ 为全体偶数组成的子集,试证明$<\mathbf{Z}_0,+>$是$<\mathbf{Z},+>$的子群。

证明　由于全体整数对加法满足结合律,所以其部分亦满足,故 $\mathbf{Z}_0$ 对$+$满足结合律,又易证 0 是其单位元,对于每个偶数 $2n$,$n \in \mathbf{Z}$,都有 $-2n \in \mathbf{Z}$,使 $2n+(-2n)=0$,即 $\mathbf{Z}_0$ 中每个元素都有逆元。故$<\mathbf{Z}_0,+>$是$<\mathbf{Z},+>$的子群。

$<\mathbf{Z},+>$是$<\mathbf{Q},+>$、$<\mathbf{R},+>$的子群,其中 $\mathbf{Z}$ 为整数集,$\mathbf{Q}$ 为有理数集,$\mathbf{R}$ 为实数集,$+$ 为数的加法。

前面例 9.3.6 中,H 是 n 阶实矩阵的集合 $\mathbf{M}_n(\mathbf{R})$ 的子集,且$<H,\cdot>$是群,所以,$<H,\cdot>$是$<\mathbf{M}_n(\mathbf{R}),\cdot>$的子群。

定理 9.6.1　设$<G,\cdot>$是群,$<H,\cdot>$是$<G,\cdot>$的子群,则子群 H 的单位元就是 G 中的单位元,H 中元素 a 在 H 中的逆元就是 a 在 G 中的逆元。

证明　设 e' 是子群$<H,\cdot>$的单位元,e 是群$<G,*>$的单位元,则
$$e' \cdot e' = e' = e' \cdot e,$$
由消去律可知,$e'=e$。

同样,若 a' 是 a 在子群$<H,\cdot>$中的逆元,a^{-1} 是 a 在群$<G,\cdot>$中的逆元,则
$$a' \cdot a = e = a^{-1} \cdot a,$$
由消去律可知,$a'=a$。

9.6.2　子群的判定

定理 9.6.2　设$<G,\cdot>$是群,H 是 G 的非空子集,则$<H,\cdot>$是$<G,\cdot>$的子群,当且仅当

(1) $a,b \in H$,有 $a \cdot b \in H$;

(2) $a \in H$,有 $a^{-1} \in H$。

证明　必要性显然成立。

充分性:只须证明 $e \in H$。由 H 非空,必存在 $a \in H$。由已知可知 $a^{-1} \in H$,于是 $e=$

$a \cdot a^{-1} \in H$。所以，$<H,\cdot>$是$<G,\cdot>$的子群。

定理 9.6.3 设$<G,\cdot>$是群，H 是 G 的非空子集，则$<H,\cdot>$是$<G,\cdot>$的子群，当且仅当$\forall a,b \in H$，有 $a \cdot b^{-1} \in H$。

证明 必要性：对任意的 $a,b \in H$，由$<H,\cdot>$是$<G,\cdot>$的子群，必有 $b^{-1} \in H$，从而 $a \cdot b^{-1} \in H$。

充分性：由 H 非空，必存在 $a \in H$。于是 $e = a \cdot b^{-1} \in H$。

任取 $a \in H$，由 $e,a \in H$ 得 $a^{-1} = e \cdot a^{-1} \in H$。

对于任意的 $a,b \in H$，有 $a \cdot b = a \cdot (b^{-1})^{-1} \in H$，即 $a \cdot b \in H$。

又因为 H 是 G 非空子集，所以 $\cdot$ 在 H 上满足结合律。

综上可知，$<H,\cdot>$是$<G,\cdot>$的子群。

定理 9.6.4 设$<G,\cdot>$是群，H 是 G 的有限非空子集，则$<H,\cdot>$是$<G,\cdot>$的子群，当且仅当$\forall a,b \in H$，有 $a \cdot b \in H$。

证明 必要性显然成立。

充分性：因为 H 是 G 非空有限子集，所以，H 对 $\cdot$ 满足封闭性。对于 $a \in H$，由 H 是有限集且对 $\cdot$ 满足封闭性，则存在 $i<j$ 使得 $a^i = a^j$，于是，$e = a^j \cdot (a^i)^{-1} = a^{j-i} \in H$ 且 $a^{-1} = a^{j-i-1} \in H$。所以，$<H,\cdot>$是$<G,\cdot>$的子群。

例 9.6.2 设 **R** 为实数集合，$G = \{<a,b> \mid a \in \mathbf{R} \wedge b \in \mathbf{R} \wedge a \neq 0\}$。定义 G 上的运算 $*$ 如下：$\forall <a,b>,<c,d> \in G$，有
$$<a,b> * <c,d> = <a \cdot c, b+d>,$$
其中 $\cdot$ 和 $+$ 分别为实数的乘法和加法。试证明：

(1) $<G,*>$是群；

(2) 设 $H = \{<1,b> \mid b \in \mathbf{R}\}$，则$<H,*>$是$<G,*>$的子群。

证明 (1) 显然运算 $*$ 是封闭的，即$\langle G,*\rangle$是代数系统。

$\forall <a,b>,<c,d>,<e,f> \in G$，有：
$$<a,b> * (<c,d> * <e,f>) = <a,b> * <c \cdot e, d+f>$$
$$= <a \cdot c \cdot e, b+d+f>$$
$$= <a \cdot c, b+d> * <e,f>$$
$$= (<a,b> * <c,d>) * <e,f>,$$
故运算 $*$ 满足结合律。

按运算定义，$\forall <a,b> \in G$，有
$$<a,b> * <1,0> = <1,0> * <a,b> = <a,b>,$$
因此，$<1,0>$是$<G,*>$的单位元。

又 $\forall <a,b> \in G (a \neq 0)$ 有，
$$<a,b> * <\frac{1}{a}, -b> = <\frac{1}{a}, -b> * <a,b> = <1,0>,$$
所以，$<a,b>$有逆元$<\frac{1}{a}, -b> \in G$。

综上所述，$<G,*>$ 是群。

（2）设 $H=\{<1,b>|b\in \mathbf{R}\}$，$\forall <1,a>,<1,b>\in H$，有 $<1,b>^{-1}=<1,-b>$。

因此，$<1,a>*<1,b>^{-1}=<1,a>*<1,-b>=<1,a-b>\in H$，

根据定理 9.4.3 可知，$<H,*>$ 是 $<G,*>$ 的子群。

例 9.6.3 若 $<H,*>$ 和 $<R,*>$ 是 $<G,*>$ 的子群，试证明 $<H\cap R,*>$ 是 $<G,*>$ 的子群。

证明 对于任意的 $a,b\in H\cap R$，有 $a,b\in H$，$a,b\in R$。由 $<H,*>$ 是 $<G,*>$ 的子群，有 $a*b^{-1}\in H$。同理有 $a*b^{-1}\in R$。所以，$a*b^{-1}\in H\cap R$，故 $<H\cap R,*>$ 是 $<G,*>$ 的子群。

习题 9.6

（A）

1. $<H,*>$ 是 $<G,*>$ 的子群的充分必要条件是（　　）。

2. 6 阶有限群的任何子群一定不是（　　）阶。

A. 2　　　　　　B. 3　　　　　　C. 4　　　　　　D. 6

3. 判断：设 $<S,*>$ 是群 $<G,*>$ 的子群，则 $<G,*>$ 中幺元 e 是 $<S,*>$ 中幺元。（　　）

4. 假设对于任意群 $<G,*>$，有 $\varnothing\neq H\subseteq G$，当且仅当什么条件下，$H$ 是 G 的子群？

5. 试证明，设 H 是 G 的子群，则下列条件等价：

（1）$\forall a\in G,a\cdot H\cdot a^{-1}\subseteq H$；

（2）$\forall a\in G,a^{-1}\cdot H\cdot a\subseteq H$；

（3）$\forall a\in G,\forall h\in H,a\cdot h\cdot a^{-1}\subseteq H$。

（B）

6. 设 $<G,*>$ 是群，H,K 是其子群，令 $HK=\{h*s|s\in K,h\in H\}$，$KH=\{s*h|s\in K,h\in H\}$，$<HK,*>$，$<KH,*>$ 是 G 的子群的充分必要条件是 $HK=KH$。

（C）

7.（参考北京大学 1991 年硕士研究生入学考试试题）循环群 $G=<5,+_8>$，$+_8$ 为模 8 加法，则 G 有多少个子群？其中平凡的真子群是什么？

9.7　特殊的群

9.7.1　阿贝尔群

定义 9.7.1　如果群 $<G,\cdot>$ 中的运算满足交换律，即任意 $a,b\in G$ 均有 $a\cdot b=b\cdot a$，则称群 $<G,\cdot>$ 为**阿贝尔（Abel）群**，或**交换群**。

$<\mathbf{Z},\cdot>,<\mathbf{Q},\cdot>,<\mathbf{R},\cdot>$都是阿贝尔群,其中 $\mathbf{Z}$ 为正整数集,$\mathbf{Q}$ 为有理数集,$\mathbf{R}$ 为实数集,·为数的加法。

设 $G=\{a,b,c,e\}$,·为 G 上的二元运算,它由表 9.7.1 给出。不难知道,$<G,\cdot>$ 是一个群,且是一个阿贝尔群。e 为 G 中的单位元,G 中任何元素的逆元就是它自己,称这个群为 **Klein 四元群**,简称**四元群**。

表 9.7.1　·运算表

·	e	a	b	c
e	e	a	b	c
a	a	e	c	b
b	b	c	e	a
c	c	b	a	e

例 9.7.1　试证明如果群 $<G,\cdot>$ 的每个元素都满足方程 $x^2=e$,则 $<G,\cdot>$ 是阿贝尔群。

证明　$\forall x\in G$,有 $x^2=e$,即 $x\cdot x=e$,因此,$x^{-1}=x$。

$\forall a,b\in G$,则
$$a\cdot b=a^{-1}\cdot b^{-1}=(b\cdot a)^{-1}=b\cdot a$$

因此,$<G,\cdot>$ 是阿贝尔群。

定理 9.7.1　证明关于群 $<G,*>$ 的下列说法是等价的:

(1) $<G,*>$ 是阿贝尔群;

(2) $\forall a,b\in G$,有 $(a*b)^2=a^2*b^2$;

(3) $\forall a,b\in G$,有 $(a*b)^{-1}=a^{-1}*b^{-1}$;

(4) $\forall a,b\in G$,有 $(a*b)^n=a^n*b^n$。

证明　仅证(2)。设 $<G,*>$ 是阿贝尔群,对任意的 $a,b\in G$,有
$$(a*b)^2=(a*b)*(a*b)=a*(b*a)*b=a*(a*b)*b=(a*a)*(b*b)$$
$$=a^2*b^2$$

反之,若对任意的 $a,b\in G$ 有 $(a*b)^2=a^2*b^2$,则
$$(a*b)*(a*b)=(a*a)*(b*b),$$
$$a*(b*a)*b=a*(a*b)*b,$$
$$b*a=a*b$$

所以,$<G,*>$ 是阿贝尔群。

例 9.7.2　设 $S=\{a,b,c,d\}$,定义映射 $f:S\rightarrow S,f(a)=b,f(b)=c,f(c)=d,f(d)=a$,。为映射的复合运算,令 $F=\{f^0,f^1,f^2,f^3\}$,其中 f^0 为恒等映射,$f^2=f\circ f$,$f^3=f^2\circ f$,试证明 $<F,\circ>$ 是阿贝尔群。

证明　。的运算表如表 9.7.2 所示。

表 9.7.2 。运算表

。	f^0	f^1	f^2	f^3
f^0	f^0	f^1	f^2	f^3
f^1	f^1	f^2	f^3	f^0
f^2	f^2	f^3	f^1	f^0
f^3	f^3	f^0	f^1	f^2

由运算表不难证明$<F,\circ>$是阿贝尔群。

定义 9.7.2 设 G 是群,$H\leqslant G$,若 $\forall g\in G$ 有 $gH=Hg$,则称 H 是 G 的**正规子群**或**不变子群**,并记作:$H\trianglelefteq G$,用 $H\triangleleft G$ 表示 H 是 G 的**真正规子群**。

由定义 9.7.2 可见,任何群都有两个平凡的正规子群:$\{e\}$和 G 本身。如果 G 是交换群,则 G 的任何子群都是正规子群。

9.7.2 循环群

定义 9.7.3 设 e 是群$<G,*>$的幺元,$a\in G$。若存在 $r\in \mathbf{N}$ 使得 $a^r=e$,称 a 的周期是有限的,其中最小的正整数 r 称为 a 的**周期**或**阶**,记为$|a|$。若没有这样的正整数,称 a 的周期是无限的。

定理 9.7.2 若$<G,*>$是群,则对任意的 $a\in G$,a 与 a^{-1} 具有相同的周期。

证明 (1)若 a 有有限周期r,则 $a^r=e$。因为$(a^{-1})^r=(a^r)^{-1}=e^{-1}=e$,所以 a^{-1} 的周期 r' 满足 $r'\leqslant r$。又因为 $a^r=((a^{-1})^r)^{-1}=e^{-1}=e$,所以 $r\leqslant r'$。故 $r=r'$。

(2)若 a 的周期无限,而 a^{-1} 周期有限。则由(1)可知,a 的周期有限,矛盾,所以 a^{-1} 的周期也是无限的。

定理 9.7.3 若$<G,*>$是有限群,则 G 中任一元素的周期 r 小于或等于$|G|$。

证明 对于任意的 $a\in G$,$a,a^2,\cdots,a^{|G|+1}$中至少有两个元素相同,不妨设为 $a^p=a^q$,其中 $1\leqslant p<q\leqslant |G|+1$,则 $a^{q-p}=a^q*a^{-p}=e$,所以 a 的周期 r 满足 $r\leqslant q-p\leqslant |G|$。

定理 9.7.4 若群$<G,*>$的元素 a 具有有限周期 r,则 $a^k=e$,当且仅当 k 是 r 的倍数。

证明 若 k 是 r 的倍数,不妨设 $k=sr$,则 $a^k=(a^r)^s=e^s=e$。

反之,若 k 不是 r 的倍数,则存在 $s,q\in \mathbf{Z}$,使得 $k=sr+q$,其中 $0<q<r$。于是 $a^q=a^{k-sr}=a^k*a^{-sr}=e$,与 r 是 a 的周期矛盾,所以 k 是 r 的倍数。

定理 9.7.5 若 a 是群$<G,*>$的元素,且 a 的周期大于 2,则 $a\neq a^{-1}$。

证明 若 $a=a^{-1}$,则 $a*a=a*a^{-1}=e$,所以 a 的周期小于或等于 2,与 a 的周期大于 2 矛盾。故 $a\neq a^{-1}$。

例 9.7.3 设$<G,*>$是群,$a,b\in G$,且 $ab=ba$。若$|a|=n$,$|b|=m$,且 n 与 m 互素,试证明$|ab|=nm$。

证明 设$|ab|=d$。由 $ab=ba$ 可得$(ab)^{mn}=(a^n)^m(b^m)^n=e$,从而 $d|mn$。

又由 $(ab)^d=a^db^d=e$ 得，$a^d=b^{-d}$。于是有 $a^{dm}=b^{-dm}=e$，则 $n\mid dm$，而 n 与 m 互素，所以 $n\mid d$。同理可证 $m\mid d$。故 $nm\mid d$。

综上可知，$d=nm$，即 $|ab|=nm$。

定义 9.7.4 设 $<G,\cdot>$ 是群，若存在元素 $g\in G$，且对于 G 中的任意元素 a，存在 $k\in$ $\mathbf{Z}$，使得 $a=g^k$，则称群 $<G,\cdot>$ 为**循环群**。记作 $G=(g)$，并称元素 a 是循环群 $<G,\cdot>$ 的**生成元**。

循环群根据其生成元的阶分为**有限循环群**和**无限循环群**。

整数加群 $<\mathbf{Z},+>$ 是循环群，可验证 1 是其生成元。

模 n 整数加群 $<\mathbf{Z}_n,\oplus>$ 是循环群，其中 $\mathbf{Z}_n=\{0,1,\cdots,n-1\}$，可验证 1 是其生成元。

定理 9.7.6 设 $G=(a)$ 关于运算是无限循环群，则 G 只有两个生成元 a 和 a^{-1}。

证明 由 $G=(a)$，任取 $a^k\in G$，有 $a^k=(a^{-1})^k$，从而 a^{-1} 也是 G 的生成元。

再证明 G 只有 a 和 a^{-1} 这两个生成元。假设 b 也是 G 的生成元，则 $G=(b)$，由 $a\in$ G，可知存在整数 s 使得 $a=b^s$，又由 $b\in G=(a)$ 可知，存在一整数 t 使得 $b=a^t$，从而得到 $a=b^s=(a^t)^s=a^{ts}$。由群的消去律得 $a^{ts-1}=e$。因为 G 是无限群，必有 $ts-1=0$。从而证明 $t=s=1$ 或 $t=s=-1$，即 $b=a$ 或 $b=a^{-1}$。

定理 9.7.7 任何一个循环群必定是阿贝尔群。

证明 设 $<G,\cdot>$ 是一个循环群，它的生成元是 a。那么，对于任意的 $x,y\in G$，必有 $m,n\in \mathbf{Z}$，使得 $x=a^m$ 和 $y=a^n$。

又有

$$x\cdot y=a^m\cdot a^n=a^{m+n}=a^n\cdot a^m=y\cdot x$$

因此，$<G,\cdot>$ 是一个阿贝尔群。

定理 9.7.8 循环群的子群必是循环群。

证明 设 $<G,*>$ 是生成元为 g 的循环群，$<H,*>$ 是 $<G,*>$ 的任一子群。若 $H=\{e\}$，显然 H 是循环群；否则，取 H 中的最小正方幂元 g^m。下证 g^m 是 H 的生成元。

任取 $g^i\in H$，则存在整数 k 和 r，使得 $i=mk+r$，其中 $0\leqslant r<k$。因此有 $g^r=$ $g^{i-mk}=g^i(g^m)^{-k}$。由 $g^i,g^m\in H$ 及 H 是 G 的子群可知 $g^r\in H$。因为 g^m 是 H 中最小正方幂元，必有 $r=0$。于是 $g^i=g^{mk}=(g^m)^k$，所以，g^m 是 H 的生成元，$<H,*>$ 是一个循环群。

定理 9.7.9 设 $<G,*>$ 是一个由元素 $g\in G$ 生成的有限循环群。如果 G 的阶数是 n，那么元素 g 的阶也是 n，即 $|G|=|g|$，且此时 $G=\{g,g^2,\cdots,g^{n-1},g^n=e\}$。

证明 必要性：设 $|g|=m<n$，则有 $g^m=e$。因为 $<G,*>$ 是由 g 生成的有限循环群，所以对任意 $a\in G$，存在 $s\in \mathbf{Z}$ 使得 $a=g^s$。令 $s=mq+r$，其中 q 为某个整数，$0\leqslant r<$ m，则 $a=g^s=g^{mq}*g^r=g^r$，即 G 中任一元具有 g^r 的形式且 $0\leqslant r<m$。因而 G 中至多具有 m 个元素 $g,g^2,\cdots,g^m$，于是 $|G|\leqslant m<n$，与 $|G|=n$ 矛盾。因此 $m\geqslant n$。

下用反证法证 $g,g^2,\cdots,g^m$ 互不相同。若不然，则有 $1\leqslant i<j\leqslant m$ 使得 $g^i=g^j$，于是 $g^{j-i}=g^j*g^{-i}=e$ 且 $0<j-i<m$，与 $|g|=m$ 矛盾。又因为 $|G|=n$，所以 $m\leqslant n$。

综上可得，$m=n$，即$|g|=n$。

充分性：由$|g|=n$得$g^n=e$。因为g是$<G,*>$的生成元，所以，对任意的$a\in G$，存在$k\in \mathbf{Z}$使得$a=g^k$。令$k=nq+r$，其中$0\leqslant r<n$，则$a=g^k=g^{nq+r}=(g^n)^q*g^r=g^r$，即$G$中任一元具有$g^r$的形式$(0\leqslant r<n)$。所以，$G$中至多具有$n$个元素$g,g^2,\cdots,g^n$，于是$|G|\leqslant n$。

与必要性类似可证$g,g^2,\cdots,g^n$不相同，于是$|G|\geqslant n$。

综上可得，$|G|=n$。

定理 9.7.10　设$<G,*>$是由g生成的循环群，若G为n阶循环群，则G含有$\varphi(n)$个生成元。其中，$\varphi(n)$是小于或等于n的正数中与n互质的数的个数。对于任意小于或等于n且与n互质的正整数r，g^r是G的生成元。

证明　只须证明对于任意正整数$r(r\leqslant n)$，g^r是G的生成元当且仅当r和n互质。

充分性：若r和n互质，且$r\leqslant n$，则存在整数u和v使得$ur+vn=1$，于是$g^i=g^{i(ur+vn)}=g^{iur}g^{ivn}=g^{iur}=(g^r)^{iu}$，所以$g^r$是$G$的生成元。

必要性：设g^r是G的生成元，由定理 9.7.9 得$|g^r|=n$。设r和n的最大公约数是d，则存在整数t使得$r=dt$。因此由定理 9.7.4 可知，$|g^r|$是n的因子，即n整除。从而有$d=1$。

例如，设$G=\{e,g,g^2,\cdots,g^{11}\}$是 12 阶循环群，则$\varphi(12)=4$。对于任意小于或等于 12 且与 12 互质的正整数是 1、5、7、11，于是g,g^5,g^7和g^{11}是G的生成元。

定理 9.7.11　若$<G,*>$是无限循环群，则G的子群除$<\{e\},*>$以外都是无限循环群。

证明　设$<G,*>$是生成元为g的无限循环群，H是其子群。若$H\neq\{e\}$，由定理 9.7.10 的证明可知H中的最小正方幂元g^m是其生成元。若$|H|=t$，则$|g^m|=t$，$|g|=mt$ 由定理 9.7.9 得$|G|=mt$，矛盾。

定理 9.7.12　若$<G,*>$是n阶循环群，则对n的每个正因数d，G恰有一个d阶子群。

证明　设$<G,*>$是生成元为g的n阶循环群，若$<H,*>$是$<G,*>$的任一子群，则有H中的最小正方幂元g^m是其生成元。设$|H|=r$，则$|g^m|=r$。于是$(g^m)^r=e$，$g^{mr}=e$，故$mr=n$。即$<G,*>$任一子群的阶都是n的一个因数。下面证明对于n的每个正因数d都存在一个d阶子群。

显然，由$g^{\frac{n}{d}}$生成的群H是G的d阶子群。假设由g^m生成的群S也是G的d阶子群，则$(g^m)^d=e$，即$g^{md}=e$，于是$md=n$，$m=\frac{n}{d}$。故$g^{\frac{n}{d}}=g^m$，所以$H=S$。

9.7.3　置换群

定义 9.7.5　设$S=\{1,2,\cdots,n\}$，从集合S到S的一个双射称为S的一个 **n 阶置换**。

一般将n阶置换记为$\sigma=\begin{pmatrix}1&2&\cdots&n\\\sigma(1)&\sigma(2)&\cdots&\sigma(n)\end{pmatrix}$，并称$\begin{pmatrix}\sigma(1)&\sigma(2)&\cdots&\sigma(n)\\1&2&\cdots&n\end{pmatrix}$为$\sigma$

的**反置换**,记为 σ^{-1}。n 阶置换 $\begin{pmatrix} 1 & 2 & \cdots & n \\ 1 & 2 & \cdots & n \end{pmatrix}$ 称为**恒等置换**,记为 π_ε。

通常将 S 上的所有 n 阶置换的集合记为 S_n。

如设 $S=\{1,2,3,4,5\}$,则 $\sigma=\begin{pmatrix} 1 & 2 & 3 & 4 & 5 \\ 5 & 1 & 3 & 4 & 2 \end{pmatrix}$,$\tau=\begin{pmatrix} 1 & 2 & 3 & 4 & 5 \\ 4 & 3 & 1 & 2 & 5 \end{pmatrix}$ 都是 5 阶置换。

定理 9.7.13　设 $S=\{1,2,\cdots,n\}$,则 $|S_n|=n!$。

证明　因为每一种 n 阶置换都是 n 个元素的一种全排列,所以 n 个元素的集合中不同的 n 阶置换的总数等于 n 个元素的全排列的种类数 $n!$。故 $|S_n|=n!$。

定义 9.7.6　设 $\sigma,\tau\in S_n$,$\circ$ 和 $\circ$ 是 S_n 上的二元运算,$\sigma\circ\tau$ 和 $\tau\circ\sigma$ 都表示对 S 的元素先应用置换 τ 接着应用置换 σ 所得到的置换,则 $\sigma\circ\tau$ 和 $\tau\circ\sigma$ 分别称为置换 σ 和 τ 的**左复合置换**和**右复合置换**。

下面只讨论左复合置换的情况。

例如,对于 $\sigma=\begin{pmatrix} 1 & 2 & 3 & 4 & 5 \\ 5 & 1 & 3 & 4 & 2 \end{pmatrix}$,$\tau=\begin{pmatrix} 1 & 2 & 3 & 4 & 5 \\ 4 & 3 & 1 & 2 & 5 \end{pmatrix}$,有 $\sigma\circ\tau=\begin{pmatrix} 1 & 2 & 3 & 4 & 5 \\ 4 & 3 & 5 & 1 & 2 \end{pmatrix}$,

$\tau\circ\sigma=\begin{pmatrix} 1 & 2 & 3 & 4 & 5 \\ 5 & 4 & 1 & 2 & 3 \end{pmatrix}$。

定义 9.7.7　设 $\sigma\in S_n$,若 $\sigma(i_1)=i_2$,$\sigma(i_2)=i_3$,$\cdots$,$\sigma(i_k)=i_1$ 且保持 S 中的其他元素不变,则称 σ 为 S 上的 k **阶轮换**(**k-cycle**),记为 $(i_1 i_2\cdots i_k)$。若 $k=2$,这时称为 S 上的**对换**(transposition)。

定理 9.7.14　设 σ 是任一个 n 次置换,则 σ 可分解为不相交的轮换之积:

$$\sigma=r_1 r_2\cdots r_k,$$

若不计因子的次序,则分解式是唯一的,此处的**不相交**指的是任何两个轮换中无相同元素。

可以证明,任何 n 阶置换都可以表示成不相交轮换的复合,且这种表达式是唯一的。而任何轮换又可进一步表示成对换的复合,即有 $(i_1 i_2\cdots i_k)=(i_1 i_k)(i_1 i_{k-1})\cdots(i_1 i_2)$。因此,任何 n 阶置换都可以表示成对换的复合。

例 9.7.4　设 $S=\{1,2,\cdots,8\}$,$\sigma=\begin{pmatrix} 1 & 2 & 3 & 4 & 5 & 6 & 7 & 8 \\ 5 & 3 & 6 & 4 & 2 & 1 & 8 & 7 \end{pmatrix}$,$\tau=\begin{pmatrix} 1 & 2 & 3 & 4 & 5 & 6 & 7 & 8 \\ 8 & 1 & 4 & 2 & 6 & 7 & 5 & 3 \end{pmatrix}$,则 $\sigma=(15236)(78)$,$\tau=(18342)(567)$。
则其对换表达式为:

$$\sigma=(15236)(78)=(16)(13)(12)(15)(78),$$
$$\tau=(18342)(567)=(12)(14)(13)(18)(57)(56)。$$

定理 9.7.15　$\langle S_n,\circ\rangle$ 是一个群,其中 $\circ$ 是置换的左复合运算。

证明　(1) 对任意的 $\sigma,\tau\in S_n$,由于 σ 和 τ 是 S 到 S 的双射,所以 $\sigma\circ\tau$ 也是 S 到 S 的双射,故 $\sigma\circ\tau\in S_n$。

(2) 对任意 $\sigma,\tau,\eta\in S_n$, 如对任意 $x\in S$, 有 $\eta(x)=y,\tau(y)=z,\sigma(z)=w$, 则

$$\sigma\circ\tau\circ\eta(x)=\sigma\circ\tau(\eta(x))=\sigma\circ\tau(y)=\sigma(\tau(y))=\sigma(z)=w,$$

$$\sigma\circ(\tau\circ\eta)(x)=\sigma(\tau\circ\eta(x))=\sigma(\tau(\eta(x)))=\sigma(\tau(y))=\sigma(z)=w,$$

所以∘满足结合律。

(3) 对任意 $\sigma\in S_n$ 有 $\sigma\circ\pi_\varepsilon=\pi_\varepsilon\circ\sigma$, 所以 π_ε 为 S_n 中关于∘的幺元。

(4) 对任意 $\sigma\in S_n$ 有 $\sigma\circ\sigma^{-1}=\sigma^{-1}\circ\sigma$, 所以 S_n 中的每个元素都有逆元。

综上可知，$<S_n,\circ>$ 是一个群。

定义 9.7.8　已知 $S=\{1,2,\cdots,n\}$, 称 $<S_n,\circ>$ 为 **n 元对称群**。$<S_n,\circ>$ 的任意子群称为 S 上的**置换群**。

例 9.7.5　设 $S=\{1,2,3\}$, 写出 S 的对称群以及 S 上的置换群。

解　令 $S_3=\{\pi_e,\pi_1,\pi_2,\pi_3,\pi_4,\pi_5\}$, 其中

$$\pi_e=\begin{pmatrix}1&2&3\\1&2&3\end{pmatrix},\pi_1=\begin{pmatrix}1&2&3\\2&1&3\end{pmatrix},\pi_2=\begin{pmatrix}1&2&3\\3&2&1\end{pmatrix},$$

$$\pi_3=\begin{pmatrix}1&2&3\\1&3&2\end{pmatrix},\pi_4=\begin{pmatrix}1&2&3\\2&3&1\end{pmatrix},\pi_5=\begin{pmatrix}1&2&3\\3&1&2\end{pmatrix},$$

∘运算表如表 9.7.3 所示。

表 9.7.3　∘运算表

∘	π_e	π_1	π_2	π_3	π_4	π_5
π_e	π_e	π_1	π_2	π_3	π_4	π_5
π_1	π_1	π_e	π_5	π_4	π_3	π_2
π_2	π_2	π_4	π_e	π_5	π_1	π_3
π_3	π_3	π_5	π_4	π_e	π_2	π_1
π_4	π_4	π_2	π_3	π_1	π_5	π_e
π_5	π_5	π_3	π_1	π_2	π_e	π_4

因为运算∘是映射的复合，所以∘满足结合律。

由∘的运算表知，∘在 S_3 中是封闭的，且有幺元 π_e, 每个置换都有逆元，分别为：

$$\pi_e^{-1}=\pi_e,\pi_1^{-1}=\pi_1,\pi_2^{-1}=\pi_2,\pi_3^{-1}=\pi_3,\pi_4^{-1}=\pi_5,\pi_5^{-1}=\pi_4,$$

所以，$<S_3,\circ>$ 是群。由于 $\pi_1\circ\pi_3\neq\pi_3\circ\pi_1$, 所以 $<S_3,\circ>$ 不是阿贝尔群。

容易证明 S 上的置换群为：

$$<\{\pi_e,\pi_1\},\circ>,<\{\pi_e,\pi_2\},\circ>,<\{\pi_e,\pi_3\},\circ>,<\{\pi_e,\pi_4,\pi_5\},\circ>。$$

定理 9.7.16　有限群 $<G,*>$ 的运算表中的每行或每列都是 G 中元素的一个置换。

证明　首先，证明运算表中的任一行所含 G 中的一个元素不可能多于一次。若不然，如对 $a\in G$ 的那一行中有两个元素都是 c, 即对于行表头的元素 b_1 和 b_2, 有 $a*b_1=a*b_2=c$。根据群的可约律得 $b_1=b_2$, 与 $b_1\neq b_2$ 矛盾。

其次，证明 G 中的每个元素都在运算表的每一行中出现。考查 $a\in G$ 的那一行，设 b

是 G 中的任一元素,由于 $b = a * (a^{-1} * b)$,所以 b 必出现在对应于 a 的那一行中。再由运算表中没有两行相同的事实,可得 $<G, *>$ 的运算表中每一行都是 G 中元素的一个置换,且各行都是不同的置换。

类似可证,同样的结论对于列也成立。

定义 9.7.9　设 $<G, \circ>$ 是 S 的一个置换群,称 $R = \{<a, b> | \sigma(a) = b \wedge \sigma \in G\}$ 为由 $<G, \circ>$ **诱导**的 S 上的二元关系。

设 $S = \{1, 2, 3, 4\}$,$G = \{\pi_e, \pi_1, \pi_2, \pi_3\}$ 其中

$$\pi_e = \begin{pmatrix} 1 & 2 & 3 & 4 \\ 1 & 2 & 3 & 4 \end{pmatrix}, \pi_1 = \begin{pmatrix} 1 & 2 & 3 & 4 \\ 2 & 1 & 3 & 4 \end{pmatrix},$$

$$\pi_2 = \begin{pmatrix} 1 & 2 & 3 & 4 \\ 1 & 2 & 4 & 3 \end{pmatrix}, \pi_3 = \begin{pmatrix} 1 & 2 & 3 & 4 \\ 2 & 1 & 4 & 3 \end{pmatrix}$$

容易证明 $<G, \circ>$ 为 S 上的一个置换群,由 $<G, \circ>$ 诱导的二元关系为:

$R = \{<1, 1>, <2, 2>, <3, 3>, <4, 4>, <1, 2>, <2, 1>, <3, 4>, <4, 3>\}$。

定理 9.7.17　由置换群 $<G, \circ>$ 诱导的 S 上的二元关系是等价关系。

证明　由置换群 $<G, \circ>$ 诱导的 S 上的二元关系是 $R = \{<a, b> | \sigma(a) = b \wedge \sigma \in G\}$。

(1) 因为恒等置换 $\pi_e \in G$,所以对任意的 $a \in S$ 有 $<a, a> \in R$。

(2) 设 $<a, b> \in R$,则存在 $\sigma \in G$,使得 $\sigma(a) = b$。因为 $<G, \circ>$ 是群,所以 $\sigma^{-1} \in G$,即有 $<b, a> \in R$。

(3) 设 $<a, b>, <b, c> \in R$,则存在 $\sigma, \tau \in G$,使得 $\sigma(a) = b, \tau(b) = c$。因为 $<G, \circ>$ 是群,所以 $\tau \circ \sigma \in G$。于是有 $\tau \circ \sigma(a) = \tau(\sigma(a)) = \tau(b) = c$,故 $<a, c> \in R$。

综上可知,R 是等价关系。

习题 9.7

(A)

1. 任意一个具有 2 个或以上元的半群,它(　　)。

　　A. 不可能是群　　　　　　　　　　B. 不一定是群

　　C. 一定是群　　　　　　　　　　　D. 是交换群

2. 素数阶群一定是(　　)群,它的生成元是(　　)。

3. 设 $<G, *>$ 是由元素 $a \in G$ 生成的循环群,且 $|G| = n$,则 $G = $ _____。

4. 关于循环群的说法中,正确的是(　　)

　　A. $<G, *>$ 是群,并且群中任意元素都是某个元素 a 的幂次方。

　　B. $<G, *>$ 是群,则其生成元可能只有 a 与 a 的逆元。

　　C. 循环群的子群不一定是循环群。

　　D. 有限循环群的子群元素个数,不一定是该有限循环群元素数的因数。

5. 求下列置换的运算。

(1) $\begin{pmatrix} 1 & 2 & 3 & 4 \\ 2 & 4 & 3 & 1 \end{pmatrix} \circ \begin{pmatrix} 1 & 2 & 3 & 4 \\ 4 & 3 & 2 & 1 \end{pmatrix}$。

(2) $\begin{pmatrix} 1 & 2 & 3 & 4 & 5 & 6 \\ 4 & 5 & 2 & 6 & 3 & 1 \end{pmatrix}^3$。

（B）

6. 试证明循环群的同态像必是循环群。

（C）

7. (参考北京大学 2002 年硕士研究生入学考试试题)构造 $A = \{a, b, c\}$ 上一个二元运算 $*$，使得 $a * b = c, c * b = b$，且 $*$ 运算是幂等的，可交换的，给出关于 $*$ 运算的一个运算表，并说明构造的运算表是否为可结合的。为什么?

9.8　群的同态与同构

定理 9.8.1　若 $<G, *>$ 和 $<H, \odot>$ 是群，f 为群 G 到群 H 的同态映射，则

(1) $f(e_G) = e_H$，其中 e_G 和 e_H 分别为群 G 和群 H 的幺元;

(2) 对任意的 $a \in G$，有 $(f(a))^{-1} = f(a^{-1})$;

(3) 若 $<S, *>$ 是 $<G, *>$ 的子群，$f(S) = \{f(a) \mid a \in S\}$，则 $<f(S), \odot>$ 是 $<H, \odot>$ 的子群。

证明　(1) 因为 $f(e_G * e_G) = f(e_G) = f(e_G) \odot f(e_G)$，所以 $f(e_G)$ 是 H 的幂等元，而群中的幂等元只有幺元，故 $f(e_G) = e_H$。

(2) 对任意的 $a \in G$，有 $a^{-1} \in G$。因为 $f(a) \odot f(a^{-1}) = f(a * a^{-1}) = f(e_G) = f(e_H)$，同理有 $f(a^{-1}) \odot f(a) = e_H$。所以，$(f(a))^{-1} = f(a^{-1})$。

(3) 对任意的 $y_1, y_2 \in f(S)$，由 f 为 $<G, *>$ 到 $<H, \odot>$ 的群同态映射可知，存在 $x_1, x_2 \in S$ 使得 $f(x_1) = y_1, f(x_2) = y_2$。于是 $y_1 \odot y_2^{-1} = f(x_1) \odot (f(x_2))^{-1} = f(x_1 * x_2^{-1})$。由 $<S, *>$ 是 $<G, *>$ 的子群可得 $x_1 * x_2^{-1} \in S$，即 $y_1 \odot y_2^{-1} \in f(S)$。

因此，$<f(S), \odot>$ 是 $<H, \odot>$ 的子群。

定理 9.8.2　给定群 $<G, *>$ 和代数系统 $<H, \odot>$，若存在从群 $<G, *>$ 到代数系统 $<H, \odot>$ 的满同态映射，则 $<H, \odot>$ 也是群。

定义 9.8.1　若 f 是群 $<G, *>$ 到群 $<H, \odot>$ 的群同态映射，e_H 为群 $<H, \odot>$ 的幺元，令 $K_f = \{k \mid f(k) = e_H \wedge k \in G\}$，称 K_f 为群同态映射 f 的**核**，简称 f 的**同态核**。

定理 9.8.3　若 f 是群 $<G, *>$ 到群 $<H, \odot>$ 的群同态映射，则 f 是单射，当且仅当 $K_f = \{e_G\}$。

证明　必要性：因为 $f(e_G) = e_H$，所以 $e_G \in K_f$。若 $K_f \neq \{e_G\}$，则存在 $a \in K_f$ 且 $a \neq e_G$，于是 $f(a) = e_H = f(e_G)$，而 f 是单射，所以 $a = e_G$，矛盾。所以 $K_f = \{e_G\}$。

充分性：对任意的 $a, b \in G$，若 $f(a) = f(b)$，则 $f(a * b^{-1}) = f(a) \odot f(b^{-1}) = f(a)$

$\odot(f(b))^{-1}=e_H$，所以 $a*b^{-1}\in K_f$。

又因为 $K_f=\{e_G\}$，所以 $a*b^{-1}=e_G$，即 $a=b$，故 f 是单射。

定理 9.8.4　若 f 是群 $<G,*>$ 到群 $<H,\odot>$ 的群同态映射，则 $<K_f,*>$ 是 $<G,*>$ 的正规子群。

证明　对任意 $a,b\in K_f$，有 $f(a)=f(b)=e_H$，于是 $f(a*b^{-1})=f(a)\odot f(b^{-1})=f(a)\odot(f(b))^{-1}=e_H$。由 K_f 的定义可得 $a*b^{-1}\in K_f$，所以 $<K_f,*>$ 是 $<G,*>$ 的子群。

对任意的 $aka^{-1}\in aK_fa^{-1}$，有 $f(a*k*a^{-1})=f(a)\odot f(k)\odot f(a^{-1})=f(a)\odot e_H\odot f(a^{-1})=f(a)\odot f(a^{-1})=f(a*a^{-1})=f(e_G)=e_H$，$a*K_f*a^{-1}\subseteq K_f$。所以，$<K_f,*>$ 是 $<G,*>$ 的正规子群。

定理 9.8.5　若 $<K,*>$ 是群 $<G,*>$ 的正规子群，则

(1) 在 G/K 中定义运算 $\triangle$ 为：$xK\triangle yK=(x*y)K$，则 G/K 在运算 $\triangle$ 下为群，称 $<G/K,\triangle>$ 为 G 对 K 的**商群**；

(2) 定义映射 $g:G\rightarrow G/K$，$g(x)=xK$，则 g 是具有核 K 的同态映射，称为从群 G 到商群 G/K 的**自然同态**。

证明　(1) 对任意的 $aK,bK,cK\in G/K$，有

$$(aK\triangle bK)\triangle cK=(a*b)K\triangle cK=((a*b)*c)K$$
$$=(a*(b*c))K=aK\triangle(b*c)K=aK\triangle(bK\triangle cK),$$
$$aK\triangle eK=(a*e)K=aK=(e*a)K=eK\triangle aK,$$
$$aK\triangle a^{-1}K=(a*a^{-1})K=eK=(a^{-1}*a)K=a^{-1}K\triangle aK,$$

所以 $\triangle$ 满足结合律，且 eK 为关于运算 $\triangle$ 的幺元，每个元素 aK 都有逆元 $a^{-1}K$。故 $<G/K,\triangle>$ 为群。

(2) 对任意的 $a,b\in G$，若 $a=b$，则 $aK=bK$，于是 $g(a)=g(b)$，所以 g 是 G 到 G/K 的映射。

又因为 $g(x*y)=(x*y)K=xK\triangle yK=g(x)\triangle g(y)$，所以 g 是 G 到 G/K 的同态映射。而 $x\in K_g\Leftrightarrow xK=eK\Leftrightarrow x\in K$，所以，$K_g=K$。

定理 9.8.6（**同态基本定理**）　若 f 是群 $<G,*>$ 到群 $<H,\odot>$ 的同态映射，则 $<G/K_f,\triangle>\cong<f(G),\odot>$。

证明　令 $g:G/K_f\rightarrow f(G)$，$g(xK_f)=f(x)$，其中 $x\in G$。下证 g 是同构映射。

因为 f 是群 $<G,*>$ 到群 $<H,\odot>$ 的同态映射，所以对任意的 $y\in f(G)$，存在 $x\in G$，使得 $f(x)=y$，于是有 $g(xK_f)=f(x)=y$。故 g 是满射。

若对 $x,y\in G$ 且 $g(xK_f)=g(yK_f)$，则 $f(x)=f(y)$。于是有 $f(x*y^{-1})=f(x)\odot f(y^{-1})=f(x)\odot(f(y))^{-1}=eH$，于是 $x*y^{-1}=eG$，所以 $x=y$。故 g 是单射。

又因为对任意的 $x,y\in G$，有

$$g(xK_f\triangle yK_f)=g((x*y)K_f)=f(x*y)=f(x)\odot f(y)=g(xK_f)\triangle g(yK_f),$$

综上可知，g 是 $<G/K_f,\triangle>$ 到 $<f(G),\odot>$ 的同构映射。故 $<G/K_f,\triangle>\cong$

$<f(G),\odot>$。

例 9.8.1　设$<G,*>$是群，H 和 K 是 G 的正规子群，且 $H\subseteq K$，试证明 G/K 与 $(G/H)/(K/H)$同构。

证明　令 $f:G/H\to G/K$，$f(xH)=xK$，其中 $x\in G$。因为 $xH=yH$，则 $x^{-1}*y\in H$，$x^{-1}*y\in K$，$xK=yK$，所以 G/H 中的元素在 f 下是唯一确定的。显然 f 是满射，且对任意 $xH,yH\in G/H$，有

$$f(xHyH)=f(xyH)=xyK=xKyK=f(xH)f(yH)$$

所以，f 是 G/H 到 G/K 的满同态映射，且 $K_f=K/H$。

由定理 9.8.6 可得 G/K 与 $(G/H)/(K/H)$同构。

定理 9.8.7　设$<G,*>$是循环群，g 是其生成元。

(1) 若 g 的周期无限，则$<G,*>\cong<\mathbf{Z},+>$。

(2) 若 g 的周期为 m，则$<G,*>\cong<\mathbf{Z}_m,+_m>$。

定理 9.8.7 说明，循环群只有两类：无限循环群和 n 阶循环群。

定理 9.8.8　每个有限群 G 都与一个置换群同构。

证明　设 $S=\{f_a\,|\,f_a:x\to ax,a\in G$ 且 $x\in G\}$，则易证$<S,\circ>$构成置换群。

令 $g:G\to S$，$g(a)=f_a$，易证 g 是 G 到 S 的同构映射，所以 G 和 S 同构。

定理 9.8.8 说明，每个有限群在同构意义下都可在置换群中找到例子，而置换群是一种较容易计算的群，所以研究有限群只需研究置换群就可以了。

习题 9.8

（A）

1. 设 f 是由群$<G,+>$到群$<G',*>$的同态映射，则同态映射 f 的核 $\ker(f)$ 是（　　）。

　　A. G' 的子群　　　　　　　　B. G 的子群

　　C. 包含 G'　　　　　　　　　D. 包含 G

2. 设 f 是由群$<G,+>$到群$<G',*>$的同态映射，e' 是 G' 中的幺元，则 f 的同态核 $\ker(f)=$（　　）。

（B）

3. 证明：在同构意义下，只有两个四阶群，且都是循环群。

（C）

4. （参考北京大学 1991 年硕士研究生入学考试试题）设 G,H 为群。σ 是 G 到 H 的同态，H_1 是 H 的正规子群，G_1 是 H_1 的逆像。证明$G/G_1\cong H/H_1$。

*9.9 代数系统的思维导图

完整版思维导图

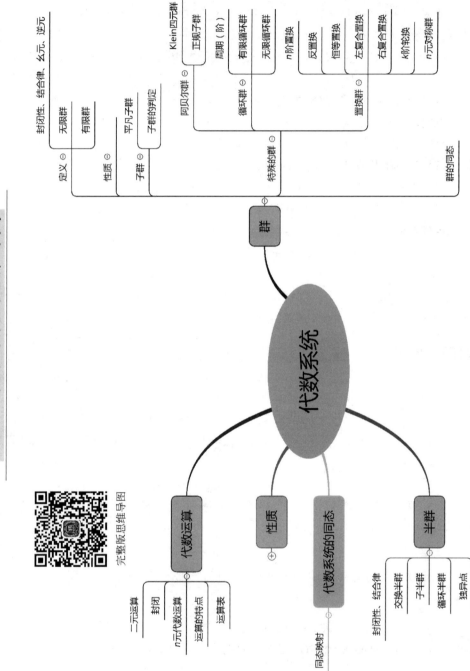

*9.10　代数系统的算法思想

　　代数系统是带有运算的集合,代数系统的研究方法和结果在构造可计算数学模型、研究算术计算的复杂性、刻画抽象数据结构(如程序理论、编码理论、数据理论)中均有重大的理论和实际意义。通过下面这个实验,学生能够更加深刻地理解半群、独异点或群的概念和性质,并掌握其判定方法。

判定二元运算所构成的系统

　　任意给定一个集合和该集合的任意一个二元运算 *,试判断该集合关于运算 * 是否构成半群? 若构成半群,是否构成独异点? 若是独异点,是否构成群?

　　设集合 $A = \{a_1, a_2, \cdots, a_n\}$,* 是 A 上的二元运算。

　　若 * 满足结合律,则 $<A, *>$ 构成半群。

　　若半群 $<A, *>$ 存在幺元,则 $<A, *>$ 是独异点。

　　若 $<A, *>$ 是独异点,且每个元素存在逆元,则 $<A, *>$ 构成群。

　　为了实现方便,假定集合 A 中的元素都是单个字符,且二元运算 * 由运算表给出。

9.11　本 章 小 结

　　本章从代数系统的二元运算的概念开始介绍,由浅入深地逐步引入了代数结构的相关知识。首先介绍了代数运算、代数系统的概念和性质;在此基础上进一步介绍了半群和独异点;群和子群的概念、性质及判定;阿贝尔群、循环群、置换群、正规子群、商群的概念;群的同态与同构的概念。最后,给出代数结构的思维导图和部分算法思想描述。

第10章

环 与 域

环是建立在群的基础上并有两个二元运算的一个代数系统,因此它的许多基本概念与理论是群的相应内容的推广。同时,环也有一些特殊的问题,例如因子分解问题等。

域是环的一种,由于域中对加减乘除运算都封闭,因而许多与四则运算有关的问题都涉及域的性质,例如几何作图问题、代数方程求解问题等。

通过本章学习,读者将掌握以下内容:

(1) 环、整数环、有理数环、实数环、剩余类环、矩阵环的概念;

(2) 可交换环、含幺环、布尔环、含零因子环、无零因子环、整环、除环、子环和平凡子环及其判定、理想等概念;

(3) 环的同态与同构;

(4) 域、有限域的定义及其判定;

(5) 域的同态与同构。

10.1 环

10.1.1 环的概念

定义 10.1.1 给定代数系统$<S,+,\cdot>$,其中$+$和$\cdot$都是二元运算,如果满足以下条件:

(1) $<S,+>$是交换群;

(2) $<S,\cdot>$是半群;

(3) $\cdot$对$+$是可分配的,即$\forall x,y \in S$,有
$$x \cdot (y+z) = (x \cdot y) + (x \cdot z), (y+z) \cdot x = (y \cdot x) + (z \cdot x),$$
则称$<S,+,\cdot>$是一个**环**。

通常将$+$称为环中的加法运算,$\cdot$称为环中的乘法运算。加法群中的幺元用 0 表示,a 的加法逆元用$-a$表示。若$<S,\cdot>$中存在幺元,用 1 表示,若a 的乘法逆元存在,则用a^{-1}表示。

定义 10.1.2 (1) 整数集、有理数集和实数集关于数的加法和乘法构成环,分别称为**整数环 Z、有理数环 Q 和实数环 R**,分别记作$<Z,+,\cdot>,<R,+,\cdot>,<Q,+,\cdot>$。

(2) 系数属于实数的所有多项式组成的集合记为 R[x],则 R[x]对应多项式的加法运算$+$和多项式的乘法运算$\cdot$构成环,称为 **R 上的多项式环**。

（3）模 m 的剩余类集合 $\mathbf{Z}_m=\{0,1,2,\cdots,m-1\}$，对于模 m 的剩余类加法 $+_m$ 和乘法 $\times_m$ 构成一个环，称为**剩余类环**。

（4）设 R 是所有 n 阶元素取值整数的矩阵组成的集合，则 R 对于矩阵的加法运算 $+$ 和矩阵的乘法运算 $\cdot$ 构成环，称为**矩阵环**。

定理 10.1.1　设 $<S,+,\cdot>$ 是环，则对于任意的 $a,b,c\in S$，以下表达式成立。

（1）$a\cdot 0=0\cdot a=0$。

（2）$-(a\cdot b)=a\cdot(-b)=(-a)\cdot b$。

（3）$a\cdot(b-c)=a\cdot b-a\cdot c$。

（4）$(b-c)\cdot a=b\cdot a-c\cdot a$。

（5）$(-a)\cdot(-b)=a\cdot b$。

证明　（1）因为 $a\cdot 0+a\cdot 0=a\cdot(0+0)=a\cdot 0=a\cdot 0+0$，所以由消去律可得 $a\cdot 0=0$。同理可证，$0\cdot a=0$。

（2）因为 $a\cdot b+a\cdot(-b)=a\cdot(b+(-b))=a\cdot 0=0$，所以 $-(a\cdot b)=a\cdot(-b)$。同理可证 $-(a\cdot b)=(-a)\cdot b$。

（3）$a\cdot(b-c)=a\cdot(b+(-c))=a\cdot b+a\cdot(-c)=a\cdot b-a\cdot c$。

（4）$(b-c)\cdot a=(b+(-c))\cdot a=b\cdot a+(-c)\cdot a=b\cdot a-c\cdot a$。

（5）$(-a)\cdot(-b)=-(a\cdot(-b))=-(-(a\cdot b))=a\cdot b$。

定义 10.1.3　给定环 $<S,+,\cdot>$。

（1）若 $<S,\cdot>$ 是可交换半群，称 $<S,+,\cdot>$ 是**可交换环**。

（2）若 $<S,\cdot>$ 有幺元，称 $<S,+,\cdot>$ 是**含幺环**，其乘法幺元记为 1。

（3）若 $<S,\cdot>$ 满足幂等律，称 $<S,+,\cdot>$ 是**布尔环**。

（4）若存在 $x,y\in S$ 且 $x\neq 0,y\neq 0$，满足 $x\cdot y=0$，称环 $<S,+,\cdot>$ 为**含零因子环**，x 和 y 是**零因子**。对于任意 $x\neq 0,y\neq 0$，均有 $x\cdot y\neq 0$，则称 $<S,+,\cdot>$ 是**无零因子环**，其中 0 是**环的零元**。

（5）若环 $<S,+,\cdot>$ 既是交换环、含幺环、无零因子环，称环 $<S,+,\cdot>$ 为**整环**。

（6）若环 $<S,+,\cdot>$ 含幺环且任意 $x\neq 0$ 关于乘法运算都有逆元，则称 $<S,+,\cdot>$ 为**除环**。

关于无零因子环，以下描述成立。

（1）环的零元是加法幺元。

（2）对于整数环 $<\mathbf{Z},+,\cdot>$，因为其零元是 0，对于任意 $x\neq 0,y\neq 0$，均有 $x\cdot y\neq 0$，所以整数环 $<\mathbf{Z},+,\cdot>$ 是无零因子环。

例如，对于模 6 剩余类环 $<\mathbf{Z}_6,+_6,\cdot_6>$，其零元为 0，显然，$2\cdot_6 3=0$，所以 2 和 3 是零因子，因此，环 $<\mathbf{Z}_6,+_6,\cdot_6>$ 是有零因子环。

例 10.1.1　试证明对于 $m>1$，模 m 剩余类环 $<\mathbf{Z}_m,+_m,\cdot_m>$ 是无零因子环的充要条件是 m 为素数。

证明　充分性（反证）$m=kl,0\neq k,I\in \mathbf{Z}_m\Rightarrow k\cdot_m I=0$。

必要性 $\forall 0\neq k,I\in \mathbf{Z}_m:kI(\bmod m)\neq 0\Rightarrow k\cdot_m I\neq 0$。

$<\mathbf{Z},+,\cdot>$ 是整环但不是除环。下面介绍一个重要的除环的例子——四元数除环。

例 10.1.2 设 i,j,k 是 3 个符号，规定 i,j,k 之间的乘法运算如表 10.1.1 所示。

表 10.1.1　i,j,k 之间的乘法表

·	i	j	k
i	-1	k	$-j$
j	$-k$	-1	i
k	j	$-i$	-1

称 $a+bi+cj+dk$ 为**四元数**，其中 a,b,c,d 是实数，所有四元数组成的集合为 R，

$$R=\{a+bi+cj+dk\,|\,a,b,c,d\in\mathbf{R}\},$$

对于任意 $a_1+b_1i+c_1j+d_1k\in R$ 和 $a_2+b_2i+c_2j+d_2k\in R$，规定其上的加法运算＋为**合并同类项**：

$$(a_1+b_1i+c_1j+d_1k)+(a_2+b_2i+c_2j+d_2k)$$
$$=(a_1+a_2)+(b_1+b_2)i+(c_1+c_2)j+(d_1+d_2)k,$$

其上的乘法运算·为使用分配律展开，按表 10.1.1 的乘法计算，再合并同类项。

$$(a_1+b_1i+c_1j+d_1k)\cdot(a_2+b_2i+c_2j+d_2k)$$
$$=a_1\cdot a_2+a_1\cdot b_2i+a_1\cdot c_2j+a_1\cdot d_2k+$$
$$b_1i\cdot a_2+b_1i\cdot b_2i+b_1i\cdot c_2j+b_1i\cdot d_2k+$$
$$c_1j\cdot a_2+c_1j\cdot b_2i+c_1j\cdot c_2j+c_1j\cdot d_2k+$$
$$d_1k\cdot a_2+d_1k\cdot b_2i+d_1k\cdot c_2j+d_1k\cdot d_2k$$
$$=(a_1a_2-b_1b_2-c_1c_2-d_1d_2)+$$
$$(a_1b_2+a_2b_1+c_1d_2-d_1c_2)i+$$
$$(a_1c_2+a_2c_1+b_2d_1-b_1d_2)j+$$
$$(a_1d_2+a_2d_1+b_1c_2-b_2c_1)k,$$

则 $<R,+,\cdot>$ 是除环。

对于任意的 $a+bi+cj+dk\in R$，$a+bi+cj+dk\neq0$，其乘法的逆元为：

$$(a+bi+cj+dk)^{-1}=\frac{1}{a^2+b^2+c^2+d^2}(a-bi-cj-dk)$$

所以 $<R,+,\cdot>$ 是除环。

注意，R 关于乘法运算·不满足交换律。

　　★例 10.1.2 说明存在一个四元数用来旋转、伸长或缩短一个给定的空间向量成为另一个给定的空间向量，在计算机图形图像中，四元数可以用来讨论四维分形的三维投影。

定理 10.1.2 给定环 $<S,+,\cdot>$，则 $<S,+,\cdot>$ 为无零因子环当且仅当 $<S,\cdot>$ 满足消去律，即对于 $a\neq0$ 和 $a\cdot b=a\cdot c$，必有 $b=c$。

证明 充分性：任取 $a,b \in S$，若 $a \cdot b = 0$ 且 $a \neq 0$，则由 $a \cdot b = 0 = a \cdot 0$ 和消去律得 $b = 0$。因此 $<S, +, \cdot>$ 为无零因子环。

必要性：任取 $a, b, c \in S, a \neq 0$，由 $a \cdot b = a \cdot c$ 得 $a \cdot b - (a \cdot c) = a \cdot (b - c) = 0$。由于 $<S, +, \cdot>$ 是无零因子环且 $a \neq 0$，所以必有 $b - c = 0$，即 $b = c$，左消去律成立。同理可证右消去律成立。

10.1.2 子环与理想

定义 10.1.4 设 $<S, +, \cdot>$ 是环，T 是 S 的非空子集。若 T 关于 $+$ 和 $\cdot$ 运算也构成环，则称 $<T, +, \cdot>$ 为 $<S, +, \cdot>$ 的**子环**。

例如，整数环 $\mathbf{Z}$、有理数环 $\mathbf{Q}$ 都是实数环 $\mathbf{R}$ 的子环。$\{0\}$ 和 $\mathbf{R}$ 也是实数环 $\mathbf{R}$ 的子环，称为**平凡子环**。

定理 10.1.3 （子环判定定理）设 $<S, +, \cdot>$ 是环，T 是 S 的非空子集。若对任意的 $a, b \in T$，有 $a - b \in T$ 且 $a \cdot b \in T$，则 $<T, +, \cdot>$ 是 $<S, +, \cdot>$ 的子环。

定义 10.1.5 设 $<T, +, \cdot>$ 为 $<S, +, \cdot>$ 的子环，若 $\forall t \in T, \forall a \in S$，有 $a \cdot t \in T$ 且 $t \cdot a \in T$，则称 $<T, +, \cdot>$ 为环 $<S, +, \cdot>$ 的**理想**。

定理 10.1.4 给定环 $<S, +, \cdot>$，T 是 S 的非空子集，则 $<T, +, \cdot>$ 为环 $<S, +, \cdot>$ 的理想，当且仅当对任意的 $t, t' \in T$ 及 $a \in S$，有 $(t - t') \in T, t \cdot a \in T, a \cdot t \in T$。

例 10.1.3 试证 $<(i), +, \times>$ 为环 $<\mathbf{Z}, +, \times>$ 的理想，其中 $(i) = \{ni \mid n \in \mathbf{Z}\}$。其中 $+$ 和 $\times$ 是数的加法和乘法。

证明 对任意的 $mi, ni \in (i)$ 及 $k \in \mathbf{Z}$，则

$$mi - ni = (m-n)i \in (i), (mi) \times (ni) = (mni)i \in (i), k \times (ni) = (kn) \times i \in (i),$$

所以，$<(i), +, \times>$ 为环 $<\mathbf{Z}, +, \times>$ 的理想。

定义 10.1.6 设 $<T, +, \cdot>$ 为环 $<S, +, \cdot>$ 的理想，若在 T 中存在元 g 使得 $T = S \cdot g$，其中 $S \cdot g = \{a \cdot g \mid a \in S\}$，则称 $<T, +, \cdot>$ 为环 $<S, +, \cdot>$ 的**主理想**，并称 g 为 $<T, +, \cdot>$ 的生成元，或称由 g 生成 $<T, +, \cdot>$。

例 10.1.4 设 $<L, +, \times>$ 为环 $<\mathbf{Z}, +, \times>$ 的理想，试证存在 $i \in \mathbf{N}$，使得 $L = (i)$。即 $<\mathbf{Z}, +, \times>$ 的每个理想都是主理想。

证明 显然 $\mathbf{Z} = (1), \{0\} = (0)$，因此两个平凡理想 $<\mathbf{Z}, +, \times>$ 和 $<\{0\}, +, \times>$ 都是主理想。

令 $<L, +, \times>$ 为 $<\mathbf{Z}, +, \times>$ 的任一真理想，i 为 L 中最小正整数，下证 $L = (i)$。

因为 $<L, +, \times>$ 为 $<\mathbf{Z}, +, \times>$ 的理想且 $i \in L$，所以对于任意 $ni \in (i)$，有 $ni \in L$，故 $(i) \subseteq L$。

对任意的 $k \in L$，令 $k = q \times i + r$，其中 $q, r \in \mathbf{Z}$ 且 $0 \leqslant r < i$。因为 $q \times i, k \in L$，由理想的定义得 $r = k - qi \in L$。考虑到 i 为 L 中的最小正整数和 $0 \leqslant r < i$，则 $r = 0$。故 $k = qi \in (i)$，因此 $L \subseteq (i)$。

综上可得，$L = (i)$。所以，$<L, +, \times>$ 是 $<\mathbf{Z}, +, \times>$ 的主理想。

10.1.3 环的同态与同构

定义 10.1.7 给定环 $<S,+,\cdot>$ 与 $<T,\oplus,\odot>$，如果存在映射 $f:S\to T$，使得对任意的 $a,b\in S$，有 $f(a+b)=f(a)\oplus f(b)$ 且 $f(a\cdot b)=f(a)\odot f(b)$，称环 $<S,+,\cdot>$ 与 $<T,\oplus,\odot>$ **同态**，记为 $<S,+,\cdot>\sim<T,\oplus,\odot>$。若 f 为双射，称**环** $<S,+,\cdot>$ 与 $<T,\oplus,\odot>$ **同构**，记为 $<S,+,\cdot>\cong<T,\oplus,\odot>$。

例 10.1.5 试证明 $<\mathbf{Z},+,\times>\cong<\mathbf{Z}_n,+_n,\times_n>$。

证明 令 $f:\mathbf{Z}\to\mathbf{Z}_n,x\to[x]$，其中 $a,b\in\mathbf{Z}$。则

$$f(a+b)=[a+b]=[a]+_n[b]=f(a)+_nf(b)$$
$$f(a\times b)=[a\times b]=[a]\times_n[b]=f(a)\times_nf(b)$$

所以，f 是 $<\mathbf{Z},+,\times>$ 到 $<\mathbf{Z}_n,+_n,\times_n>$ 的环同态映射。

例 10.1.6 令 $<S,+,\times>$ 为环 $<R\times R,+,\times>$ 的子环，其中 $S=\{<x,x>|x\in R\}$，对 $<a,a>,<b,b>\in S$，$\oplus$ 和 $\odot$ 定义为：$<a,a>\oplus<b,b>=<a+b,a+b>$，$<a,a>\odot<b,b>=<a\times b,a\times b>$，则 $<S,\oplus,\odot>\cong<R,+,\times>$。

证明 令 $f:S\to R,f(<x,x>)=x$，其中 $x\in S$。不难证明 f 是 $<S,\oplus,\odot>$ 到 $<R,+,\times>$ 的环同构映射。故 $<S,\oplus,\odot>\cong<\mathbf{R},+,\times>$。

定理 10.1.5 任一环的同态像是一个环。

证明 设 $<S,+,\cdot>$ 为环，$f:S\to T$ 是环同态，$<T,\oplus,\odot>$ 是关于同态映射的同态像。由 $<S,+>$ 是阿贝尔群，容易证明 $<T,\oplus>$ 也是阿贝尔群。由 $<S,\cdot>$ 是半群，容易证明 $<T,\odot>$ 也是半群。

对任意 $x,y,z\in T$，存在 $a,b,c\in S$，使得 $f(a)=x,f(b)=y,f(c)=z$。于是

$$x\odot(y\oplus z)=f(a)\odot(f(b)\oplus f(c))=f(a)\odot f(b+c)$$
$$=f(a\cdot(b+c))=f(a\cdot b+a\cdot c)=f(a\cdot b)\oplus f(a\cdot c)$$
$$=(f(a)\odot f(b))\oplus(f(a)\odot f(c))=(x\odot y)\oplus(x\odot z)$$

同理可证，$(y\oplus z)\odot x=(y\odot x)\oplus(z\odot x)$。

所以，$<T,\oplus,\odot>$ 是环。

定义 10.1.8 若 f 是环 $<S,+,\cdot>$ 到环 $<T,\oplus,\odot>$ 的同态映射，0_T 是环 $<T,\oplus,\odot>$ 中关于 $\oplus$ 的幺元，则集合 $K_f=\{k|f(k)=0_T,\text{且 } k\in S\}$ 称为**环同态映射 f 的核**。

定理 10.1.6 若 f 是环 $<S,+,\cdot>$ 到环 $<T,\oplus,\odot>$ 的同态映射，则 $<K_f,+,\cdot>$ 是 $<S,+,\cdot>$ 的理想。

证明 因为 $0_S\in K_f$，则 $K_f\neq\varnothing$。对任意的 $a,b\in K_f$，由 K_f 的定义可得 $f(a-b)=f(a)-f(b)=0_T-0_T=0_T$。所以 $a,b\in K_f$。又令 $x\in S$，于是有

$$f(a\cdot x)=f(a)\odot f(x)=0_T\odot f(x)=0_T,$$
$$f(x\cdot a)=f(x)\odot f(a)=f(x)\odot 0_T=0_T,$$

所以 $a\cdot x,x\cdot a\in K_f$，于是 $<K_f,+,\cdot>$ 是 $<S,+,\cdot>$ 的理想。

习题 10.1

（A）

1. 设 $<A,+,\cdot>$ 是代数系统，其中 $+,\cdot$ 为普通加法和乘法，则 A 为（　　）时，$<A,+,\cdot>$ 是整环。

    A. $\{x \mid x=2n,n\in\mathbf{Z}\}$　　　　　　B. $\{x \mid x=2n+1,n\in\mathbf{Z}\}$

    C. $\{x \mid x\geqslant0,$ 且 $x\in\mathbf{Z}\}$　　　　D. $\{x \mid x=a+\sqrt[4]{5}b,a,b\in\mathbf{R}\}$

2. 设实数集 $\mathbf{R}$ 中的加法是普通的加法，乘法定义为：$a\times b=|a|b(a,b\in\mathbf{R})$，请问 $\mathbf{R}$ 是否构成环？

3. 已知实数集 $\mathbf{R}$ 对于普通加法和乘法是一个含幺环，对任意 $a,b\in\mathbf{R}$，定义
$$a\oplus b=a+b-1,a\otimes b=a+b-ab,$$
请证明：$\mathbf{R}$ 对运算 $\oplus$ 和 $\otimes$ 也形成一个含幺环。

4. 试证：若 $\mathbf{R}$ 是环，且对加法而言，是循环群，则 $\mathbf{R}$ 是交换环。

（B）

5. 记"开"为 1，"关"为 0，反映电路规律的代数系统 $<\{0,1\},+,\cdot>$ 的加法运算和乘法运算如表 10.1.2 所示，试证明它是一个环。

表 10.1.2　加法和乘法运算表

+	0	1	·	0	1
0	0	1	0	0	0
1	1	0	1	0	1

（C）

6.（参考北京大学 2007 年硕士研究生入学考试试题）设 A 是环，根据下面的要求，给出具体的例子。

（1）A 是含幺环，而它的一个子环 B 却不含单位元。

（2）A 以及它的一个子环 B 都有单位元，但是两个单位元不相等。

10.2　域

10.2.1　域的概念

定义 10.2.1　设 $<F,+,\cdot>$ 是环，若 $<F-\{0\},\cdot>$ 为阿贝尔群，则称 $<F,+,\cdot>$ 为**域**。

换言之，如果一个环至少含有 0 和 1 两个元素，每一个非零元均有逆元，则此环称为**除环**，可交换的除环称为**域**。所以域是特殊的环。有关环的一些性质在域中都成立。

由于域是可交换含幺环,而且域中无零因子,所以域为整环。但整环未必是域。环与域的关系图如图 10.2.1 所示。

图 10.2.1　环与域的关系图

对于域 $<F,+,\cdot>$,有 $|F|\geqslant2$。

$<\mathbf{R},+,\cdot>$ 是域,而整数环 $<\mathbf{Z},+,\cdot>$ 不是域。读者可以自行验证。

$<\mathbf{R},+,\cdot>$ 和 $<\mathbf{Q},+,\cdot>$ 皆为域。但 $<\mathbf{Z},+,\times>$ 不是域,因为 $<\mathbf{Z}-\{0\},\times>$ 不是群。

定理 10.2.1　若 $<S,+,\cdot>$ 为域,则它一定是整环。

证明　对于任意的 $a,b,c\in S$ 且 $a\neq0$,如果有 $a\cdot b=a\cdot c$,则 $b=1\cdot b=(a^{-1}\cdot a)\cdot b=a^{-1}\cdot(a\cdot b)=a^{-1}\cdot(a\cdot c)=c$。同理可证,若 $b\cdot a=c\cdot a$ 有 $b=c$。因此 $<S,+,\cdot>$ 为整环。

定理 10.2.2　若 $<S,+,\cdot>$ 为有限整环,则 $<S,+,\cdot>$ 为域。

证明　因为 $<S,+,\cdot>$ 为有限整环,所以,对于任意的 $a,b,c\in S$ 且 $c\neq0$,若 $a\neq b$,则 $a\cdot c\neq b\cdot c$。再由运算 $\cdot$ 的封闭性,就有 $S\cdot c=S$。

对于乘法幺元 1,由于 $S\cdot c=S$,必有 $d\in S$ 使得 $d\cdot c=1$,由 $\cdot$ 可交换性得 $c\cdot d=1$,故 d 是 c 的乘法逆元。

因此,有限整环 $<S,+,\cdot>$ 为域。

定理 10.2.3　若 $<S,+,\cdot>$ 为域,对任意的 $a,b\in S$,若 $a\cdot b=0$,则有 $a=0$ 或 $b=0$。

证明　若 $a=0$,定理显然成立。

若 $a\neq0$,则由 $<S,+,\cdot>$ 为域可知 $a^{-1}\in S$。于是 $b=1\cdot b=(a^{-1}\cdot a)\cdot b=a^{-1}\cdot(a\cdot b)=a^{-1}\cdot 0=0$。同理可证,若 $b\neq0$,一定有 $a=0$。

因此,若 $a\cdot b=0$,则 $a=0$ 或 $b=0$。

定理 10.2.4　给定环 $<\mathbf{Z}_n,+_n,\times_n>$,则 $<\mathbf{Z}_n,+_n,\times_n>$ 为域,当且仅当 n 为素数。

证明　充分性:因为 $<\mathbf{Z}_n,+_n,\times_n>$ 是可交换含幺环,故只须证明 $<\mathbf{Z}_n,+_n,\times_n>$ 中非零元都具有乘法逆元即可。

设 $[a]\in\mathbf{Z}_n,0<a<n$。因为 n 是素数,则 $(a,n)=1$,于是存在 $r,s\in\mathbf{Z}$,使得

$$a\cdot r+n\cdot s=1。$$

则

$$[a]\times_n[r]=[a\cdot r]+_n[0]=[a\cdot r]+_n[n\cdot s]=[a\cdot r+n\cdot s]=[1],$$

即

$$[a]^{-1}=[r],$$

故 $<\mathbf{Z}_n,+_n,\times_n>$ 为域。

必要性：若 n 不是素数，则存在 $a,b\in\mathbf{Z}$，使得 $n=a\cdot b$，且 $0<a<n$ 和 $0<b<n$。于是 $[a]\times_n[b]=[a\cdot b]=[n]=[0]$。但 $[a]\neq0,[b]\neq0$，因此，$[a]$ 与 $[b]$ 为环 $<\mathbf{Z}_n,+_n,\times_n>$ 的零因子，与 $<\mathbf{Z}_n,+_n,\times_n>$ 是域矛盾，故 n 为素数。

例 10.2.1　试验证：环 $<\mathbf{Z}_5,+_5,\cdot_5>$ 是域，但 $<\mathbf{Z}_6,+_6,\cdot_6>$ 不是域。

证明

$$\mathbf{Z}_5-\{0\}=\{1,2,3,4\},$$
$$1\cdot_51=1,2\cdot_53=1,4\cdot_54=1.$$

定理 10.2.5　设 $<S,+,\cdot>$ 是可交换含幺环，则 $<S,+,\cdot>$ 为域，当且仅当 $<S,+,\cdot>$ 不具有真理想。

证明　充分性：对任意非 0 元 $a\in S$，定义集合 $T_a=\{a\cdot s|s\in S\}$，则易证 $<T_a,+,\cdot>$ 为环 $<S,+,\cdot>$ 的理想。由于 $a=a\cdot 1\in T_a$，因此 $T_a\neq\{0\}$，而 $<S,+,\cdot>$ 不具有真理想，所以 $T_a=S$。特别地，因为 $1\in T_a$，故存在 $b\in S$，使 $a\cdot b=1$。又因 $<S,+,\cdot>$ 为可交换环，所以 $a^{-1}=b$，即 S 中任何一个非 0 元均有乘法逆元，所以 $<S,+,\cdot>$ 为域。

必要性：若 $<S,+,\cdot>$ 为域，再证 $<S,+,\cdot>$ 仅有的理想为 $<\{0\},+,\cdot>$ 和 $<S,+,\cdot>$。

假设 $<T,+,\cdot>$ 为 S 的真理想，则 $T\neq S$ 且 $T\neq\{0\}$。因此，存在某个非 0 元 $a\in T$。由于 $<S,+,\cdot>$ 为域，则 a 有乘法逆元 $a^{-1}\in S$。又由理想的定义知，$a^{-1}\cdot a=1\in T$。于是对任意 $b\in S,b=b\cdot 1\in T$，则 $S\subseteq T$；而 $T\subseteq S$ 是显然的，故 $T=S$，这与 T 的选择矛盾。因此 $<S,+,\cdot>$ 不存在真理想。

10.2.2　有限域

定义 10.2.2　有限域(finite field)称为**伽罗瓦(Galois)域**，有 q 个元素的 Galois 域记为 $GF(q)$。

★有限域理论在计算机密码学中有着非常重要的应用，特别是研究公钥密码学中的大素数测试算法。

10.2.3　域的同态与同构

定义 10.2.3　设 $<F_1,+,\cdot>$ 和 $<F_2,\oplus,\odot>$ 是域，若 $\phi:F_1\to F_2$ 且 ϕ 分别保持域的加法运算和乘法运算，则称 ϕ 为 $<F_1,+,\cdot>$ 到 $<F_2,\oplus,\odot>$ 的**域同态映射**。

若 ϕ 是双射, ϕ 是域同态映射, 则称 ϕ 为 $<F_1,+,\cdot>$ 到 $<F_2,\oplus,\odot>$ 的域同构映射, 又称域 $<F_1,+,\cdot>$ 与 $<F_2,\oplus,\odot>$ 同构, 记为 $<F_1,+,\cdot>\cong<F_2,\oplus,\odot>$。

定理 10.2.6　以下结论成立。

(1) 设 $<F,+,\cdot>$ 是有限域, 则存在素数 p 和正整数 n 使得 $|F|=pn$。

(2) 对于任意素数 p 和正整数 n, 存在 pn 个元素的有限域。

(3) 元素个数相同的有限域是同构的。

习题 10.2

(A)

1. 设 $<A,+,\cdot>$ 是代数系统, 其中 $+,\cdot$ 为普通加法和乘法, 则 A 为 (　　) 时, $<A,+,\cdot>$ 是域。

　　A. $\{x\mid x=a+\sqrt{5}b,a,b\ \text{均为有理数}\}$

　　B. $\{x\mid x=a+\sqrt[3]{5}b,a,b\ \text{均为有理数}\}$

　　C. $\{x\mid x=\dfrac{a}{b},a,b,k\in\mathbf{N}^+,\text{且}\ a\neq kb\}$

　　D. $\{x\mid x\geqslant 0,x\in\mathbf{N}\}$

2. 判断: 设 $A=\{x\mid x\geqslant 0,x\in\mathbf{Z}\}$, $+,\cdot$ 为普通加法和乘法, 则 $<A,+,\cdot>$ 是域。　　　　　　　　　　　　　　　　　　　　　　　　　　　　(　　)

3. 判断: 设 $A=\{x\mid x=a+\sqrt{3}b,a,b\in\mathbf{R}\}$, $+,\cdot$ 为普通加法和乘法, 则代数系统 $<A,+,\cdot>$ 是域。　　　　　　　　　　　　　　　　　　　　(　　)

4. 记 "开" 为 1, "关" 为 0, 反映电路规律的代数系统 $<\{0,1\},+,\cdot>$ 的加法运算和乘法运算如表 10.2.1 所示, 已知它是一个环, 证明它是一个域。

表 10.2.1　加法、乘法运算表

+	0	1	·	0	1
0	0	1	0	0	0
1	1	0	1	0	1

(B)

5. 试证明: 若 p^n 阶域有 p^m 阶子域, 则 $m\mid n$。

(C)

6. (参考北京大学 2008 年硕士研究生入学考试试题) 无零因子环 R 中有一个非零元满足 $x^2=x$, 证明这个元即是 R 中的单位元。

*10.3　环与域的思维导图

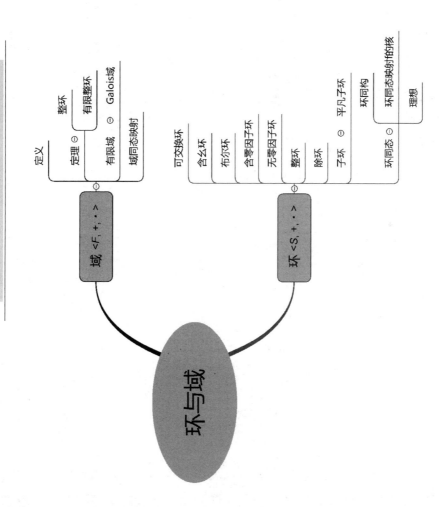

10.4　本章小结

本章介绍了近世代数中环与域两个重要的理论，基本的概念包括整数环、有理数环、实数环、剩余类环、矩阵环、可交换环、含幺环、布尔环、含零因子环、无零因子环、整环、除环、子环和平凡子环。针对每个概念，分别介绍了其判定、理想、域、有限域等，以及环的同态与同构，域的同态与同构。最后，本章给出环与域的思维导图。

第11章

格与布尔代数

除了群、环、域以外,还有许多其他代数系统,而且可以根据需要定义新的代数系统。

根据第 2 章关系的知识,我们将集合 A 上具有自反性、反对称性和传递性的关系称为集合 L 上的偏序关系,记为≤,并将 A 和偏序关系≤一起称为偏序集,用<A,≤>来表示,并讨论了 A 的子集上的最大下界、最小上界等概念。

对于一个偏序集来说,其中的每一对元素不一定都有最大下界或最小上界,本章将讨论其中每一对元素都有最大下界或最小上界的偏序集,并将这种偏序集称为格。格的偏序集性质在计算机的逻辑设计和程序理论等方面有应用。格与布尔代数的理论成为电子计算机硬件设计和通信系统设计的重要工具。

通过本章的学习,读者将掌握如下内容:

(1) 格(偏序格)、有限格、幂集格、代数格的定义和性质;

(2) 子格以及格的同态与同构;

(3) 分配格、模格、有界格和有补格的概念和性质;

(4) 布尔代数的概念和性质;

(5) 布尔代数的同态与同构。

11.1 格的定义和性质

11.1.1 格的定义

我们知道,对于偏序集来说,它的任一子集不一定存在最小上界(上确界)或最大下界(下确界)。由定义 2.9.6,可得格的定义。

定义 11.1.1 设<S,≤>是一个偏序集,如果 S 中任意两个元素都有上确界(最小上界)和下确界(最大下界),则称<S,≤>为**偏序格**,简称为**格**。

把 S 中元素 a 和 b 的上确界和下确界分别记为 $a \vee b$ 和 $a \wedge b$,即

$$a \vee b = \sup\{a, b\}, a \wedge b = \inf\{a, b\}。$$

其中 $a \vee b$ 读作 a 并 b, $a \wedge b$ 读作 a 交 b。

如果格 L 中的元素有限,则称其为**有限格**。

正整数集合上整除关系是一个偏序关系,对于正整数集合上的任意两个元素 a 和 b,一定有上确界和下确界。事实上,有

$$a \vee b = [a, b], a \wedge b = (a, b),$$

其中,$[a,b]$为元素a和b的最小公倍数,(a,b)为元素a和b的最大公约数。因此正整数集和整除关系构成格。

定义 11.1.2 设S是一个集合,$\rho(S)$是S的幂集,即$\rho(S)$是由S的所有子集组成的集合,则$\rho(S)$关于集合的包含关系构成一个格,称为S的**幂集格**。对于任意的$A,B\in\rho(S)$,

$$A\vee B=A\cup B,A\wedge B=A\cap B,$$

其中$\cup$和$\cap$分别为集合的并与交。

当S是无限集时,令$\rho(S)$是由S的所有有限子集组成的集合,则$\rho(S)$关于集合的包含关系仍构成一个格。

例 11.1.1 试证明:偏序集$<\mathbf{Z},\leqslant>$是格。

证明 对任意的$x,y\in\mathbf{Z}$,有$x\vee y=\max\{x,y\}$,$x\wedge y=\min\{x,y\}$,且它们都是整数,所以$<\mathbf{Z},\leqslant>$是格。

要注意的是,并不是每个偏序集都是格。如$A=\{2,3,4,6,8,12,36,60\}$对A上的整除关系"$|$",因为$8\vee12$和$2\wedge3$不存在,所以偏序集$<A,|>$不是格。

设V是域F上的一个向量空间,维数可以有限也可以无限。令$L(V)$是V的所有子空间组成的集合,则$L(V)$关于集合的包含关系构成一个格。对于任意的$A,B\in L(V)$,子空间$A\cap B$是A与B的下确界$A\wedge B$,由子集$A\cup B$生成的子空间(包含$A\cup B$的所有子空间的交)是A与B的上确界$A\vee B$。

11.1.2 格的对偶原理

由于最大下界也是下界,最小上界也是上界,由下界和上界的定义可得,在格$<L,\leqslant>$中,对任意的$a,b\in L$都有

$$a\wedge b\leqslant a,a\wedge b\leqslant b,$$
$$a\vee b\geqslant a,a\vee b\geqslant b,$$

由最大下界和最小上界的定义可得,在格$<L,\leqslant>$中,对任意的$a,b,x\in L$,有

$$若x\leqslant a,x\leqslant b,则x\leqslant a\wedge b,$$
$$若x\geqslant a,x\geqslant b,则x\geqslant a\vee b。$$

需要特别说明的是,上述不等式常用来证明各种等式和不等式。观察上述不等式可以发现,它们都是有规律地成对出现。这就是我们下面介绍的对偶原理。

定义 11.1.3 设$<S,\leqslant>$是格,关系式P是含有格中元素以及符号$=$、$\leqslant$、$\geqslant$、$\vee$和$\wedge$的命题,将其中的$\leqslant$替换成$\geqslant$,$\geqslant$替换成$\leqslant$,$\vee$替换成$\wedge$,$\wedge$替换成$\vee$所得到的关系式P^*,其中$\geqslant$定义为$b\geqslant a$当且仅当$a\leqslant b$,称P^*为P的**对偶命题**,简称**对偶**。

例如,P是$a\leqslant a\vee b$,那么P的对偶式P^*是$a\geqslant a\wedge b$。

例如,$a\wedge b\leqslant a$与$a\vee b\geqslant a$、$a\wedge b\leqslant b$与$a\vee b\geqslant b$都互为对偶命题。

定理 11.1.1(格的对偶原理) 在任何格$<S,\leqslant>$上成立的关系式P,其对偶式P^*也成立。

11.1.3　格的性质

定理 11.1.2　设$<S,\leqslant>$是格,对于任意$a,b,c\in S$有

（1）$a\leqslant a\vee b,b\leqslant a\vee b$;

（2）$a\wedge b\leqslant a,a\wedge b\leqslant b$;

（3）若$b\leqslant a,c\leqslant a$,则$b\vee c\leqslant a$;

（4）若$a\leqslant b,a\leqslant c$,则$a\leqslant b\wedge c$。

设$<S,\leqslant>$是格。对于任意的$a,b\in S$,都有$a\vee b,a\wedge b\in S$,即$\vee$与$\wedge$是S的两个代数运算。这样$<S,\vee,\wedge>$就构成了代数系统,称为**由格 S 诱导出的代数系统**。下面讨论这个代数系统的性质。

定理 11.1.3　$<S,\leqslant>$是一个格,由格$<S,\leqslant>$所诱导的代数系统为$a,b,c\in L$,则对任意的$a,b,c\in S$,下列性质成立。

（1）**交换律**：对任意的$a,b\in L,a\vee b=b\vee a,a\wedge b=b\wedge a$。

（2）**结合律**：对任意的$a,b,c\in L,(a\vee b)\vee c=a\vee(b\vee c),(a\wedge b)\wedge c=a\wedge(b\wedge c)$。

（3）**幂等律**：对任意的$a\in L,a\vee a=a,a\wedge a=a$。

（4）**吸收律**：对任意的$a,b\in L,(a\vee b)\wedge a=a,(a\wedge b)\vee a=a$。

证明　根据格的对偶原理,只须证明每条性质的前半部分。

（1）$a\vee b$是$\{a,b\}$的上确界,$b\vee a$是$\{b,a\}$的上确界,由集合定义的无序性有$\{a,b\}=\{b,a\}$,可得$a\vee b=b\vee a$。

（2）因为

$$a\leqslant a\vee b\leqslant(a\vee b)\vee c,b\leqslant a\vee b\leqslant(a\vee b)\vee c,c\leqslant(a\vee b)\vee c,$$

于是有

$$b\vee c\leqslant(a\vee b)\vee c,a\vee(b\vee c)\leqslant(a\vee b)\vee c。$$

同理可证$(a\vee b)\vee c\leqslant a\vee(b\vee c)$。

根据$\leqslant$的反对称性可知,$(a\vee b)\vee c=a\vee(b\vee c)$。

（3）显然$a\leqslant a\vee a$,又由$a\leqslant a,a$是$\{a,a\}$的上界,所以,$a\vee a\leqslant a$。根据$\leqslant$的反对称性,有$a\vee a=a$。

（4）因为$a\leqslant a\vee b,a\leqslant a$,根据定理 11.1.2 有$a\leqslant(a\vee b)\wedge a$。

显然$(a\vee b)\wedge a\leqslant a$。

故根据$\leqslant$的反对称性,有$(a\vee b)\wedge a=a$。

这个定理说明格是具有两个二元运算的代数系统$<L,\vee,\wedge>$,其中$\vee$和$\wedge$满足交换律、结合律、幂等律和吸收律。能否通过规定运算及其基本性质来给出格的定义呢？

下面从代数系统的观点给出格的另一种定义形式。

定义 11.1.4　设$<S,\vee,\wedge>$是一个代数系统,其中$\vee$和$\wedge$是S上的二元运算,若$\vee$和$\wedge$运算满足交换律、结合律、幂等律和吸收律,则称$<S,\vee,\wedge>$是一个**代数格**。

定理 11.1.4　设$<S,\vee,\wedge>$是具有两个二元运算的代数系统,并且$\vee$、$\wedge$满足交换律、结合律、幂等律和吸收律,如果规定对于任意$a,b\in S$,当且仅当$a\vee b=b$（或$a\wedge b=a$）,那么$<S,\leqslant>$构成一个格,并且有

$$\sup\{a,b\}=a\vee b,\inf\{a,b\}=a\wedge b$$

证明　先证 $a\leqslant b\Rightarrow a\vee b=b$。

由 $a\leqslant a$ 和 $a\leqslant b$ 可知，a 是 $\{a,b\}$ 的下界，故 $a\leqslant a\wedge b$。显然又有 $a\wedge b\leqslant a$。根据偏序关系的反对称性得 $a\wedge b=a$。

再证 $a\wedge b=a\Rightarrow a\vee b=b$。根据吸收律有 $b=b\vee(b\wedge a)$。由 $a\wedge b=a$ 得 $b=b\vee a$，即 $a\vee b=b$。

最后证 $a\vee b=b\Rightarrow a\leqslant b$。由 $a\leqslant a\vee b$ 得 $a\leqslant a\vee b=b$。

由定理 11.1.3 和定理 11.1.4 可知，定义 11.1.1 和定义 11.1.3 是等价的。以后不再区分偏序格 $<L,\leqslant>$ 和代数格 $<L,\vee,\wedge>$，而统称为格。

定理 11.1.5　设 S 是格，对于任意 $a,b,c,d\in S$，有

(1) 若 $a\leqslant b$，则 $a\vee c\leqslant b\vee c$，$a\wedge c\leqslant b\wedge c$；

(2) 若 $a\leqslant b,c\leqslant d$，则 $a\vee c\leqslant b\vee d$，$a\wedge c\leqslant b\wedge d$。

证明　仅证(2)。因为 $a\wedge c\leqslant a\leqslant b$，$a\wedge c\leqslant c\leqslant d$，所以 $a\wedge c\leqslant b\wedge d$。同理可证 $a\vee c\leqslant b\vee d$。

定理 11.1.6　设 $<L,\leqslant>$ 是格，试证明对任意的 $a,b,c\in L$，有 $a\vee(b\wedge c)\leqslant(a\vee b)\wedge(a\vee c)$ 和 $a\wedge(b\vee c)\geqslant(a\wedge b)\vee(a\wedge c)$。

证明　由 $b\wedge c\leqslant b$，得 $a\vee(b\wedge c)\leqslant a\vee b$，由 $a\leqslant a$ 和 $b\wedge c\leqslant c$，得 $a\vee(b\wedge c)\leqslant a\vee c$，从而有 $a\vee(b\wedge c)\leqslant(a\vee b)\wedge(a\vee c)$。

由对偶原理可得 $a\wedge(b\vee c)\geqslant(a\wedge b)\vee(a\wedge c)$。

定理 11.1.7　设 S 是格，对于任意 $a,b,c\in S$，都有 $a\leqslant b\Leftrightarrow a\vee(c\wedge b)\leqslant(a\vee c)\wedge b$。

证明　必要性：由 $a\leqslant b$ 可得 $a\vee b=b$，因此，有

$$a\vee(c\wedge b)\leqslant(a\vee c)\wedge(a\vee b)=(a\vee c)\wedge b。$$

充分性：

$$a\leqslant a\vee(c\wedge b)\leqslant(a\vee c)\wedge b\leqslant b。$$

命题得证。

推论 11.1.1　(保序性)设 $<L,\leqslant>$ 是格，对任意的 $a,b,c,d\in L$，则有

(1) $a\leqslant a\vee b,b\leqslant a\vee b$；

(2) $a\wedge b\leqslant a,a\wedge b\leqslant b$；

(3) 若 $a\leqslant c,b\leqslant c$，则 $a\vee b\leqslant c$；

(4) 若 $c\leqslant a,c\leqslant b$，则 $c\leqslant a\wedge b$。

习题 11.1

(A)

1. 设 $S=\{0,1,2,3\}$，$\leqslant$ 为小于或等于关系，则 $<S,\leqslant>$ 是(　　　)。

　　A. 群　　　　　　　B. 环　　　　　　　C. 域　　　　　　　D. 格

(B)

2. 设 $<L,\leqslant>$ 是半序集，$\leqslant$ 是 L 上的整除关系。问：当 L 取下列集合时，$<L,\leqslant>$

是否为格？

  (1) $\{1,2,3,4,6,12\}$。

  (2) $\{1,2,3,4,6,8,12\}$。

  (3) $\{1,2,3,4,5,6,8,9,10\}$。

(C)

  3. (参考河南科技大学 2015 年硕士研究生入学考试试题)设 $<A,\leqslant>$ 是偏序集, $\leqslant$ 定义为：$\forall a,b\in A,a\leqslant b\Leftrightarrow a\,|\,b$，则当 $A=($)时, $<A,\leqslant>$ 是格。

   A. $\{1,2,3,4,6,9,12,14\}$ B. $\{1,2,3,4,6,12\}$

   C. $\{1,2,3,\cdots,12\}$ D. $\{1,2,3,5,7\}$

11.2　子格与格同态

11.2.1　子格

  定义 11.2.1　设 $<L,\vee,\wedge>$ 是格, S 是 L 的非空子集,若 S 关于 L 中的运算 $\vee$ 和 $\wedge$ 仍构成格,则称 S 是 L 的**子格**。

  例如,设 $L=\{a,b,c,d\}$, $R=\{<a,a>,<b,b>,<c,c>,<d,d>,<a,b>,<a,c>,<a,d>,<b,d>,<c,d>\}$,则 $<L,R>$ 是格。

  令 $S=\{a,b\}$, $T=\{b,c\}$,则 S 是 L 的子格,因为 $a\vee b=b$, $a\wedge b=a$。而 T 不是 L 的子格,因为 $b\vee c=d$, $b\wedge c=a$,但 $d\notin T$, $a\notin T$。

11.2.2　格同态与格同构

  定义 11.2.2　设 $<L,\vee,\wedge>$ 和 $<S,\vee,\wedge>$ 是格,映射 $f:L\to S$,若对任意的 $a,b\in L$,有 $f(a\wedge b)=f(a)\wedge f(b)$ 和 $f(a\vee b)=f(a)\vee f(b)$,则称 f 为格 L 到 S 的**同态映射**,简称**格同态**;若 f 是双射,则称 f 为格 L 到 S 的**同构映射**,简称**格同构**。

  例 11.2.1　设 $L_1=\{2n\,|\,n\in\mathbf{N}-\{0\}\}$, $L_2=\{2n+1\,|\,n\in\mathbf{N}\}$,试证明 L_1 和 L_2 关于通常数的小于等于关系构成格。令 $f:L_1\to L_2$, $f(x)=x-1$,试证明 f 是 L_1 到 L_2 的格同态。

  证明　对任意的 $x,y\in L_1$,有

$$f(x\vee y)=f(\max\{x,y\})=\max\{x,y\}-1,$$
$$f(x)\vee f(y)=(x-1)\vee(y-1)=\max\{x-1,y-1\}=\max\{x,y\}-1,$$
$$f(x\wedge y)=f(\min\{x,y\})=\min\{x,y\}-1,$$
$$f(x)\wedge f(y)=(x-1)\wedge(y-1)=\min\{x-1,y-1\}=\min\{x,y\}-1,$$

于是

$$f(x\vee y)=f(x)\vee f(y),$$
$$f(x\wedge y)=f(x)\wedge f(y),$$

所以, f 是 L_1 到 L_2 的同态映射。

习题 11.2

（A）

1. 考虑如图 11.2.1 所示的格 L，判定 $L_1 = \{x, a, b, y\}$，$L_2 = \{x, a, e, y\}$，$L_3 = \{a, c, d, y\}$，$L_4 = \{x, c, d, y\}$ 是否为 L 的子格。

2. 考虑如图 11.2.2 所示的格 $D = \{v, w, x, y, z\}$，求出所有具有 3 个或更多个元素的子格。

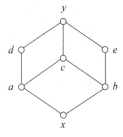
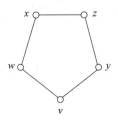

图 11.2.1　格 L 　　　　　　　　图 11.2.2　格 D

3. 图 11.2.3 所示的两个格是否同构？

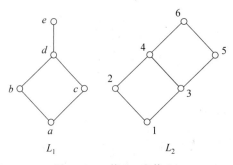

图 11.2.3　格 L_1 和格 L_2

（B）

4. 设 $<L, \leqslant>$ 是格，$a, b \in L$，且 $a \leqslant b$，记 $I[a, b] = \{x \in L \mid a \leqslant x \leqslant b\}$，
试证明：$<I[a, b], \leqslant>$ 是 $<L, \leqslant>$ 的子格。

5. 试证明：在同构意义下，4 角格只有 2 个。

（C）

6. （参考北京大学 1997 年硕士研究生入学考试试题）设 I 是格 L 的非空子集，如果
(1) $\forall a, b \in I, a \vee b \in I$，
(2) $\forall a \in I, \forall x \in I, x \leqslant a \Rightarrow x \in I$，
则称 I 是格 L 的一个**理想**。
试证明：格 L 的理想 I 是 L 的子格。

11.3 几种特殊的格

11.3.1 分配格

定义 11.3.1 设 S 是格,如果格 S 的运算 $\vee$ 和 $\wedge$ 满足分配律,即对任意 $a,b,c \in S$,有

$$a \wedge (b \vee c) = (a \wedge b) \vee (a \wedge c),$$
$$a \vee (b \wedge c) = (a \vee b) \wedge (a \vee c),$$

则称 S 为**分配格**。

$\rho(A)$ 关于集合的并和交运算所组成的幂集格 $<\rho(A), \cup, \cap>$ 是分配格。

应该指出,在分配格的定义中,条件可以减弱,只要求一个分配律成立即可,这是由格的对偶原理保证的。

例 11.3.1 试证明图 11.3.1 中的两个格都不是分配格。

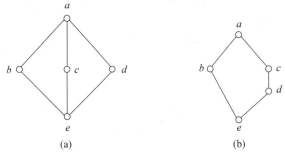

图 11.3.1 两个格

证明 在图 11.3.1(a)中,

$$b \wedge (c \vee d) = b \wedge a = b,$$
$$(b \wedge c) \vee (b \wedge d) = e \vee e = e,$$
$$b \wedge (c \vee d) \neq (b \wedge c) \vee (b \wedge d),$$

在图 11.3.1(b)中,

$$c \wedge (b \vee d) = c \wedge a = c,$$
$$(c \wedge b) \vee (c \wedge d) = e \vee d = d,$$
$$c \wedge (b \vee d) \neq (c \wedge b) \vee (c \wedge d)。$$

在分配格的定义中,必须是对任意的 $a,b,c \in S$ 都要满足分配等式,因此,不能验证格中的某些元素满足分配等式就断定该格是分配格。

如图 11.3.1(b),尽管有以下两个等式,

$$d \wedge (b \vee c) = d \wedge a = d = e \vee d = (d \wedge b) \vee (d \wedge c),$$
$$b \wedge (c \vee d) = b \wedge c = e = e \vee e = (b \wedge c) \vee (b \wedge d),$$

但它不是分配格。

例 11.3.2 给出的 2 个具有 5 个元素的格是很重要的,我们称图 11.3.1(a)为**钻石格**,图 11.3.1(b)为**五角格**。并给出定理 11.3.1。

定理 11.3.1　一个格 S 是分配格,当且仅当 S 中不含有与钻石格或五角格同构的子格。

定理 11.3.2　每个链是分配格。

证明　设偏序集 $<S,\leqslant>$ 是链。先证明 $<S,\leqslant>$ 是格。

任取 $a,b\in S$,根据链的定义,S 中任意两个元素都有偏序关系,即 $a\leqslant b$ 或 $b\leqslant a$。不妨设 $a\leqslant b$,则

$$a\vee b=b,a\wedge b=a,$$

所以,$a\vee b\in S,a\wedge b\in S$,从而 $<S,\leqslant>$ 是格。

下面证明 $<S,\leqslant>$ 是分配格。任取 $a,b,c\in S$,讨论以下两种情况。

(1) $b\leqslant a$ 且 $c\leqslant a$。

在此情况下,有 $b\vee c\leqslant a,b\wedge c\leqslant a$,因此

$$a\wedge(b\vee c)=b\vee c,a\vee(b\wedge c)=a。$$

又因为 $b\leqslant a,c\leqslant a$,所以,

$$a\wedge b=b,a\wedge c=c,a\vee b=a,a\vee c=a,$$

从而,

$$(a\wedge b)\vee(a\wedge c)=b\vee c,$$
$$(a\vee b)\wedge(a\vee c)=a\wedge a=a。$$

于是有

$$a\wedge(b\vee c)=(a\wedge b)\vee(a\wedge c),$$
$$a\vee(b\wedge c)=(a\vee b)\wedge(a\vee c)。$$

(2) $a\leqslant b$ 或 $a\leqslant c$。

在此情形下,有 $a\leqslant b\vee c$。不妨设 $a\leqslant b$,则

$$a\wedge(b\vee c)=a,且 a\wedge b=a。$$

于是有

$$(a\wedge b)\vee(a\wedge c)=a\vee(a\wedge c)=a,$$

从而

$$a\wedge(b\vee c)=(a\wedge b)\vee(a\wedge c)。$$

又由 $a\leqslant b$ 可得

$$a\vee b=b,a\wedge b=a,$$

从而

$$(a\vee b)\wedge(a\vee c)=b\wedge(a\vee c)=(b\wedge a)\vee(b\wedge c)=a\vee(b\wedge c)。$$

综上所述,$<S,\leqslant>$ 是分配格。

定理 11.3.3　设 S 是一个分配格,那么对于任意的 $a,b,c\in S$,如果有 $a\vee b=a\vee c$ 和 $a\wedge b=a\wedge c$ 成立,则必有 $b=c$。

证明　由于 S 是分配格,且已知 $a\vee b=a\vee c,a\wedge b=a\wedge c$,因此,

$$b = b \wedge (a \vee b) = b \wedge (a \vee c) = (b \wedge a) \vee (b \wedge c) = (a \wedge b) \vee (b \wedge c)$$
$$= (a \wedge c) \vee (b \wedge c) = (a \vee b) \wedge c = (a \vee c) \wedge c = c \, .$$

即有 $b = c$，定理得证。

11.3.2 模格

定义 11.3.2 设 S 是格，对于任意的 $a, b, c \in S$，当 $a \leqslant c$ 时，有 $a \vee (b \wedge c) = (a \vee b) \wedge c$，则称 S 是**模格**。

一个分配格，$a \wedge (b \vee c) = (a \wedge b) \vee (a \wedge c) = b \vee (a \wedge c)$，由定义可知，分配格一定是模格，但模格不一定是分配格。

例 11.3.2 设 S 是一个集合，则 S 的幂集格 $<\rho(S), \subseteq>$ 是一个模格。因为对于任意的 $A, B, C \in \rho(S)$，当 $B \subseteq A$ 时，利用集合论中交对于并的分配律，有
$$A \cap (B \cup C) = (A \cap B) \cup (A \cap C) = B \cup (A \cap C) \, .$$

例 11.3.3 图 11.3.2 给出了 5 个格 L_1, L_2, L_3, L_4, L_5，不难验证 L_1, L_2, L_3 和 L_4 都是模格。但 L_5 不是模格，这是因为由 $c \leqslant d$，可得
$$d \wedge (c \vee b) = d, c \vee (d \wedge b) = c,$$

但 $d \neq c$。

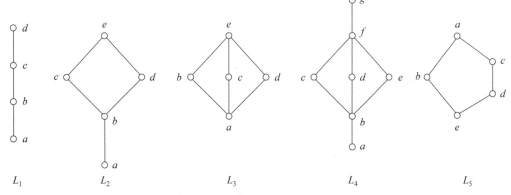

图 11.3.2 格 L_1, L_2, L_3, L_4, L_5

定理 11.3.4 一个格 S 是模格，当且仅当 S 中不含有和五角格同构的子格。

在图 11.3.3 所示的格 S 中，因为 $\{a, b, d, g, f\}$ 是格 S 的子格，而这个子格是与例 11.3.3 中的五角格同构的，所以格 S 不是模格。

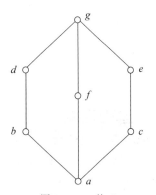

图 11.3.3 格 S

11.3.3 有界格

定义 11.3.3 设 S 是格，如果存在元素 $a \in S$，对于任意的 $x \in S$，都有 $a \leqslant x$，则称 a 为格 S 的**全下界**；如果存在元素

$b \in S$,对于任意的 $x \in S$,都有 $x \leqslant b$,则称 b 为格 S 的**全上界**。

定义 11.3.4 设 S 是格,若格 S 存在全下界或全上界,并且一定是唯一的。

定义 11.3.5 设 S 是格,若 S 存在全下界(0)和全上界(1),则称 S 为**有界格**,并将 S 记为 $<S, \vee, \wedge, 0, 1>$。

设 S 是一个集合,则 S 的幂集格 $\rho(S)$ 是有界格,其中空集是全下界,集合 S 是全上界。

定理 11.3.5 设 S 是一个有界格,则对任意的 $a \in S$ 有
$$a \vee 1 = 1, a \wedge 1 = a, a \vee 0 = a, a \wedge 0 = 0 \text{。}$$

证明 因为 $a \vee 1 \in S$,且 1 是全上界,所以,$a \vee 1 \leqslant 1$。又因为 $1 \leqslant a \vee 1$,因此,$a \vee 1 = 1$。

因为 $a \leqslant a, a \leqslant 1$,所以,$a \leqslant a \wedge 1$。又因 $a \wedge 1 \leqslant a$,因此 $a \wedge 1 = a$。

类似可证其余二式成立。

11.3.4 有补格

定义 11.3.6 设 $<S, \vee, \wedge, 0, 1>$ 是一个有界格,$\vee$ 和 $\wedge$ 是对应的二元运算,0 是其全下界,而 1 是其全上界,对于 $a \in S$,若存在 $b \in S$,使得 $a \vee b = 1$ 和 $a \wedge b = 0$ 成立,则称 b 是 a 的**补元**,记为 $\bar{a}$。

由定义易知,若 b 是 a 的补元,则 a 也是 b 的补元,即 a 和 b 互为补元。

在图 11.3.4 所示的有界格中,0 是全下界,1 是全上界。显然 0 和 1 互为补元,a 和 c 都是 d 的补元,而 b 和 d 都是 c 的补元,但是 e 没有补元。

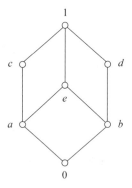

图 11.3.4　有界格

通过上例可知,并不是每个元素都有补元,且即使有补元也不一定唯一。

定义 11.3.7 设 $<S, \vee, \wedge, 0, 1>$ 是有界格,如果 S 中每个元素都至少有一个补元,则称此格为**有补格**。如果一个格既是有补格又是分配格,则称它为**有补分配格**。

例如,格 $<\rho(A), \cup, \cap>$ 是一个有补格,因为集合 A 是全上界,空集 $\varnothing$ 是全下界,A 的每个子集 S 的补元是 $A - S$。

图 11.3.5 中给出了一些有补格。

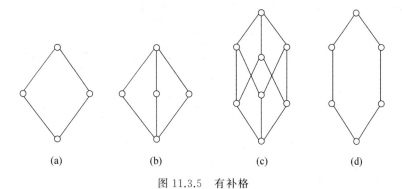

$$(a) \qquad (b) \qquad (c) \qquad (d)$$

图 11.3.5　有补格

定理 11.3.6　设$<S,\vee,\wedge,0,1>$是有界分配格,若 S 中元素 a 存在补元,则其补元必是唯一的。

证明　设 b 和 c 都是元素 a 的补元,则有
$$a \vee b = 1, a \wedge b = 0;$$
$$a \vee c = 1, a \wedge c = 0。$$
从而得到
$$a \vee b = a \vee c, a \wedge b = a \wedge c。$$
由于 S 是分配格,根据定理 11.2.4 得 $b=c$,即元素 a 的补元是唯一的。

定理 11.3.7　设$<L,\vee,\wedge,0,1>$是有补分配格,则
(1) 对任意的 $a\in L$,a 与 $\bar{a}$ 互为补元,故 $\bar{\bar{a}}=a$。
(2) 对任意的 $a,b\in L$,$\overline{a \wedge b}=\bar{a} \vee \bar{b}, \overline{a \vee b}=\bar{a} \wedge \bar{b}$。

证明　(1) 对任意的 $a\in L$,因为 $a \vee \bar{a}=1,a \wedge \bar{a}=0$,由交换律有 $\bar{a} \vee a=1,\bar{a} \wedge a=0$,所以 a 是 $\bar{a}$ 的补元。又因为 $\bar{a}$ 的补元是唯一的,所以 $\bar{\bar{a}}=a$。
(2) 对任意 $a,b\in L$,由分配律可得:
$$(a \wedge b) \vee (\bar{a} \vee \bar{b})=(a \vee \bar{a} \vee \bar{b}) \wedge (b \vee \bar{a} \vee \bar{b})=1 \wedge 1=1,$$
$$(a \wedge b) \vee (\bar{a} \vee \bar{b})=(a \wedge b \wedge \bar{a}) \vee (a \wedge b \vee \bar{b})=0 \vee 0=0,$$
所以,$\bar{a} \vee \bar{b}$ 是 $a \wedge b$ 的补元。由补元的唯一性有 $\overline{a \wedge b}=\bar{a} \vee \bar{b}$。
同理可证 $\overline{a \vee b}=\bar{a} \wedge \bar{b}$。

习题 11.3

(A)

1. 在(　)中,补元是唯一的。
　A. 有界格　　　　B. 有补格　　　　C. 分配格　　　　D. 有补分配格
2. 偏序集(　)构成有界格。
　A. $<\mathbf{N},\leqslant>$　　　　　　　　B. $<\mathbf{Z},\leqslant>$

C. $<\{2,3,4,6,12\},|>$　　　　　　　　D. $<\rho(A),\subseteq>$

3. 如图 11.3.6 所示的有补格 L 中,求元素 a 的补元素。

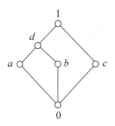

图 11.3.6　有补格 L

4. 试证明:设$<L,*,\oplus>$是分配格,若 $a,b,c\in L,(a*b)=(a*c)$,且$(a\oplus b)=(a\oplus c)$,则 $b=c$。

（B）

5. 试证明:设 $\mathbf{Z}$ 是整数集合,证明:$<\mathbf{Z},\min,\max>$是分配格。

（C）

6. (参考北京大学 1998 年硕士研究生入学考试试题)设群 $G=<\mathbf{Z}_5,+_5>$,其中$\mathbf{Z}_5=\{0,1,2,3,4\}$,$+_5$ 为模 5 加法。说明这个格是否为分配格,有补格。

11.4　布尔代数

11.4.1　布尔代数的定义

定义 11.4.1　一个有补分配格称为**布尔格**。

设$<B,\leqslant>$是一个布尔格,由于布尔格既是有补格,又是分配格,因此对于$<B,\leqslant>$中每个元素 a 都有补元 $\bar{a}$ 存在。所以,可以把求补运算看作是布尔格 B 上的一元运算,记作"‾"。两个二元运算 $\vee$ 和 $\wedge$。

定义 11.4.2　由布尔格$<B,\leqslant>$诱导出的代数系统$<B,\vee,\wedge,\bar{\ },0,1>$称为**布尔代数**。

定理 11.4.1　设$<B,\vee,\wedge,\bar{\ },0,1>$是布尔代数,则对任意元素 $a\in B$,有且仅有一个补元存在。

证明　由于布尔代数 B 是有补格,因此任意元素 $a\in B$ 都至少有一个补元。又因为 B 是有界分配格,根据定理 11.2.8 可知,元素 a 的补元是唯一的。

例 11.4.1　设 $S=\{1,2,5,10,11,22,55,110\}$是 110 的正因数集合,令 gcd 和 lcm 分别表示求两个数的最大公约数和最小公倍数的运算,试证明$<S,\text{gcd},\text{lcm}>$构成布尔代数。

证明　对任意的 $x,y\in S$,有 $\text{gcd}(x,y)\in S$ 和 $\text{lcm}(x,y)\in S$。且对任意的 $x,y,$

$z \in S$ 有

交换律 $\gcd(x,y) = \gcd(y,x)$，$\operatorname{lcm}(x,y) = \operatorname{lcm}(y,x)$。

结合律 $\gcd(\gcd(x,y),z) = \gcd(x,\gcd(y,z))$，$\operatorname{lcm}(\operatorname{lcm}(x,y),z) = \operatorname{lcm}(x,\operatorname{lcm}(y,z))$。

吸收律 $\gcd(x,\operatorname{lcm}(x,y)) = x$，$\operatorname{lcm}(x,\gcd(x,y)) = x$。

因此，$<S,\gcd,\operatorname{lcm}>$ 构成格。

对任意的 $x,y \in S$，有 $\gcd(x,\operatorname{lcm}(y,z)) = \operatorname{lcm}(\gcd(x,y),\gcd(x,z))$。
所以 $<S,\gcd,\operatorname{lcm}>$ 是分配格。

又因为 1 是 S 的全下界，110 是 S 的全上界，且 1 和 110 互为补元，2 和 55 互为补元，5 和 22 互为补元，10 和 11 互为补元，所以 $<S,\gcd,\operatorname{lcm}>$ 是有补格。

综上可知，$<S,\gcd,\operatorname{lcm}>$ 是布尔代数。

设 S 是一个非空有限集合，则幂集格 $<\rho(S),\subseteq>$ 是一个布尔格。这是因为集合的交（并）对于并（交）是可分配的，这样格 $\rho(S)$ 是一个分配格；又 $\rho(S)$ 的全上界是 S，全下界是 $\varnothing$，且对于任一集合 $T \in \rho(S)$，即 T 是 S 的子集，都有一个补元 $S-T \in \rho(S)$，因此格 $\rho(S)$ 又是一个有补格。综上，幂集格 $<\rho(S),\subseteq>$ 是一个布尔格，由其诱导的出的代数系统 $<\rho(S),\cup,\cap,\sim,\varnothing,S>$ 是布尔代数。

例 11.4.2 设 A 是任意集合，试证明 A 的幂集格 $<\rho(A),\cap,\cup,\sim,\varnothing,A>$ 构成布尔代数，称其为集合代数。

证明 $\rho(A)$ 关于 $\cap$ 和 $\cup$ 构成格，因为 $\cap$ 和 $\cup$ 运算满足交换律、结合律和吸收律。由于 $\cap$ 和 $\cup$ 互相可分配，因此 $\rho(A)$ 是分配格，且全下界是空集 $\varnothing$，全上界是 A。根据绝对补的定义，取全集为 A，对任意的 $x \in \rho(A)$，则 $A-x$ 是 x 的补元。从而证明 $\rho(A)$ 是有补分配格，即布尔代数。

11.4.2 布尔代数的性质

由于布尔代数是一个有补分配格，从而关于格、有补格、分配格中成立的一切运算性质在一个布尔代数中都成立。所以，布尔代数具有如下性质。

定理 11.4.2 设 $<B,\vee,\wedge,^-,0,1>$ 是布尔代数，对于任意的元素 $a,b,c \in B$，有如下性质。

(1) **交换律**：$a \vee b = b \vee a$，$a \wedge b = b \wedge a$。

(2) **结合律**：$(a \vee b) \vee c = a \vee (b \vee c)$，$(a \wedge b) \wedge c = a \wedge (b \wedge c)$。

(3) **幂等律**：$a \vee a = a$，$a \wedge a = a$。

(4) **吸收律**：$(a \vee b) \wedge a = a$，$(a \wedge b) \vee a = a$。

(5) **分配律**：$a \wedge (b \vee c) = (a \wedge b) \vee (a \wedge c)$，$a \vee (b \wedge c) = (a \vee b) \wedge (a \vee c)$。

(6) **零一律**：$a \vee 1 = 1$，$a \wedge 0 = 0$。

(7) **同一律**：$a \vee 0 = a$，$a \wedge 1 = a$。

(8) **互补律**：$a \vee \bar{a} = 1$，$a \wedge \bar{a} = 0$。

（9）**对合律**：$\overline{\overline{a}}=a$。

（10）**德·摩根定律**：$\overline{a \vee b}=\overline{a} \wedge \overline{b},\overline{a \wedge b}=\overline{a} \vee \overline{b}$。

上面 10 条运算律并不是独立的，例如由吸收律可得到幂等律。事实上，由交换律、分配律、同一律和互补律即可推出其他运算律。因此，布尔代数也可按下面的定义给出。

定义 11.4.3 设 $<L,\vee,\wedge,\overline{\ },0,1>$ 是代数系统，$\vee$ 和 $\wedge$ 是二元运算。若 $\vee$ 和 $\wedge$ 运算满足下列条件，则称 $<L,\vee,\wedge,\overline{\ },0,1>$ 是一个**布尔代数**。

（1）**交换律**：对任意 $a,b \in L$，有 $a \vee b=b \vee a,a \wedge b=b \wedge a$。

（2）**分配律**：对任意 $a,b,c \in L$，有

$$a \vee (b \wedge c)=(a \vee b) \wedge (a \vee c),a \wedge (b \vee c)=(a \wedge b) \vee (a \wedge c)。$$

（3）**同一律**：对任意 $a \in L$，有 $a \vee 0=a,a \wedge 1=a$。

（4）**补元律**：对任意 $a \in L$，存在 $\overline{a} \in L$，使得 $a \vee \overline{a}=1,a \wedge \overline{a}=0$。

11.4.3 布尔代数的同态与同构

定义 11.4.4 设 $<L,\leqslant>$ 是格，$0 \in L,a \in L$，若对任意的 $b \in L$，当 $0<b \leqslant a$ 时，必有 $b=a$，则称 a 是 L 中的**原子**。

例如，$S=\{1,2,4,8\}$，$|$ 为整除关系，则 $<S,|>$ 是格，其中 2 是原子。

为了讨论有限布尔代数的结构，下面先给出 3 个引理。

引理 11.4.1 对有限布尔代数 L 中的两个原子 a,b，若 $a \neq b$，则 $a \wedge b=0$。

证明 假设 $a \wedge b \neq 0$，则有 $0 \leqslant a \wedge b \leqslant a$ 和 $0 \leqslant a \wedge b \leqslant b$。由于 a,b 是原子，则有 $a \wedge b=a$ 和 $a \wedge b=b$，从而 $a=b$，与已知矛盾。

引理 11.4.2 对有限布尔代数 L 中的任意一个元素 $b,b \neq 0$，必至少存在一个原子 a，使得 $a \wedge b=a$（即 $a \leqslant b$）。

证明 若 b 本身是原子，由 $b \leqslant b$ 结论得证。

若 b 不是原子，则存在 b_1 使得 $0 \leqslant b_1 \leqslant b$。若 b_1 是原子，则结论得证。否则，必存在 b_2 使得 $0 \leqslant b_2 \leqslant b_1 \leqslant b$。由于 L 是有限的，所以必可通过有限步找到一个原子 b_k，使得 $0 \leqslant b_k \leqslant \cdots \leqslant b_2 \leqslant b_1 \leqslant b$。令 $a=b_k$，则有 $a \wedge b=a$。

引理 11.4.3 对有限布尔代数 L，若 a 是原子，则对其任意元素 b，$a \leqslant b$ 和 $a \leqslant \overline{b}$ 有且仅有一式成立。

证明 由 $a \leqslant b$ 和 $a \leqslant \overline{b}$，则有 $a \leqslant b \wedge \overline{b}$，与 a 是原子矛盾。所以，$a \leqslant b$ 和 $a \leqslant \overline{b}$ 不可能同时成立。

因为 $a \wedge b \leqslant a$，而 a 是原子，所以只可能有 $a \wedge b=0$ 或 $a \wedge b=a$。若 $a \wedge b=0$，则 $\overline{b}=(a \wedge b) \vee \overline{b}=a \vee \overline{b}$，从而有 $a \leqslant \overline{b}$。

由上面引理 11.4.3 可以得到定理 11.4.5。

定理 11.4.3 设 $<L,\vee,\wedge,\overline{\ },0,1>$ 为有限布尔代数，对任意的 $x \in L,x \neq 0,a_1,a_2,\cdots,a_n$ 是满足 $a_i \leqslant x$ 的全部原子，则 $x=a_1 \vee a_2 \vee \cdots \vee a_n$，且在不考虑原子的顺序的

情况下该式是唯一的。

证明 令 $b=a_1 \vee a_2 \vee \cdots \vee a_n$，由 $a_i \leqslant x$ 得 $b \leqslant x$。下证 $x \leqslant b$。

若 $x \leqslant b$ 不成立，则 $x \wedge \bar{b} \neq 0$。若不然，则有 $b=(x \wedge \bar{b}) \vee b=(x \vee b) \wedge (\bar{b} \vee b)=x \vee b$，于是 $x \leqslant b$，矛盾。所以，当 $x \leqslant b$ 不成立时有 $x \wedge \bar{b} \neq 0$。由引理 11.4.2 可知，存在原子 a 使得 $a \wedge (x \wedge \bar{b})=a$。

综上可得，$x=b$，即 $x=a_1 \vee a_2 \vee \cdots \vee a_n$。

令 $x=b_1 \vee b_2 \vee \cdots \vee b_m$ 是 x 的另一种形式，任取 $a_j \in \{a_1, a_2, \cdots, a_n\}$，若 $a_j \notin \{b_1, b_2, \cdots, b_m\}$，则由引理 11.4.1 可得 $a_j \wedge b_k=0, k=1, 2, \cdots, m$。又由于 $a_j \leqslant x$，于是
$$a_j=a_j \wedge x=a_j \wedge (b_1 \vee b_2 \vee \cdots \vee b_m)=(a_j \wedge b_1) \vee (a_j \wedge b_2) \vee \cdots \vee (a_j \wedge b_m)=0,$$
这与 a_j 是原子相矛盾，所以 $a_j \in \{b_1, b_2, \cdots, b_m\}$，从而 $\{a_1, a_2, \cdots, a_n\} \subseteq \{b_1, b_2, \cdots, b_m\}$。

同理可证，$\{b_1, b_2, \cdots, b_m\} \subseteq \{a_1, a_2, \cdots, a_n\}$。因此，$\{a_1, a_2, \cdots, a_n\}=\{b_1, b_2, \cdots, b_m\}$。

定理 11.4.4（**有限布尔代数的表示定理**） 设 $<L, \vee, \wedge, ^-, 0, 1>$ 为有限布尔代数，$S=\{a_1, a_2, \cdots, a_n\}$ 是它的全体元素的集合，则 $<L, \vee, \wedge, ^-, 0, 1>$ 与布尔代数 $<\rho(S), \cup, \cap, \varphi, S>$ 同构。

证明 任取 $x \in L$，令 $T(x)=\{a \mid a \in L, a \text{ 是原子且 } a \leqslant x\}$。

定义映射 $f: L \rightarrow \rho(S)$，$f(x)=T(x)$，下证 f 是 L 到 $\rho(S)$ 的同构映射。

对任意的 $x, y \in L$，令 $x=a_1 \vee a_2 \vee \cdots \vee a_n$ 和 $y=b_1 \vee b_2 \vee \cdots \vee b_m$ 是 x 和 y 的原子表示，则
$$\begin{aligned}
f(x \vee y) \Leftrightarrow T(x \vee y) &= \{a_1, a_2, \cdots, a_n, b_1, b_2, \cdots, b_m\} \\
&= \{a_1, a_2, \cdots, a_n\} \cup \{b_1, b_2, \cdots, b_m\} \\
&= T(x) \cup T(y) \\
&= f(x) \cup f(y).
\end{aligned}$$

对任意的 $x, y \in L$，有
$$\begin{aligned}
z \in f(x \wedge y) &\Leftrightarrow z \in T(x \wedge y) \\
&\Leftrightarrow z \in S \wedge z \leqslant (x \wedge y) \\
&\Leftrightarrow (z \in S \wedge z \leqslant x) \wedge (z \in S \wedge z \leqslant y) \\
&\Leftrightarrow z \in T(x) \wedge z \in T(y) \\
&\Leftrightarrow z \in f(x) \wedge z \in f(y),
\end{aligned}$$

所以 $f(x \wedge y)=f(x) \cap f(y)$。

对任意的 $x \in L$，存在 $\bar{x} \in L$ 使得 $x \vee \bar{x}=1, x \wedge \bar{x}=0$，于是
$$f(x) \cup f(\bar{x})=f(x \vee \bar{x})=f(x)=S,$$
$$f(x) \cap f(\bar{x})=f(x \wedge \bar{x})=f(0)=\varphi。$$

而 $\varnothing$ 和 S 是 $\rho(S)$ 的全下界和全上界，所以 $f(\bar{x})$ 是 $f(x)$ 在 $\rho(S)$ 中的补元，即 $f(\bar{x})=\overline{f(x)}$。

综上可知，f 是 L 到 $\rho(S)$ 的同态映射。下证 f 是双射。

若 $f(x)=f(y)$，则 $T(x)=T(y)=\{a_1,a_2,\cdots,a_n\}$，于是 $x=a_1 \vee a_2 \vee \cdots \vee a_n=y$，所以 f 是单射。

任取 $\{b_1,b_2,\cdots,b_m\} \in \rho(S)$，令 $x=b_1 \vee b_2 \vee \cdots \vee b_m$，则 $f(x)=T(x)=\{b_1,b_2,\cdots,b_m\}$，于是 f 是满射。结论得证。

推论 11.4.1　任何有限布尔代数 L，其原子个数是 n，则 $|L|=2^n$。

推论 11.4.2　元素个数相同的布尔代数是同构的。

习题 11.4

（A）

1. 在布尔代数 $<A,\vee,\wedge,^-,0,1>$ 中，$b \leqslant \bar{c}$ 当且仅当（　　）。

　　A. $b \leqslant \bar{c}$ 　　　　B. $\bar{c} \leqslant b$ 　　　　C. $b \leqslant c$ 　　　　D. $c \leqslant b$

2. 有限布尔代数的元素的个数一定等于（　　）。

　　A. 偶数 　　　　　　　　　　　B. 奇数

　　C. 4 的倍数 　　　　　　　　　D. 2 的正整数次幂

3. 判断：在布尔格 $<A,\leqslant>$ 中，对 A 中任意元素 a，和另一非零元素 b，在 $a \leqslant b$ 或 $a \leqslant \bar{b}$ 中有且仅有一个成立。（　　）

4. 证明：设 $<A,\vee,\wedge,^-,0,1>$ 是一个布尔代数，如果在 A 上定义二元运算 $\times$，为 $a \times b=(a \wedge \bar{b}) \vee \bar{a} \wedge b$，则 $<A,\times>$ 是阿贝尔群。

5. 证明：设 $<S,\vee,\wedge,^-,0,1>$ 是一个布尔代数，则 $R=\{<a,b> | a \vee b=b\}$ 是 S 上的偏序关系。

（B）

6. 证明：设 $<S,\vee,\wedge,^-,0,1>$ 是一个布尔代数，关系 $R=\{<a,b> | a \wedge b=b\}$ 是 S 上的偏序关系。

（C）

7. （参考北京大学 1998 年硕士研究生入学考试试题）$G=<\mathbf{Z}_{12},+_{12}>$ 是模 12 整数加群。写出 G 的所有子群；画出子群格 $<L(G),+_{12}>$ 的哈斯图；说明该格是否为分配格、模格、有补格及布尔代数。

* 11.5 格与布尔代数的思维导图

格与布尔代数

格（偏序格）

- 最小上界（上确界）
- 最大下界（下确界）
- 有限格
- 对偶式 ⊕ 格的对偶原理
- 格的性质
- 由格 S 诱导出的代数系统 ⊕ 代数格 ⊕ 交换律、结合律、幂等律、吸收率
  - 交换律、结合律、幂等律、吸收律
- 子格 ⊕ 格同态 ⊕ 格同构
- 分配格
- 模格
- 有界格 ⊕ 全下界 / 全上界
- 有补格 ⊕ 每个元素都至少有一个补元
- 有补分配格 ⊕ 布尔代数

11.6　本章小结

　　本章先给出了格的定义,然后研究了格的性质,接着重点介绍了分配格、模格和有补格,之后介绍了布尔代数,最后给出格与布尔代数的思维导图。格与布尔代数的知识在计算机的理论和设计中起重要的作用,在数字电路的简化和其他工程领域中也有重要的作用。

附录1 符号索引

编号	符号	名称	章节号
1	$a \in A$	a 属于 A	1.1.2
2	$a \notin A$	a 不属于 A	1.1.2
3	$|A|$	集合的基数	1.1.2
4	$\varnothing$	空集	1.1.2
5	$U(E)$	全集	1.1.2
6	$\mathbf{N}$	自然数集合(包括 0)	1.1.3
7	$\mathbf{Z}$	整数集合	1.1.3
8	$\mathbf{Q}$	有理数集合	1.1.3
9	$\mathbf{R}$	实数集合	1.1.3
10	$\mathbf{C}$	复数集合	1.1.3
11	$\mathbf{Z}_m$	模 m 同余关系所有剩余类组成的集合	1.1.3
12	$A \subseteq B$ 或 $B \supseteq A$	A 是 B 的子集(A 包含于 B)	1.1.4
13	$A \nsubseteq B$	B 不包含 A	1.1.4
14	$A = B$	集合 A 和集合 B 相等	1.1.4
15	$A \neq B$	集合 A 和集合 B 不相等	1.1.4
16	$A \subset B$ 或 $B \supset A$	A 是 B 的真子集	1.1.4
17	$\rho(A)$	A 的幂集	1.1.4
18	$A \cap B$	A 与 B 的交集	1.2.1
19	$A \cup B$	A 与 B 的并集	1.2.2
20	$\overline{A}$	A 的补集	1.2.3
21	$A - B$	A 和 B 的差集	1.2.4
22	$A \triangle B$	A 和 B 的对称差	1.2.5
23	$<x, y>$	序偶	2.1
24	$A \times B$	A 和 B 的笛卡儿积	2.2.1
25	xRy	R 为从 A 到 B 的一个二元关系	2.3.1
26	$\text{dom}R$	R 的定义域	2.3.1
27	$\text{ran}R$	R 的值域	2.3.1
28	$\text{FLD}R$	R 的域	2.3.1

编号	符　号	名　称	章节号
29	$R=\varnothing$	空关系	2.3.1
30	$R=A\times B$	全关系	2.3.1
31	I_A	集合 A 上的恒等关系	2.3.1
32	$\boldsymbol{M}_R$	二元关系 R 的关系矩阵	2.3.2
33	$R\circ S$	R 和 S 的复合关系	2.4.2
34	R^{-1}	R 的逆关系	2.4.3
35	R^n	R 的 n 次幂	2.4.3
36	$\boldsymbol{M}_{R\circ S}$	复合关系 $R\circ S$ 的关系矩阵	2.4.3
37	$r(R)$	自反闭包	2.6.1
38	$s(R)$	对称闭包	2.6.2
39	$t(R)$	传递闭包	2.6.3
40	$x\equiv y(\bmod m)$	x 与 y 对模 m 是同余	2.7.1
41	$[a]_R$	元素 a 形成的 R 等价类	2.7.2
42	A/R	商集	2.7.2
43	C_R	最大相容类	2.8.2
44	$<A,\leqslant>$	偏序集	2.9.1
45	$COVA=\{<x,y>\mid x,y\in A\wedge y$ 盖住 $x\}$	元素 y 盖住元素 x	2.9.1
46	$\boldsymbol{H}_R$	R 的哈斯矩阵	2.9.1
47	$\mathrm{lub}(B)$ 或 $\mathrm{sup}(B)$	最小上界(上确界)	2.9.2
48	$\mathrm{glb}(B)$ 或 $\mathrm{inf}(B)$	最大下界(下确界)	2.9.2
49	$f:X\to Y$ 或 $X\xrightarrow{f}Y$	f 为 X 到 Y 的映射	3.1
50	$\mathrm{dom}\,f=X$	映射的 f 的定义域	3.1
51	$\mathrm{ran}f\subseteq Y$	映射 f 的值域	3.1
52	$f=g$	映射 f 和 g 相等	3.1
53	B^A	从 A 到 B 的所有映射的集合	3.1
54	I_X	X 上的恒等映射	3.2.3
55	$f\circ g$	复合映射	3.3
56	f^{-1}	f 的逆映射	3.4
57	$\neg P$	否定联结词：P 的否定	4.2.1
58	$P\wedge Q$	合取联结词：P,Q 的合取	4.2.2

编号	符 号	名 称	章节号
59	$P \vee Q$	析取联结词：P, Q 的析取	4.2.3
60	$P \overline{\vee} Q$	P 和 Q 的不可兼析取（异或）	4.2.4
61	$P \rightarrow Q$	单条件联结词 P 蕴涵 Q	4.2.5
62	$P \leftrightarrow Q$	双条件联结词：P 等价 Q	4.2.6
63	$P \uparrow Q$	与非联结词	4.2.7
64	$P \downarrow Q$	或非联结词	4.2.8
65	$P \xrightarrow{n} Q$	条件否定联结词	4.2.9
66	$S \Leftrightarrow T$	等价公式（等值式）	4.4.1
67	A^{*}	A 的对偶公式	4.4.4
68	m_i	极小项的二进制编码	4.5.2
69	M_i	极大项的二进制编码	4.5.2
70	$G \Rightarrow H$	蕴涵式	4.6.1
71	$A(x)$	一元谓词	5.1.1
72	$B(x, y)$	二元谓词	5.1.1
73	$C(x, y, z)$	三元谓词	5.1.1
74	$\forall x$	全称量词	5.1.2
75	$\exists y$	存在量词	5.1.2
76	$G = <V, E>$	图 G	6.1.1
77	$e = [u, v]$	无向边（边）	6.1.1
78	$e = <u, v>$	有向边（弧）	6.1.1
79	K_n	n 阶无向完全图	6.1.1
80	W_n	轮图	6.1.1
81	$<e_1, e_2, \cdots, e_n>$	用边的序列表示通路（回路）	6.1.3
82	$<v_0, v_1, \cdots, v_n>$	用顶点序列表示通路（回路）	6.1.3
83	$G \cong G'$	图的同构	6.1.4
84	$dG(v)$ 或 $d(v)$	v 的度数	6.2.1
85	$d_D^{+}(v)$	v 的出度	6.2.1
86	$d^{-}(v)$	v 的入度	6.2.1
87	$\Delta(G)$	无向图 $G = <V, E>$ 的最大度	6.2.1
88	$\delta(G)$	无向图 $G = <V, E>$ 的最小度	6.2.1

编号	符 号	名 称	章节号
89	$\Delta^+(D)$	有向图 $D=<V,E>$ 的最大出度	6.2.1
90	$\delta^+(D)$	有向图 $D=<V,E>$ 的最小出度	6.2.1
91	$\Delta^-(D)$	有向图 $D=<V,E>$ 的最大入度	6.2.1
92	$\delta^-(D)$	有向图 $D=<V,E>$ 的最小入度	6.2.1
93	$u\sim v$	u 和 v 是连通的	6.3.1
94	$\omega(G)$	图 G 的连通分支数	6.3.1
95	$d(u,v)$	u,v 之间的距离	6.3.1
96	$\max\{d(u,v)\mid u,v\in V\}$	G 的直径	6.3.1
97	$\gamma(G)=\min\{|S|\mid S$ 是 G 的点割集$\}$	G 的点连通度	6.3.1
98	$\lambda(G)=\min\{|T|\mid T$ 是 G 的边割集$\}$	G 的边连通度	6.3.1
99	$\delta(G)$	G 的顶点的最小度数	6.3.1
100	$u\rightarrow v$	u 可达 v	6.3.2
101	$u\leftrightarrow v$	u 与 v 互达	6.3.2
102	$\mathbf{A}(D)$	n 阶有向图 D 的邻接矩阵	6.4.1
103	$\mathbf{A}(G)$	n 阶无向简单图 G 的邻接矩阵	6.4.1
104	A^k 中第 i 行第 j 列上的元素 a^k_{ij}	G 中联结 v_i 到 v_j 长度为 k 的路的数目	6.4.1
105	$\mathbf{P}(D)$	有向图 D 的可达矩阵	6.4.2
106	$\mathbf{P}(G)$	无向简单图 G 的可达矩阵	6.4.2
107	$\mathbf{M}(D)$	无环有向图 D 的关联矩阵	6.4.3
108	$\mathbf{M}(G)$	无环无向图 G 的关联矩阵	6.4.3
109	$l(e)$	边 e 上的权	6.5.1
110	$T_E(v_i)$	v_i 的最早完成的时间	6.5.2
111	$T_L(v_i)$	v_i 的最晚完成时间	6.5.2
112	$T_S(v_i)$	v_i 的缓冲时间	6.5.2
113	$\Gamma:v_1v_2\cdots v_n$	G 中的哈密尔顿路	7.2.2
114	$T=<V,E>$	无向树	8.1.1
115	$l(v)$	v 的层数	8.1.3
116	$h(T)$	树高	8.1.3
117	$G=<V_1,V_2,E>$	二部图(偶图)	8.2.1
118	$\deg(R)$	面的次数	8.3.2

编号	符 号	名 称	章节号
119	$\chi^*(G)=k$	G 的面色数为 k	8.3.4
120	$\chi(G)$	结点着色数	8.3.4
121	$\chi'(G)=k$	边着色数 k	8.3.4
122	$f:A\times B\rightarrow C$	f 是 $A\times B$ 到 C 的一个代数运算	9.1.1
123	$f:A^n\rightarrow A$	n 元代数运算	9.1.1
124	$\mathbf{Z}_m=\{[0],[1],\cdots,[m-1]\}$	模 m 同余关系所有剩余类组成的集合	9.1.1
125	$f:A^n\rightarrow A$	A 上的一个 n 元代数运算(n 元运算)	9.1.1
126	$<A,f_1,f_2,\cdots,f_k>$	代数系统	9.1.1
127	$\mathbf{M}_n(\mathbf{R})$	实数矩阵集合	9.1.2
128	$e(e_l,e_r)$	幺元(左幺元,右幺元)	9.2.6
129	$\theta(\theta_l,\theta_r)$	零元(左零元,右零元)	9.2.7
130	x^{-1}	逆元	9.2.8
131	$\lvert G\rvert$	有限群 G 的阶数	9.5.1
132	$H\leqslant G$	$<H,\cdot>$ 是 $<G,\cdot>$ 的一个子群	9.6.1
133	$LUB(B),a\vee b=\sup\{a,b\}$	最小上界(上确界)	11.1.1
134	$GLB(B),a\wedge b=\inf\{a,b\}$	最大下界(下确界)	11.1.1
135	$\bar{a}$	$\bar{a}$ 是 a 的补元	11.3.4
136	$<B,\vee,\wedge,^-,0,1>$	布尔代数	11.4.1
137	$\gcd(x,y)$	最大公约数	11.4.1
138	$\mathrm{lcm}(x,y)$	最小公倍数	11.4.1

附录2　相关数学概念

1. 素数

如果一个大于1的正整数 p 除了1与它自身外没有其他的正因子,则称 p 是素数或质数(prime)。

2. 整除

设 $a,b \in \mathbf{Z}, b \neq 0$,若存在唯一的整数 q,使得 $a = qb$,则称 b **整除** a,记作 $b \mid a$。此时,称 b 是 a 的**因子**(或**因数**),a 是 b 的**倍数**。

3. 模运算

设 $a,b \in \mathbf{Z}, b \neq 0$,则存在唯一的整数 q,r,满足
$$a = qb + r, 0 \leqslant r < |b|$$
称 r 为模 b 的**余数**,记作 $a \bmod b = r$。若 $r = 0$,则 $a = qb$,此时,b 整除 a。

4. 模 m 同余

一般地,设 R 为整数集合 $\mathbf{Z}$ 上的关系,$R = \{<x,y> \mid x,y \in \mathbf{Z}, \text{且} x - y \text{可以被} m \text{整除}\}$,其中 m 是任意整数,则 R 是 $\mathbf{Z}$ 上的等价关系。这也就是说,满足这个关系 R 的 x,y 用 m 整除后得到相同的余数,所以称 R 为**同余关系**或称以 m **为模的同余关系**,一般将此关系 $<x,y> \in R$ 写成 $x \equiv y \pmod{m}$,称 x 与 y **对模 m 是同余的**,并将此式称为**同余式**。

整数集 $\mathbf{Z}$ 上的模 m 同余关系 $R = \{<x,y> \mid x \equiv y \pmod{m}\}$ 是等价关系。其中,$x \equiv y \pmod{m}$ 的含义是 $x - y$ 可以被 m 整除。

5. 最大公约数与最小公倍数

设 $a,b \in \mathbf{Z}$,且 a,b 不全为0,它们的**最大公约数**记作 $\gcd(a,b)$,**最小公倍数**记作 $\mathrm{lcm}(a,b)$。设 $a,b \in \mathbf{Z}^+$,可分解为素数的幂之积: $a = p_1^{x_1} p_2^{x_2} \cdots p_s^{x_s}, b = p_1^{y_1} p_2^{y_2} \cdots p_s^{y_s}$,其中 $p_1, p_2, \cdots, p_s$ 为互不相同的素数,$x_i, y_i (i = 1, 2, \cdots, s)$ 为非负整数(某些可以等于0),令 $\alpha_i = \min\{x_i, y_i\} (i = 1, 2, \cdots, s), \beta_i = \max\{x_i, y_i\} (i = 1, 2, \cdots, s)$,则
$$\gcd(a,b) = p_1^{\alpha_1} p_2^{\alpha_2} \cdots p_s^{\alpha_s}, \mathrm{lcm}(a,b) = p_1^{\beta_1} p_2^{\beta_2} \cdots p_s^{\beta_s},$$
且有
$$ab = \gcd(a,b) \cdot \mathrm{lcm}(a,b)。$$

图 书 资 源 支 持

感谢您一直以来对清华版图书的支持和爱护。为了配合本书的使用，本书提供配套的资源，有需求的读者请扫描下方的"书圈"微信公众号二维码，在图书专区下载，也可以拨打电话或发送电子邮件咨询。

如果您在使用本书的过程中遇到了什么问题，或者有相关图书出版计划，也请您发邮件告诉我们，以便我们更好地为您服务。

我们的联系方式：

地　　址：北京市海淀区双清路学研大厦 A 座 714

邮　　编：100084

电　　话：010-83470236　　010-83470237

客服邮箱：2301891038@qq.com

QQ：2301891038（请写明您的单位和姓名）

资源下载：关注公众号"书圈"下载配套资源。

资源下载、样书申请

书 圈

图书案例

清华计算机学堂

观看课程直播